工业和信息化部"十二五"规划教材

高等院校精品教材系列

工程力学教程

李海龙　梅凤翔　编著

水小平　主审

電子工業出版社

Publishing House of Electronics Industry

北京·BEIJING

内 容 简 介

本教材根据教育部高等学校力学基础课程教学指导分委员会制定的“工程力学课程教学基本要求”，吸收国内外优秀教材的精华，尤其是德国教材所具有的起点高、内容广、简明扼要的优点，结合作者20多年从事基础力学教学的丰富经验编写而成，是面向对力学知识有一定要求的非机械专业的少学时“工程力学”课程新型教材，以适应现代教学改革的更高要求。本教材分为两篇：第一篇为理论力学，包括力系的简化、力系的平衡、点的运动学、刚体运动学、点的复合运动、质点运动微分方程、达朗贝尔原理、动能定理和动量原理；第二篇为材料力学，包括材料力学绪论、应力状态理论、杆的拉伸与压缩、扭转、梁的弯曲应力、梁的弯曲变形、强度理论与组合变形、能量原理和压杆稳定。

本教材可作为高等院校非机械类专业本科生64～80学时的工程力学教材，也可供高职高专、自学考试、远程教育和成人教育的相关专业师生及有关的工程技术人员参考。

图书在版编目(CIP)数据

工程力学教程/李海龙，梅凤翔编著. —北京：电子工业出版社，2013.11
高等院校精品教材系列
ISBN 978-7-121-21767-8

I. ①工… II. ①李… ②梅… III. ①工程力学-高等学校-教材 IV. ①TB12

中国版本图书馆CIP数据核字(2013)第257627号

策划编辑：余　义
责任编辑：余　义
印　　刷：北京虎彩文化传播有限公司
装　　订：北京虎彩文化传播有限公司
出版发行：电子工业出版社
　　　　　北京市海淀区万寿路173信箱　邮编：100036
开　　本：787×1092　1/16　印张：15.5　字数：397千字
版　　次：2013年11月第1版
印　　次：2023年10月第12次印刷
定　　价：39.00元

凡所购买电子工业出版社图书有缺损问题，请向购买书店调换。若书店售缺，请与本社发行部联系，联系及邮购电话：(010)88254888。

质量投诉请发邮件至zlts@phei.com.cn，盗版侵权举报请发邮件至dbqq@phei.com.cn。

服务热线：(010)88258888。

前　言

工程力学是高等工科院校的一门重要的技术基础课，具有理论性强、内容丰富、题量大、题型多等特点。本教材包括了理论力学和材料力学的主要内容。在编排上，采用理论力学、材料力学各自独立的体系结构，理论力学采用“静力学－运动学－动力学”的体系结构，材料力学采用“应力分析－基本变形－组合变形－能量法－压杆稳定”的体系结构，按64～80学时编写，适用于大学本科“工程力学”课程少学时非机械专业的教学之用。

目前，少学时的工程力学教材大多是从后续的专业课程的实际需要出发，按照“够用为度”的原则，采用从多学时的理论力学和材料力学中去掉一些理论推演，删减较难内容，经重新编排内容体系而成，但理论推演实际上是工程力学的精华部分，盲目“删繁就简”和“删难就易”也会使知识面大为减少；还有少部分少学时工程力学教材，其内容是涵盖了理论力学和材料力学的主要知识，但由于知识点众多而学时数有限，教材在内容的编排上往往面面俱到而难于深入和严谨。针对以上情况，为了能够融合我国传统教材理论性强、严谨、系统全面的优点与欧美教材(尤其是德国教材)所具有的起点高、内容广、简明扼要的特点，作者在近几年做了一些有益的探索工作，主要体现在以下几个方面。

(1)在保持少学时的刚性条件下，加强了基础理论部分的内容。以矢量运算作为数学工具，使力学基本概念和基本原理的数学描述简洁；采用从一般到特殊的内容体系，极大地加强了基本理论的严谨性和知识体系的系统性。例如，在运动学中，从刚体一般运动的讨论开始(篇幅不多)，很容易就过渡到刚体的平移、定轴转动和平面运动，同时也为点的复合运动的速度和加速度合成公式的一般性推导提供了强有力的理论支持，在这两章中都用较少的篇幅加强了加速度分析，而以前少学时的工程力学教材对加速度分析的介绍都比较少；通过达朗贝尔原理的一般理论推导，结合运动学部分已打下的坚实基础，可将达朗贝尔原理应用到一般平面运动刚体的动力学问题中以及定点运动刚体的稳定转动问题中(此时刚体变成了定轴转动)，有效地克服了以前少学时的工程力学教材只将达朗贝尔原理应用于平移和定轴转动刚体动力学问题求解的情况。

(2)结合相关理论结果，简明扼要地推广其应用，使教材所包含的内容较为广泛。例如，在梁的弯曲变形中，通过积分法计算梁的变形的基本理论的简要介绍，由几个简单例题就将之应用于具有弹性支承和初始小挠度梁的计算中去；通过能量法这一种计算结构位移的一般性方法的简要介绍，由几个简单例题将之应用于桁架、刚架、曲梁的位移计算以及冲击载荷作用下结构位移的计算中。这样，在增加很少篇幅的情况下就使材料力学的内容变得更为深广。对两次刚化法从原理上进行数学论证，本教材第一次成功将此方法应用于求简支梁指定截面的位移上，其他教材的两次刚化法只应用到求悬臂梁或外伸梁或刚架指定截面的位移情况，没有应用到简支梁的情况；教材指出了工字截面梁腹板剪应力近似公式(即腹板剪应力近似等于横截面剪力除以腹板面积，大部分材料力学教材都介绍了这个近似公式)存在严重问题，这是从铁摩辛柯著的《材料力学》中来的，问题来源于一个数学推理错误，对 No.63c 工字钢，腹板上的最大剪应力和最小剪应力可相差 60%以上。

(3)提高了例题的典型性，加强了部分例题的难度。其目的是使读者领会正确的解题思路，掌握基本的分析方法和计算技能，提高对基本概念和基本理论的理解，能起到触类旁通、举一反三的作用。

(4)各章习题按照先概念题、后计算题安排，强化学生对基本概念、基本理论的准确理解和基本方法的熟练掌握，部分习题有一定难度，有利于引导少数学有余力的学生深入理解课程内容。

(5)部分内容以*号形式出现，是为部分学有余力的学生作为参考资料准备的，并不做教学要求，有利于分层次设计教学。

本教材由李海龙老师、梅凤翔老师编著，是作者在北京理工大学多年教学所使用的讲义经修改完善而成。工程力学课程组的张强、汪小明、尚玫、赵颖涛、赵希淑、刘晓宁、田强等老师在教材的编写过程中也参与了部分工作。

全国优秀教师、第三届北京市高等学校教学名师奖获得者水小平教授对本教材进行了认真仔细的审阅，提出了许多宝贵的修改意见，并在李海龙老师的教学探索过程中不断给予鼓励和支持。韩斌副教授详细阅读了本书的全部内容，并给出了宝贵的建设性的修改意见。在本教材编写过程中，得到了北京理工大学宇航学院工程力学课程组的同事们的大力支持与热情帮助。电子工业出版社对本教材的出版付出了辛勤的工作和有力的支持。在此，作者一并表示衷心的感谢。

限于作者的水平，书中难免有不少缺点和欠妥之处，恳请读者批评指正。

李海龙　梅凤翔

2013 年 9 月

目　录

第一篇　理论力学

第二篇　材料力学

第一篇　理论力学

理论力学包括静力学、运动学和动力学三部分。

静力学研究物体在力系作用下处于平衡的规律。力系是指作用于物体上的一组力；平衡是指物体相对于惯性参考系静止或匀速直线平移的状态，它是机械运动的一种特殊状态。

静力学研究的对象是刚体。刚体是指在力的作用下不变形的物体。实际上，任何物体在力的作用下总要发生变形，对变形很小的物体，把它抽象为刚体来考虑其平衡问题，不会对研究的结果产生太大的影响，但却能大大降低问题的复杂程度；对变形大的物体，当它处于平衡时，可以用刚化公理转化为刚体来研究，因此刚体模型有很广泛的实用背景。

静力学有两个基本问题：一是力系的简化，它是指用简单的力系等效地代替复杂的力系；这里的等效是指两个力系作用在物体上的力学效果一样，或规定的力学度量一样；二是力系的平衡，它是指通过力系简化，找出力系作用于物体上而使物体保持平衡的条件，也就是力系的平衡条件。满足平衡条件的力系称为平衡力系。

静力学中介绍的力系简化方法与物体的受力分析也是研究动力学问题的基础。静力学本身也有广泛的工程应用背景，如在工程结构和零件的设计中，必须先进行静力学计算，然后以此为基础进行强度、刚度和稳定性等计算。

运动学研究物体在空间的位置随时间变化的特性，如物体的运动描述、运动学量的确定等，它不涉及引起物体运动的原因。

在运动学中，研究对象是两个理想化模型：质点和刚体。质点是指体积无限小、有质量的点；刚体是指由无限多个质点构成的有限大小的不变形的物体，即刚体上的任意两点的距离始终保持不变。运动学的内容包含点的运动学和刚体运动学两部分。

运动学对物体运动特性的研究及静力学对力系特性的研究是动力学研究力与物体运动关系的基础，但运动学本身也可以直接应用于工程实际中。在机械设计中，对机构的运动分析已发展成为机构运动学。在力学的发展史上，正是机构学的研究丰富了运动学的内容，促进了机构学这个学科的形成。

动力学是以牛顿三定律为基础建立起来的，属于经典动力学。它研究物体受力与物体机械运动的关系，是理论力学的核心内容。静力学和运动学的知识是动力学研究的基础。

动力学的研究对象是质点和质点系，因此动力学的内容包含质点动力学和质点系动力学两部分。先研究一个质点的运动规律，然后将所得结论加以推演，即得到质点系的运动规律。质点系动力学概括了机械运动中最一般的规律。

达朗贝尔原理利用静力学原理提供了解决受约束物体动力学问题的另一种方法，在工程上得到了广泛应用。动量定理、动量矩定理和动能定理被称为动力学三大普遍定理，是质点动力学解决问题的重要工具。刚体作为一个特殊的质点系，在动力学中占有重要的位置，工程中很多研究对象都可以抽象为刚体模型，本课程将质点系动力学原理的应用主要放在解决刚体的动力学问题上。

第 1 章　力系的简化

力系的简化是静力学的基础。本章将介绍静力学原理、力系的简化及物体的受力分析。

1.1　静力学原理

1. 力的概念

力是物体之间的相互机械作用。这种作用使物体的运动状态发生改变，以及使物体发生变形。力使物体运动状态发生改变的效应称为力的外效应，而使物体发生变形的效应称为力的内效应。在国际单位制中，力的单位是牛顿(N)。它表示使 1 千克(kg)质量的物体产生 1 米/秒^2 (m/s^2)的加速度所需的力。

2. 静力学原理

静力学是建立在一些基本事实上的，这些事实是人类经过长期的观察和经验的积累而得到的。

力矢量性原理　力是一个定位矢量；力对物体的作用效应决定于三个要素：力的大小、力的方向和力的作用点。

所谓定位矢量，是指矢量的起始点、大小和方向不能变动的矢量。如果矢量的起始点可以沿矢量方向上移动，则称该矢量为滑移矢量或滑动矢量。如果在保持矢量大小、方向不变的条件下矢量的起始点可以任意移动，则称该矢量为自由矢量。数学上的矢量都是自由矢量。

如图 1-1 所示，力 $\boldsymbol{F}$ 的作用点为 A，它对参考点 O 的力矩 $\boldsymbol{M}_O$ 定义为

$$\boldsymbol{M}_O = \boldsymbol{r}_{OA} \times \boldsymbol{F} \tag{1-1}$$

力矩 $\boldsymbol{M}_O$ 的作用点为点 O，方向垂直于 $\boldsymbol{r}_{OA}$、$\boldsymbol{F}$ 构成的平面，指向服从右手螺旋法则，大小等于 $\boldsymbol{r}_{OA}$、$\boldsymbol{F}$ 为边组成的平行四边形的面积。

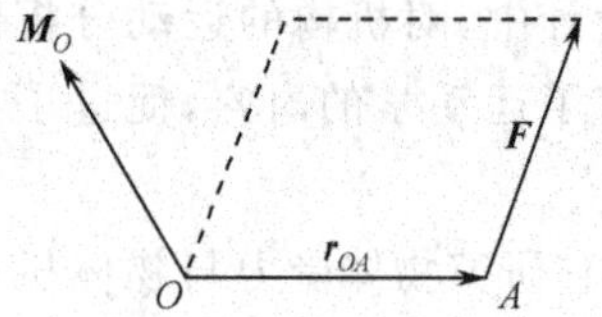

图 1-1

对力系 $\boldsymbol{F}_1, \boldsymbol{F}_2, \cdots, \boldsymbol{F}_n$，各力的作用点分别为 $A_1, A_2, \cdots, A_n$，该力系对点 O 的合力矩定义为

$$\boldsymbol{M}_O = \sum_{i=1}^{n} \boldsymbol{M}_{Oi} = \sum_{i=1}^{n} (\boldsymbol{r}_{OA_i} \times \boldsymbol{F}_i) \tag{1-2}$$

力系等效原理　若两个力系对任意给定的点 O 都给出同样的合力矩，则这两个力系是等效的。

力系等效原理是力系简化的基础。对刚体而言，可以找出一个和原力系等效的简单力系来代替原力系。

例 1-1　如图 1-2 所示的力系，$\boldsymbol{F}_1 = -\boldsymbol{F}_2$，试求力系对点 O 的合力矩。

解：力系对点 O 的合力矩为

$$\begin{aligned}\boldsymbol{M}_O &= \boldsymbol{r}_{OA_1} \times \boldsymbol{F}_1 + \boldsymbol{r}_{OA_2} \times \boldsymbol{F}_2 \\ &= \boldsymbol{r}_{OA_1} \times \boldsymbol{F}_1 - \boldsymbol{r}_{OA_2} \times \boldsymbol{F}_1 \\ &= \boldsymbol{r}_{A_2A_1} \times \boldsymbol{F}_1 = 0\end{aligned}$$

即该力系对任一点 O 的合力矩为零。这样的力系称为零力系。

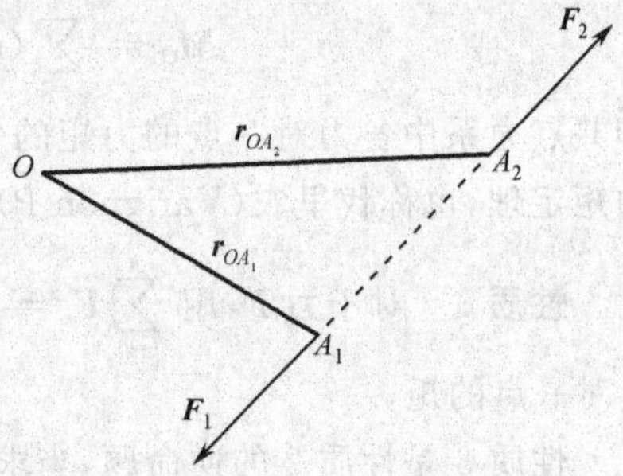

图 1-2

平衡原理 作用于刚体上的力系使刚体保持平衡的充要条件是:此力系等效于零力系。

平衡原理的充分性是指刚体原处于平衡状态,如果作用于刚体上的力系等效于零力系,则刚体将保持平衡状态;平衡原理的必要性是指如果刚体处于平衡状态,则作用于刚体上的力系等效于零力系。

作用力与反作用力原理 两物体间的作用力和反作用力总是大小相等,方向相反,作用线相同,分别作用于这两个物体上。这个原理就是牛顿第三定律。此原理对机械作用力成立,对电磁作用力不一定成立。

刚化原理 在已知力作用下保持平衡的变形体,可以将它变成同一形状和大小的刚体而不影响它的平衡。

这个原理建立了刚体的平衡条件和变形体的平衡条件之间的联系。它说明变形体平衡时,作用在其上的力系必须满足把变形体转换成同样形状和大小的刚体(称为刚化)后的平衡条件。

如图 1-3 所示的橡胶杆,在力系 $\boldsymbol{F}_1$、$\boldsymbol{F}_2$ 作用下平衡,将杆刚化成刚体,则仍平衡。由平衡原理知,力系 $\boldsymbol{F}_1$、$\boldsymbol{F}_2$ 必等效于零力系,因此它们必须大小相等、方向相反、作用线相同。要注意的是,当 $\boldsymbol{F}_1$、$\boldsymbol{F}_2$ 的大小增大时,橡胶杆会进一步伸长,而刚化后的杆不变形,所以刚化只能在变形体处于平衡时应用。

图 1-3

1.2 力系的简化

用最简单的力系等效地代替较复杂的力系称为力系的简化。

1. 力的基本性质

性质 1 作用于刚体上的力可以将其作用点沿其作用线滑移到刚体内的任一点。

证明:如图 1-4 所示,$\boldsymbol{F}$ 为作用于刚体上点 A 处的力,现在其作用线上的一点 O 处加一零力系 $\boldsymbol{F}'$、$\boldsymbol{F}''$,$\boldsymbol{F}'=-\boldsymbol{F}''=\boldsymbol{F}$,由力系等效原理,新力系 $\boldsymbol{F}$、$\boldsymbol{F}'$、$\boldsymbol{F}''$与原力系等效。

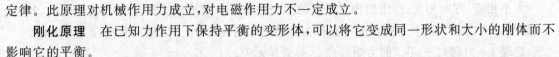

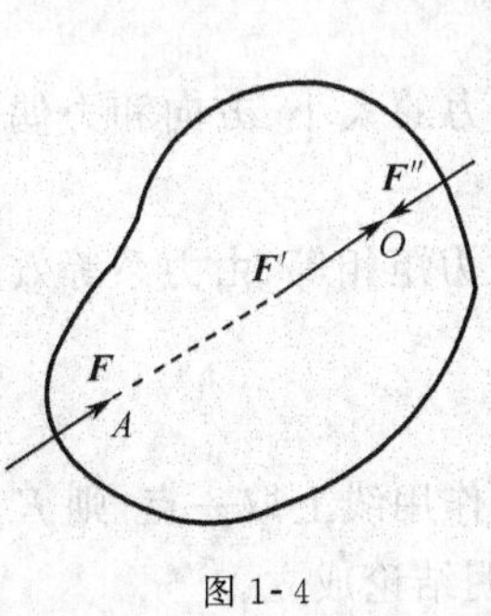

图 1-4

由于 $\boldsymbol{F}$、$\boldsymbol{F}''$也是零力系,去掉此零力系,所得力 $\boldsymbol{F}'$和原力 $\boldsymbol{F}$ 等效。此时,力的作用点已移动到了点 O。

这个性质称为力的可传性。对刚体而言,力是一个滑移矢量,力的三要素成为大小、方向和作用线。对变形体而言,此性质不成立。

推论 力 $\boldsymbol{F}$ 的作用点沿其作用线的滑移不改变其对同一点的矩。

性质 2 力系 $\boldsymbol{F}_1,\boldsymbol{F}_2,\cdots,\boldsymbol{F}_n$ 有共同作用点 A,$\boldsymbol{F}=\sum_{i=1}^{n}\boldsymbol{F}_i$ 称为力系的合力,则对任一点 O 有

$$M_O = \sum_{i=1}^{n}(r_{OA} \times F_i) = r_{OA} \times \sum_{i=1}^{n} F_i = r_{OA} \times F \tag{1-3}$$

即共点力系中各力对一点的力矩的矢量和等于该力系的合力对同一点的力矩。此性质称为合力矩定理，也称伐里农(Varignon P)定理。

性质 3　对于力 F，用 $\sum_{i=1}^{n} F_i = F$ 分解为作用于同一点的共点力系 $F_1, F_2, \cdots, F_n$，不会改变 F 对一点的矩。

性质 3 是性质 2 的逆命题，当求力 F 对一点的力矩不方便时，常利用性质 3 将力 F 进行合理的分解，然后再求对该点的力矩。

2. 力偶的概念

大小相等、方向相反、作用线相互平行的两个力 F_1、F_2 组成的力系称为力偶，以(F_1, F_2)表示，如图 1-5 所示。两个力所在的平面称为力偶的作用面，两个力之间的距离称为力偶臂。

定理 1　力偶对一点 O 的力矩与点 O 的选择无关。

对于点 O，作一过点 O 的平面与力 F_1、F_2 的作用线垂直，交点分别为 A_1、A_2，如图 1-6 所示，则力偶(F_1, F_2)对点 O 的力矩为

$$\begin{aligned} M_O &= M_{O1} + M_{O2} = r_{OA_1} \times F_1 + r_{OA_2} \times F_2 \\ &= (r_{OA_1} - r_{OA_2}) \times F_1 = r_{A_2A_1} \times F_1 \\ &= r_{A_1A_2} \times F_2 \end{aligned}$$

显然，M_O 与点 O 的选择无关，大小为力偶中力的大小与力偶臂的乘积，方向垂直于力偶的作用面，指向服从右手螺旋法则。M_O 称为力偶矩。定理 1 说明力偶的力偶矩的作用点可以是空间的任一点，即力偶矩是一个自由矢量。力偶矩常以 M 或 $M(F_1, F_2)$ 表示。

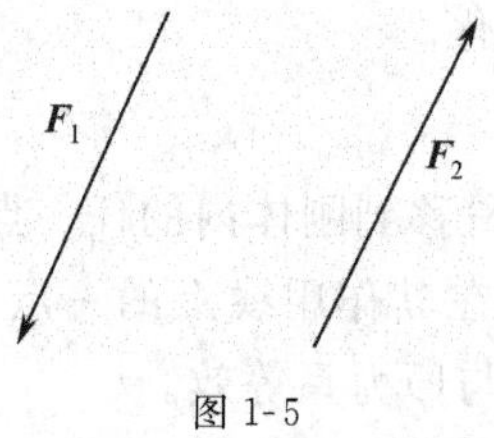

图 1-5

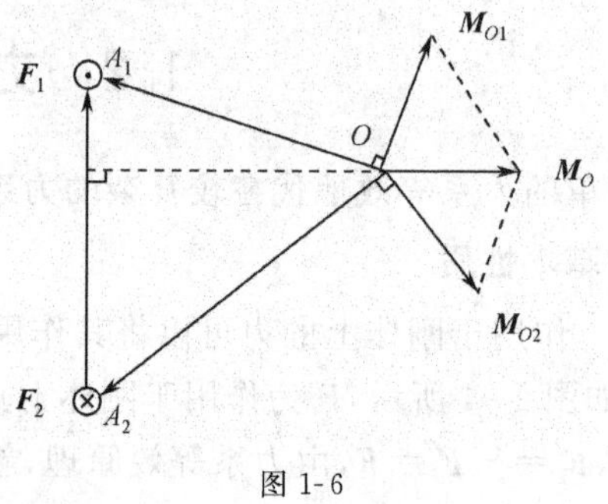

图 1-6

定理 2　对于刚体，只要保持力偶矩不变，可以同时改变力偶中力的大小、方向和力偶臂的长短，或平行移动力偶的作用面，所得的力偶与原力偶等效。

证明：显然，这些得到的力偶对任一点的力矩与原力偶对该点的力矩相等，由力系等效原理即得结论。

定理 3　当力偶矩不为零时，力偶不可能与一个力等效。

证明：用反证法。设力偶(F_1, F_2)与一个非零力 F 等效，在 F 的作用线上取一点，则 F 对此点的力矩为零，但力偶对此点的力矩不为零，即它们不等效，矛盾说明结论成立。

定理 3 说明力偶是一个最简单的特殊力系。力偶对物体的作用效果决定于三要素：力偶作用平面、力偶矩的大小和在力偶的作用面内的转向。对刚体而言，力偶的作用效果仅取决于力

偶矩的大小和方向。习惯上，常用力偶矩表示力偶，画在力偶的作用面上，如图 1-7所示。

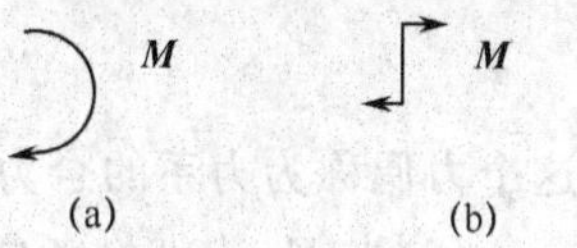

图 1-7

3. 一般力系的简化

设作用于刚体上的力系为 $\boldsymbol{F}_1,\boldsymbol{F}_2,\cdots,\boldsymbol{F}_n$，作用点分别为 A_1，$A_2,\cdots,A_n$，令

$$\boldsymbol{F}_{\mathrm{R}} = \sum_{i=1}^{n} \boldsymbol{F}_i \tag{1-4}$$

称为力系的主矢。一般情况下，力系的主矢不是力，因为没有作用点。一般力系可按下面方法进行简化。

(1)选择参考点为 O，在点 O 处加上 n 个零力系，$\boldsymbol{F}'_1$、$\boldsymbol{F}''_1$，$\boldsymbol{F}'_2$、$\boldsymbol{F}''_2$，$\cdots$，$\boldsymbol{F}'_n$、$\boldsymbol{F}''_n$，使 $\boldsymbol{F}'_1=-\boldsymbol{F}''_1=\boldsymbol{F}_1$，$\boldsymbol{F}'_2=-\boldsymbol{F}''_2=\boldsymbol{F}_2$，$\cdots$，$\boldsymbol{F}'_n=-\boldsymbol{F}''_n=\boldsymbol{F}_n$，如图 1-8 所示。所得的新力系和原力系等效，而 $\boldsymbol{F}'_1,\boldsymbol{F}'_2,\cdots,\boldsymbol{F}'_n$为共点力系，$(\boldsymbol{F}_1,\boldsymbol{F}''_1)$，$(\boldsymbol{F}_2,\boldsymbol{F}''_2)$，$\cdots$，$(\boldsymbol{F}_n,\boldsymbol{F}''_n)$构成力偶系；

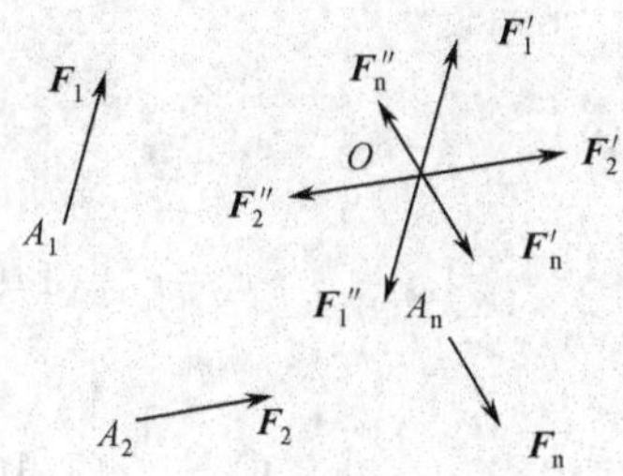

图 1-8

(2)共点力系的合力为

$$\boldsymbol{F}_O = \sum_{i=1}^{n} \boldsymbol{F}'_i = \sum_{i=1}^{n} \boldsymbol{F}_i = \boldsymbol{F}_{\mathrm{R}} \tag{1-5}$$

(3)力偶系可以合成为一个合力偶，合力偶矩为

$$\boldsymbol{M}_O = \sum_{i=1}^{n} \boldsymbol{r}_{OA_i} \times \boldsymbol{F}_i \tag{1-6}$$

上式称为力系对参考点 O 的主矩。

由上面三个步骤得到了点 O 处的一个力 $\boldsymbol{F}_O$(其大小、方向等于力系的主矢)和一个力偶矩 $\boldsymbol{M}_O$。显然，由力 $\boldsymbol{F}_O$ 和力偶矩 $\boldsymbol{M}_O$ 组成的力系与原力系等效。

定理 空间任意力系向一点 O 简化必然得到一个力 $\boldsymbol{F}_O$ 和一个力偶矩 $\boldsymbol{M}_O$。其中 $\boldsymbol{F}_O=\boldsymbol{F}_{\mathrm{R}}$，$\boldsymbol{M}_O=\sum\limits_{i=1}^{n}\boldsymbol{r}_{OA_i}\times\boldsymbol{F}_i$。

当 $n=1$ 时，上述定理即是力的平移定理，如图 1-9 所示。

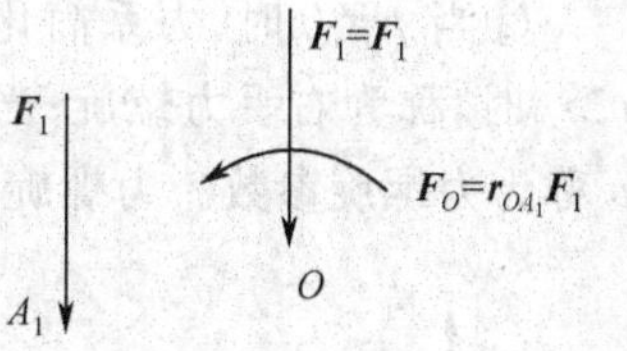

图 1-9

从简化的过程可以看出，对不同的参考点简化所得的力 $\boldsymbol{F}_O$ 的大小和方向是不变的，但力偶矩 $\boldsymbol{M}_O$ 可能不一样。

不同参考点主矩变换法则 设力系 $\boldsymbol{F}_1,\boldsymbol{F}_2,\cdots,\boldsymbol{F}_n$ 的主矢为 $\boldsymbol{F}_{\mathrm{R}}$，向参考点 O 简化，主矩为 $\boldsymbol{M}_O$，向参考点 O_1 简化，主矩为 $\boldsymbol{M}_{O_1}$，则

$$\boldsymbol{M}_{O_1} = \boldsymbol{M}_O + \boldsymbol{r}_{O_1O} \times \boldsymbol{F}_{\mathrm{R}} \tag{1-7}$$

证明：力系向点 O 简化，得到作用点 O 的一个力 $\boldsymbol{F}_O=\boldsymbol{F}_{\mathrm{R}}$ 和一个力偶矩 $\boldsymbol{M}_O$，将由 $\boldsymbol{F}_O$、$\boldsymbol{M}_O$ 组成的力系向点 O_1 简化，在点 O_1 处加一个零力系 $\boldsymbol{F}'_O$、$\boldsymbol{F}''_O$，使 $\boldsymbol{F}'_O=-\boldsymbol{F}''_O=\boldsymbol{F}_{\mathrm{R}}$，则得到的新力系与原力系等效，如图 1-10 所示(当力矢量和力偶矩矢量同时出现在一幅图中，为将它们区分开，常用双箭头表示力偶矩)。新力系中，力偶$(\boldsymbol{F}_O,\boldsymbol{F}''_O)$的力偶矩为

$$\boldsymbol{r}_{O_1O} \times \boldsymbol{F}_O = \boldsymbol{r}_{O_1O} \times \boldsymbol{F}_{\mathrm{R}}$$

它和 $\boldsymbol{M}_O$ 合成即为点 O_1 处的主矩 $\boldsymbol{M}_{O_1}$，即

$$\boldsymbol{M}_{O_1} = \boldsymbol{M}_O + \boldsymbol{r}_{O_1O} \times \boldsymbol{F}_{\mathrm{R}}$$

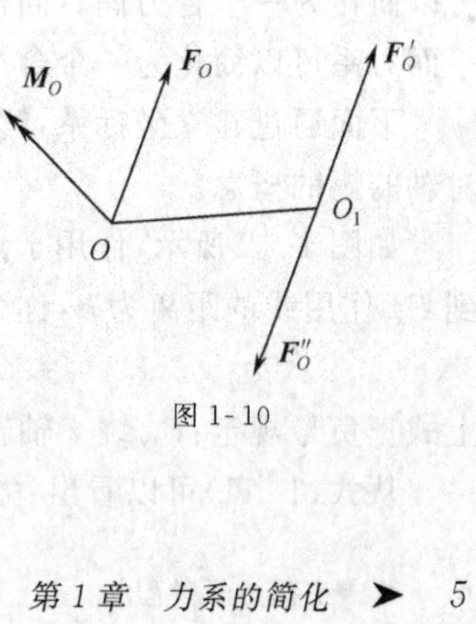

图 1-10

简化结果讨论：

(1)当 $\boldsymbol{F}_{\mathrm{R}}=0$，$\boldsymbol{M}_O\neq0$ 时，则原力系等效于一个力偶，其力偶矩为

$$M_O = \sum_{i=1}^{n} r_{OA_i} \times F_i$$

这个力偶称为力系的合力偶。

(2)当 $F_R \neq 0$ 时,考虑点 C

$$r_{OC} = \frac{F_R \times M_O}{|F_R|^2} \tag{1-8}$$

力系向点 C 简化,则点 C 的主矩 M_C 为

$$\begin{aligned} M_C &= M_O + r_{CO} \times F_R = M_O + F_R \times r_{OC} \\ &= M_O + \frac{1}{|F_R|^2} F_R \times (F_R \times M_O) \\ &= M_O + \frac{1}{|F_R|^2} [F_R(F_R \cdot M_O) - M_O(F_R \cdot F_R)] \\ &= \frac{F_R \cdot M_O}{|F_R|^2} F_R \end{aligned}$$

令

$$p = \frac{F_R \cdot M_O}{|F_R|^2} \tag{1-9}$$

则

$$M_C = pF_R \tag{1-10}$$

①当 $p=0$ 时,$F_R \perp M_O$,$M_C=0$,原力系等效于一个作用线过点 C 的力 $F_C=F_R$,F_C 称为力系的合力。这种情况存在类似的合力矩定理。

②当 $p\neq0$ 时,力系简化为点 C 的力 $F_C=F_R$ 和力偶 $M_C=pF_R$,它们构成一个力螺旋。当 $p>0$时,称为右手力螺旋;当 $p<0$ 时,称为左手力螺旋,如图 1-11 所示(双箭头表示力偶矩)。p 称为力螺旋参数。力螺旋中力的作用线称为力螺旋的中心轴。

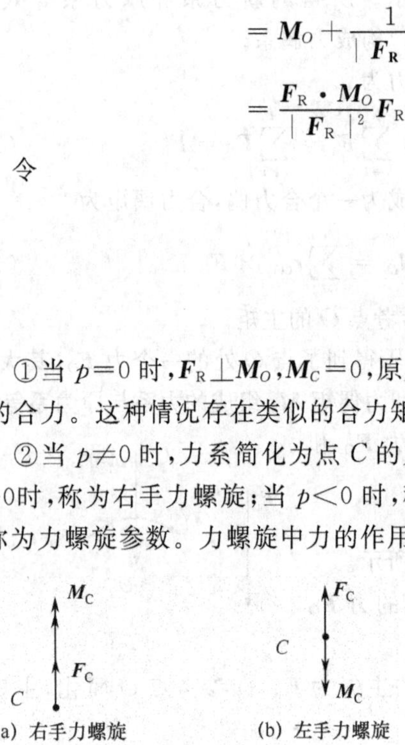

图 1-11

力螺旋也是一个最简单的力系。

在生活和工程实际中存在这样的力系,如紧固螺丝加在螺丝刀上的力系,开煤、打井时加在钻杆上的力系都是力螺旋。

力系中所有力的作用线相互平行,这样的力系称为平行力系。力系中所有力的作用线都在同一平面内,这样的力系称为平面力系。对于平行力系,对任一点 O 的合力矩 M_O 一定垂直力系中各力的作用线,即 $M_O \perp F_R$,因此当 $F_R\neq0$ 时,平行力系可以简化为一个合力;当 $F_R=0$ 时,平行力系可以简化为一个合力偶。同样,对于平面力系,对任一点 O 的合力矩 M_O 一定垂直于 F_R,因此平面力系可以简化为一个合力或一个合力偶。

下面通过建立坐标系,解析表达力系的主矢和对一点的主矩,以便于应用。为此,先介绍力对轴的矩的概念。

如图 1-12 所示,作用于点 A 的力 F,在垂直于 z 轴的 xy 平面上的投影矢量为 F_{xy},原点 O 到 F_{xy} 作用线的距离为 h,称为力臂。力 F 对 z 轴的矩 $M_z(F)$定义为

$$M_z(F) = \pm F_{xy} h \tag{1-11}$$

上式正负号规定:F_{xy} 绕 z 轴转动符合右手螺旋法则时取正号,反之,取负号。

从式(1-11)可以看出:力对轴的矩是一个标量,当力的作用线与轴平行(这时 $F_{xy}=0$)或相

交(这时 $h=0$)时，力对该轴的矩为零。当力沿其作用线移动时，它对轴的矩不变，因为其投影矢量的大小和方向及力臂并不改变。

对力系 $\boldsymbol{F}_1,\boldsymbol{F}_2,\cdots,\boldsymbol{F}_n$ 向点 O 简化，在点 O 处建立直角坐标系 $Oxyz$，设 $\boldsymbol{F}_i=\{F_{ix},F_{iy},F_{iz}\}$ 和 $\boldsymbol{r}_{OA_i}=\{x_i,y_i,z_i\}(i=1,2,\cdots,n)$，如图 1-12 所示，则

$$\boldsymbol{F}_{\mathrm{R}}=\sum_{i=1}^{n}\boldsymbol{F}_i=\left\{\sum_{i=1}^{n}F_{ix},\sum_{i=1}^{n}F_{iy},\sum_{i=1}^{n}F_{iz}\right\} \tag{1-12}$$

即力系主矢在三个直角坐标系轴上的投影分别等于各分力在相应坐标轴上的投影的代数和。

$$\begin{aligned}\boldsymbol{r}_{OA_i}\times\boldsymbol{F}_i&=\begin{vmatrix}\boldsymbol{i}&\boldsymbol{j}&\boldsymbol{k}\\x_i&y_i&z_i\\F_{ix}&F_{iy}&F_{iz}\end{vmatrix}\\&=(F_{iz}y_i-F_{iy}z_i)\boldsymbol{i}+(F_{ix}z_i-F_{iz}x_i)\boldsymbol{j}+\\&\qquad(F_{iy}x_i-F_{ix}y_i)\boldsymbol{k}\\&=\{M_x(\boldsymbol{F}_i),M_y(\boldsymbol{F}_i),M_z(\boldsymbol{F}_i)\}\end{aligned}$$

即力 $\boldsymbol{F}_i$ 对点 O 的力矩在三个直角坐标系轴上的投影分别等于力 $\boldsymbol{F}_i$ 对相应坐标轴的矩。

$$\boldsymbol{M}_O=\sum_{i=1}^{n}\boldsymbol{r}_{OA_i}\times\boldsymbol{F}_i=\left\{\sum_{i=1}^{n}M_x(\boldsymbol{F}_i),\sum_{i=1}^{n}M_y(\boldsymbol{F}_i),\sum_{i=1}^{n}M_z(\boldsymbol{F}_i)\right\} \tag{1-13}$$

即力系对点 O 的主矩在三个直角坐标系轴上的投影分别等于各分力对相应坐标轴的矩的代数和。

由合力矩定理可知，共点力系中各力对某轴的矩的代数和等于力系的合力对该轴的矩。

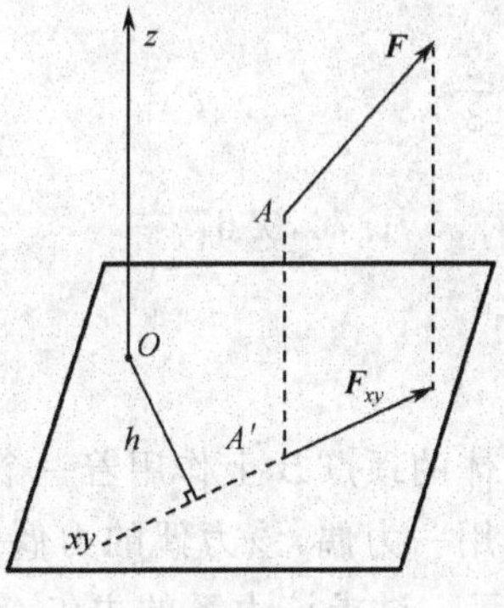

图 1-12

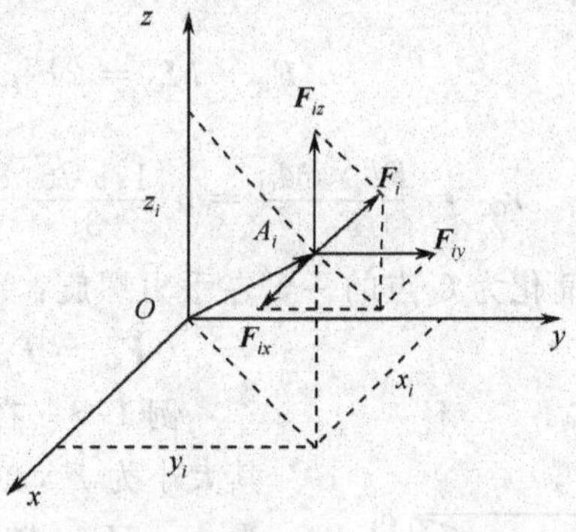

图 1-13

例 1-2 边长为 a 的正方形的顶点 A、B 上分别作用着方向如图 1-14 所示的两个力 $\boldsymbol{F}_1$ 和 $\boldsymbol{F}_2$，它们的大小都为 F，试求该力系的主矢、对 O 点的主矩及等效力系的最简形式。

解:(1) 求力系的主矢 $\boldsymbol{F}_R$。

设 $\boldsymbol{F}_1$ 与水平面的夹角为 θ，则

$$\sin\theta=\frac{\sqrt{3}}{3},\quad \cos\theta\frac{\sqrt{6}}{3}$$

$$F_{Rx}=-F_1\cos\theta\cos45^\circ+F_2\cos45^\circ=\left(\frac{\sqrt{2}}{2}-\frac{\sqrt{3}}{3}\right)F$$

$$F_{Ry}=-F_1\cos\theta\sin45^\circ=-\frac{\sqrt{3}}{3}F$$

$$F_{Rz}=F_1\sin\theta+F_2\sin45^\circ=\left(\frac{\sqrt{2}}{2}+\frac{\sqrt{3}}{3}\right)F$$

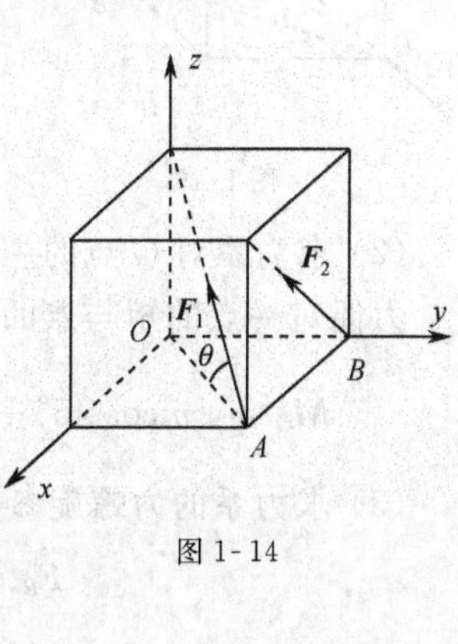

图 1-14

$$\boldsymbol{F}_R = F\left\{\frac{\sqrt{2}}{2} - \frac{\sqrt{3}}{3}, -\frac{\sqrt{3}}{3}, \frac{\sqrt{2}}{2} + \frac{\sqrt{3}}{3}\right\} = F\{0.13, -0.58, 1.28\}$$

(2) 求力系对 O 点的主矩 $\boldsymbol{M}_O$ 。

$$M_{Ox} = F_1 \sin\theta \cdot a + F_2 \sin 45^\circ \cdot a = \left(\frac{\sqrt{2}}{2} + \frac{\sqrt{3}}{3}\right)Fa$$

$$M_{Oy} = -F_1 \sin\theta \cdot a = -\frac{\sqrt{3}}{3}Fa$$

$$M_{Oz} = -F_2 \cos 45^\circ \cdot a = -\frac{\sqrt{2}}{2}Fa$$

$$\boldsymbol{M}_O = Fa\left\{\frac{\sqrt{2}}{2} + \frac{\sqrt{3}}{3}, -\frac{\sqrt{3}}{3}, -\frac{\sqrt{2}}{2}\right\} = Fa\{1.28, -0.58, -0.71\}$$

(3) 求力系的力螺旋参数 p 。

$$\boldsymbol{F}_R \cdot \boldsymbol{M}_O = \left(\frac{1}{2} - \frac{1}{3} + \frac{1}{3} - \frac{1}{2} - \frac{\sqrt{6}}{6}\right)F^2 a = -\frac{\sqrt{6}}{6}F^2 a, \ |\boldsymbol{F}_R| = \sqrt{2}F$$

$$p = \frac{\boldsymbol{F}_R \cdot \boldsymbol{M}_O}{|\boldsymbol{F}_R|^2} = -\frac{\sqrt{6}}{12}a = -0.2a < 0$$

力系可以简化为一个左手力螺旋。

(4) 求力系最简形式的参考点 C 。

$$\boldsymbol{F}_R \times \boldsymbol{M}_O = 2F^2 a\left\{\frac{1+\sqrt{6}}{3}, \frac{8+\sqrt{6}}{6}, \frac{2}{3}\right\}$$

$$\boldsymbol{r}_{OC} = \frac{\boldsymbol{F}_R \times \boldsymbol{M}_O}{|\boldsymbol{F}_R|^2} = a\left\{\frac{1+\sqrt{6}}{3}, \frac{8+\sqrt{6}}{6}, \frac{2}{3}\right\} = a\{1.15, 1.74, 0.67\}$$

因此原力系简化为 C 点的一个左手力螺旋：

$$\boldsymbol{F}_C = \boldsymbol{F}_R, \boldsymbol{M}_C = p\boldsymbol{F}_R$$

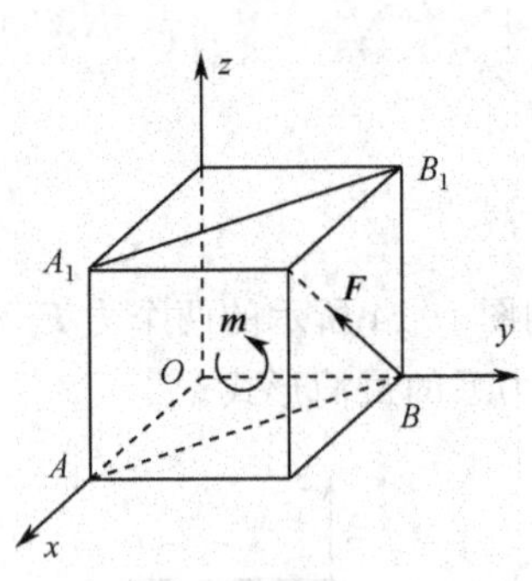

图 1-15

例 1-3 在边长为 a 的正方体的顶点 B 上作用着一个力 $\boldsymbol{F}$，其大小为 F，在 ABB_1A_1 面上作用一力偶，该力偶的力偶矩大小为 $m = Fa$，转向如图 1－14 所示。试求该力系的主矢、对 O 点的主矩及等效力系的最简形式。

解法一：(1) 求力系的主矢 $\boldsymbol{F}_R$ 。

力偶是由两个大小相等、方向相反、作用线平行的力组成，它对力系的主矢无贡献，因此

$$\boldsymbol{F}_R = \{F\cos 45^\circ, 0, F\sin 45^\circ\} = \frac{\sqrt{2}}{2}F\{1, 0, 1\}$$

(2) 求力系对 O 点的主矩 $\boldsymbol{M}_O$ 。

力偶对一点的矩与点的选择无关，其对轴的矩即是其力偶矩在轴上的投影，因此

$$\boldsymbol{M}_O = \{m\cos 45^\circ + F\sin 45^\circ \cdot a, m\sin 45^\circ, -F\cos 45^\circ \cdot a\} = \frac{\sqrt{2}}{2}Fa\{2, 1, -1\}$$

(3) 求力系的力螺旋参数 p 。

$$\boldsymbol{F}_R \cdot \boldsymbol{M}_O = \frac{1}{2}F^2 a(2-1) = \frac{1}{2}F^2 a, \ |\boldsymbol{F}_R| = F$$

$$p = \frac{\boldsymbol{F}_R \cdot \boldsymbol{M}_O}{|\boldsymbol{F}_R|^2} = \frac{1}{2}a > 0$$

力系可以简化为一个右手力螺旋。

(4) 求力系最简形式的参考点 C。

$$\boldsymbol{F}_R \times \boldsymbol{M}_O = \frac{1}{2}F^2 a\{-1,3,1\}$$

$$\boldsymbol{r}_{OC} = \frac{\boldsymbol{F}_R \times \boldsymbol{M}_O}{|\boldsymbol{F}_R|^2} = \frac{1}{2}a\{-1,3,1\}$$

因此原力系可以简化为 C 点的一个右手力螺旋：

$$\boldsymbol{F}_C = \boldsymbol{F}_R, \boldsymbol{M}_C = p\boldsymbol{F}_R$$

解法二：(1) 由已知条件知，如果取 B 点为参考点，则力系的主矢

$$\boldsymbol{F}_R = \boldsymbol{F} = \frac{\sqrt{2}}{2}F\{1,0,1\}$$

及主矩

$$\boldsymbol{M}_B = \boldsymbol{m} = \frac{\sqrt{2}}{2}Fa\{1,1,0\}$$

$$\boldsymbol{r}_{OB} = a\{0,1,0\}$$

(2)
$$\boldsymbol{F}_R \cdot \boldsymbol{M}_B = \frac{1}{2}F^2 a,\ |\boldsymbol{F}_R| = F$$

$$p = \frac{\boldsymbol{F}_R \cdot \boldsymbol{M}_O}{|\boldsymbol{F}_R|^2} = \frac{1}{2}a > 0$$

力系可以简化为一个右手力螺旋。

(3) 确定力系最简形式的参考点 C_1。

$$\boldsymbol{F}_R \times \boldsymbol{M}_B = \frac{1}{2}F^2 a\{-1,2,1\}$$

$$\boldsymbol{r}_{BC_1} = \frac{\boldsymbol{F}_R \times \boldsymbol{M}_B}{|\boldsymbol{F}_R|^2} = \frac{1}{2}a\{-1,2,1\}$$

因此原力系可以简化为 C 点的一个右手力螺旋：

$$\boldsymbol{F}_{C_1} = \boldsymbol{F}_R, \boldsymbol{M}_C = p\boldsymbol{F}_R$$

这个 C_1 点和解法一中的 C 点是同一个点。

(4) 由两参考点的主矩关系式，得

$$\boldsymbol{M}_O = \boldsymbol{M}_B + \boldsymbol{r}_{OB} \times \boldsymbol{F}_R = \frac{\sqrt{2}}{2}Fa\{2,1,-1\}$$

1.3 物体的重心

物体重心的位置对物体的平衡或运动状态有着重要影响。如赛车，由于高速行驶，要求重心位置尽量低，这样能保持运动的稳定，不至于翻倒。起重机重心的位置若超出某一范围，受载后就不能保证起重机的平衡。因此，在工程实际中，常要求计算或测定物体的重心位置。

1. 平行力系中心

对于平行力系 $\boldsymbol{F}_1,\boldsymbol{F}_2,\cdots,\boldsymbol{F}_n$，作用点分别为 $A_1,A_2,\cdots,A_n$，设力系的主矢 $\boldsymbol{F}_R=\sum_{i=1}^{n}\boldsymbol{F}_i\neq 0$，取简化点 O，可得力系对点 O 的主矩 $\boldsymbol{M}_O$，由于 $\boldsymbol{F}_R\perp\boldsymbol{M}_O$，力系可进一步简化为作用线过一点 O_1 上的一个力矢 $\boldsymbol{F}_{O_1}=\boldsymbol{F}_R$，称这个力即为平行力系的合力。显然，力系对点 O_1 的主矩为

$$\boldsymbol{M}_{O_1}=\sum_{i=1}^{n}\boldsymbol{r}_{O_1A_i}\times\boldsymbol{F}_i=0 \tag{1}$$

在 $\boldsymbol{F}_R$ 方向上取单位矢 $\boldsymbol{e}$，则 $\boldsymbol{F}_i=F_i\boldsymbol{e}$，$\boldsymbol{F}_R=(\sum_{i=1}^{n}F_i)\boldsymbol{e}$，

$$\boldsymbol{r}_{O_1A_i}=\boldsymbol{r}_{OA_i}-\boldsymbol{r}_{OO_1} \tag{2}$$

如图 1-16 所示。

$$\begin{aligned}\sum_{i=1}^{n}\boldsymbol{r}_{O_1A_i}\times\boldsymbol{F}_i&=\sum_{i=1}^{n}\boldsymbol{r}_{OA_i}\times\boldsymbol{F}_i-\sum_{i=1}^{n}\boldsymbol{r}_{OO_1}\times\boldsymbol{F}_i\\&=\sum_{i=1}^{n}(F_i\boldsymbol{r}_{OA_i})\times\boldsymbol{e}-(\sum_{i=1}^{n}F_i)\boldsymbol{r}_{OO_1}\times\boldsymbol{e}\\&=(\sum_{i=1}^{n}F_i)\left(\frac{\sum_{i=1}^{n}F_i\boldsymbol{r}_{OA_i}}{\sum_{i=1}^{n}F_i}-\boldsymbol{r}_{OO_1}\right)\times\boldsymbol{e}\end{aligned} \tag{3}$$

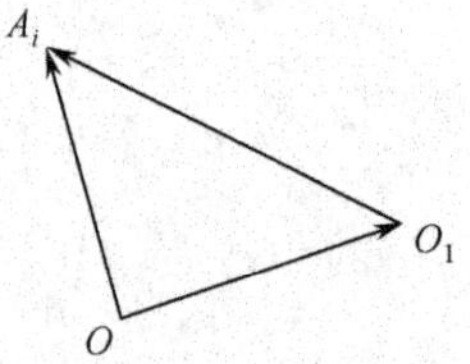

图 1-16

令

$$\boldsymbol{r}_{OC}=\frac{\sum_{i=1}^{n}F_i\boldsymbol{r}_{OA_i}}{\sum_{i=1}^{n}F_i} \tag{1-14}$$

上式确定空间一点 C，并且

$$(\boldsymbol{r}_{OC}-\boldsymbol{r}_{OO_1})\times\boldsymbol{e}=0 \tag{4}$$

上式表明 $\boldsymbol{r}_{OC}-\boldsymbol{r}_{OO_1}=\boldsymbol{r}_{O_1C}//\boldsymbol{e}$，即点 C 也是合力作用线上的一点。由式(1-14)可知，点 C 仅与平行力系各分力 $\boldsymbol{F}_1,\boldsymbol{F}_1,\cdots,\boldsymbol{F}_n$ 的大小和作用点有关，与平行力系的方向无关，并且与参考点 O 的选择无关。因为若取参考点 O'，由式(1-14)确定的点为 C'，则

$$\boldsymbol{r}_{O'C'}-\boldsymbol{r}_{OC}=\frac{\sum_{i=1}^{n}F_i(\boldsymbol{r}_{O'A_i}-\boldsymbol{r}_{OA_i})}{\sum_{i=1}^{n}F_i}=\frac{(\sum_{i=1}^{n}F_i)\boldsymbol{r}_{O'O}}{\sum_{i=1}^{n}F_i}=\boldsymbol{r}_{O'O} \tag{5}$$

但

$$\boldsymbol{r}_{O'O}=\boldsymbol{r}_{O'C'}+\boldsymbol{r}_{C'C}-\boldsymbol{r}_{OC} \tag{6}$$

如图 1-17 所示，比较式(5)、(6)，得

$$\boldsymbol{r}_{C'C}=0$$

即点 C'、C 重合。称式(1-14)确定的点 C 为平行力系的中心。

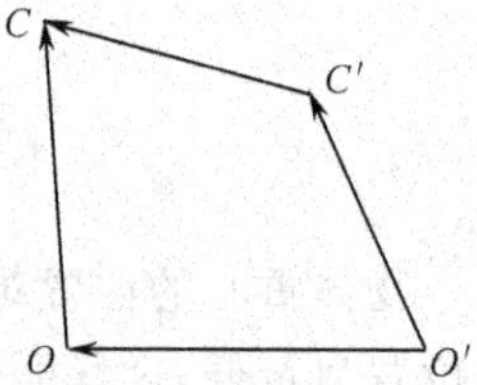

图 1-17

2. 物体的重心

在地球表面附近，物体受到重力的作用。把物体分成 n 个微小部分，每一部分受到的重力大小为 $\Delta G_i(i=1,2,\cdots,n)$，作用点为 $A_i(i=$

1,2,…,n)，这些重力是一个平行力系，其平行力系的中心为

$$\boldsymbol{r}_{OC}=\frac{\sum_{i=1}^{n}\Delta G_i\boldsymbol{r}_{OA_i}}{\sum_{i=1}^{n}\Delta G_i}=\frac{1}{G}\sum_{i=1}^{n}\boldsymbol{r}_{OA_i}\Delta G_i=\frac{1}{G}\int_G\boldsymbol{r}\,\mathrm{d}G \tag{1-15}$$

式中，$G=\sum_{i=1}^{n}\Delta G_i$ 为物体重力的大小。式(1-15)确定的物体中或其延伸部分上的点 C 称为物体的重心。由平行力系的中心的性质可知，物体的重心是物体或某延伸部分上的确定点，不因物体在空间位置的变化而改变。

在参考点 O 上建立直角坐标系 $Oxyz$，$\boldsymbol{r}_{OA_i}=\{x_i,y_i,z_i\}$，$\boldsymbol{r}_{OC}=\{x_C,y_C,z_C\}$，则

$$\begin{cases}x_C=\dfrac{1}{G}\sum_{i=1}^{n}x_i\Delta G_i=\dfrac{1}{G}\int_G x\,\mathrm{d}G\\ y_C=\dfrac{1}{G}\sum_{i=1}^{n}y_i\Delta G_i=\dfrac{1}{G}\int_G y\,\mathrm{d}G\\ z_C=\dfrac{1}{G}\sum_{i=1}^{n}z_i\Delta G_i=\dfrac{1}{G}\int_G z\,\mathrm{d}G\end{cases} \tag{1-16}$$

由于 $\Delta G_i=\Delta m_i g$，$G=mg$，其中 Δm_i 为微小部份的质量，m 为物体的质量，由式(1-16)得

$$\begin{cases}x_C=\dfrac{1}{m}\sum_{i=1}^{n}x_i\Delta m_i=\dfrac{1}{m}\int_m x\,\mathrm{d}m\\ y_C=\dfrac{1}{m}\sum_{i=1}^{n}y_i\Delta m_i=\dfrac{1}{m}\int_m y\,\mathrm{d}m\\ z_C=\dfrac{1}{m}\sum_{i=1}^{n}z_i\Delta m_i=\dfrac{1}{m}\int_m z\,\mathrm{d}m\end{cases} \tag{1-17}$$

式(1-17)确定的点称为物体的质心。

对密度为 ρ 的均质物体，$\Delta m_i=\rho\Delta V_i$，$m=\rho V$，其中 ΔV_i 为微小部份的体积，V 为物体的体积，由式(1-17)得

$$\begin{cases}x_C=\dfrac{1}{V}\sum_{i=1}^{n}x_i\Delta V_i=\dfrac{1}{V}\int_V x\,\mathrm{d}V\\ y_C=\dfrac{1}{V}\sum_{i=1}^{n}y_i\Delta V_i=\dfrac{1}{V}\int_V y\,\mathrm{d}V\\ z_C=\dfrac{1}{V}\sum_{i=1}^{n}z_i\Delta V_i=\dfrac{1}{V}\int_V z\,\mathrm{d}V\end{cases} \tag{1-18}$$

式(1-18)确定的点称为物体的形心。

显然，在重力场下，物体的重心和质心是重合的，但物体可以无重心，不可无质心。形心是物体的几何属性，当物体均质时，质心和形心重合。

定理 1　一个均质物体若存在质量对称面，则重心位于此对称面内。

证明：取均质物体的质量对称面为 Oxy 平面，对任一重为 ΔG 的微体，其坐标为(x,y,z)，必有其对称的重为 ΔG 的微体，其坐标为$(x,y,-z)$，因此对这两个微体有 $z\Delta G+(-z)\Delta G=0$，由此可知

$$z_C=\frac{1}{G}\sum_{i=1}^{n}z_i\Delta G_i=0$$

上式表明重心在物体的质量对称面上。

定理 2 一个均质物体若存在质量对称轴，则重心位于此对称轴上。

证明：以均质物体的质量对称轴作为 z 轴建立坐标系 $Oxyz$，对任一重为 ΔG 的微体，其坐标为(x,y,z)，必有其对称的重为 ΔG 的微体，其坐标为$(-x,-y,z)$，因此对这两个微体有

$$x\Delta G+(-x)\Delta G=0,\qquad y\Delta G+(-y)\Delta G=0$$

由此可知

$$x_C=\frac{1}{G}\sum_{i=1}^{n}x_i\Delta G_i=0,\qquad y_C=\frac{1}{G}\sum_{i=1}^{n}y_i\Delta G_i=0$$

上两式表明重心在 z 轴上。

定理 3 把物体分成 $G_1,G_2,\cdots,G_k$，对每一 $G_i(i=1,2,\cdots,k)$，其重心位置为 $\boldsymbol{r}_{OC_i}(i=1,2,\cdots,k)$，则物体的重心为

$$\boldsymbol{r}_{OC}=\frac{1}{G}\sum_{i=1}^{k}G_i\boldsymbol{r}_{OC_i}\tag{1-19}$$

或

$$\begin{cases}x_C=\dfrac{1}{G}\displaystyle\sum_{i=1}^{k}G_ix_{C_i}\\ y_C=\dfrac{1}{G}\displaystyle\sum_{i=1}^{k}G_iy_{C_i}\\ z_C=\dfrac{1}{G}\displaystyle\sum_{i=1}^{k}G_iz_{C_i}\end{cases}\tag{1-20}$$

证明：

$$\boldsymbol{r}_{OC_i}=\frac{1}{G_i}\int_{G_i}\boldsymbol{r}\,\mathrm{d}G$$

$$\sum_{i=1}^{k}G_i\boldsymbol{r}OG_i=\int_{G_i}\vec{r}\,\mathrm{d}G+\cdots+\int_{GR}\boldsymbol{r}\,\mathrm{d}G=\int_{G}\boldsymbol{k}\,\mathrm{d}G$$

显然式(1-19)成立。

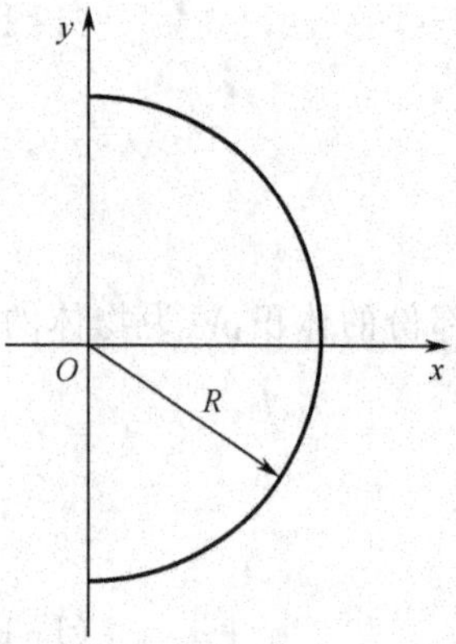

图 1-18

例 1-2 如图 1-18 所示，试求半圆弧均质金属丝的重心位置。

解：建立坐标系 Oxy，由对称性知，重心位置在 x 轴上，设金属丝的横截面积为 A，金属丝的长度为 l，则

$$x_C=\frac{1}{V}\int_V x\,\mathrm{d}V=\frac{1}{Al}\int_l x\,A\,\mathrm{d}l=\frac{1}{l}\int_l x\,\mathrm{d}l$$

采用极坐标，$x=R\cos\theta\left(-\dfrac{\pi}{2}\leqslant\theta\leqslant\dfrac{\pi}{2}\right)$，$\mathrm{d}l=R\mathrm{d}\theta$，$l=\pi R$，得

$$x_C=\frac{1}{\pi R}\int_{-\frac{\pi}{2}}^{\frac{\pi}{2}}R\cos\theta R\,\mathrm{d}\theta=\frac{2R}{\pi}$$

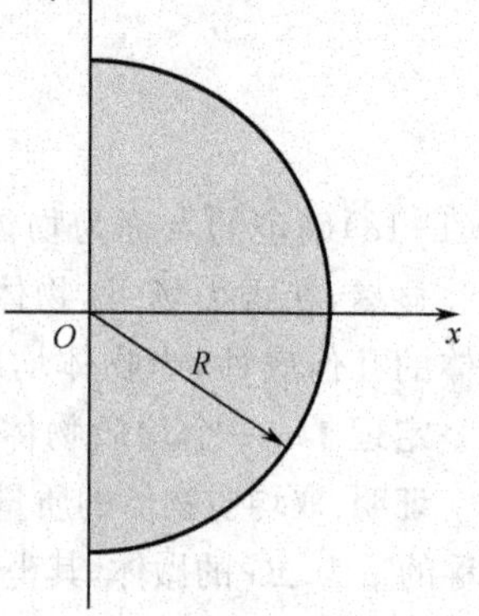

图 1-19

例 1-5 如图 1-19 所示，试求均质半圆薄板的重心位置。

解：建立坐标系 Oxy，由对称性知，重心位置在 x 轴上，设薄板的厚度为 t，面积为 A，则

$$x_C=\frac{1}{V}\int_V x\mathrm{d}V=\frac{1}{At}\int_A xt\mathrm{d}A$$
$$=\frac{1}{A}\int_A x\mathrm{d}A$$

采用极坐标，$x=r\cos\theta(0\leqslant r\leqslant R,-\frac{\pi}{2}\leqslant\theta\leqslant\frac{\pi}{2})$，$\mathrm{d}A=r\mathrm{d}\theta\mathrm{d}r$，$A=\frac{1}{2}\pi R^2$

$$x_C=\frac{1}{\frac{1}{2}\pi R^2}\int_{-\frac{\pi}{2}}^{\frac{\pi}{2}}\mathrm{d}\theta\int_0^R r^2\cos\theta\mathrm{d}r=\frac{4R}{3\pi}$$

例 1-6　试求如图 1-20 所示图形的形心的位置。

解：建立图示直角坐标系，由图形的对称性，形心位置在 x 轴上。把图形分成三个矩形，如图 1-20 所示。

$$x_C=\frac{A_1x_{C_1}+A_2x_{C_2}+A_3x_{C_3}}{A_1+A_2+A_3}$$
$$=\frac{100\times20\times10+60\times20\times50+60\times20\times50}{100\times20+60\times20+60\times20}$$
$$=31.8(\mathrm{mm})$$

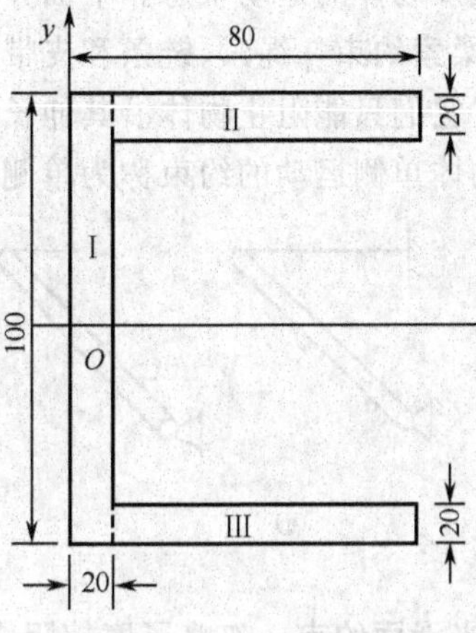

图 1-20

还可以用负面积法来求解上题。图形可以看成一个 100×80 的矩形与一个面积为负的60×60 的矩形叠加而成，因此

$$x_C=\frac{100\times80\times40-60\times60\times50}{100\times80-60\times60}=31.8(\mathrm{mm})$$

例 1-7　试求如图 1-21 所示的三角形分布力系的合力大小及作用点。

解：建立坐标系 Oxy，在 x 处取微段 $\mathrm{d}x$，在此微段上的作用力为 $q(x)\mathrm{d}x$，其中 $q(x)=\frac{q_0}{l}x$，分布力可分成若干个这样的力，形成一个同向平行力系，因此存在合力 $\boldsymbol{F}_C$，其作用点在 x 轴上，距 y 轴为 x_C。显然

$$F_C=\int_0^l q(x)\mathrm{d}x$$

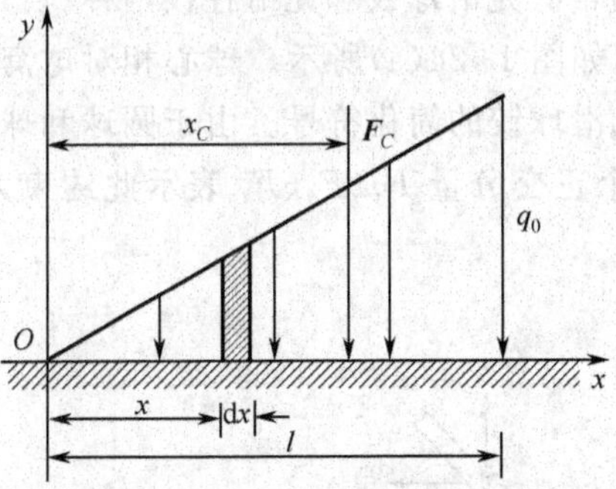

图 1-21

由合力矩定理，对 z 轴取矩，得

$$F_C\cdot x_C=\int_0^l xq(x)\mathrm{d}x$$

故

$$x_C=\frac{1}{F_C}\int_0^l xq(x)\mathrm{d}x=\frac{\int_0^l xq(x)\mathrm{d}x}{\int_0^l q(x)\mathrm{d}x}=\frac{2}{3}l$$

$$y_C=\frac{\int_0^l yq(x)\mathrm{d}x}{\int_0^l q(x)\mathrm{d}x}=0$$

如图 1-21 所示。

对于形状复杂或质量分布不均匀的物体，用式(1-16)或式(1-17)求重心十分困难。工程实际中，往往采用试验方法，如悬挂法、称重法等。

1.4 约束和约束力

对物体空间位置的限制称为约束。约束物体对被约束物体的作用力称为约束力，有时也称为约束反力。

为了便于对物体进行受力分析，常将物体所受的力区分为主动力和约束力。所谓主动力是指那些主动地使物体运动或使物体具有运动趋势的作用力，它们的大小、方向一般都是已知的，如重力、水压力等，有时工程上将主动力称为载荷。约束力是被动未知力，它依赖于主动力、约束的类型及物体的运动状态。下面介绍几种常见约束的约束力。

(1)**柔索约束** 绳索、链条和皮带等不计质量的物体统称为柔索。它们不能伸长，只能受拉力作用。它们只能阻止物体沿其伸长方向的运动，而不能阻止物体沿其缩短方向的运动，这种只限制物体单侧运动的约束称为单侧约束，如图 1-22 所示。

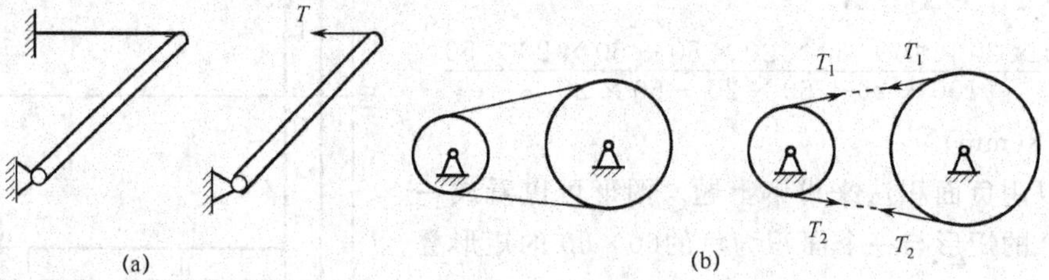

图 1-22

(2)**光滑面约束** 忽略了摩擦阻力的接触面称为光滑面。光滑面的约束力的方向沿接触点处的公法线指向被约束物体，如图 1-23 所示。

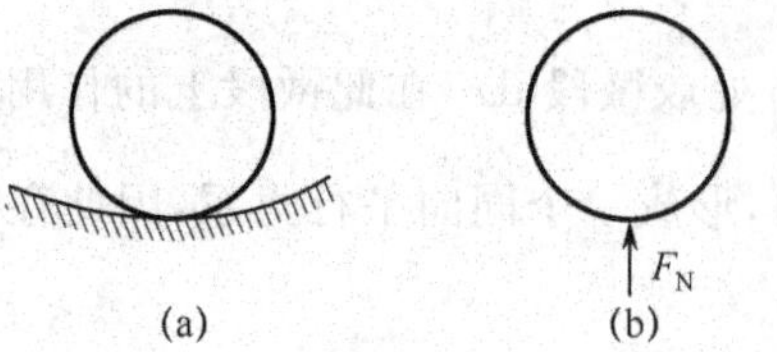

图 1-23

(3)**光滑铰链约束** 这是工程中常见的约束形式。通常有光滑球铰和光滑柱铰两种。

① **光滑球铰** 构件端部为圆球，它被约束在球窝里，如图 1-24(a)所示。球心相对球窝是固定不动的，构件只能绕球心任意转动。图 1-24(b)是光滑球铰的简化符号。由于圆球和球窝的接触点未知，因此约束力的大小、方向都未知，常用三个正交分量 F_x、F_y、F_z 表示此约束力，如图 1-24(b)所示。

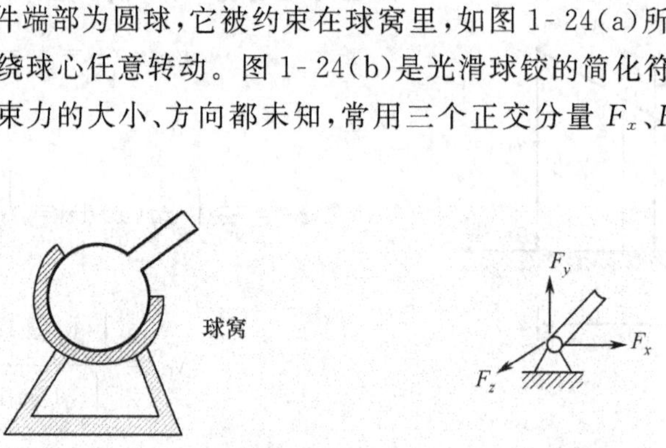

图 1-24

② **光滑柱铰** 用圆柱形销钉连接两个构件所形成的约束，如图 1-25(a)所示。图 1-25(b)

是其简化符号，称为中间铰链约束。销钉与构件的接触是柱面间的线接触，销钉对构件的约束力是分布的同向平行力系。对构件承受平面外力系的情况，约束力的合力可以用两个正交分量 F_x、F_y 表示，如图 1-25(c)所示。F_x、F_y 要通过第 2 章中介绍的平衡方程求解。当求解的值为正时，表示与所设的指向一致，为负时则与所设指向相反，因此所设的 F_x、F_y 的指向并不重要。

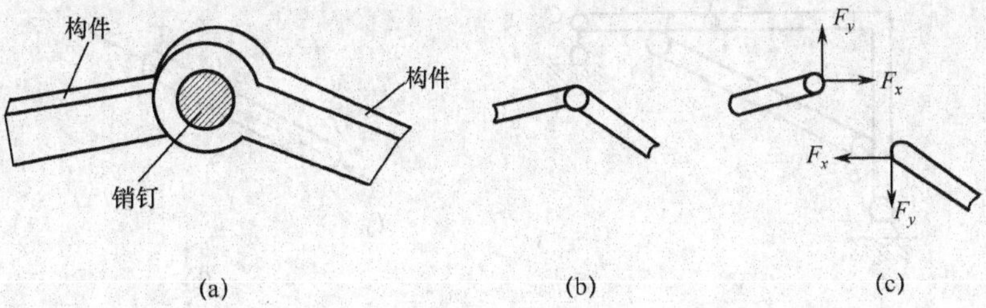

图 1-25

如果上面两个构件中有一个固连于地面，则称这种约束为光滑固定铰支座约束，如图 1-26(a)所示。图 1-26(b)是其简化符号，图 1-26(c)是构件所受的约束力。

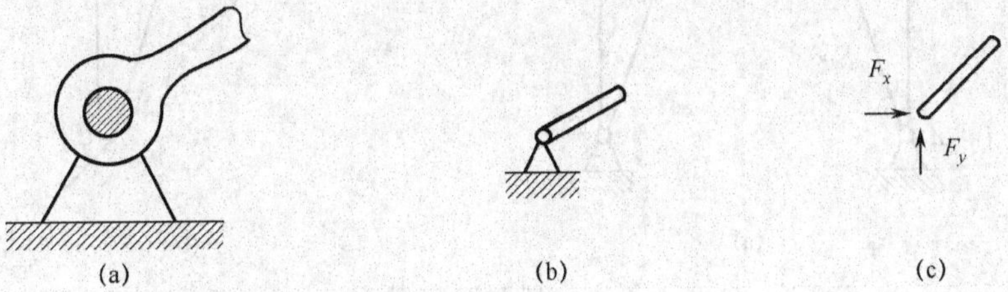

图 1-26

还有一种称为活动铰支座的约束，如图 1-27(a)所示，其简化符号如图 1-27(b)所示。构件所受的约束力方向垂直于地面，如图 1-27(c)所示。

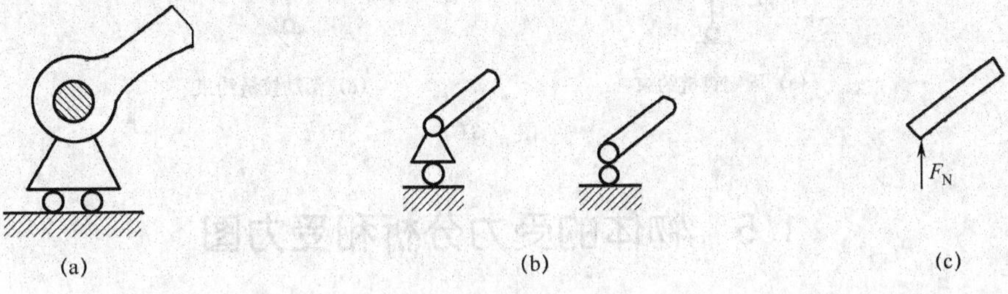

图 1-27

(4)**固定端约束**　地面对电线杆的约束、墙对插入其内的梁的约束(如图 1-28(a))、刀架对固定其上的车刀的约束等都称为固定端约束，这种约束限制构件在约束处的移动和转动，是工程中常见的约束。固定端约束的简化符号如图 1-28(b)所示。固定端的约束力比较复杂，是未知的分布力。对平面力系的情况，可以向某指定点简化，得到一个力和一个力偶，这个力可以用两个大小未知的正交分力来表示，如图 1-28(c)所示。

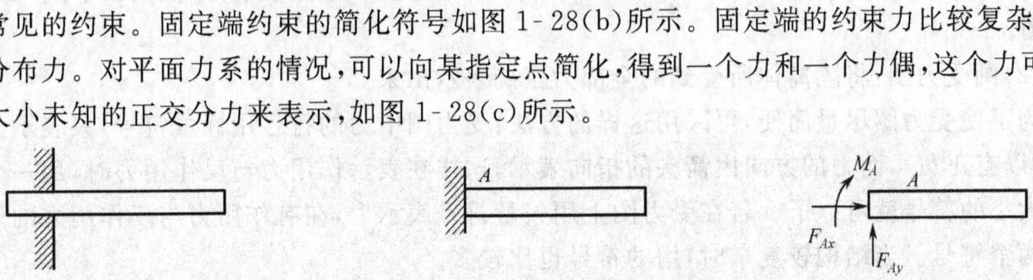

图 1-28

(5)**二力杆构件**　用两个光滑铰链与其他物体连接的构件,且其上不受主动力作用,称为二力杆构件,如图 1-29(a)中的杆 HG、图 1-30(a)中的构件 CB。

由于二力杆构件只在两个光滑铰链处受两个力的作用且处于平衡状态,则由平衡原理知,这两个约束力必大小相等、方向相反、作用线相同。图 1-29(b)中,$F_H=F_G$;图 1-30(b)中,$F_B=F_C$。

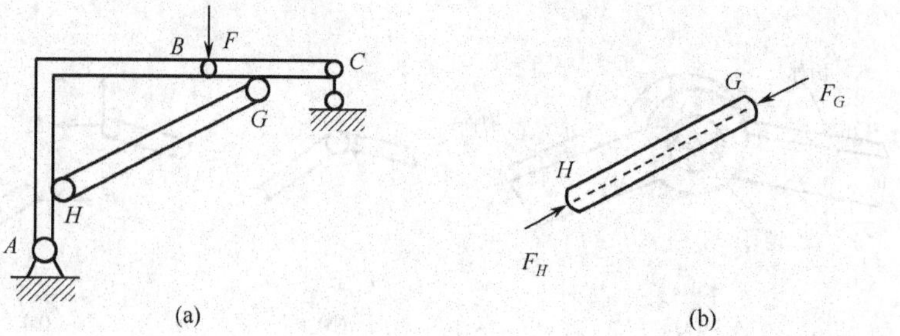

图 1-29

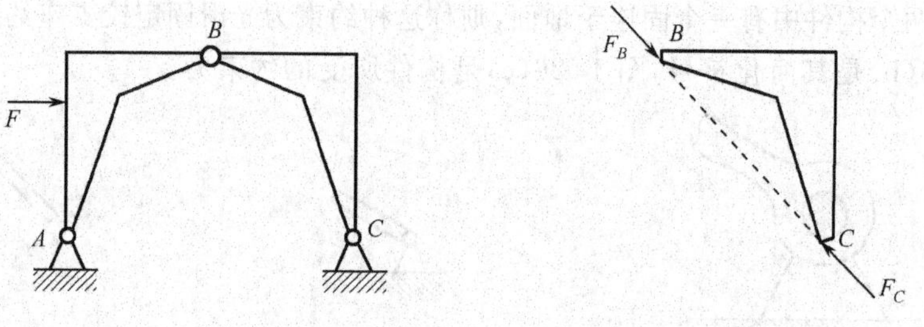

图 1-30

有了二力杆构件的概念,固定铰链约束和活动铰链约束也可以用图 1-31(a)、(b)表示。

(a) 固定铰链约束　　(b) 活动铰链约束

图 1-31

1.5　物体的受力分析和受力图

对物体进行受力分析是处理静力学和动力学问题的基础,是学习理论力学的基本功。受力分析有以下两个步骤:

(1)取隔离体:根据问题的要求,确定研究对象,然后将它从周围的物体中隔离出来,单独画出它的简图。

(2)画受力图:将隔离体所受到的全部力正确表示出来。

为了使受力图尽量简便,可采用这样的方法:受力图中力的符号用标量符号,只表示力的大小(可以有正负),而力的方向由箭头的指向表示,这样在表示作用力与反作用力时,用一个表示力的大小的符号就可以了。若在受力图上用矢量符号表示力,在有作用力与反作用力的地方就要用两个符号。当结构较复杂时,用的符号也比较多。

例 1-8　结构如图 1-32 所示,试画出各构件的受力图。不计自重和摩擦。

解法 1:先从结构中拆解出直杆 AB ,再考虑曲杆 BC ,受力图如图 1-33(a)所示。由于拆解的先后次序，主动力 F 画在曲杆 BC 上。若先从结构中拆解出曲杆 BC，再考虑直杆 AB，受力图如图 1-33(b)所示。这时主动力 F 画在直杆 AB 上。

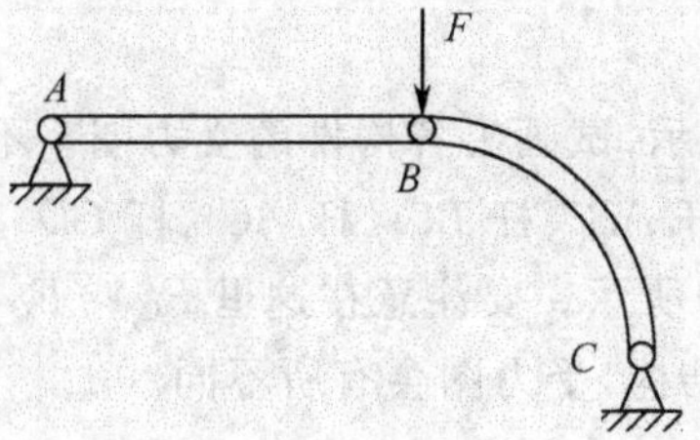

图 1-32

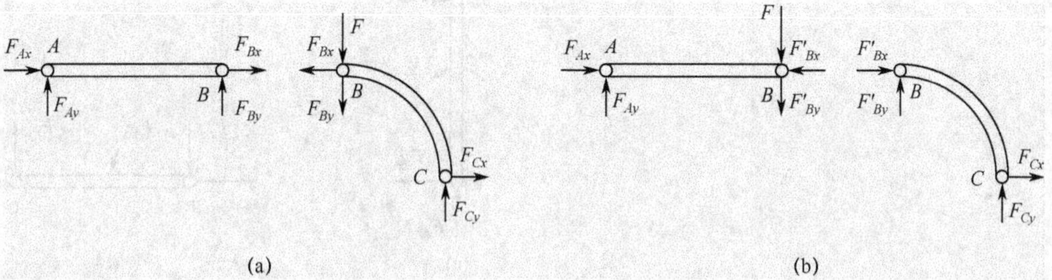

图 1-33

解法 2：直杆 AB 为二力杆，曲杆 BC 也为二力杆，先拆解直杆 AB，再考虑曲杆 BC，受力图如图 1-34 所示。

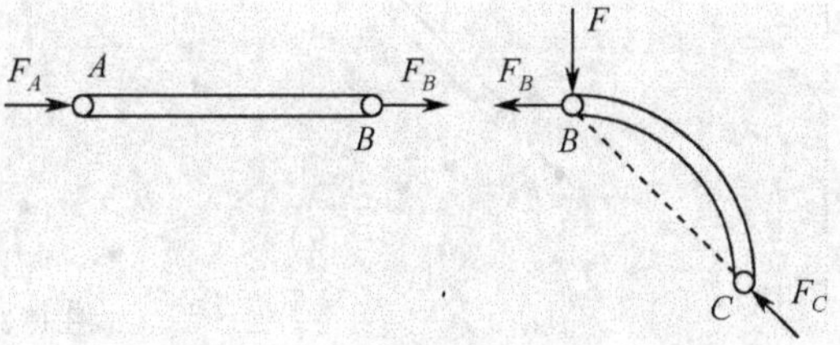

图 1-34

解法 3：直杆 AB 和曲杆 BC 都是二力杆，不管哪根杆先拆或后拆，它们两杆的受力图如图 1-35所示。由于主动力 F 没有显示，受力图是不完整的，这时还必须考虑销钉 B 的受力（相当于先拆解直杆 AB，然后再拆解曲杆 BC，或者先拆解曲杆 BC，然后再拆解直杆 AB，这时留下销钉 B 待考虑，因为销钉上还作用有主动力 F）。

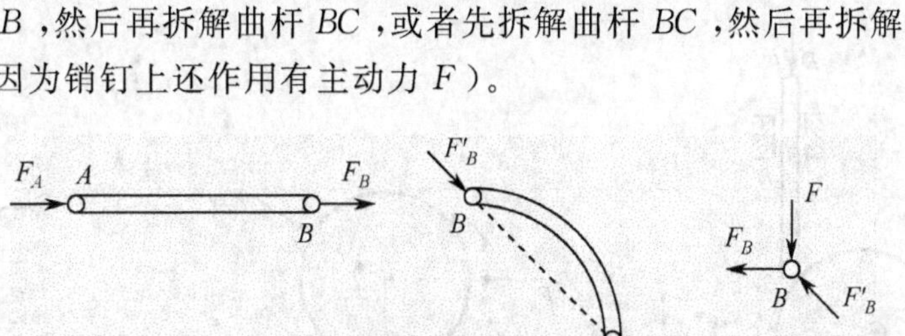

图 1-35

从上面的例子可以看出，在画各构件的受力图时，要按次序拆解结构，由前面的约束力的知识，在构件上画出主动力和约束力，构件与构件的连接部分的受力，一定要符合作用力与反作用力原理。掌握这个规律对有复铰(连接三根及以上的杆的光滑柱铰)的结构的受力分析会轻松很多。由于二力构件受的约束力大小相等、方向相反、作用线重合,因此对二力构件的受力图常沿其约束力的作用线画出,只有一个未知力,而不用两个正交分量表示,以减少未知力的个数。

例 1-9 结构如图 1-36 所示,试画出各构件的受力图。不计自重和摩擦。

解:按下列次序拆解结构:杆 AB、杆 BC、杆 AC、杆 CD,杆 AC 是二力杆,它们的受力图分别如图 1-39(a)、(b)、(c)、(d)所示。要注意在这里 F_{C_x}、F_{C_y} 不是 F_C 的水平、竖直分量,它们是不相干的。按其它次序拆解结构,受力图会有所不同。

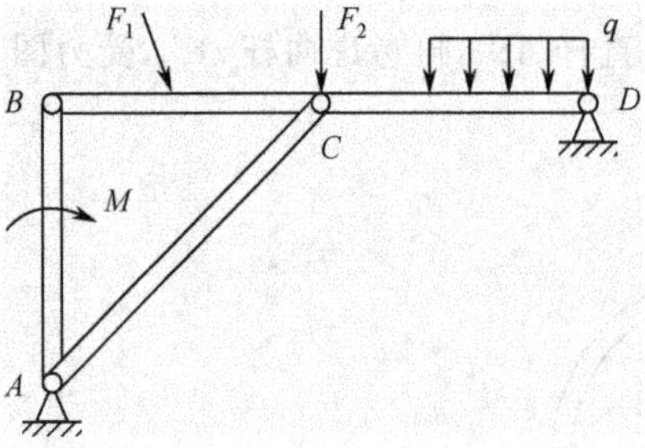

图 1-36

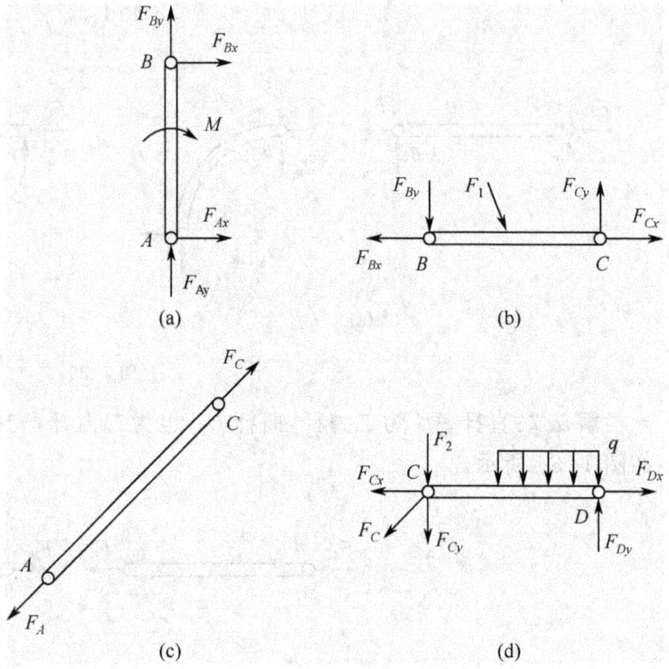

图 1-37

例 1-10 如图 1-38 所示,试分别画出轮 O 及杆 CD 的受力图。不计自重和摩擦。

解:轮 O 的受力图如图 1-39(a)所示。

杆 CD 只存在点 E、H 处与支承接触,受力图如图 1-39(b)所示。

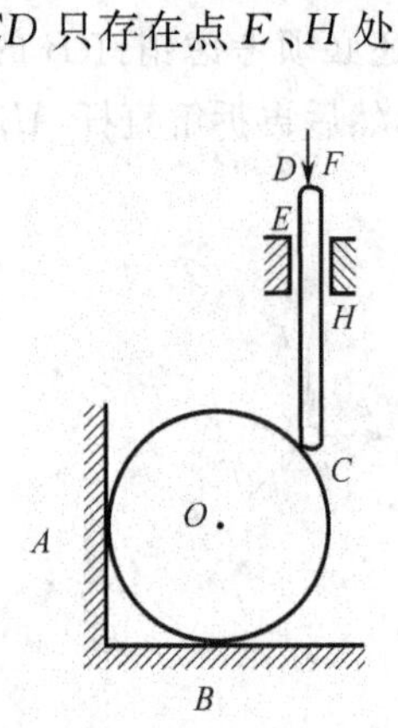

图 1-38

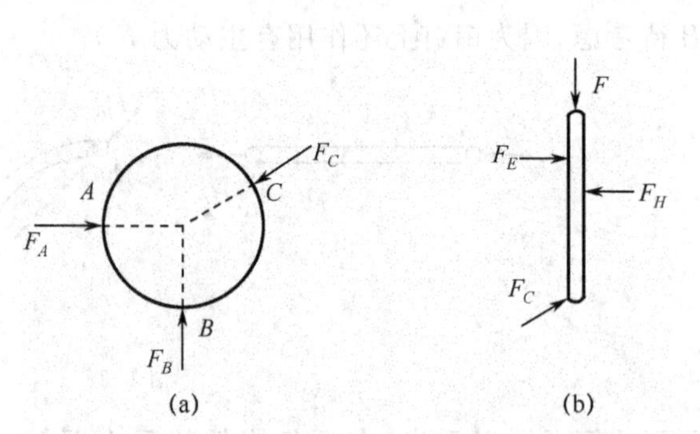

图 1-39

习　题

1-1 力对一点的矩与力偶矩有什么异同?

1-2 力系的主矢与力系的合力有什么异同? 力系对一点的主矩与力系的合力偶有什么异同?

1-3 什么是最简力系? 最简力系有几种?

1-4 任何复杂力系是否都可以用两个大小相等的集中力等效代替?

1-5 一个力系在什么条件下存在合力矩定理? 并用语言表述出来。

1-6 在三角形 ABC 和平行四边形 $ABCD$ 的顶点上作用有图示的力系,试问它们的最简形式分别是什么?

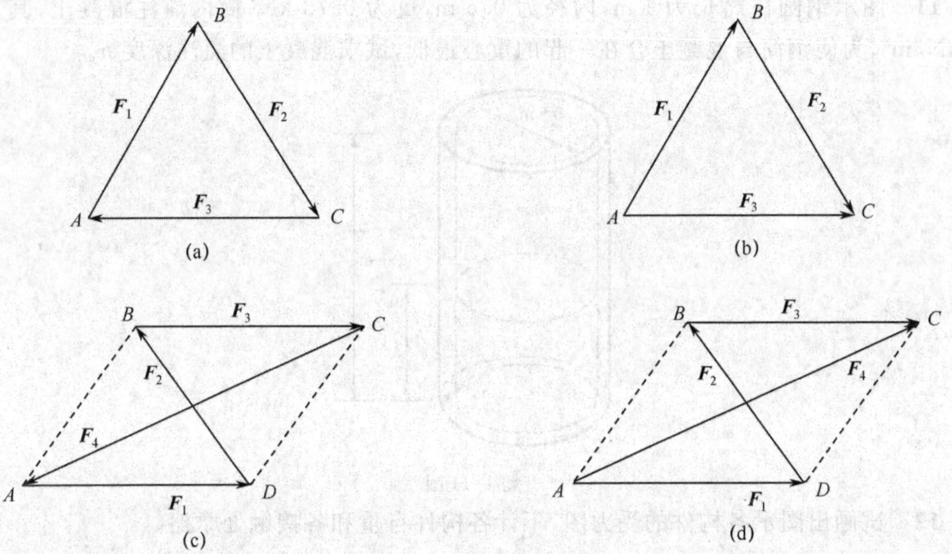

题 1-6 图

1-7 重心与质心是否一定重合? 形心和质心是否一定重合?

1-8 有人总结物体受力分析最关键的三点:①明确研究对象及内力、外力的概念;②标出外力,即主动力和约束力;③内力不出现在受力分析图上。你认为总结得全面吗? 若没有第①点会出现什么情况,试举例说明;若没有第③点会出现什么情况,试举例说明。

1-9 证明:任何一个力系都等效于由两个力矢组成的力系。

1-10 试求下列均质薄板重心的位置。

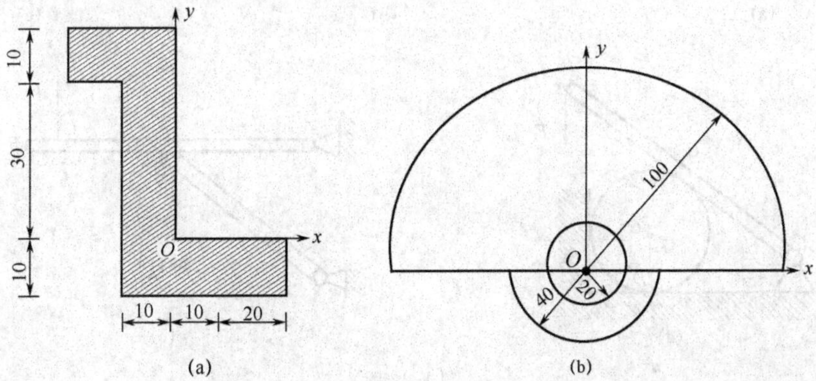

题 1-10 图

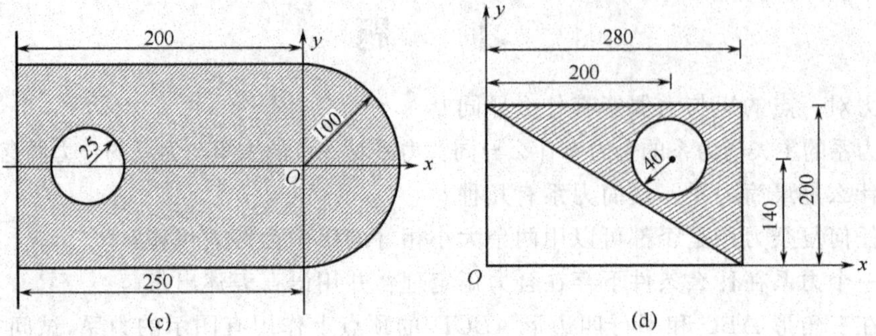

题 1-10 图(续)

1-11 图示钢圆柱筒长为 1 m，内径为 0.5 m，重为 0.75 kN；筒内灌注混凝土，其重度为 23.6 kN/m^3，为使钢筒与混凝土合在一起的重心最低，试求混凝土的灌注深度 h。

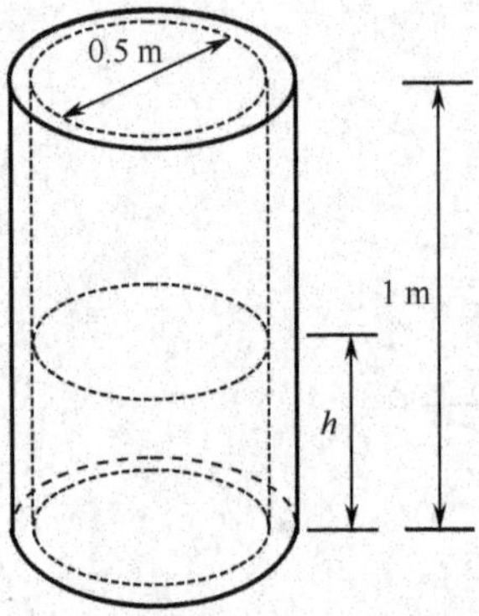

题 1-11 图

1-12 试画出图示各构件的受力图，不计各构件自重和各接触处摩擦。

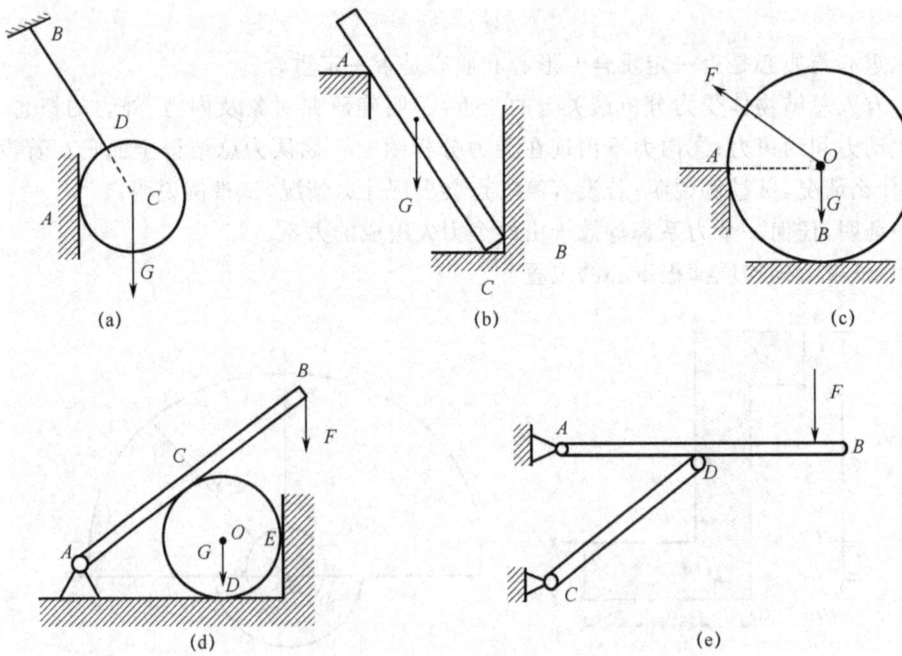

题 1-12 图

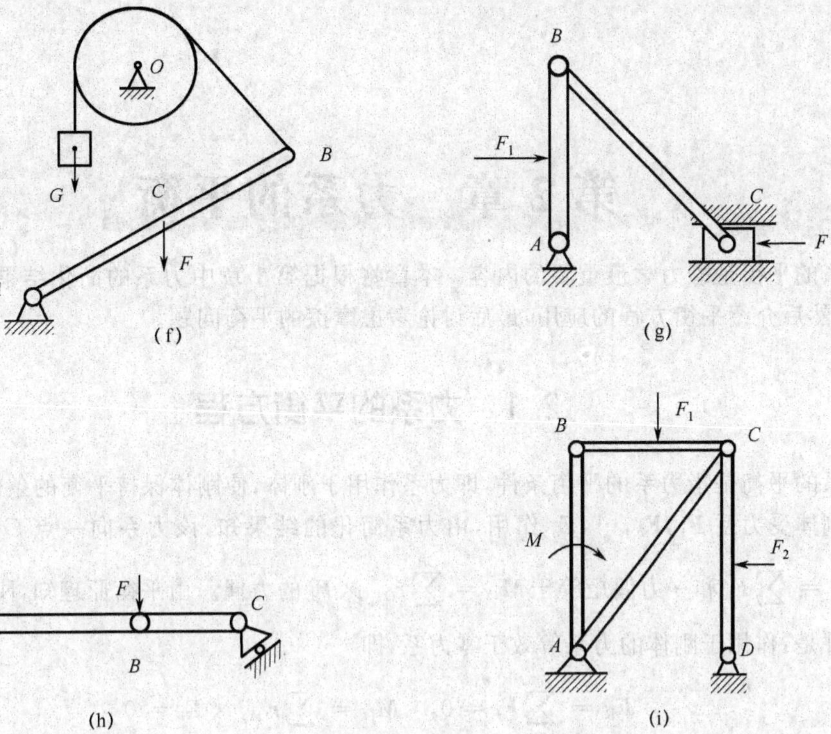

题 1-12 图（续）

第2章　力系的平衡

力系的平衡是静力学最重要的内容。本章将根据第1章中力系的简化结果导出力系的平衡方程，然后介绍平衡方程的应用，最后讨论考虑摩擦的平衡问题。

2.1　力系的平衡方程

力系的平衡是指力系的平衡条件，即力系作用于刚体，使刚体保持平衡的条件。

设刚体受力系 $\boldsymbol{F}_1,\boldsymbol{F}_2,\cdots,\boldsymbol{F}_n$ 作用，由力系简化的结果知，该力系向一点 O 简化可得一力 $\boldsymbol{F}_O=\boldsymbol{F}_{\mathrm{R}}=\sum\limits_{i=1}^{n}\boldsymbol{F}_i$ 和一力偶矩等于 $\boldsymbol{M}_O=\sum\limits_{i=1}^{n}\boldsymbol{r}_{OA_i}\times\boldsymbol{F}_i$ 的力偶。由平衡原理知，刚体保持平衡的充要条件是：作用于刚体的力系等效于零力系，即

$$\boldsymbol{F}_{\mathrm{R}}=\sum_{i=1}^{n}\boldsymbol{F}_i=0,\quad \boldsymbol{M}_O=\sum_{i=1}^{n}\boldsymbol{r}_{OA_i}\times\boldsymbol{F}_i=0 \tag{2-1}$$

这说明力系的主矢和对一点的主矩为零是力系平衡的充要条件。式(2-1)称为力系的平衡方程。满足式(2-1)的力系称为平衡力系。

在具体应用时，常用平衡方程在直角坐标系下的投影式。建立直角坐标系 $Oxyz$。设 $\boldsymbol{F}_i=\{F_{ix},F_{iy},F_{iz}\}(i=1,2,\cdots,n)$，由力对点的矩和力对轴的矩的关系，式(2-1)在直角坐标系下的投影式为

$$\begin{cases}\sum\limits_{i=1}^{n}F_{ix}=0 & \sum\limits_{i=1}^{n}F_{iy}=0 & \sum\limits_{i=1}^{n}F_{iz}=0\\ \sum\limits_{i=1}^{n}M_x(\boldsymbol{F}_i)=0 & \sum\limits_{i=1}^{n}M_y(\boldsymbol{F}_i)=0 & \sum\limits_{i=1}^{n}M_z(\boldsymbol{F}_i)=0\end{cases} \tag{2-2}$$

式(2-2)常写成简略形式为

$$\begin{gathered}\sum F_x=0,\quad \sum F_y=0,\quad \sum F_z=0\\ \sum M_x=0,\quad \sum M_y=0,\quad \sum M_z=0\end{gathered} \tag{2-3}$$

对空间一般力系而言，式(2-3)最多提供6个独立的平衡方程。

下面讨论几个特殊力系的平衡方程。

1. 空间汇交力系

由伐里农定理知，对于汇交力系，各分力对一点的矩的矢量和等于合力对该点的矩，因此当合力为零时，各分力对一点的矩的矢量和一定等于零，即各分力对坐标轴的矩的代数和一定为零，由此可以知，独立的平衡方程为

$$\sum F_x=0,\quad \sum F_y=0,\quad \sum F_z=0 \tag{2-4}$$

尽管独立的平衡方程数不大于3，在具体应用时，并不排斥应用矩方程，即某个投影方程可用对某轴的矩方程代替。

2. 平行力系

设力系平行于 y 轴，则

$$\sum F_x = 0,\quad \sum F_z = 0,\quad \sum M_y = 0$$

是三个恒等式，所以独立的平衡方程为

$$\sum F_y = 0,\quad \sum M_x = 0,\quad \sum M_z = 0 \tag{2-5}$$

独立的平衡方程数不超过 3。

3. 平面力系

设力系的作用平面是 xy 平面，则

$$\sum F_z = 0,\quad \sum M_x = 0,\quad \sum M_y = 0$$

是三个恒等式，所以独立的平衡方程为

$$\sum F_x = 0,\quad \sum F_y = 0,\quad \sum M_z = 0 \tag{2-6}$$

独立的平衡方程数不大于 3。对于平面力系，$\sum M_z = 0$ 常称为对点 O 的矩为零，记为 $\sum M_O = 0$，这是一种简便记法。

了解各种力系的独立平衡方程数是为了分析问题时明确能求解的约束力所包含未知量的个数。若平衡问题中未知约束力所包含的未知量的个数小于或等于独立的平衡方程数，则称这种问题为静定问题，这是可直接求解的问题。若问题中未知约束力所包含未知量的个数大于独立的平衡方程数，则称这种问题为静不定问题或超静定问题，这是在理论力学范围内不能求解的问题。它要通过其他途径去寻求足够多的补充方程。

两个力作用于刚体，使刚体保持平衡，则此二力一定大小相等、方向相反、作用线相同。对三个力的情况有下面定理。

定理 作用于刚体的三个力 $\boldsymbol{F}_1$、$\boldsymbol{F}_2$、$\boldsymbol{F}_3$ 使刚体保持平衡，则此三力必共面，且作用线交于一点。

证明：考虑 $\boldsymbol{F}_1$ 和 $\boldsymbol{F}_2$，此二力的简化结果是：①合力 $\boldsymbol{F}_{12}$；②力偶或力螺旋。显然，后者不可能与 $\boldsymbol{F}_3$ 平衡，因此，只可能是合力 $\boldsymbol{F}_{12}$，并且 $\boldsymbol{F}_{12}$ 与 $\boldsymbol{F}_3$ 有相同的作用线。这说明 $\boldsymbol{F}_1$、$\boldsymbol{F}_2$、$\boldsymbol{F}_3$ 共面。

若 $\boldsymbol{F}_1$ 和 $\boldsymbol{F}_2$ 的作用线相交于一点，则 $\boldsymbol{F}_3$ 的作用线必过此点，否则三力不平衡。若 $\boldsymbol{F}_1$ 和 $\boldsymbol{F}_2$ 平行，则 $\boldsymbol{F}_1$、$\boldsymbol{F}_2$、$\boldsymbol{F}_3$ 是平衡的平行力系，它们的作用线相交于无限远处。

当使用上述定理时，某些平衡问题能起到很大的简化作用。

例 2-1 均质杆 AB 长 $2l$，重 P，放在直径为 r 的光滑圆槽内，如图 2-1 所示，试求杆 AB 平衡时与直径 ED 的夹角 φ 及 A、D 两点处的约束力。

解：杆 AB 的受力分析如图 2-1 所示，杆 AB 所受的力系为平面任意力系。未知约束力为 F_A、F_D，还有一个未知的角度 φ，共三个未知量，可以求解。

建立坐标系 Axy，如图 2-1 所示。

$$\sum F_x = 0,\quad F_A\cos 2\varphi - F_D\sin\varphi = 0 \tag{1}$$

$$\sum F_y = 0,\quad F_A\sin 2\varphi + F_D\cos\varphi - P = 0 \tag{2}$$

$$\sum M_A = 0,\quad F_D \cdot 2r\cos\varphi - Pl\cos\varphi = 0 \tag{3}$$

由式(1)、(2)，得

$$F_A = P\tan\varphi,\qquad F_D = P\frac{\cos 2\varphi}{\cos\varphi} \tag{4}$$

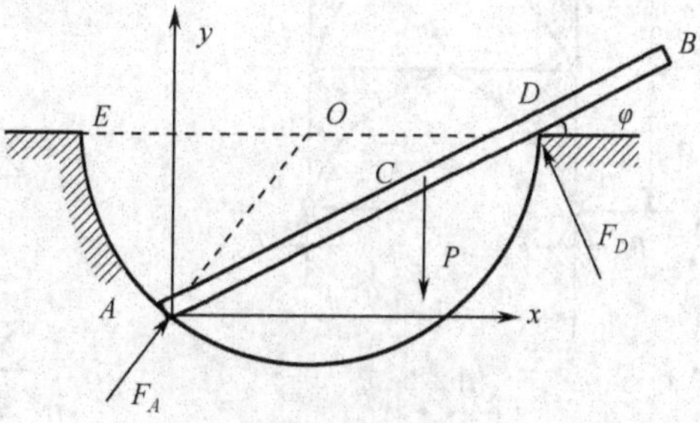

图 2-1

式(4)代入式(3)，得

$$2r\cos 2\varphi - l\cos\varphi = 0$$

即

$$4\cos^2\varphi - \frac{l}{r}\cos\varphi - 2 = 0$$

$$\cos\varphi = \frac{l \pm \sqrt{l^2 + 32r^2}}{8r} \tag{5}$$

由于 $0 < \varphi < \frac{\pi}{2}$，负号不合题意，取

$$\cos\varphi = \frac{l + \sqrt{l^2 + 32r^2}}{8r} \tag{6}$$

式(4)、(6)即是要求的量。

讨论：①显然，$2r\cos\varphi < 2l$，否则 $\boldsymbol{F}_D$ 改变方向指向点 O。

$$\frac{l + \sqrt{l^2 + 32r^2}}{8} < l$$

$$l > \sqrt{\frac{2}{3}}r = \frac{\sqrt{6}}{3}r \tag{7}$$

②$\cos\varphi < 1$，即

$$\frac{l + \sqrt{l^2 + 32r^2}}{8r} < 1$$

$$l < 2r \tag{8}$$

这意味着重心 C 在圆槽内，否则难以平衡。由式(7)、(8)得

$$\frac{\sqrt{6}}{3}r < l < 2r \tag{9}$$

例 2-2 如图 2-2 所示的多拱结构，重量不计。已知拱的尺寸 a 和作用力 F_1、F_2，试求支座 A、B 的约束力。

解：拱结构的受力如图 2-2 所示，它所受的力系为平面任意力系。结构整体有 4 个未知量 F_{Ax}、F_{Ay}、F_{Bx}、F_{By}，但只有三个独立的平衡方程，不能直接求解。由于这是一个刚体系统，有 6 个刚体，一共有 18 个未知约束力分量，而对每个刚体有 3 个独立的平衡方程，因此独立的平衡方程数也是 18 个，问题是可以求解的。下面通过精心选择研究对象来求解问题。

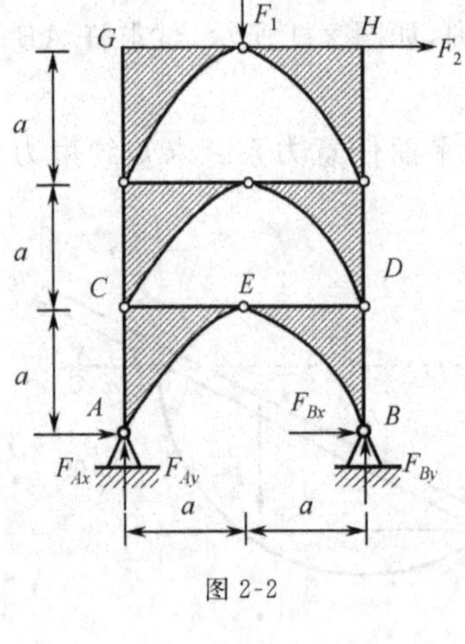

图 2-2

首先，考虑整体。

$$\sum M_A = 0,\quad F_{By}\cdot 2a - F_1\cdot a - F_2\cdot 3a = 0$$

$$F_{By} = \frac{1}{2}(F_1 + 3F_2) \tag{1}$$

$$\sum F_y = 0,\quad F_{Ay} + F_{By} - F_1 = 0$$

$$F_{Ay} = F_1 - F_{By} = \frac{1}{2}(F_1 - 3F_2) \tag{2}$$

$$\sum F_x = 0,\quad F_{Ax} + F_{Bx} + F_2 = 0 \tag{3}$$

F_{Ax}、F_{Bx} 只要有一个确定，另一个便可由式(3)确定。为

此，考虑刚体 BDE，如图 2-3(a)所示。

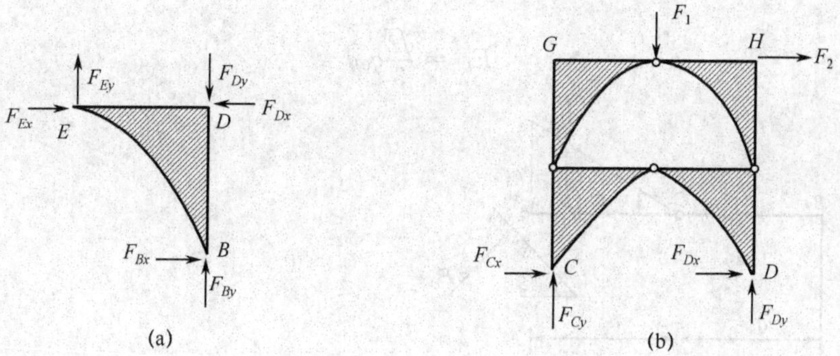

图 2-3

这里有 5 个未知约束力分量，有些是不需要求的，应用对点 E 的矩方程，得

$$\sum M_E = 0,\quad F_{Bx}\cdot a + F_{By}\cdot a - F_{Dy}\cdot a = 0$$

$$F_{Bx} = -F_{By} + F_{Dy} \tag{4}$$

为求 F_{Dy}，考虑 $CDHG$ 部分，如图 2-3(b)所示。

$$\sum M_C = 0,\quad F_{Dy}\cdot 2a - F_1\cdot a - F_2\cdot 2a = 0$$

$$F_{Dy} = \frac{1}{2}(F_1 + 2F_2) \tag{5}$$

由式(3)、(4)、(5)，得

$$F_{Bx} = -\frac{1}{2}F_2,\quad F_{Ax} = -\frac{1}{2}F_2 \tag{6}$$

负号表示 F_{Ax}、F_{Bx} 的方向与所设的方向相反。

平面力系的平衡问题是静力学的重点。从分析问题的独立的平衡方程数和未知约束力所包含未知量数入手，确定问题是静定问题，还是静不定问题；然后，灵活选取研究对象及运用三个基本的平衡方程，直到求得问题的解答。在求解过程中，对矩方程的灵活应用往往可以降低问题求解的复杂性，因为选择适当的矩点(矩心)可以避免方程出现不必要的未知约束力。

对于平面力系的三个基本平衡方程，由于只有一个矩方程，通常称为一矩式。在应用上，还有其他形式的平衡方程可以代替一矩式，但有一些限制条件，它们是

(1)二矩式

$$\sum F_u = 0,\quad \sum M_A = 0,\quad \sum M_B = 0 \tag{2-7}$$

限制条件是 u 轴不能与点 A、B 的连线垂直。

(2)三矩式

$$\sum M_A = 0,\quad \sum M_B = 0,\quad \sum M_C = 0 \tag{2-8}$$

限制条件是点 A、B、C 三点不能共线。

式(2-7)、式(2-8)的证明从略，有兴趣的读者可参考相关文献。

例 2-3 已知 $F=q_0a$，试求图 2-4 所示结构的支座约束力。

解：结构所受的支座约束力如图 2-4 所示，有 F_{Ax}、F_{Ay}、M_A、F_D 四个未知量。考虑整体，结构受的力系为平面一般力系，只有三个独立的平衡方程，不能直接求解。为此，先考虑 CD 部分，受力如图 2-5 所示。根据例 1-4 的结果，得

$$\sum M_C = 0 \quad , \quad \frac{1}{2}q_0 a \cdot \frac{2}{3}a - F_D \cos 45° \cdot a = 0$$

$$F_D = \frac{\sqrt{2}}{3}q_0 a \tag{1}$$

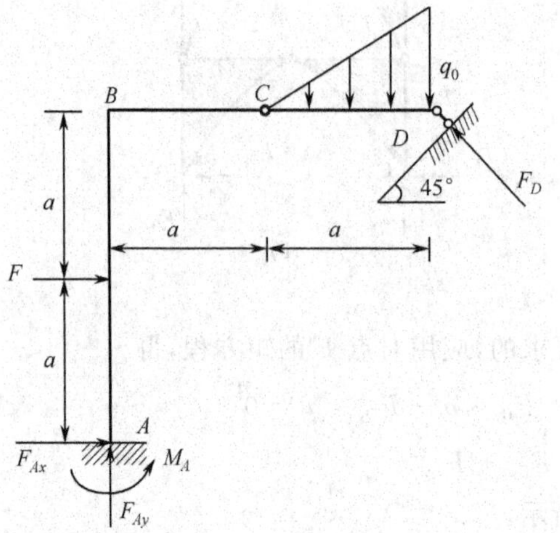

图 2-4

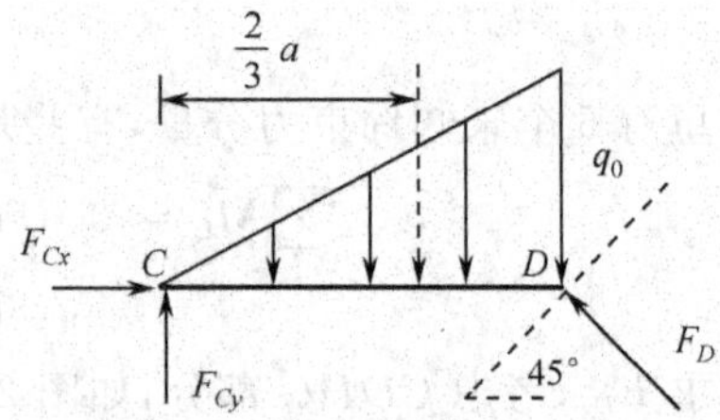

图 2-5

然后，考虑整体，有

$$\sum F_x = 0, \quad F_{Ax} + F - F_D \sin 45° = 0$$

$$F_{Ax} = \frac{\sqrt{2}}{2}F_D - F = -\frac{2}{3}q_0 \tag{2}$$

$$\sum F_y = 0, \quad F_{Ay} - \frac{1}{2}q_0 a + F_D \cos 45° = 0$$

$$F_{Ay} = \frac{1}{2}q_0 a - \frac{\sqrt{2}}{2}F_D = \frac{1}{6}q_0 a \tag{3}$$

$$\sum M_A = 0 \qquad M_A - F \cdot a - \frac{1}{2}q_0 a \cdot \frac{5}{3}a + F_D \cos 45° \cdot 2a + F_D \sin 45° \cdot a = 0$$

$$M_A = Fa + \frac{5}{6}q_0 a^2 - \frac{3\sqrt{2}}{2}F_D a = \frac{5}{6}q_0 a^2$$

考虑整体时，也可用二矩式或三矩式方程进行求解。

下面的例子是关于空间一般力系的。

例 2-4 自重可不计的直杆 AC，一端以光滑球铰 A 与地面相连，另一端挂一重为 W 的重物，在点 B 系两根与铅垂墙面相连的绳子，在图 2-6 所示的位置（两绳在同一水平面内）处于平衡。试求球铰链 A 处的约束力和两绳的张力。

解：建立坐标系 $Oxyz$，直杆 AC 的受力分析如图 2-6所示。有 F_{Ax}、F_{Ay}、F_{Az}、T_1、T_2 五个未知约束力，这是空间力系，最多有 6 个独立的平衡方程，可以求解。

$$\sum M_x = 0 \quad , \quad F_{Ay} \cdot c - W(a+b) = 0$$

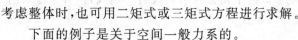

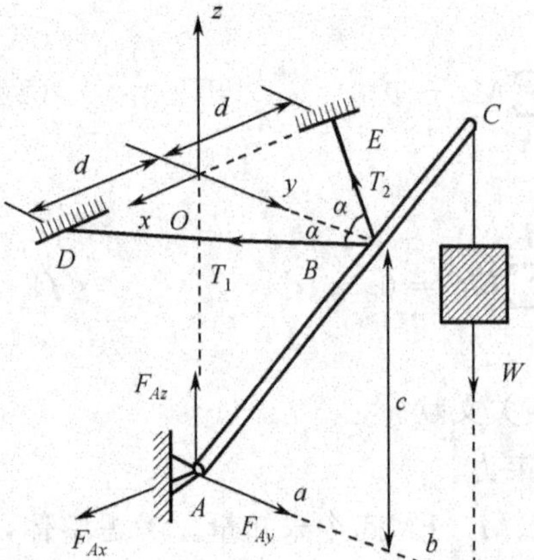

图 2-6

$$F_{Ay} = \frac{a+b}{c}W \tag{1}$$

$$\sum M_y = 0, \quad F_{Ax} \cdot c = 0$$

$$F_{Ax} = 0 \tag{2}$$

$$\sum M_z = 0, \quad -T_1 \sin\alpha \cdot a + T_2 \sin\alpha \cdot a = 0$$

$$T_1 = T_2 \tag{3}$$

$$\sum F_y = 0, \quad -T_1 \cos\alpha - T_2 \cos\alpha + F_{Ay} = 0$$

$$T_1 = T_2 = \frac{a+b}{2c \cdot \cos\alpha}W = \frac{(a+b)\sqrt{a^2+d^2}}{2ac}W \tag{4}$$

$$\sum F_z = 0, \quad F_{Az} - W = 0$$

$$F_{Az} = W \tag{5}$$

这里还有一个方程$\sum F_x = 0$没有用到。

$$\sum F_x = 0, \quad F_{Ax} + T_1 \sin\alpha - T_2 \sin\alpha = 0$$

上式并不独立，是方程 $\sum M_z = 0$ 和方程 $\sum M_y = 0$ 的线性组合。只所以出现这种情况是因为这个力系各力的作用线都通过杆 AC，因此力系对 AC 轴的矩恒为零，从而独立的平衡方程数减少了一个。

2.2 桁　架

桁架是由二力直杆组成的一种承载结构。二力直杆间的连接点称为桁架的节点。

桁架是一种比较理想的力学模型。铁路桥梁、屋架、电视发射架、建筑用起重机架等都可以看成桁架结构。

在理论力学中仅讨论静定桁架，即桁架各杆的内力都可以由平衡方程求得。求解桁架中杆的内力的方法有两种：节点法和截面法。所谓节点法是以桁架节点为研究对象，考察它的平衡。所谓截面法是以桁架某一部分为研究对象，用假想的截面把这部分从桁架中分离出来，考虑它的平衡。对于平面桁架（即桁架所受的内力和外力的作用线在同一平面内），节点法处理的是平面共点力系，截面法处理的是平面一般力系。下面以例子加以说明。

例 2-5　如图 2-7 所示，已知 $F_1 = 20$ kN，$F_2 = 4\sqrt{3}$ kN，试求桁架中杆 4、5、6 的内力。

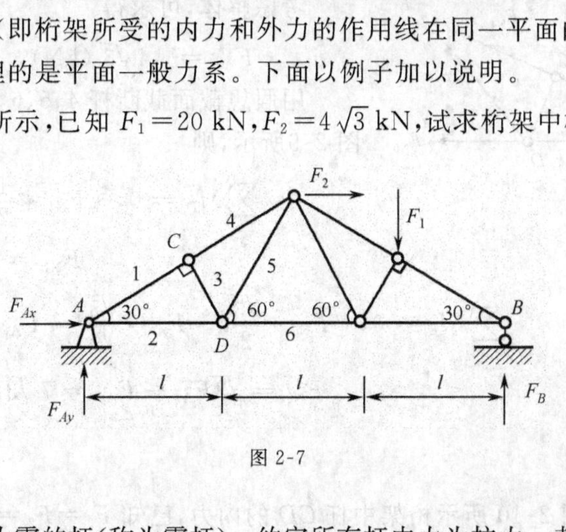

图 2-7

解法 1：节点法

先判断结构中内力为零的杆（称为零杆）。约定所有杆内力为拉力。考虑节点 C，如图 2-8(b)

所示，有 $F_{N3}=0$。同理，杆 5 为零杆，即 $F_{N5}=0$。

整体考虑，如图 2-7 所示。

$$\sum F_x=0,\quad F_{Ax}+F_2=0$$

$$F_{Ax}=-F_2=-4\sqrt{3}(\text{kN})$$

$$\sum M_B=0,\quad F_{Ay}\cdot 3l-F_1\cdot\left(\frac{3}{4}l\right)+F_2\cdot\left(\frac{\sqrt{3}}{2}l\right)=0$$

$$F_{Ay}=\frac{1}{4}F_1-\frac{\sqrt{3}}{6}F_2=3\ (\text{kN})$$

考虑节点 A，如图 2-8(a)所示，

$$\sum F_y=0,\quad F_{N1}\sin 30^\circ+F_{Ay}=0$$

$$F_{N_1}=-2F_{Ay}=-6\ (\text{kN})$$

$$\sum F_x=0,\quad F_{N1}\cos 30^\circ+F_{N2}+F_{Ax}=0$$

$$F_{N2}=-F_{Ax}-\frac{\sqrt{3}}{2}F_{N1}=7\sqrt{3}\ (\text{kN})$$

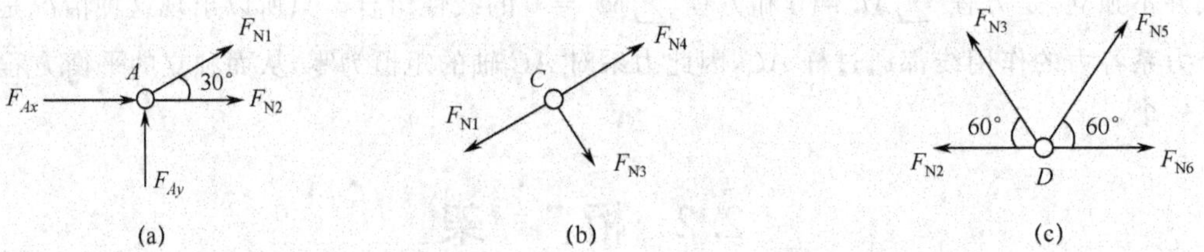

图 2-8

考虑节点 C，如图 2-8(b)所示，可得

$$F_{N4}=F_{N1}=-6\ (\text{kN})$$

考虑节点 D，如图 2-8(c)所示，可得

$$F_{N6}=F_{N2}=7\sqrt{3}\ (\text{kN})$$

解法 2：截面法

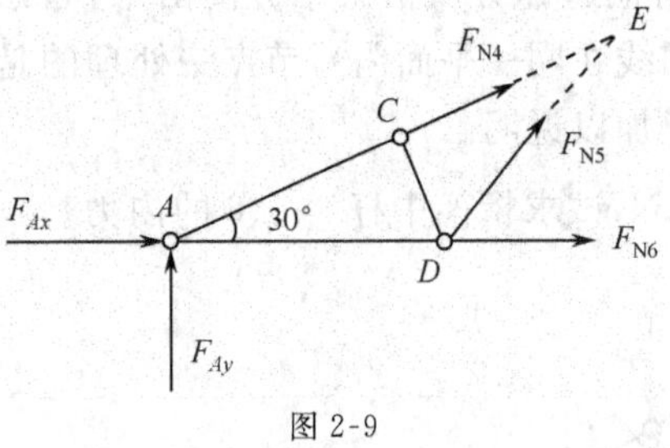

图 2-9

考虑整体，可求得

$$F_{Ax}=-4\sqrt{3}\ (\text{kN}),\quad F_{Ay}=3\ (\text{kN})$$

用假想截面截断杆 4、5、6，考虑 ACD 部分，受力如图 2-9所示，则

$$\sum M_D=0,\quad F_{N4}\cdot\frac{1}{2}l+F_{Ay}\cdot l=0$$

$$F_{N4}=-2F_{Ay}=-6\text{kN}$$

$$\sum M_E=0,\quad F_{N6}\cdot\frac{\sqrt{3}}{2}l+F_{Ax}\cdot\frac{\sqrt{3}}{2}l-F_{Ay}\frac{3}{2}l=0$$

$$F_{N6}=\sqrt{3}F_{Ay}-F_{Ax}=7\sqrt{3}\text{kN}$$

显然，$F_{N5}=0$。

例 2-6　试求如图 2-10 所示桁架中杆 CD 的内力，已知 $F_1=F_2=F$。

解：由于桁架的构造，用节点法求解，要求解联立方程组。下面用截面法来求解。

考虑整体，受力如图 2-10 所示。

$$\sum M_A = 0,\quad F_B \cdot 3a - F_1 \cdot a - F_2 \cdot 2a = 0$$

$$F_B = F$$

用截面截断杆 AE、CD 和 BG，以 BED 为研究对象，受力如图 2-11 所示，以线段 AE 和 BG 的延长线的交点 K 为矩心。

$$\sum M_K = 0,\quad F_B \cdot \frac{3}{2}a - F_2 \cdot \frac{1}{2}a - F_{CD} \cdot 3a\sin 60^\circ = 0$$

$$F_{CD} = \frac{2\sqrt{3}}{9}F$$

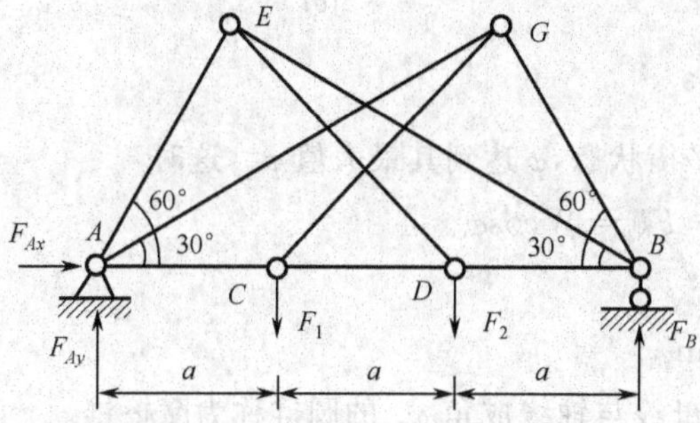

图 2-10

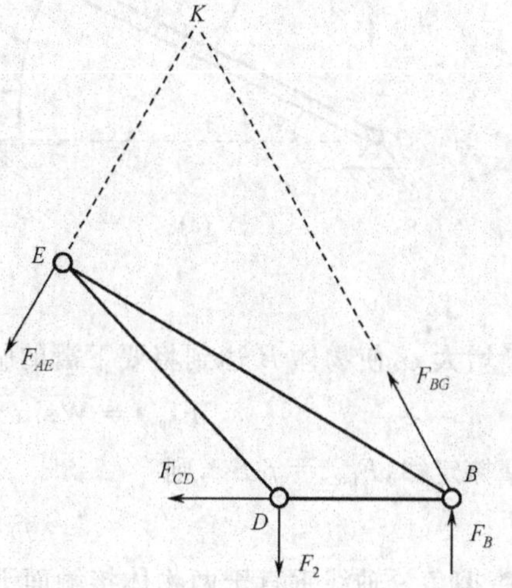

图 2-11

2.3 摩　擦

如果两个物体接触，那么在接触处会产生一对相互作用的力，如图 2-12 所示。图中 $\boldsymbol{F}$ 是物体 B 对物体 A 的作用力，$\boldsymbol{F}'$ 是 $\boldsymbol{F}$ 的反作用力。由于两物体在接触处并不光滑，$\boldsymbol{F}$ 的方向并不沿公切面的法线方向，因此公切面上有 $\boldsymbol{F}$ 的分力 $\boldsymbol{F}_\mathrm{f}$，以阻碍物体间的相对运动，这种现象称为摩擦。$\boldsymbol{F}_\mathrm{f}$ 称为摩擦力。如果两个物体在接触处没有相对滑动，这种摩擦称为静滑动摩擦，简称静摩擦，否则称为动滑动摩擦，简称动摩擦。

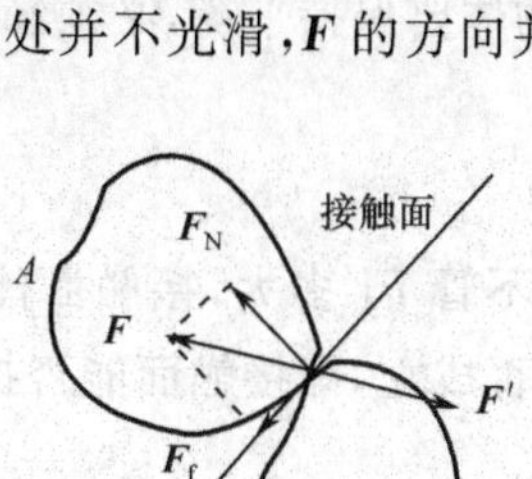

图 2-12

实验表明，静摩擦力 $\boldsymbol{F}_\mathrm{f}$ 的大小不超过一个最大值 F_fmax，F_fmax 与法向力 $\boldsymbol{F}_\mathrm{N}$ 的大小成正比，即

$$F_\mathrm{f} \leqslant F_\mathrm{fmax} \tag{2-9}$$

$$F_\mathrm{fmax} = f_\mathrm{s} F_\mathrm{N} \tag{2-10}$$

式中，f_s 是一个与两个接触物体的材料、接触处的状况相关的因数，称为静摩擦因数。对于动摩擦力 $\boldsymbol{F}_\mathrm{f}$，其大小也与法向力 $\boldsymbol{F}_\mathrm{N}$ 的大小成正比

$$F_\mathrm{f} = fF_\mathrm{N} \tag{2-11}$$

式中，f 称为动摩擦因数。在一般情况下，f 略小于 f_s，在精度要求不高的问题中，可以近似认为两者相等。式(2-10)、式(2-11)称为库仑摩擦定律。

用斜面实验可以简单确定静摩擦因数 f_s，方法如下：

把要测的两个物体的材料分别做成一可绕轴 O 转动的平板 OA 和物块 B，并使两者表面情况符合预定要求，如图 2-13(a)所示。当 φ 较小时，物块 B 在斜面上静止，其受力如图 2-13(b)所示。显然

$$F_f = W\sin\varphi \qquad F_N = W\cos\varphi$$

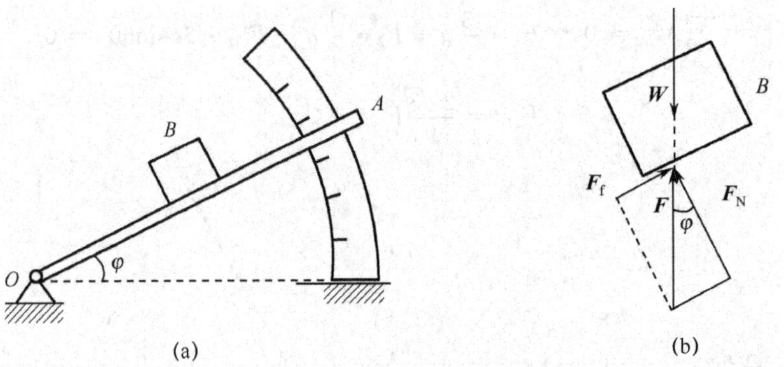

图 2-13

逐渐增大 φ，使物体 B 达到将要下滑的临界平衡状态，φ 达到其最大值 φ_m，这时

$$F_{fmax} = W\sin\varphi_m \qquad F_N = W\cos\varphi_m$$

由库仑摩擦定律，$F_{fmax}=f_sF_N$，则

$$f_s = \tan\varphi_m$$

φ_m 称为摩擦角。轴线垂直于两物体接触面平面，母线与轴线成角 φ_m 的圆锥称为摩擦锥。

定理　如果作用于物体上的主动力的合力作用线在摩擦锥内，则不论主动力合力的大小怎样，物体仍将保持平衡。这种现象称为自锁。

证明：如图 2-14 所示，作用于物体上的主动力的合力 $\boldsymbol{F}_1$ 与接触面的法线方向的夹角 $\varphi\leqslant\varphi_m$，物体受到的约束力分力为 $\boldsymbol{F}_f$、$\boldsymbol{F}_N$。

物体要保持平衡，必须满足

$$F_f = F_1\sin\varphi \tag{1}$$

$$F_N = F_1\cos\varphi \tag{2}$$

显然，不管 F_1 多大，接触面能提供约束力 $F_N=F_1\cos\varphi$，即式(2)能满足，因此问题的关键是式(1)能否成立，即接触面能否提供足够大的摩擦力。由于

$$F_f = F_1\cos\varphi\tan\varphi = F_N\tan\varphi \leqslant \tan\varphi_m F_N = f_sF_N$$

上式表明地面能提供足够大的摩擦力，因此物体仍将保持平衡。

在摩擦问题中，正确判断摩擦力的方向非常重要。判断摩擦力方向的基本原则是：静摩擦力的方向总是与物体相对滑动趋势相反；动摩擦力的方向总是与物体相对滑动方向相反。若摩擦力的方向很难判断，那么在应用摩擦定律时摩擦力要用绝对值形式。

例 2-7　斜面上重物的自锁问题。如图 2-15 所示，物体重为 W，放在倾角为 φ 的斜面上，物体与斜面的摩擦角为 φ_m。当$\varphi\leqslant\varphi_m$ 时，重力作用线在摩擦锥内，不管物体多重，都不会下滑，处于自锁状态；当 $\varphi>\varphi_m$ 时，物体下滑，因为斜面能提供的约束力的作用线只能在摩擦锥内，这时重力作用线与约束力作用线不重合，即不能平衡。

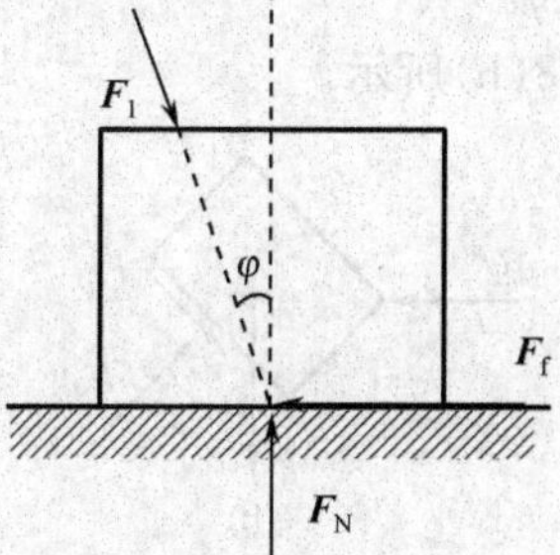

图 2-14

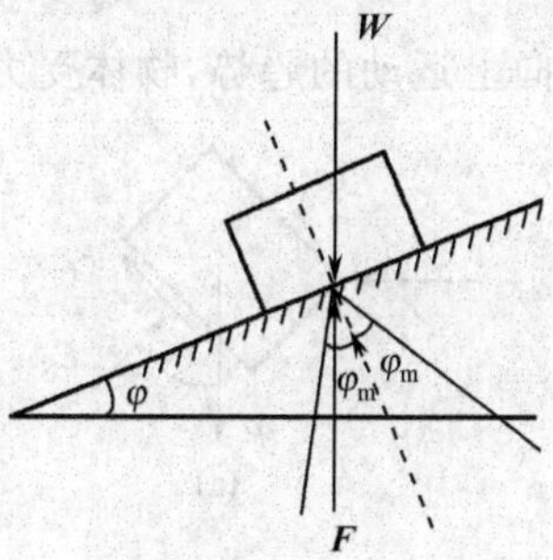

图 2-15

例 2-8 楔形槽的摩擦问题。

如图 2-16 所示，楔体在主动力 F 作用下，斜面产生法向约束力 F_N，由于没有滑动趋势，图平面内沿斜面并不产生摩擦力。由平衡方程得

$$F = 2F_N \sin\alpha$$

$$F_N = \frac{F}{2\sin\alpha}$$

当楔体受垂直图平面方向的作用力而没有滑动时，斜面上产生的摩擦力也沿垂直图平面的方向，楔体受到的总摩擦力为

$$F_f \leqslant 2f_s F_N = \frac{f_s}{\sin\alpha}F = f'_s F$$

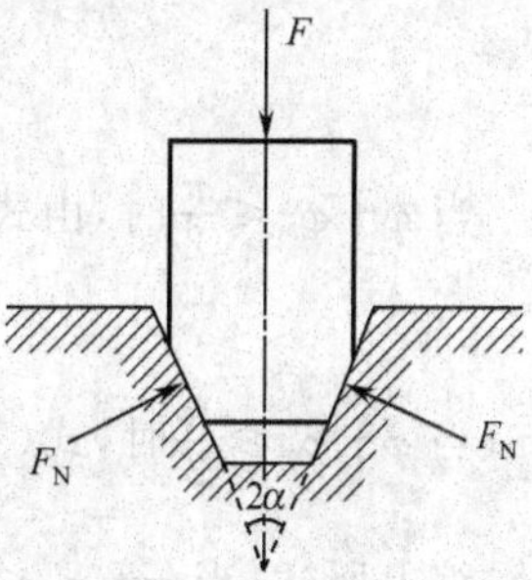

图 2-16

式中，f_s 是楔体与斜面的静摩擦因数，$f'_s = \dfrac{f_s}{\sin\alpha}$，显然 $f'_s > f_s$，即楔体沿槽方向受到的摩擦力比平面上的情况大 $\dfrac{1}{\sin\alpha}$ 倍，这意味着利用摩擦力传递力，楔形槽要比平面大 $\dfrac{1}{\sin\alpha}$ 倍。工程实际中，传动轮上的梯形截面皮带就是根据这个原理设计的。

例 2-9 如图 2-17 所示，斜面上的物体重 P，物体与斜面间的静摩擦因数为 f_s，斜面倾角为 φ，且 $\varphi > \varphi_m$（$\tan\varphi_m = f_s$），试求能维持物体在斜面上静止所需的水平力 Q 的大小。

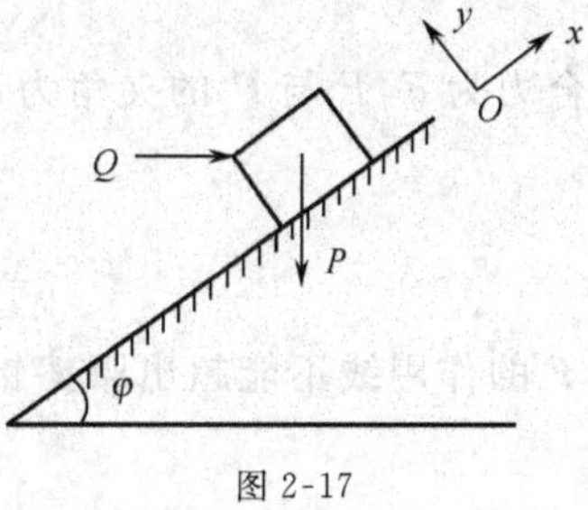

图 2-17

解法 1：物体有向上、向下两种滑动趋势，建立坐标系 Oxy，如图 2-17 所示。

(1) 设物体有向下滑动的趋势，物体受力如图 2-18(a) 所示。

$$\sum F_x = 0, \quad Q\cos\varphi + F_f - P\sin\varphi = 0$$

$$F_f = -Q\cos\varphi + P\sin\varphi$$

$$\sum F_y = 0, \quad F_N - Q\sin\varphi - P\cos\varphi = 0$$

$$F_N = Q\sin\varphi + P\cos\varphi$$

但

$$F_f \leqslant f_s F_N = \tan\varphi_m F_N$$

$$-Q\cos\varphi + P\sin\varphi \leqslant \tan\varphi_m (Q\sin\varphi + P\cos\varphi)$$

$$Q \geqslant P\tan(\varphi - \varphi_m) \tag{1}$$

(2)设物体有向上运动的趋势，物体受力如图 2-18(b)所示。

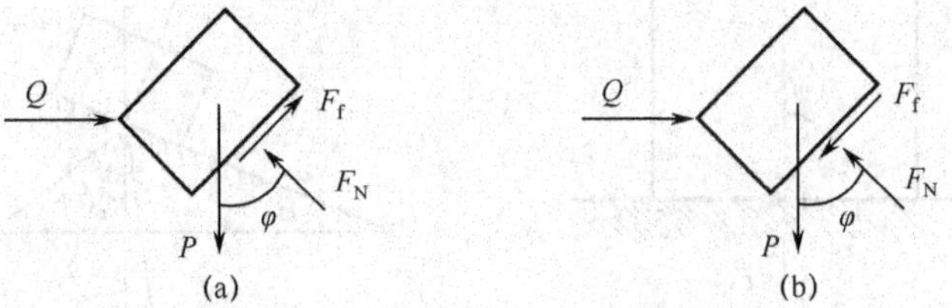

图 2-18

$$\sum F_x = 0,\quad Q\cos\varphi - F_f - P\sin\varphi = 0$$

$$F_f = Q\cos\varphi - P\sin\varphi$$

$$\sum F_y = 0,\quad F_N - Q\sin\varphi - P\cos\varphi = 0$$

$$F_N = Q\sin\varphi + P\cos\varphi$$

但

$$F_f \leqslant f_s F_N = \tan\varphi_m F_N$$

$$Q\cos\varphi - P\sin\varphi \leqslant \tan\varphi_m(Q\sin\varphi + P\cos\varphi)$$

$$Q\cos(\varphi + \varphi_m) \leqslant P\sin(\varphi + \varphi_m) \tag{2}$$

当 $\varphi + \varphi_m < \frac{\pi}{2}$ 时，由式(2)得

$$Q \leqslant P\tan(\varphi + \varphi_m) \tag{3}$$

当 $\varphi + \varphi_m \geqslant \frac{\pi}{2}$ 时，式(2)恒成立，即不论 Q 多大，物体保持静止，处于自锁状态。

综上所述，当 $\varphi + \varphi_m < \frac{\pi}{2}$ 时，

$$P\tan(\varphi - \varphi_m) \leqslant Q \leqslant P\tan(\varphi + \varphi_m)$$

当 $\varphi + \varphi_m \geqslant \frac{\pi}{2}$ 时，

$$Q \geqslant P\tan(\varphi - \varphi_m)$$

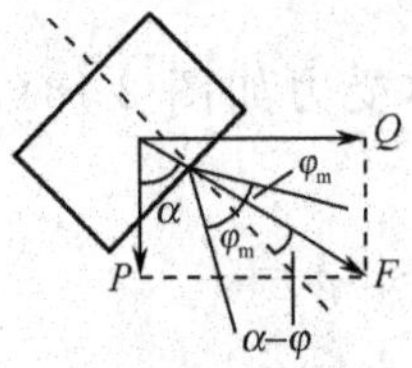

图 2-19

解法 2：以物体为研究对象，Q 和 P 的合力为 F，F 与 P 的夹角为 α，如图 2-19 所示，则

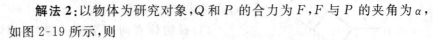

$$\tan\alpha = \frac{Q}{P} \tag{4}$$

画出摩擦锥，则物体平衡时主动力的合力 $\boldsymbol{F}$ 的作用线不能超出摩擦锥，如图 2-19所示。即

$$|\alpha - \varphi| \leqslant \varphi_m$$

展开

$$\varphi - \varphi_m \leqslant \alpha \leqslant \varphi + \varphi_m \tag{5}$$

当 $\varphi + \varphi_m < \frac{\pi}{2}$ 时，

$$\tan(\varphi - \varphi_m) \leqslant \tan\alpha \leqslant \tan(\varphi + \varphi_m)$$

即

$$P\tan(\varphi-\varphi_m)\leqslant Q\leqslant P\tan(\varphi+\varphi_m)$$

当 $\varphi+\varphi_m\geqslant\frac{\pi}{2}$ 时，由于 $0<\alpha<\frac{\pi}{2}$，得

$$\varphi-\varphi_m\leqslant\alpha<\frac{\pi}{2}$$

$$\tan(\varphi-\varphi_m)\leqslant\tan\alpha<+\infty$$

即

$$P\tan(\varphi-\varphi_m)\leqslant Q<+\infty$$

例 2-10 如图 2-20 所示，重为 P 的均质长方形木块放置在水平桌面上，已知木块的长为 a，高为 h，与桌面间的静摩擦因数为 f_s，若主动力 F 水平向右作用于木块的左侧上，试求木块保持平衡的力 F 的大小。

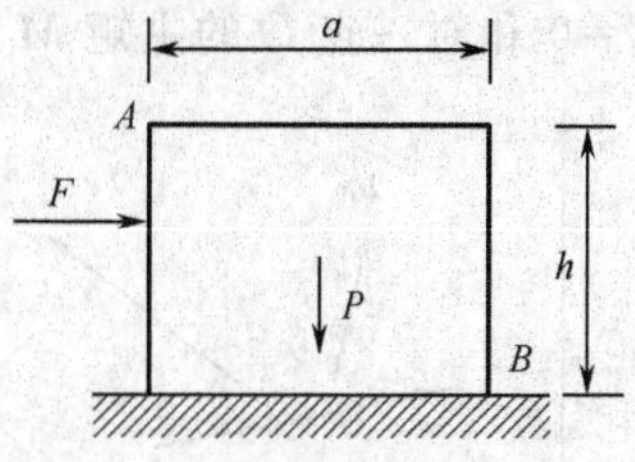

图 2-20

解：由于考虑木块的尺寸，木块有两种可能的运动趋势：滑动和绕点 B 的转动。

(1)当木块有滑动趋势时，木块的受力如图 2-21(a)所示。

$$\sum F_x=0,\quad F-F_f=0$$

$$F_f=F$$

$$\sum F_y=0,\quad F_N-P=0$$

$$F_N=P$$

不滑动的条件为

$$F_f\leqslant f_sF_N$$

$$F\leqslant f_sP \tag{1}$$

(2)当木块有绕点 B 转动的趋势时，力 F 作用在木块左侧最高点 A 最容易发生这种翻倒趋势，木块的受力如图 2-21(b)所示。

$$\sum M_B=0,\quad F\cdot h-P\cdot\frac{a}{2}=0$$

$$F=\frac{a}{2h}P$$

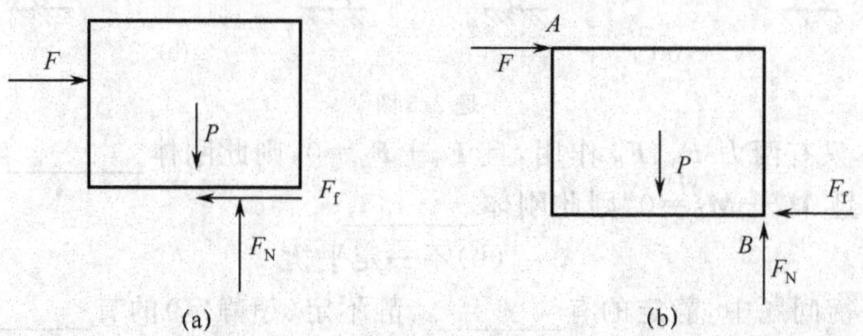

图 2-21

木块不发生翻倒的条件是 $F\leqslant\frac{a}{2h}P$。

取 $F_0=\min\left\{f_sP,\frac{a}{2h}P\right\}$，则当 $F\leqslant F_0$ 时，木块能保持平衡。

习　题

2-1　平面任意力系平衡方程的独立方程数最多是多少？可以有哪几种形式？这些形式的方程组各有什么要求？若不满足这些要求，则会出现什么结果？

2-2　空间汇交力系、空间平行力系、空间力偶系最多各有几个独立的平衡方程？空间汇交力系的平衡方程一定不能有力矩形式吗？

2-3　有人认为任何物体系统平衡的充要条件是：作用于该物体系统上的所有外力主矢 $\boldsymbol{F}_R=0$ 和对一点 O 的主矩 $\boldsymbol{M}_O=0$。你认为正确吗？为什么？

2-4　图示 $\boldsymbol{F}_1,\boldsymbol{F}_2,\cdots,\boldsymbol{F}_n$ 为一平面力系，则下列平衡方程中相互独立的平衡方程有________。

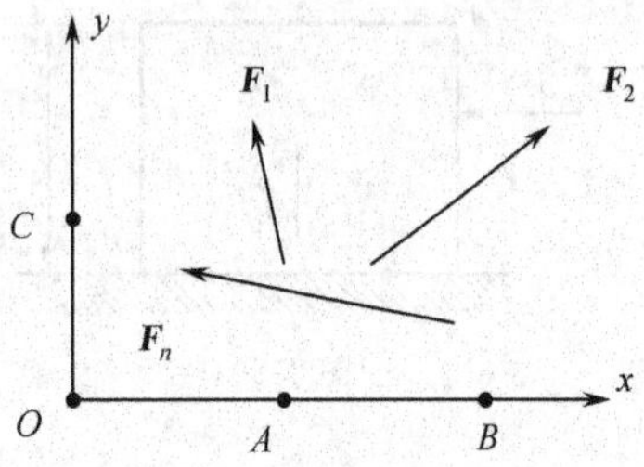

题 2-4 图

(a) $\sum F_y=0,\sum M_A=0,\sum M_B=0$

(b) $\sum F_x=0,\sum F_y=0,\sum M_O=0$

(c) $\sum M_A=0,\sum M_B=0,\sum M_O=0$

(d) $\sum M_A=0,\sum M_B=0,\sum M_C=0$

(e) $\sum M_A=0,\sum M_B=0,\sum F_x=0$

2-5　图示结构受三个已知力作用，分别汇交于点 B 和点 C，有________。

(a) $F_A=0$，F_D 不一定为零

(b) $F_D=0$，F_A 不一定为零

(c) $F_A=0$，$F_D=0$

(d) F_A、F_D 均不一定为零

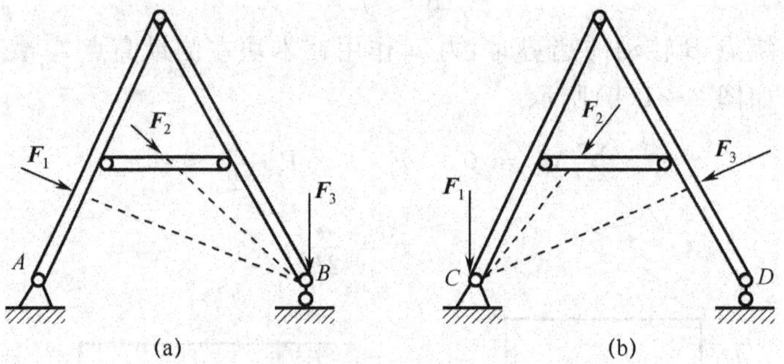

题 2-5 图

2-6　一刚体只有两力 $\boldsymbol{F}_A$、$\boldsymbol{F}_B$ 作用，且 $\boldsymbol{F}_A+\boldsymbol{F}_B=0$，则此刚体________；一刚体只有两力偶 $\boldsymbol{M}_A$、$\boldsymbol{M}_B$ 作用，且 $\boldsymbol{M}_A+\boldsymbol{M}_B=0$，则此刚体________。

(a)一定平衡　　　　(b)不一定平衡

2-7　图示平衡问题中，静定的有________，静不定(超静定)的有________。

2-8　机器起吊时若应用两个吊环螺钉，通常规定起吊角 α 不超过 $90°$，这是为什么？

2-9　试举出日常生活中三个以上摩擦自锁的例子。

2-10　如图所示，物体重 W，放在倾角为 α 的粗糙斜面上，受方向与底边 AB 平行的力 F 作用，物体处于平衡状态，试确定物体受的摩擦力的方向。

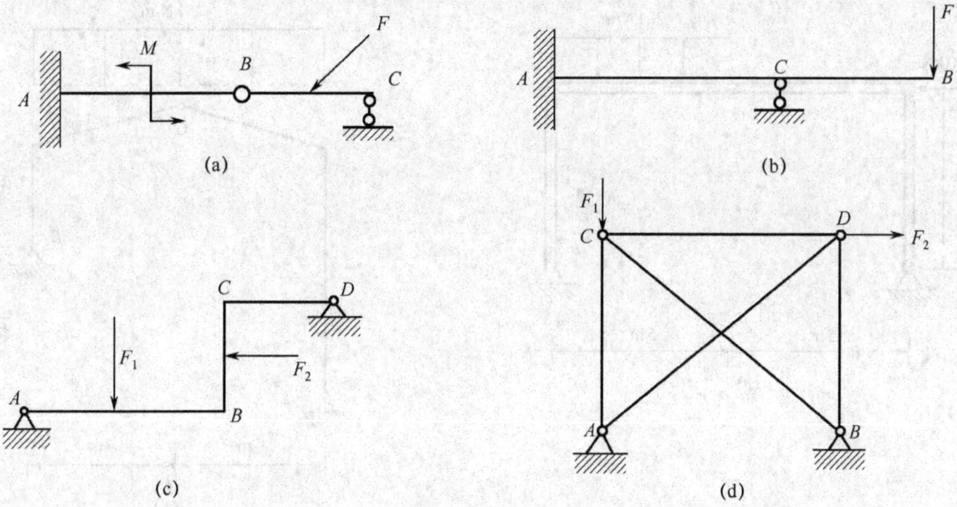

题 2-7 图

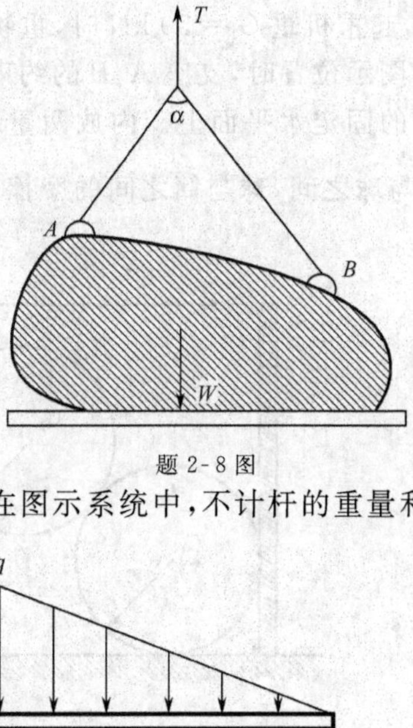

题 2-8 图

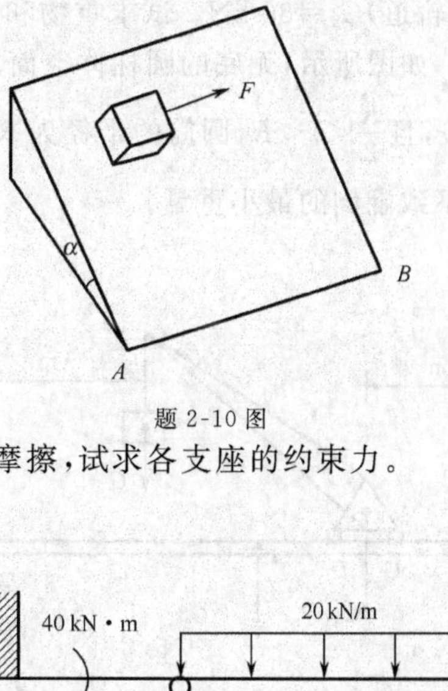

题 2-10 图

2-11 在图示系统中，不计杆的重量和接触处摩擦，试求各支座的约束力。

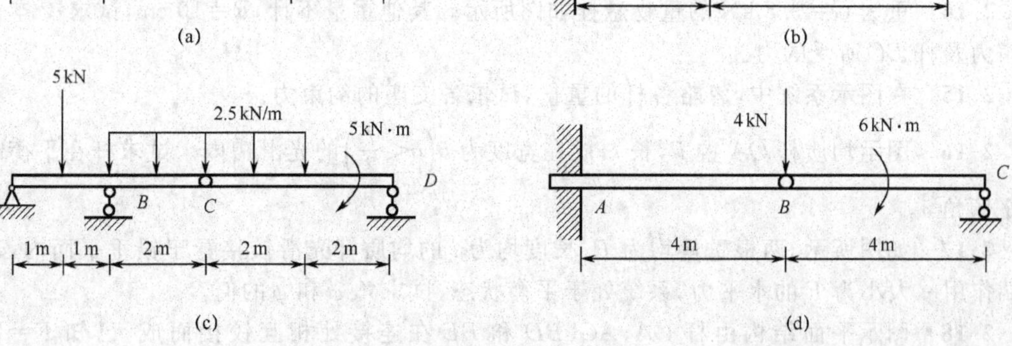

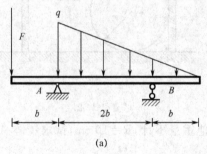

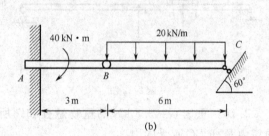

题 2-11 图

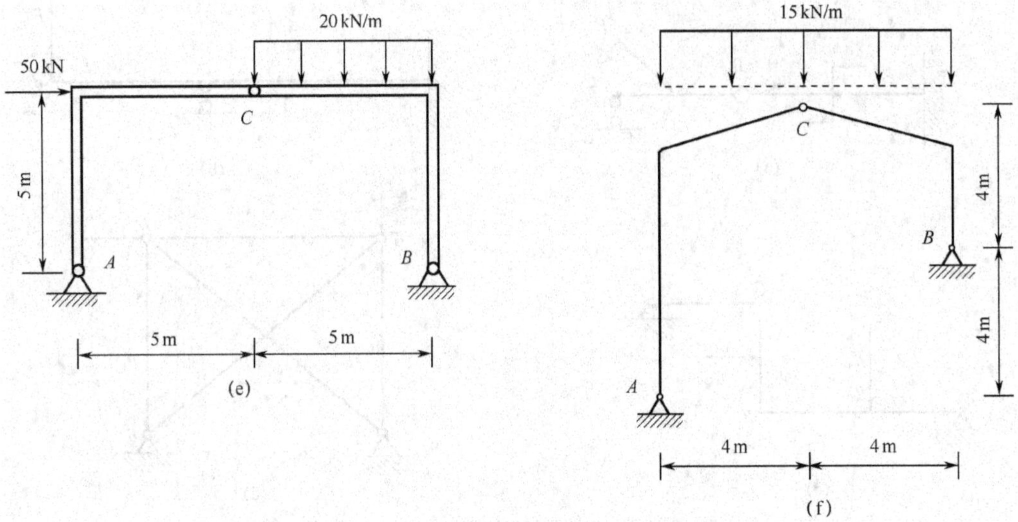

题 2-11 图(续)

2-12 如图所示,梁 AB 上铺设有起重机轨道,起重机重 $G_1=50$ kN 时,重物 $G=10$ kN,梁重(包括轨道)$G_2=30$ kN。试求重物和起重机在图示位置时,支座 A、B 的约束力。

2-13 如图所示,无底的圆柱体空筒放在光滑的固定水平面上。内放两重球,其重均为 G,半径为 r,且 $\frac{R}{2}<r<R$,圆筒的半径为 R,不计球与球之间,球与筒之间的摩擦及筒的厚度,试求圆筒不致翻倒的最小重量。

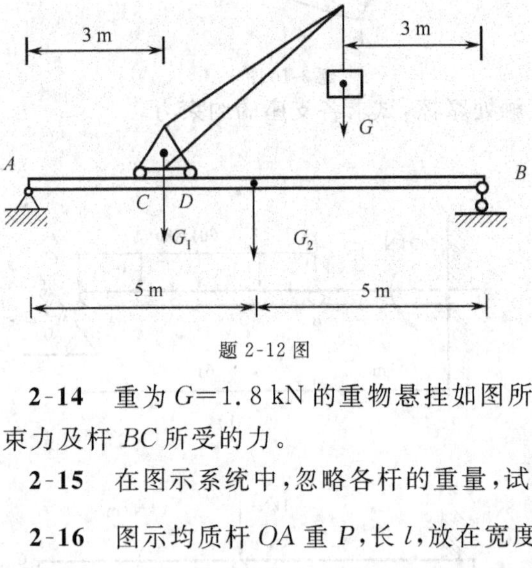

题 2-12 图

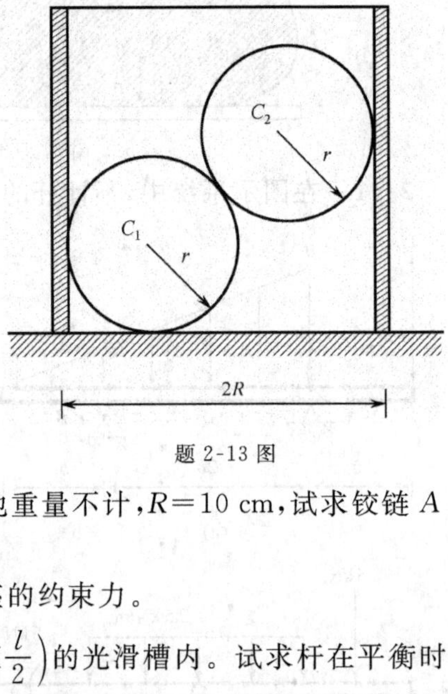

题 2-13 图

2-14 重为 $G=1.8$ kN 的重物悬挂如图所示。其他重量不计,$R=10$ cm,试求铰链 A 的约束力及杆 BC 所受的力。

2-15 在图示系统中,忽略各杆的重量,试求各支座的约束力。

2-16 图示均质杆 OA 重 P,长 l,放在宽度为 $b\left(b<\frac{l}{2}\right)$ 的光滑槽内。试求杆在平衡时的水平倾角 α。

2-17 如图所示,两根重量均为 P、长度均为 l 的均质杆光滑铰接置于铅垂平面内,若在 B 端作用一大小为 F 的水平力,系统处于平衡状态,试求角 φ 和 ψ 的值。

2-18 图示平面结构由杆 OA、AC、BD 和 BE 在连接处相互铰接而成,已知 $F=2qa$,$M=qa^2$,若不计自重和摩擦,试求固定端 O 和活动铰支座 B 的约束力。

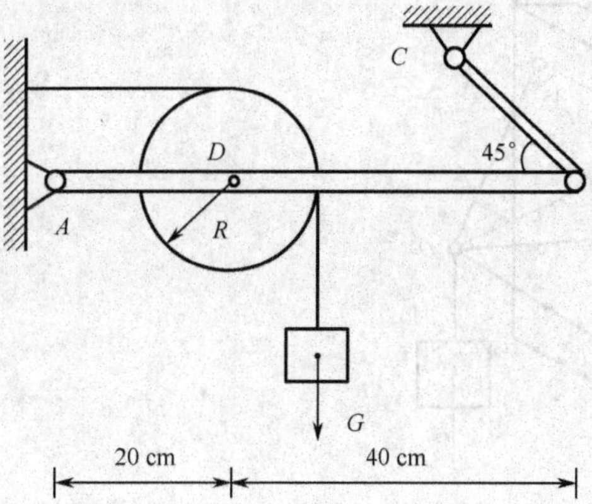

题 2-14 图

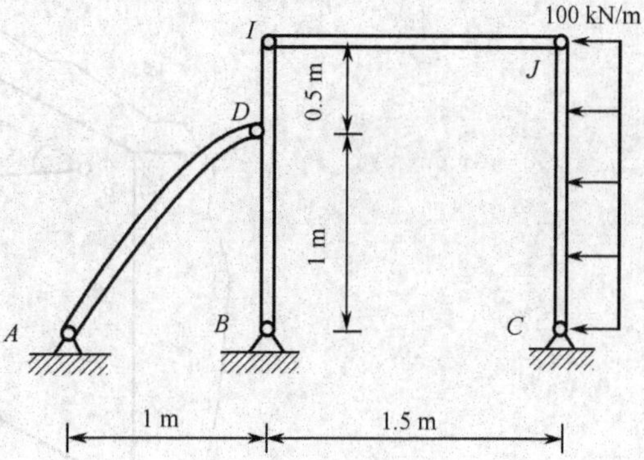

题 2-15 图

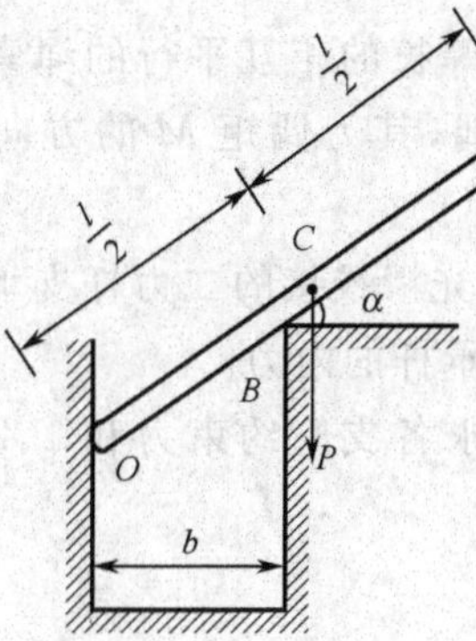

题 2-16 图

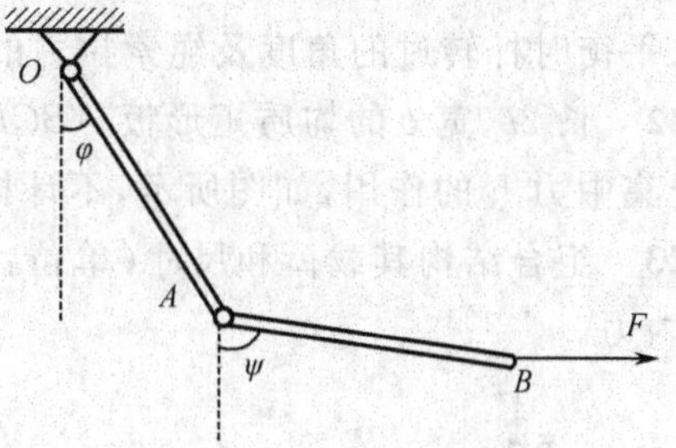

题 2-17 图

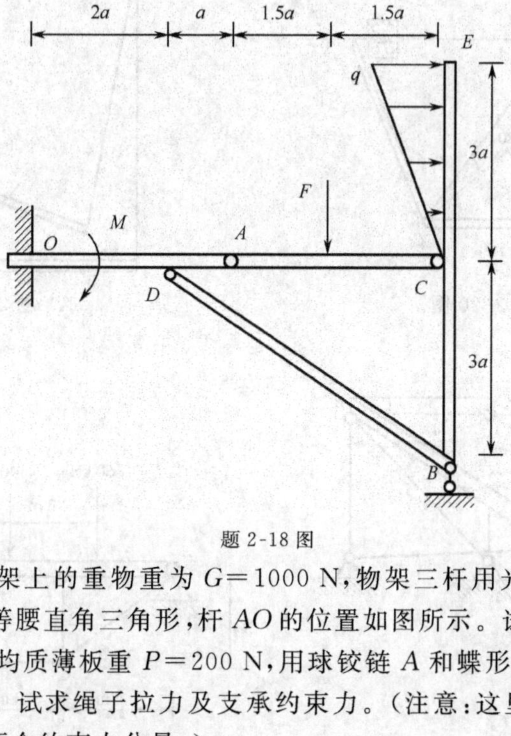

题 2-18 图

2-19 挂在空间物架上的重物重为 $G=1000$ N，物架三杆用光滑球铰相连。已知 BOC 为水平面，且△BOC 为等腰直角三角形，杆 AO 的位置如图所示。试求三杆所受力。

2-20 图示长方形均质薄板重 $P=200$ N，用球铰链 A 和蝶形铰链 B 固定在墙上，并用绳 CE 维持在水平位置。试求绳子拉力及支承约束力。（注意：这里的蝶形铰约束相当于轴心为 y 轴的轴承，只有两个约束力分量。）

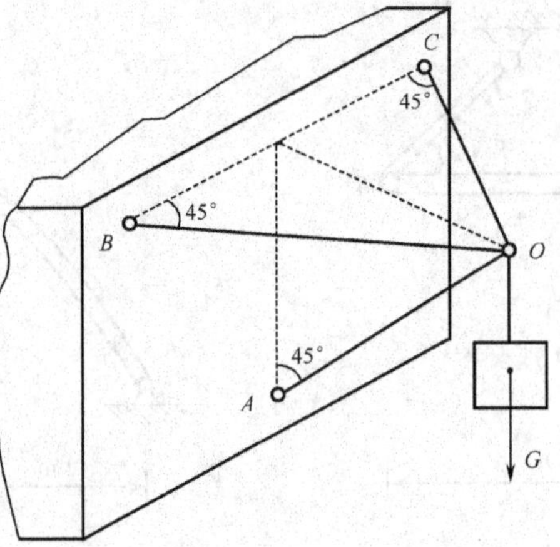

题 2-19 图

2-21 图示重量为 P、长为 l 的均质直杆 AB 用两根与杆等长的相互平行的绳索 DA 和 EB(质量不计)挂在水平天花板上。现在杆上作用一主动力偶,其力偶矩 M 的方向垂直向上,试求平衡时杆转过的角度及绳索拉力的大小。

2-22 长 $2b$、宽 b 的均质矩形板 $ABCD$ 重量为 W,由 6 根光滑铰接的二力杆支承在水平位置,受集中力 F 的作用,如图所示,不计杆的重量,试求各支承杆的内力。

2-23 组合结构其载荷和尺寸(单位:m),如图所示。试求各支座约束力和 1、2、3、4、5 各杆的内力。

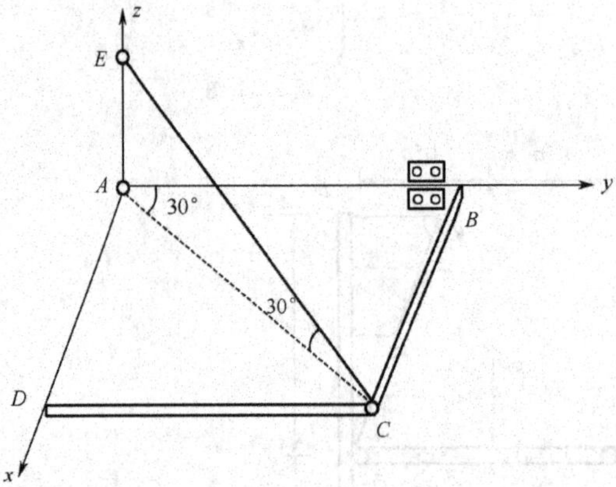

题 2-20 图

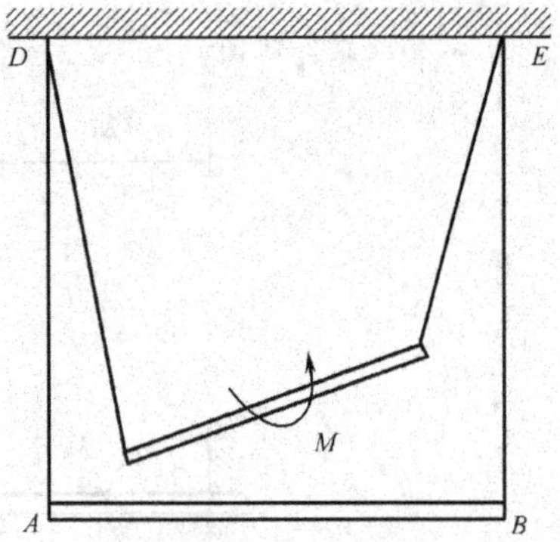

题 2-21 图

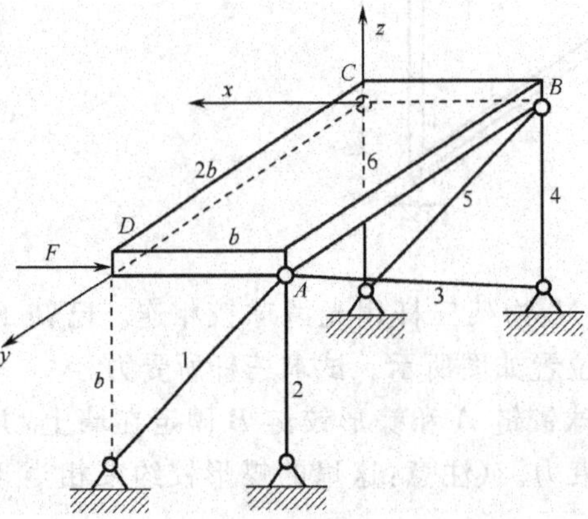

题 2-22 图

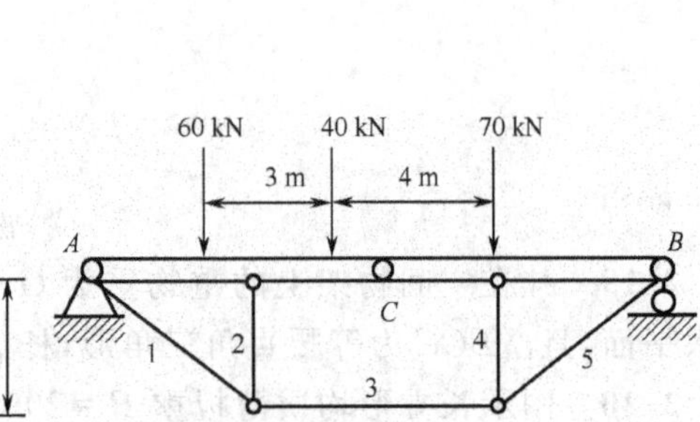

题 2-23 图

2-24 平面桁架的载荷和尺寸如图所示。试先用节点法求各杆内力，然后用截面法校核杆 2、3、4 的内力。

2-25 平面桁架的载荷和尺寸如图所示，试求杆 1、2、3 的内力。

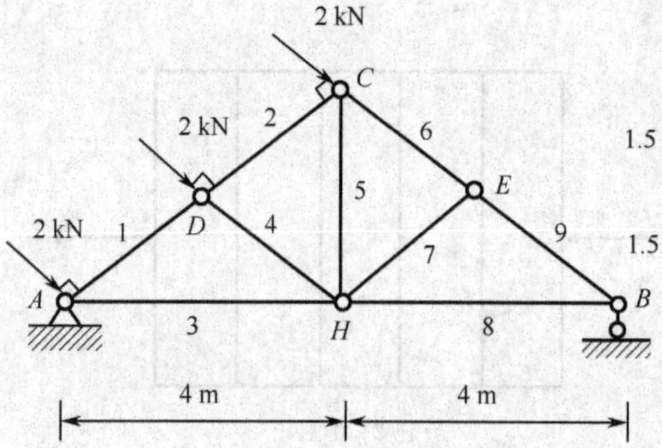

题 2-24 图

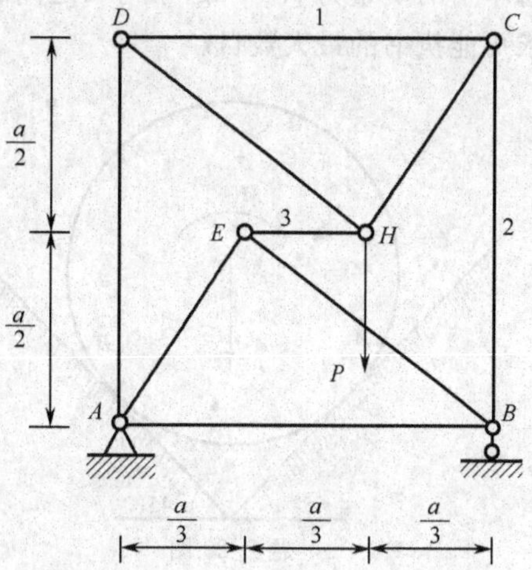

题 2-25 图

2-26 平面桁架的载荷和尺寸如图所示，其中 $ABCDEH$ 为正八角形的一半，试求杆 1、2、和 3 的内力。

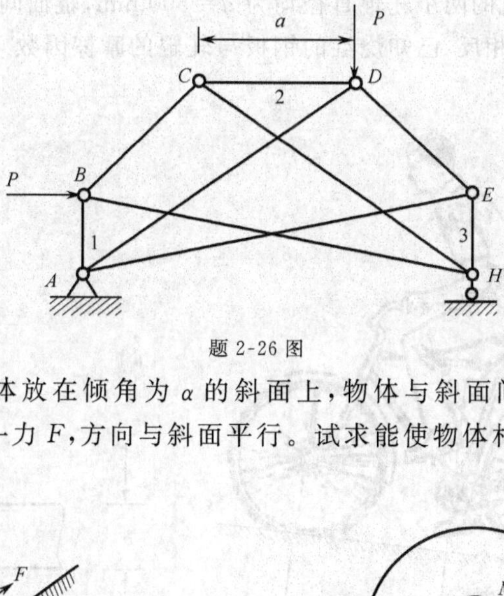

题 2-26 图

2-27 重为 G 的物体放在倾角为 α 的斜面上，物体与斜面间的静摩擦因数为 f_s，且 $\tan\alpha > f_s$，如物体上作用一力 F，方向与斜面平行。试求能使物体相对斜面不产生滑动时，F 的大小应等于多少？

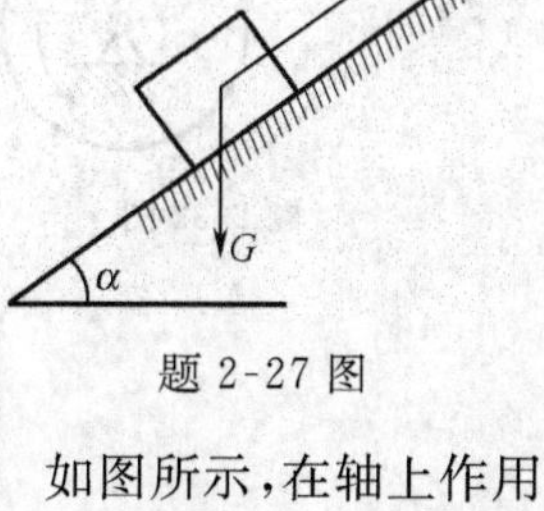

题 2-27 图

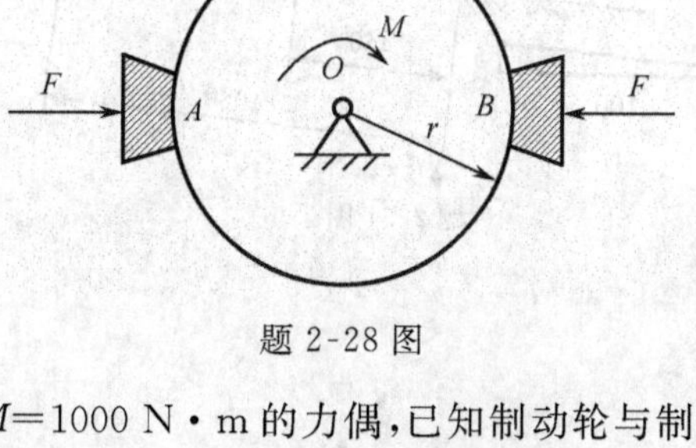

题 2-28 图

2-28 如图所示，在轴上作用一力偶矩为 $M=1000\ \text{N}\cdot\text{m}$ 的力偶，已知制动轮与制动块之间的摩擦因数 $f_s=0.25$，$r=0.25\ \text{m}$，试问制动时，制动块对制动轮的最小压力应等于多大？

2-29 如图所示，欲转动放于V形槽的棒料，需作用力偶矩为M的力偶。已知其最小值为15 N·m，棒料重为400 N，直径为25 cm，试求棒料与槽的摩擦因数f_s。

2-30 有人水平地执持一叠书，他用手在这叠书的两端加压力$F=225$ N，如图所示。假设每本书的质量为0.95 kg，手与书之间的摩擦因数为0.45，书与书之间的摩擦因数为0.40。试求可能执书的最大数目。

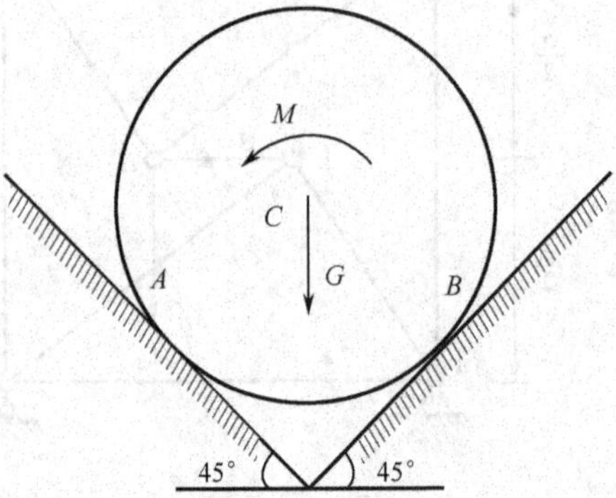

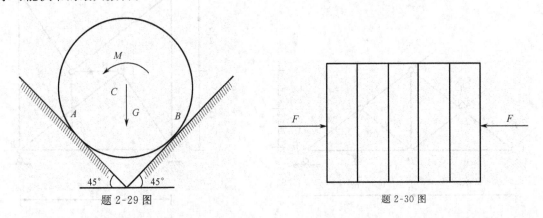

题 2-29 图

题 2-30 图

2-31 某人骑自行车以匀速上一坡度为0.05的斜坡，如图所示。人与自行车的总重量为820 N，重心在点G。若不计前轮摩擦，且后轮处于滑动的临界状态，试求后轮与路面的静摩擦因数为多大？若静摩擦因数加倍，加在后轮上的摩擦力为多大？为什么可忽略前轮的摩擦力？

2-32 如图所示，轧机的两个轧辊直径均为$d=500$ mm，辊面间开度为$a=5$ mm，两轧辊绕它们的中心转动的转向相反，已知烧红的钢板与轧辊的摩擦因数$f_s=0.1$，试问能轧制的钢板厚度b是多少？

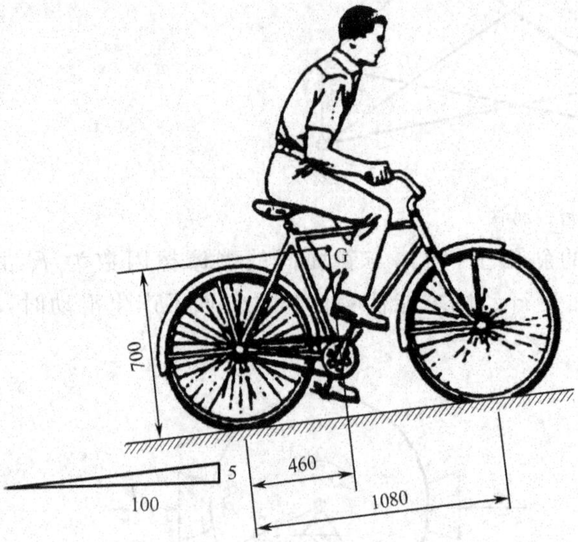

题 2-31 图

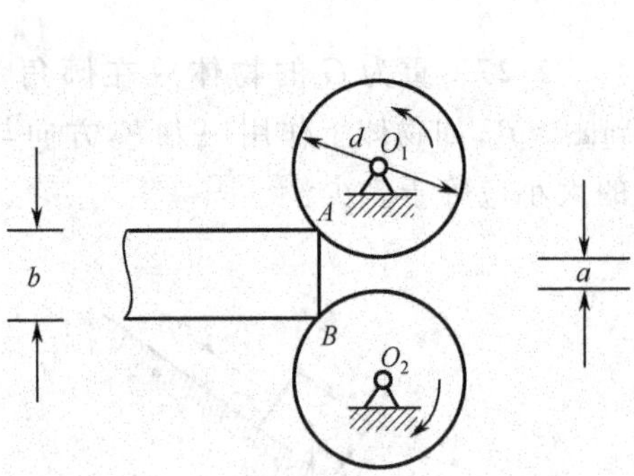

题 2-32 图

第 3 章　点的运动学

点的运动学是运动学的基础。本章将讨论点的运动规律、轨迹、速度和加速度。

3.1　点的运动方程、速度与加速度

空间点 M 的位置可由一个选定的参考点 O 到该点 M 的矢径 $\boldsymbol{r}$ 来确定，如图 3-1 所示。当点 M 的位置随时间变化时，其轨迹由矢量函数

$$\boldsymbol{r} = \boldsymbol{r}(t) \tag{3-1}$$

的端点画出。式(3-1)称为点 M 的运动方程。

从时刻 t 到时刻 $t+\Delta t$，点 M 在空间中的位移 $\Delta\boldsymbol{r}=\boldsymbol{r}(t+\Delta t)-\boldsymbol{r}(t)$，如图 3-2 所示。点 M 在时间间隔 Δt 内的平均速度为

$$v^{*} = \frac{\Delta \boldsymbol{r}}{\Delta t} = \frac{\boldsymbol{r}(t+\Delta t)-\boldsymbol{r}(t)}{\Delta t} \tag{3-2}$$

点 M 在 t 时刻的速度为

$$v = \lim_{\Delta t\to 0}\frac{\Delta \boldsymbol{r}}{\Delta t} = \frac{\mathrm{d}\boldsymbol{r}}{\Delta t} = \dot{\boldsymbol{r}} \tag{3-3}$$

其方向为点 M 在 t 时刻轨迹的切向，指向点的运动方向。

点 M 在 t 时刻的加速度为

$$\boldsymbol{a} = \lim_{\Delta t\to 0}\frac{v(t+\Delta t)-v(t)}{\Delta t} = \lim_{\Delta t\to 0}\frac{\Delta v}{\Delta t} = \frac{\mathrm{d}v}{\mathrm{d}t} = \dot{v} = \frac{\mathrm{d}\dot{\boldsymbol{r}}}{\mathrm{d}t} = \ddot{\boldsymbol{r}} \tag{3-4}$$

其方向由 $\Delta v = v(t+\Delta t) - v(t)$ 在 $\Delta t \to 0$ 的极限方向确定，或沿速度矢端曲线 $v = v(t)$ 在 t 时刻的切线方向。

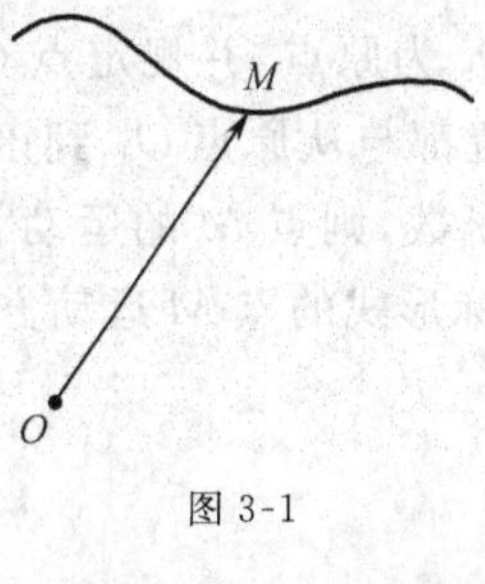

图 3-1

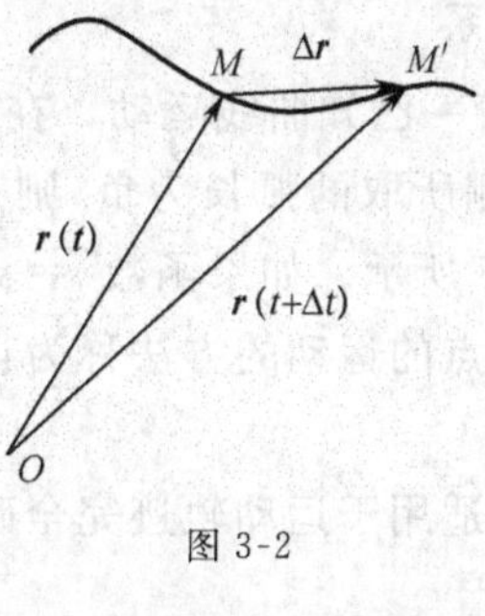

图 3-2

3.2　不同坐标系中点的运动方程、速度与加速度

1. 直角坐标系

在参考点 O 建立一直角坐标系，如图 3-3 所示，则点 M 的位置矢 $\boldsymbol{r}$ 可表示为

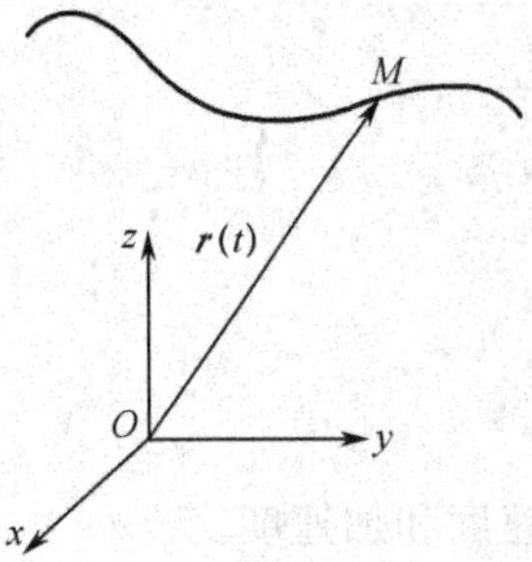

图 3-3

$$\boldsymbol{r}(t)=x(t)\boldsymbol{i}+y(t)\boldsymbol{j}+z(t)\boldsymbol{k} \tag{3-5}$$

点 M 的运动方程为

$$x=x(t),y=y(t),z=z(t) \tag{3-6}$$

点 M 的速度为

$$v=v_x\boldsymbol{i}+v_y\boldsymbol{j}+v_z\boldsymbol{k}=\frac{\mathrm{d}\boldsymbol{r}}{\mathrm{d}t}=\dot{x}(t)\boldsymbol{i}+\dot{y}(t)\boldsymbol{j}+\dot{z}(t)\boldsymbol{k} \tag{3-7}$$

$$v_x=\dot{x}(t),v_y=\dot{y}(t),v_z=\dot{z}(t) \tag{3-8}$$

点 M 的加速度为

$$\begin{aligned}\boldsymbol{a}&=a_x\boldsymbol{i}+a_y\boldsymbol{j}+a_z\boldsymbol{k}=\frac{\mathrm{d}\,v}{\mathrm{d}t}=\dot{v}_x\boldsymbol{i}+\dot{v}_y\boldsymbol{j}+\dot{v}_z\boldsymbol{k}\\&=\ddot{x}(t)\boldsymbol{i}+\ddot{y}(t)\boldsymbol{j}+\ddot{z}(t)\boldsymbol{k}\end{aligned} \tag{3-9}$$

$$a_x=\dot{v}_x=\ddot{x}(t),a_y=\dot{v}_y=\ddot{y}(t),a_z=\dot{v}_z=\ddot{z}(t) \tag{3-10}$$

例 3-1 设梯子的两个端点 A 和 B 分别沿着墙和地面滑动，如图 3-4 所示。梯子和地面的夹角 $\varphi(t)$是时间的已知函数，试求梯子上点 M 的运动轨迹、速度和加速度。已知 $AM=a,BM=b$。

解：建立直角坐标系 Oxy，如图 3-4 所示，则点 M 的坐标为

$$x=a\cos\varphi,y=b\sin\varphi \qquad 0\leqslant\varphi\leqslant\frac{\pi}{2}$$

这就是点 M 的运动方程，也是其轨迹方程的参数形式。消去参数 φ，得

$$\frac{x^2}{a^2}+\frac{y^2}{b^2}=1 \qquad x\geqslant0,y\geqslant0$$

这是以原点 O 为中心的四分之一椭圆。

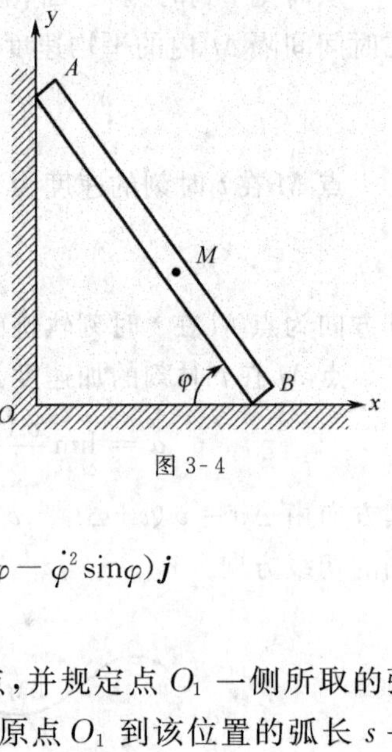

图 3-4

$$\boldsymbol{r}_{OM}=a\cos\varphi\boldsymbol{i}+b\sin\varphi\boldsymbol{j}$$

$$v=\dot{\boldsymbol{r}}_{OM}=-\dot{\varphi}(a\sin\varphi\boldsymbol{i}-b\cos\varphi\boldsymbol{j})$$

$$\boldsymbol{a}=\dot{v}=\ddot{\boldsymbol{r}}_{OM}=-a(\ddot{\varphi}\sin\varphi+\dot{\varphi}^2\cos\varphi)\boldsymbol{i}+b(\ddot{\varphi}\cos\varphi-\dot{\varphi}^2\sin\varphi)\boldsymbol{j}$$

2. 自然坐标系

设点 M 沿着一已知曲线运动。在曲线上任取一点 O_1 为原点，并规定点 O_1 一侧所取的弧长为正，而另一侧所取的弧长为负，则点 M 的每一个位置都与从原点 O_1 到该位置的弧长 s 一一对应，如图 3-5 所示。如果函数 $s=s(t)$是时间的已知函数，则点 M 的运动就可以确定了，这种用弧坐标描述点的运动的方法称为自然坐标法。弧坐标形式的点 M 运动方程为

$$s=s(t) \tag{3-11}$$

自然坐标法适用于运动轨迹完全确定的非自由质点。

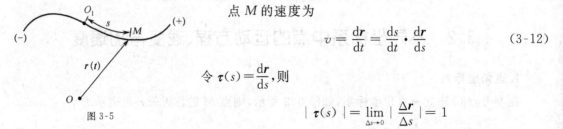

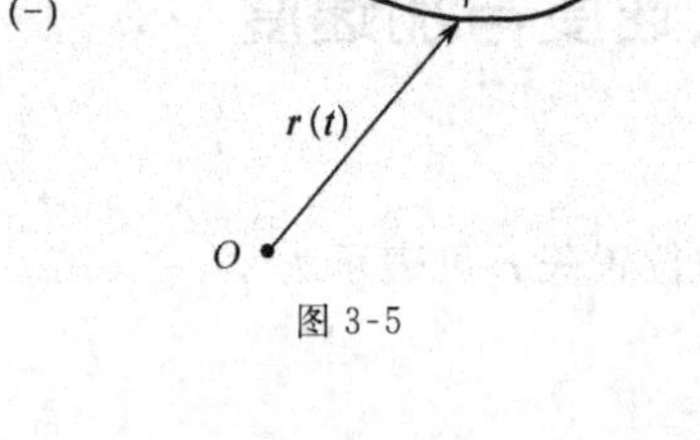

图 3-5

点 M 的速度为

$$v=\frac{\mathrm{d}\boldsymbol{r}}{\mathrm{d}t}=\frac{\mathrm{d}s}{\mathrm{d}t}\cdot\frac{\mathrm{d}\boldsymbol{r}}{\mathrm{d}s} \tag{3-12}$$

令 $\boldsymbol{\tau}(s)=\dfrac{\mathrm{d}\boldsymbol{r}}{\mathrm{d}s}$，则

$$|\boldsymbol{\tau}(s)|=\lim_{\Delta s\to0}\left|\frac{\Delta\boldsymbol{r}}{\Delta s}\right|=1$$

因此，$\boldsymbol{\tau}(s)$是一个单位矢。显然，其方向沿着点 M 切向，并且总是指向弧坐标 s 的正方向。

由式(3-12)得

$$v = \dot{s}\boldsymbol{\tau}(s) \tag{3-13}$$

点 M 的加速度

$$\boldsymbol{a} = \dot{v} = \ddot{s}\boldsymbol{\tau}(s) + \dot{s}\dot{\boldsymbol{\tau}}(s) \tag{3-14}$$

$$\dot{\boldsymbol{\tau}}(s) = \frac{\mathrm{d}s}{\mathrm{d}t}\cdot\frac{\mathrm{d}\boldsymbol{\tau}}{\mathrm{d}s} = \dot{s}\frac{\mathrm{d}\boldsymbol{\tau}}{\mathrm{d}s}$$

下面求$\frac{\mathrm{d}\boldsymbol{\tau}}{\mathrm{d}s}$。先讨论$\frac{\mathrm{d}\boldsymbol{\tau}}{\mathrm{d}s}$的大小。如图 3-6 所示，在 t 和 $t+\Delta t$ 时刻，动点分别位于点 M 和 M'，相应的切向单位矢分别为 $\boldsymbol{\tau}$ 和 $\boldsymbol{\tau}'$，它们之间的夹角为 $\Delta\theta$，$\overset{\frown}{MM'}=\Delta s$，则

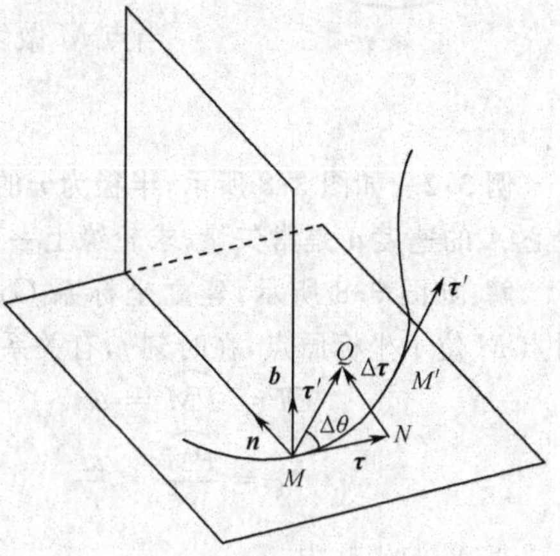

图 3-6

$$|\Delta\boldsymbol{\tau}| = |\boldsymbol{\tau}'-\boldsymbol{\tau}| = 2\,|\boldsymbol{\tau}|\,\sin\frac{\Delta\theta}{2} = 2\,\left|\sin\frac{\Delta\theta}{2}\right|$$

$$\left|\frac{\mathrm{d}\boldsymbol{\tau}}{\mathrm{d}s}\right| = \lim_{\Delta s\to 0}\left|\frac{\Delta\boldsymbol{\tau}}{\Delta s}\right| = \lim_{\Delta s\to 0}\left|\frac{2\sin\frac{\Delta\theta}{2}}{\Delta s}\right|$$

$$= \lim_{\Delta s\to 0}\left|\frac{\Delta\theta}{\Delta s}\right| = \left|\frac{\mathrm{d}\theta}{\mathrm{d}s}\right| = \frac{1}{\rho}$$

式中，ρ 为曲线上点 M 处的曲率半径。

再讨论$\frac{\mathrm{d}\boldsymbol{\tau}}{\mathrm{d}s}$的方向。如图 3-6 所示，当 $\Delta s\to 0$ 时，$M'\to M$，ΔMNQ 所在平面趋于一个极限位置，这个极限位置平面称为曲线在点 M 处的密切面。由于 $\boldsymbol{\tau}$ 和 $\Delta\boldsymbol{\tau}$ 始终在 ΔMNQ 所在的平面内，当 $\Delta s\to 0$ 时，$M'\to M$，$\Delta\theta\to 0$，$\Delta\boldsymbol{\tau}$ 的方向趋于垂直于 $\boldsymbol{\tau}$ 的方向，指向曲线在点 M 的凹侧(曲率中心一侧)，因此$\frac{\mathrm{d}\boldsymbol{\tau}}{\mathrm{d}s}$的方向在点 M 的密切面内，沿着点 M 的法线指向曲线的凹侧。沿此方向取一单位矢 $\boldsymbol{n}(s)$，则 $\boldsymbol{\tau}(s)$、$\boldsymbol{n}(s)$和 $\boldsymbol{b}(s)=\boldsymbol{\tau}(s)\times\boldsymbol{n}(s)$构成点 M 处的右手正交坐标系，称为自然坐标系。$\boldsymbol{n}(s)$称为主法线单位矢，$\boldsymbol{b}(s)$称为副法线单位矢。所以

$$\frac{\mathrm{d}\boldsymbol{\tau}}{\mathrm{d}s} = \frac{1}{\rho}\boldsymbol{n} \tag{3-15}$$

由式(3-14)得

$$\boldsymbol{a} = \ddot{s}\boldsymbol{\tau} + \frac{\dot{s}^2}{\rho}\boldsymbol{n} \tag{3-16}$$

即点 M 的加速度由两部分组成，第 1 部分是由于速度大小变化而产生的加速度，其方向沿曲线的切向，称为切向加速度，记为 $\boldsymbol{a}_{\mathrm{t}}$

$$\boldsymbol{a}_{\mathrm{t}} = \ddot{s}\boldsymbol{\tau} \tag{3-17}$$

第 2 部分是由于速度方向变化而产生的加速度，其方向沿曲线的主法线方向，称为法向加速度，记为 $\boldsymbol{a}_{\mathrm{n}}$，

$$\boldsymbol{a}_{\mathrm{n}} = \frac{\dot{s}^2}{\rho}\boldsymbol{n} \tag{3-18}$$

加速度沿副法线方向的投影恒为零。

几种常见的特殊运动如下。

(1)直线运动：$\rho=\infty, \boldsymbol{a}=\boldsymbol{a}_t=\ddot{s}\boldsymbol{\tau}$。

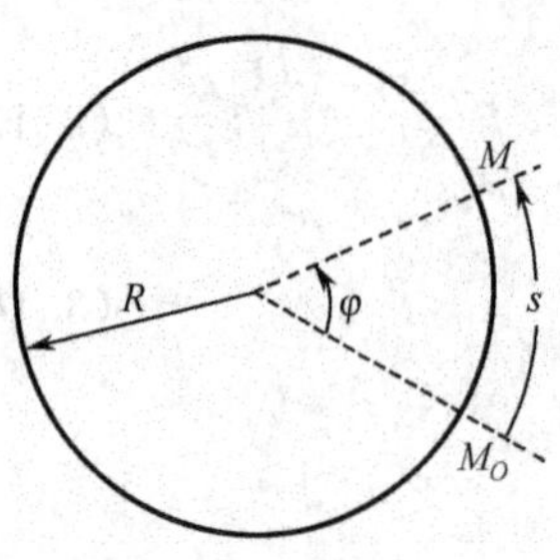

图 3-7

(2)匀速曲线运动：$\ddot{s}=0, \boldsymbol{a}=\boldsymbol{a}_n=\dfrac{\dot{s}^2}{\rho}\boldsymbol{n}$。

(3)圆周运动：$\boldsymbol{a}=\ddot{s}\boldsymbol{\tau}+\dfrac{\dot{s}^2}{R}\boldsymbol{n}$，如图 3-7 所示，其中的法向加速度也称为向心加速度。

由于点 M 也可以通过角 φ 确定，$s(t)=R\varphi(t)$

$$\boldsymbol{a}=R\ddot{\varphi}\boldsymbol{\tau}+R\dot{\varphi}^2\boldsymbol{n}$$

当点 M 做匀速圆周运动时

$$\boldsymbol{a}=\frac{\dot{s}^2}{R}\boldsymbol{n}=R\dot{\varphi}^2\boldsymbol{n}$$

例 3-2 如图 3-8 所示，半径为 r 的车轮在直线轨道上滚动而不滑动(称为纯滚动)。已知轮心 A 的速度 $\boldsymbol{u}$ 是常矢量，求轮缘上一点 M 的轨迹、速度、加速度和轨迹的曲率半径。

解：如图 3-8 所示，建立坐标系 Oxy，并设 $t=0$ 时点 M 位于坐标原点，在时刻 t，有关系式，

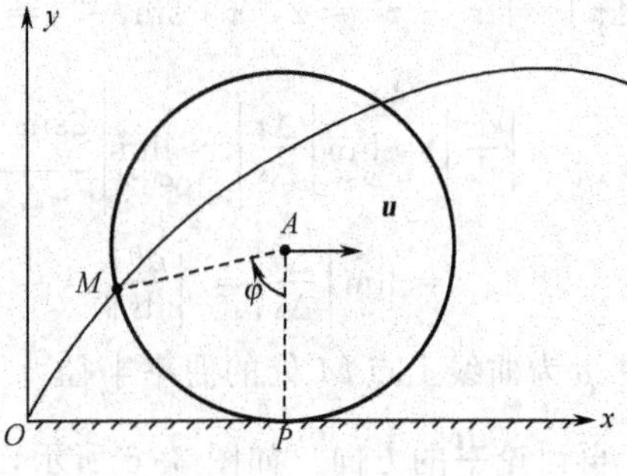

图 3-8

$$OP=\widehat{PM}=ut$$

$$\varphi=\frac{\widehat{PM}}{r}=\frac{ut}{r}$$

点 M 的坐标为

$$x=OP-r\sin\varphi=ut-r\sin\frac{ut}{r}$$

$$y=r-r\cos\varphi=r\left(1-\cos\frac{ut}{r}\right)$$

这就是点 M 的轨迹参数方程，也是其运动方程，它所表示的曲线称为旋轮线或摆线。

$$v_x=\dot{x}(t)=u-u\cos\frac{ut}{r}=u\left(1-\cos\frac{ut}{r}\right)$$

$$v_y=\dot{y}(t)=u\sin\frac{ut}{r}$$

$$a_x=\dot{v}_x=\frac{u^2}{r}\sin\frac{ut}{r}$$

$$a_y=\dot{v}_y=\frac{u^2}{r}\cos\frac{ut}{r}$$

为了求轨迹的曲率半径 ρ，要先求出 a_n，为此要求 a_t 和 a。由于运动具有周期性，考虑 $0\leqslant\varphi\leqslant 2\pi$，即 $0\leqslant t\leqslant\dfrac{2\pi r}{u}$ 范围的曲线。

$$v=\sqrt{v_x^2+v_y^2}=2u\sin\frac{ut}{2r}$$

$$a=\sqrt{a_x^2+a_y^2}=\frac{u^2}{r}$$

$$a_t=\frac{dv}{dt}=\frac{u^2}{r}\cos\frac{ut}{2r}$$

$$a_n=\frac{v^2}{\rho}=\sqrt{a^2-a_t^2}=\frac{u^2}{r}\sin\frac{ut}{2r}$$

$$\rho = 4r\sin\frac{ut}{2r}$$

当 $ut=\pi r$(轨迹最高点)时,曲率半径最大,$\rho_{\max}=4r$,当 $ut=0$ 或 $2\pi r$(点 M 在轨道上)时,曲率半径最小,$\rho_{\min}=0$,这意味着轨迹有尖点。

例 3-3 如图 3-9 所示,设细直杆 AB 绕定轴 A 以 $\varphi=\omega t$ 的规律做匀速转动,ω 为常值,一小环 M 同时套在杆和半径为 R 的固定细圆环上,试求小环的速度和加速度。

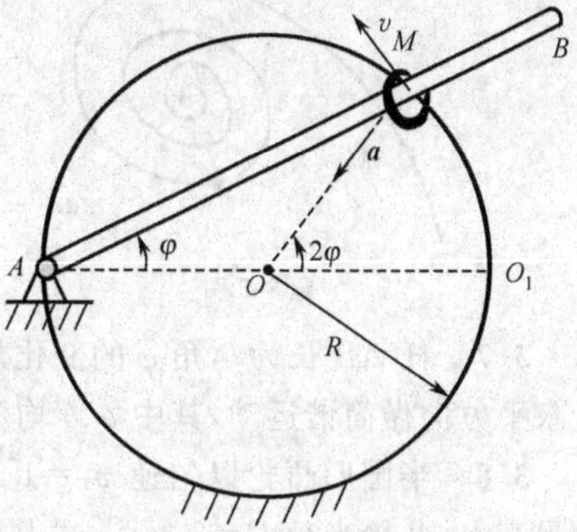

图 3-9

解:以点 O_1 为自然坐标原点。由点 O_1 向上为弧坐标 s 的正向,则点 M 的运动方程为

$$s=\widehat{O_1M}=2R\varphi=2R\omega t$$

点 M 的速度为

$$v=\dot{s}=2R\omega$$

方向在点 M 处沿圆环的切向,斜向上。

点 M 的加速度为

$$a_t=\dot{v}=0$$

$$a_n=\frac{\dot{s}^2}{\rho}=4R\omega^2$$

$$a=a_n=4R\omega^2$$

方向由点 M 指向点 O。

习 题

3-1 试分析在什么情况下 $\left|\frac{\mathrm{d}\boldsymbol{r}}{\mathrm{d}t}\right|\neq\frac{\mathrm{d}|\boldsymbol{r}|}{\mathrm{d}t}$,$\left|\frac{\mathrm{d}\boldsymbol{v}}{\mathrm{d}t}\right|\neq\frac{\mathrm{d}|\boldsymbol{v}|}{\mathrm{d}t}$?什么情况下又相等?举例说明。

3-2 如图所示,动点 M 做曲线运动,虚线为切线,其中,动点做加速运动的有________;减速运动的有________;不可能实现的运动有________。

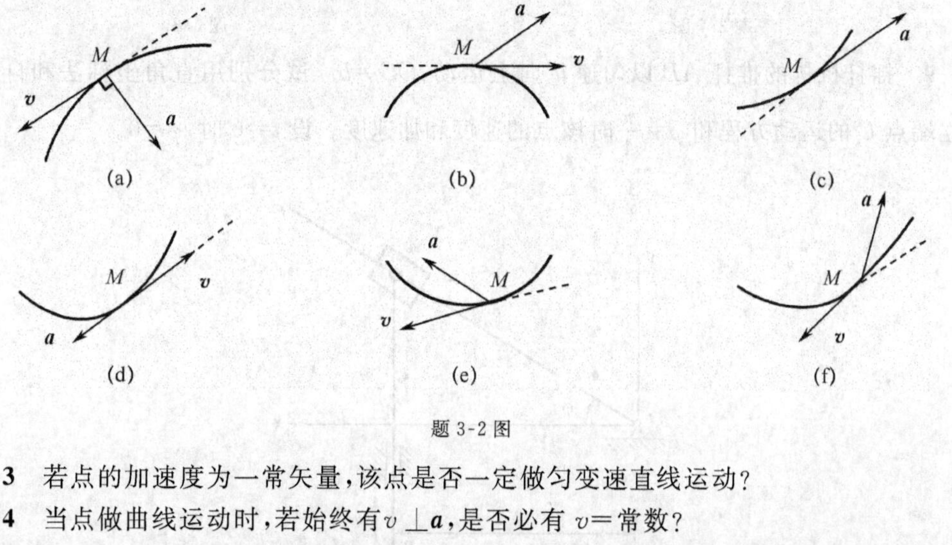

题 3-2 图

3-3 若点的加速度为一常矢量,该点是否一定做匀变速直线运动?

3-4 当点做曲线运动时,若始终有 $\boldsymbol{v}\perp\boldsymbol{a}$,是否必有 $v=$常数?

3-5 图示点 M 沿螺线自外向内运动,它走过的弧长与时间的一次方成正比。试问该点的加速是越来越大,还是越来越小?点越跑越快,还是越跑越慢?

3-6　图示曲线规尺的杆长 $OA=AB=20$ cm，$CD=DE=AC=AE=5$ cm。OA 与 x 轴夹角 φ 按规律 $\varphi=\frac{\pi}{5}t$ 变化。试求点 D 的运动方程和轨迹方程。

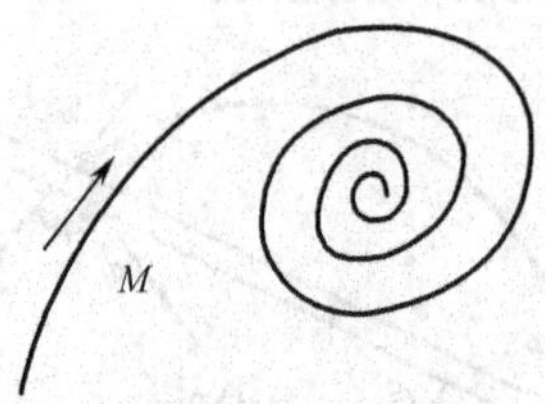

题 3-5 图

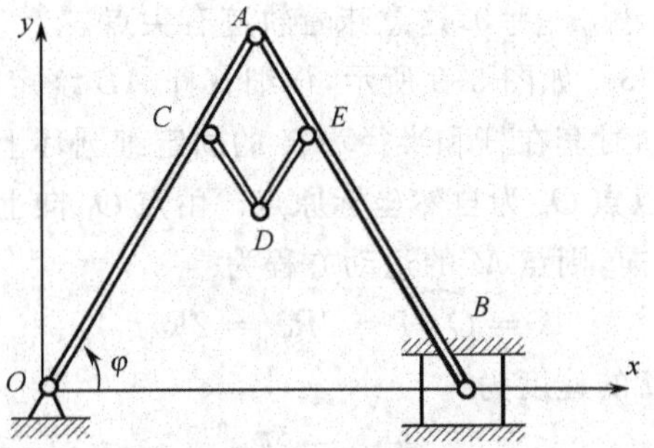

题 3-6 图

3-7　杆 AB 长为 l，角 φ 的变化规律为 $\varphi=\omega t$，其中 ω 为常数。滑块 B 按规律 $s=a+b\sin\omega t$ 沿水平方向做简谐运动，其中 a、b 均为常数。试求点 A 的轨迹。

3-8　半圆形凸轮以匀速 $v_0=1$ cm/s 沿水平方向向左运动。已知 $t=0$ 时，杆的 A 端在凸轮最高点，凸轮半径 $R=8$ cm。试求杆的端点 A 的运动方程和 $t=4$s 的速度和加速度。已知杆 AB的 A 端在运动过程中一直与凸轮接触。

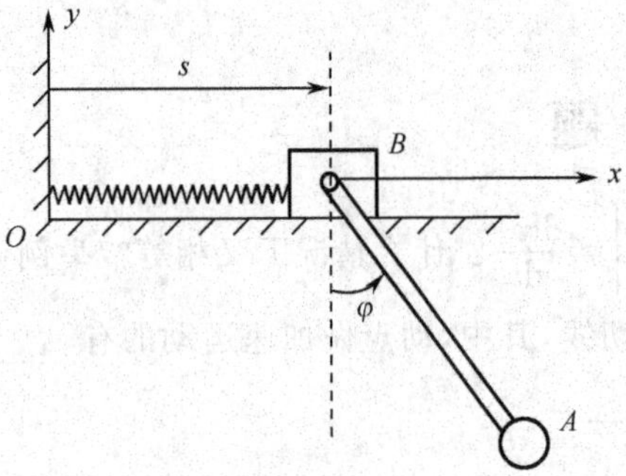

题 3-7 图

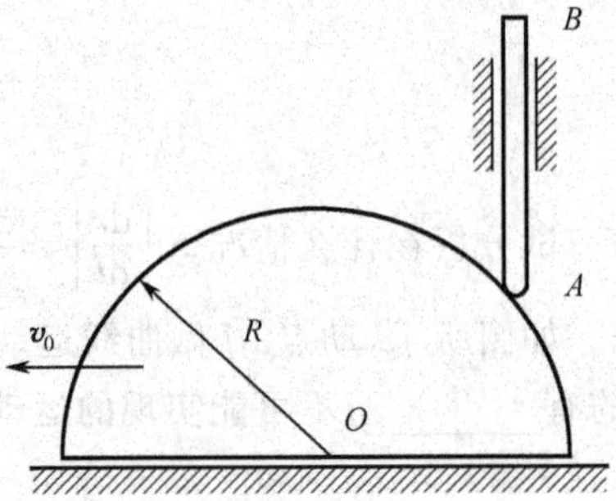

题 3-8

3-9　摇杆机构的推杆 AB 以匀速 u 向上运动，$OC=b$。试分别用直角坐标法和自然坐标法建立端点 C 的运动方程和 $\varphi=\frac{\pi}{4}$时该点的速度和加速度。设 $t=0$ 时，$\varphi=0$。

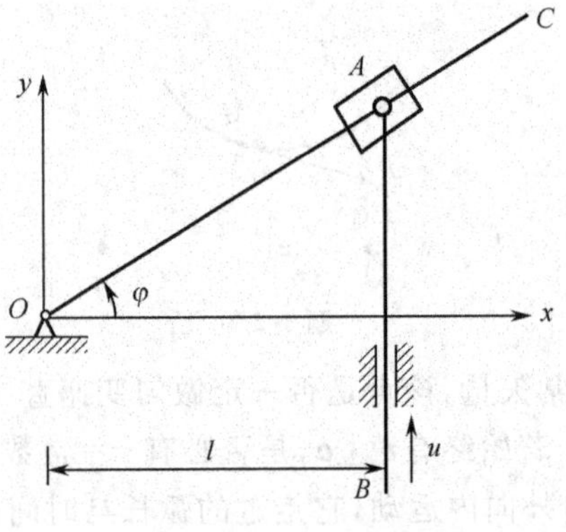

题 3-9 图

3-10 摇杆滑道机构的销钉 M 同时在半径为 R 的圆弧槽和摇杆 OA 的直滑道内滑动，如图所示。已知$\varphi=\omega t$(ω 为常数)，试分别写出销钉 M 的直角坐标和弧坐标形式的运动方程，并求其速度和加速度。

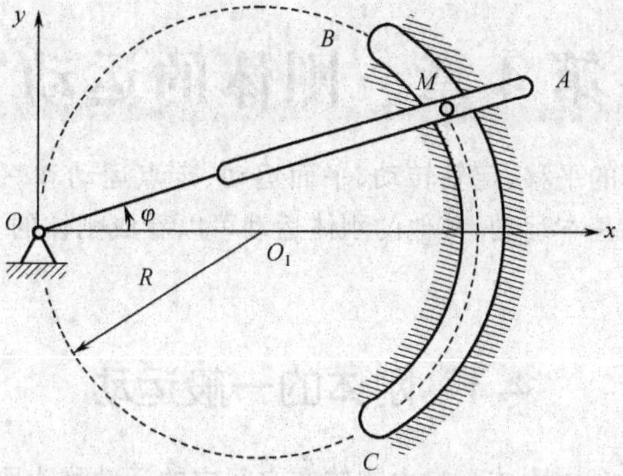

题 3-10 图

3-11 半径为 r 的圆轮在水平直线轨道上运动，轮心的速度 v_0 为常数。$OA=l$，试求当 $\varphi=60°$时，杆 OA 端点 A 的速度和加速度。已知运动时杆 OA 一直与圆轮相切。

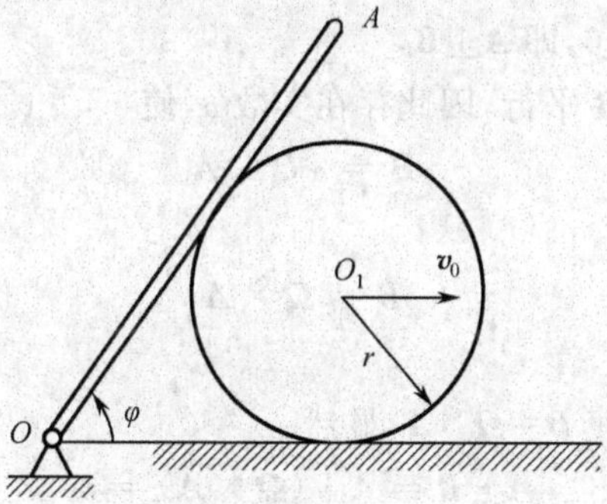

题 3-11 图

3-12 一点的运动轨迹为平面曲线，其速度在 y 轴上的投影保持为常数 c。试证该点的加速度大小为 $a=\dfrac{v^3}{c\rho}$，其中 v 为速度大小，ρ 为曲率半径。

第 4 章　刚体的运动

刚体的运动包括刚体的平移、定轴转动、平面运动、定点运动和一般运动。其中，刚体的平移和定轴转动是刚体的最基本运动，其他的刚体运动可以看成刚体的基本运动以不同方式合成的复合运动。

4.1　刚体的一般运动

不受限制的刚体称为自由刚体。自由刚体在空间中的运动称为刚体的一般运动。如卫星、导弹、飞机等在空间的运动都是刚体的一般运动。

基本定理　对于矢量 $\boldsymbol{A}$，使 $\boldsymbol{A}\cdot\boldsymbol{B}=0$ 的充要条件是：存在矢量 $\boldsymbol{\Omega}$，使

$$\boldsymbol{B}=\boldsymbol{\Omega}\times\boldsymbol{A}$$

证明：必要性。设 $\boldsymbol{A}\cdot\boldsymbol{B}=0$，即 $\boldsymbol{A}\perp\boldsymbol{B}$，

令 $\boldsymbol{C}=\boldsymbol{A}\times\boldsymbol{B}$，则 $\boldsymbol{C}\times\boldsymbol{A}$ 与 $\boldsymbol{B}$ 平行，因此存在实数 α，使

$$\boldsymbol{B}=\alpha\boldsymbol{C}\times\boldsymbol{A}$$

令 $\boldsymbol{\Omega}=\alpha\boldsymbol{C}$，即得

$$\boldsymbol{B}=\boldsymbol{\Omega}\times\boldsymbol{A}$$

充分性。设存在矢量 $\boldsymbol{\Omega}$，使 $\boldsymbol{B}=\boldsymbol{\Omega}\times\boldsymbol{A}$，显然

$$\boldsymbol{A}\cdot\boldsymbol{B}=\boldsymbol{A}\cdot(\boldsymbol{\Omega}\times\boldsymbol{A})=0$$

证毕。

如图 4-1 所示的刚体，对其中的任意两点 A 和 B，有

$$\boldsymbol{r}_{AB}{}^{2}=(\boldsymbol{r}_{B}-\boldsymbol{r}_{A})^{2}=\text{常数} \tag{4-1}$$

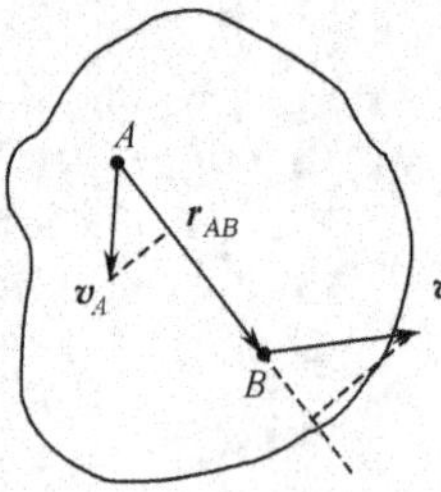

图 4-1

式(4-1)两边对时间求导，得

$$(\boldsymbol{r}_{B}-\boldsymbol{r}_{A})\cdot(\dot{\boldsymbol{r}}_{B}-\dot{\boldsymbol{r}}_{A})=\boldsymbol{r}_{AB}\cdot(\boldsymbol{v}_{B}-\boldsymbol{v}_{A})=0 \tag{4-2}$$

$$\boldsymbol{r}_{AB}\cdot\boldsymbol{v}_{A}=\boldsymbol{r}_{AB}\cdot\boldsymbol{v}_{B} \tag{4-3}$$

式(4-3)表明，刚体上任意两点的速度沿两点连线上的投影相等，如图 4-1 所示。式(4-3)称为刚体的速度投影定理。

由式(4-2)和基本定理可知，存在矢量 $\boldsymbol{\omega}$，使

$$\boldsymbol{v}_{B}-\boldsymbol{v}_{A}=\boldsymbol{\omega}\times\boldsymbol{r}_{AB} \tag{4-4}$$

不难证明，当已知刚体上不共线的三点 A、B、C 的速度 $\boldsymbol{v}_{A}$、$\boldsymbol{v}_{B}$、$\boldsymbol{v}_{C}$ 时，由

$$\begin{cases}\boldsymbol{v}_{B}-\boldsymbol{v}_{A}=\boldsymbol{\omega}\times\boldsymbol{r}_{AB}\\ \boldsymbol{v}_{C}-\boldsymbol{v}_{A}=\boldsymbol{\omega}\times\boldsymbol{r}_{AC}\end{cases} \tag{4-5}$$

可唯一确定矢量 $\boldsymbol{\omega}$，即

$$\boldsymbol{\omega}=\frac{[\boldsymbol{v}_{2}\cdot(\boldsymbol{r}_{AB}\times\boldsymbol{r}_{AC})]\boldsymbol{r}_{AB}+[\boldsymbol{v}_{1}\cdot(\boldsymbol{r}_{AC}\times\boldsymbol{r}_{AB})]\boldsymbol{r}_{AC}+(\boldsymbol{v}_{1}\cdot\boldsymbol{r}_{AC})(\boldsymbol{r}_{AB}\times\boldsymbol{r}_{AC})}{(\boldsymbol{r}_{AB}\times\boldsymbol{r}_{AC})\cdot(\boldsymbol{r}_{AB}\times\boldsymbol{r}_{AC})} \tag{4-6}$$

式中，$v_1 = v_B - v_A$，$v_2 = v_C - v_A$。

取基矢量 $\boldsymbol{r}_{AB}$、$\boldsymbol{r}_{AC}$、$\boldsymbol{r}_{AB} \times \boldsymbol{r}_{AC}$，则

$$\boldsymbol{\omega} = a\boldsymbol{r}_{AB} + b\boldsymbol{r}_{AC} + c\boldsymbol{r}_{AB} \times \boldsymbol{r}_{AC}$$

代入式(4-5)不难求得

$$a = \frac{\boldsymbol{v}_2 \cdot (\boldsymbol{r}_{AB} \times \boldsymbol{r}_{AC})}{(\boldsymbol{r}_{AB} \times \boldsymbol{r}_{AC}) \cdot (\boldsymbol{r}_{AB} \times \boldsymbol{r}_{AC})},\ b = \frac{\boldsymbol{v}_1 \cdot (\boldsymbol{r}_{AC} \times \boldsymbol{r}_{AB})}{(\boldsymbol{r}_{AB} \times \boldsymbol{r}_{AC}) \cdot (\boldsymbol{r}_{AB} \times \boldsymbol{r}_{AC})},\ c = \frac{\boldsymbol{v}_1 \cdot \boldsymbol{r}_{AC}}{(\boldsymbol{r}_{AB} \times \boldsymbol{r}_{AC})^2} = -\frac{\boldsymbol{v}_2 \cdot \boldsymbol{r}_{AB}}{(\boldsymbol{r}_{AB} \times \boldsymbol{r}_{AC})^2}$$

即得式(4-6)。

下面证明这样求得 $\boldsymbol{\omega}$ 后，对任一点 P，有

$$\boldsymbol{v}_P = \boldsymbol{v}_A + \boldsymbol{\omega} \times \boldsymbol{r}_{AP}$$

设 P 点不在 A、B、C 三点确定的平面 S 上，则 P、A、B 三点确定的平面 S_1 和 P、A、C 三点确定的平面 S_2 所成的角度不为零。

$$\boldsymbol{v}_P = \boldsymbol{v}_A + \boldsymbol{\omega}_P \times \boldsymbol{r}_{AP} \quad \boldsymbol{v}_B = \boldsymbol{v}_A + \boldsymbol{\omega} \times \boldsymbol{r}_{AB} \quad \boldsymbol{v}_C = \boldsymbol{v}_A + \boldsymbol{\omega} \times \boldsymbol{r}_{AC}$$

由速度投影定理，得

$$\boldsymbol{v}_P \cdot \boldsymbol{r}_{BP} = \boldsymbol{v}_B \cdot \boldsymbol{r}_{BP} \quad \boldsymbol{v}_P \cdot \boldsymbol{r}_{CP} = \boldsymbol{v}_C \cdot \boldsymbol{r}_{CP}$$

即 $\boldsymbol{\omega}_P \cdot (\boldsymbol{r}_{AP} \times \boldsymbol{r}_{BP}) = \boldsymbol{\omega} \cdot (\boldsymbol{r}_{AB} \times \boldsymbol{r}_{BP}) \quad \boldsymbol{\omega}_P \cdot (\boldsymbol{r}_{AP} \times \boldsymbol{r}_{CP}) = \boldsymbol{\omega} \cdot (\boldsymbol{r}_{AC} \times \boldsymbol{r}_{CP})$

但 $\boldsymbol{r}_{AP} \times \boldsymbol{r}_{BP} = \boldsymbol{r}_{AB} \times \boldsymbol{r}_{BP} \quad \perp S_1 \qquad \boldsymbol{r}_{AP} \times \boldsymbol{r}_{CP} = \boldsymbol{r}_{AC} \times \boldsymbol{r}_{CP} \quad \perp S_2$

如图 4-2 所示。

$$(\boldsymbol{r}_P - \boldsymbol{\omega}) \cdot (\boldsymbol{r}_{AP} \times \boldsymbol{r}_{BP}) = 0 \qquad (\boldsymbol{\omega}_P - \boldsymbol{\omega}) \cdot (\boldsymbol{r}_{AP} \times \boldsymbol{r}_{CP}) = 0$$

这说明 $\boldsymbol{\omega}_P - \boldsymbol{\omega}$ 既是 S_1 上的矢量又是 S_2 的矢量，因此

$$\boldsymbol{\omega}_P - \boldsymbol{\omega} = k\boldsymbol{r}_{AP}$$

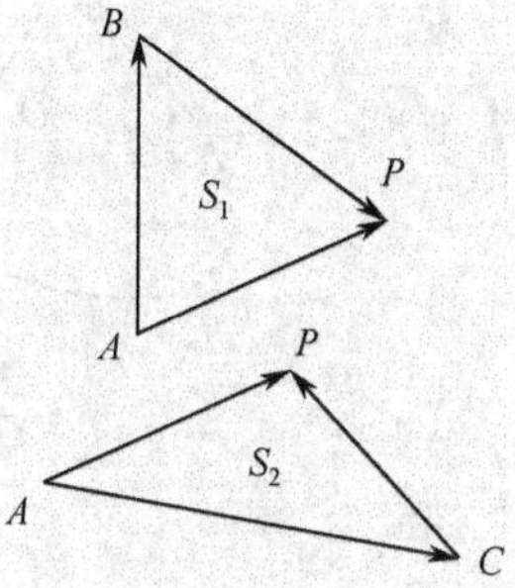

图 4-2

其中 k 是一常数。

$$\boldsymbol{v}_P = \boldsymbol{v}_A + (\boldsymbol{\omega} + k\boldsymbol{r}_{AP}) \times \boldsymbol{r}_{AP} = \boldsymbol{v}_A + \boldsymbol{\omega} \times \boldsymbol{r}_{AP}$$

当 P 点在 A、B、C 三点确定的平面 S 上时，作线段 $P'P \perp S$，则

$$\boldsymbol{v}_{P'} = \boldsymbol{v}_A + \boldsymbol{\omega} \times \boldsymbol{r}_{AP'} \qquad \boldsymbol{v}_P = \boldsymbol{v}_A + \boldsymbol{\omega}_P \times \boldsymbol{r}_{AP}$$

$$\boldsymbol{v}_{P'} - \boldsymbol{v}_P = (\boldsymbol{\omega} - \boldsymbol{\omega}_P) \times \boldsymbol{r}_{AP} + \boldsymbol{\omega} \times \boldsymbol{r}_{PP'}$$

令 $P' \to P$，则 $\boldsymbol{v}_{P'} \to \boldsymbol{v}_P$，$\boldsymbol{r}_{PP'} \to 0$，因此

$$(\boldsymbol{\omega} - \boldsymbol{\omega}_P) \times \boldsymbol{r}_{AP} = 0$$

$$\boldsymbol{\omega}_P - \boldsymbol{\omega} = k^* \boldsymbol{r}_{AP}$$

其中 k^* 是一常数。

$$\boldsymbol{v}_P = \boldsymbol{v}_A + (\boldsymbol{\omega} + k^* \boldsymbol{r}_{AP}) \times \boldsymbol{r}_{AP} = \boldsymbol{v}_A + \boldsymbol{\omega} \times \boldsymbol{r}_{AP}$$

证毕。

不难证明，由式(4-6)确定的 $\boldsymbol{\omega}$ 与不共线三点的选取无关。

设选取不共线的三点 A、C、D 的速度 v_A、v_C、v_D，由式(4-6)确定 $\boldsymbol{\omega}_A$；选取不共线的三点 B、E、F 的速度 v_B、v_E、v_F，由式(4-6)确定 $\boldsymbol{\omega}_B$，则对刚体上的任一点 P，有

$$\begin{aligned} v_P &= v_A + \boldsymbol{\omega}_A \times \boldsymbol{r}_{AP} \\ &= v_B + \boldsymbol{\omega}_B \times \boldsymbol{r}_{BP} \end{aligned} \tag{a}$$

但

$$v_B = v_A + \boldsymbol{\omega}_A \times \boldsymbol{r}_{AB},\ \boldsymbol{r}_{AP} = \boldsymbol{r}_{AB} + \boldsymbol{r}_{BP} \tag{b}$$

式(b)代入式(a)，得

$$v_A + \boldsymbol{\omega}_A \times \boldsymbol{r}_{AP} = v_A + \boldsymbol{\omega}_A \times \boldsymbol{r}_{AB} + \boldsymbol{\omega}_B \times \boldsymbol{r}_{BP}$$

即

$$(\boldsymbol{\omega}_B - \boldsymbol{\omega}_A) \times \boldsymbol{r}_{BP} = 0 \tag{c}$$

由 $\boldsymbol{r}_{BP}$ 的任意性，得

$$\boldsymbol{\omega}_A = \boldsymbol{\omega}_B \tag{d}$$

因此，$\boldsymbol{\omega}$ 是刚体运动的一个特征量。

由式(4-4)得

$$v_B = v_A + \boldsymbol{\omega} \times \boldsymbol{r}_{AB} \tag{4-7}$$

式(4-7)是刚体上两点间的速度关系，点 A 称为基点，式(4-7)称为基点法的速度公式。由图 4-2 可以看出，刚体上任一点的速度等于基点的速度与刚体绕过基点 $\boldsymbol{\omega}$ 方向的轴转动时该点速度的矢量和。$\boldsymbol{\omega}$ 称为刚体的角速度，其大小和方向可以随时间变化。称过基点 $\boldsymbol{\omega}$ 方向的轴为刚体的瞬时转轴。

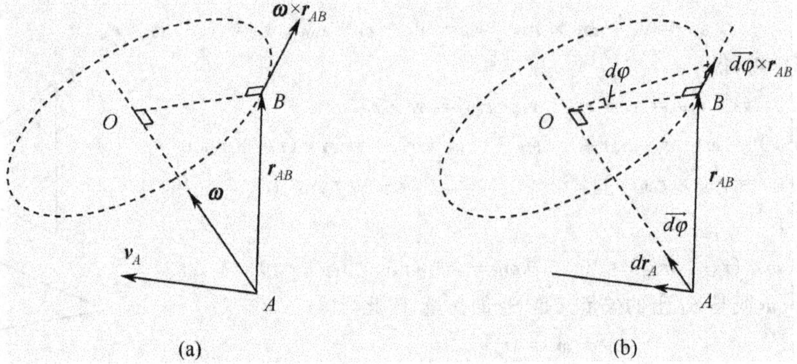

图 4-3

用 dt 乘以式(4-7)两边，则

$$v_B \mathrm{d}t = v_A \mathrm{d}t + \boldsymbol{\omega}\mathrm{d}t \times \boldsymbol{r}_{AB} \tag{4-8}$$

显然，$\mathrm{d}\boldsymbol{r}_B = v_B \mathrm{d}t$，$\mathrm{d}\boldsymbol{r}_A = v_A \mathrm{d}t$，令 $\overrightarrow{\mathrm{d}\varphi} = \omega \mathrm{d}t$，$\overrightarrow{\mathrm{d}\varphi} = |\overrightarrow{\mathrm{d}\varphi}|$，由图 4-2可以看出，$\overrightarrow{\mathrm{d}\varphi}$ 为刚体在 dt 时间间隔内绕瞬时转轴转过的微小角度，称为刚体绕瞬时转轴的微小转角，式(4-8)可写成

$$\mathrm{d}\boldsymbol{r}_B = \mathrm{d}\boldsymbol{r}_A + \overrightarrow{\mathrm{d}\varphi} \times \boldsymbol{r}_{AB} \tag{4-9}$$

式(4-9)表明，刚体的运动可以分解为随基点的平动和绕过基点的某轴的转动。

式(4-4)的另一种形式为

$$\frac{\mathrm{d}\boldsymbol{r}_{AB}}{\mathrm{d}t} = \boldsymbol{\omega} \times \boldsymbol{r}_{AB} \tag{4-10}$$

式(4-10)表明，固连于刚体上大小不变的一个运动矢量对时间的变化率等于刚体的角速度叉乘矢量本身。

式(4-7)两边对时间求导数，得

$$\boldsymbol{a}_B = \boldsymbol{a}_A + \frac{\mathrm{d}\boldsymbol{\omega}}{\mathrm{d}t} \times \boldsymbol{r}_{AB} + \boldsymbol{\omega} \times \frac{\mathrm{d}\boldsymbol{r}_{AB}}{\mathrm{d}t}$$

令 $\boldsymbol{\alpha} = \dfrac{\mathrm{d}\boldsymbol{\omega}}{\mathrm{d}t}$，称为刚体的角加速度，其方向沿着 $\boldsymbol{\omega} = \boldsymbol{\omega}(t)$ 的矢端曲线的切线方向。

$$\boldsymbol{a}_B = \boldsymbol{a}_A + \boldsymbol{\alpha} \times \boldsymbol{r}_{AB} + \boldsymbol{\omega} \times (\boldsymbol{\omega} \times \boldsymbol{r}_{AB}) \tag{4-11}$$

式(4-11)为刚体两点间的加速度关系，称为基点法的加速度公式。令 $\boldsymbol{a}_\mathrm{R} = \boldsymbol{\alpha} \times \boldsymbol{r}_{AB}$，$\boldsymbol{a}_\mathrm{N} = \boldsymbol{\omega} \times (\boldsymbol{\omega} \times \boldsymbol{r}_\mathrm{AB})$，分别称为该点的转动加速度和向轴加速度。由于 $\boldsymbol{\omega}$、$\boldsymbol{\alpha}$ 一般不共线，所以 $\boldsymbol{a}_\mathrm{R}$ 和 $\boldsymbol{a}_\mathrm{N}$ 一般不垂直，即一般不是绕基点瞬时转轴转动的切向加速度和法向加速度，如图 4-4 所示。

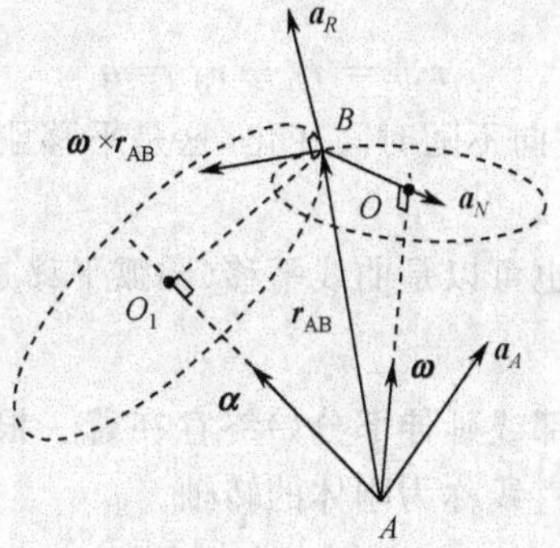

图 4-4

4.2 刚体的基本运动

刚体的平移和定轴转动称为刚体的基本运动。

为更方便研究刚体的运动,下面介绍自由度的概念。

确定系统空间位置的独立坐标的数目称为系统的自由度。这里所说的坐标可以是直角坐标,也可以是其他的几何参数,如角度、弧长等,称为广义坐标。

例 4-1 确定图 4-5 所示机构的自由度。

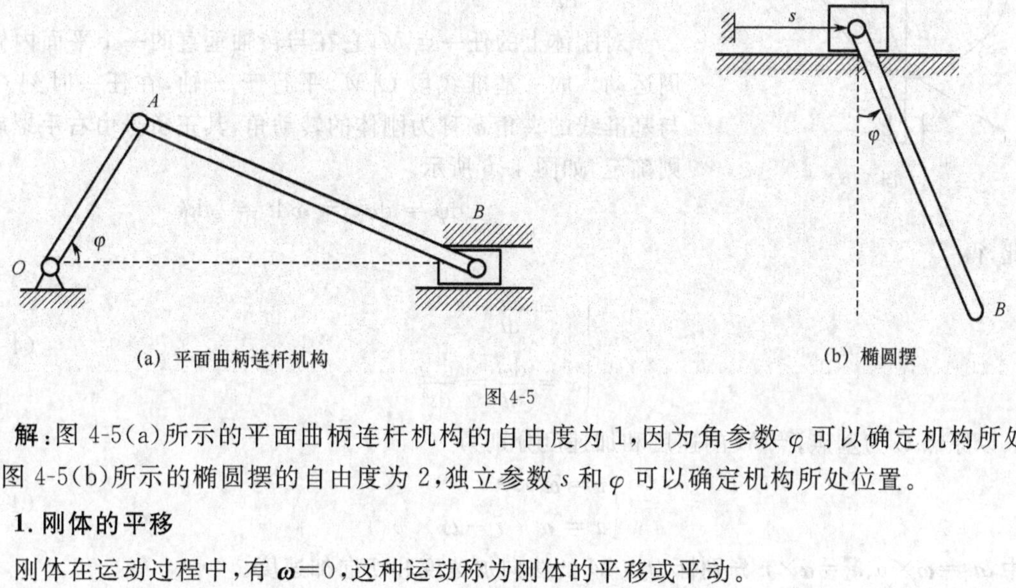

(a) 平面曲柄连杆机构　(b) 椭圆摆

图 4-5

解:图 4-5(a)所示的平面曲柄连杆机构的自由度为 1,因为角参数 φ 可以确定机构所处位置;图 4-5(b)所示的椭圆摆的自由度为 2,独立参数 s 和 φ 可以确定机构所处位置。

1. 刚体的平移

刚体在运动过程中,有 $\boldsymbol{\omega}=0$,这种运动称为刚体的平移或平动。

显然,刚体的角加速度 $\boldsymbol{\alpha}=\frac{\mathrm{d}\boldsymbol{\omega}}{\mathrm{d}t}=0$,因此对刚体上的任意两点 A、B,由式(4-7)、式(4-11)得

$$v_A = v_B,\quad \boldsymbol{a}_A = \boldsymbol{a}_B \tag{4-12}$$

这说明平移刚体上各点在同一瞬时的速度和加速度都相同。由积分公式(4-12)第一个等式,得

$$\boldsymbol{r}_B = \boldsymbol{r}_A + \boldsymbol{b} \tag{4-13}$$

式中,$\boldsymbol{b}$ 为常矢量,大小等于点 A、B 间的距离。式(4-11)表明平移刚体上任意两点的运动轨迹经过平移可以重合,因此对平移刚体而言,其上任一点的运动就代表了整个刚体的运动,也就是说,平移刚体的运动归结为点的运动。平移刚体的自由度不超过 3。

由式(4-13)得

$$\boldsymbol{r}_{AB} = \boldsymbol{r}_B - \boldsymbol{r}_A = \boldsymbol{b} \tag{4-14}$$

这说明平移刚体上任一线段的方向不随时间变化，这是平移刚体的重要性质，可作为刚体是否平移的直观判据。

刚体平移不限于直线平移，也可以是曲线平移（圆弧平移是曲线平移的特殊情况）。

2. 刚体的定轴转动

刚体在运动过程中，若其内部或延伸部分始终存在着一根固定不动的直线，则称刚体的这种运动为定轴转动，固定不动的直线称为刚体的转轴。

如图 4-6 所示的定轴转动刚体。建立固定坐标系 $Oxyz$，Oz 轴为转动轴。在 Oz 轴上任取两点 A 和 B，则由式(4-7)得

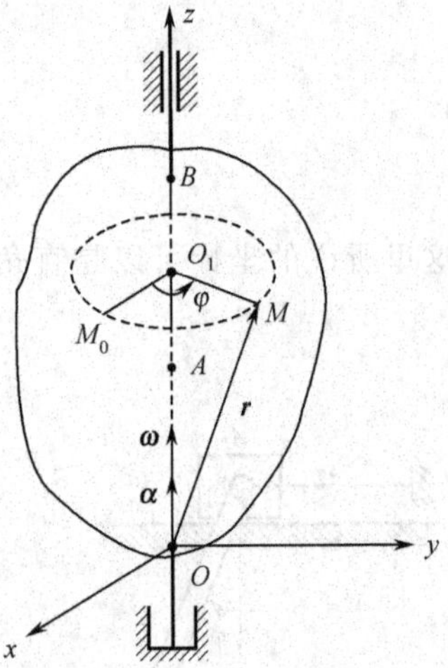

图 4-6

$$v_B - v_A = \boldsymbol{\omega} \times \boldsymbol{r}_{AB} = 0$$

即 $\boldsymbol{\omega} /\!/ \boldsymbol{r}_{AB}$，令

$$\boldsymbol{\omega} = \omega \boldsymbol{k}$$

则

$$\boldsymbol{\alpha} = \frac{\mathrm{d}\boldsymbol{\omega}}{\mathrm{d}t} = \frac{\mathrm{d}\omega}{\mathrm{d}t}\boldsymbol{k} = \alpha \boldsymbol{k} \tag{4-15}$$

其中 $\alpha = \dfrac{\mathrm{d}\omega}{\mathrm{d}t}$ 表示角加速度的大小。

对刚体上的任一点 M，它在与转轴垂直的一个平面内做圆周运动。取一基准线段 O_1M_0 平行于 x 轴，在任一时刻 O_1M 与基准线的夹角 φ 称为刚体的转动角，其正负号由右手螺旋法则确定，如图 4-6 所示。

$$\mathrm{d}\boldsymbol{\varphi} = \mathrm{d}\varphi\boldsymbol{k} = \boldsymbol{\omega}\mathrm{d}t = \omega \mathrm{d}t\boldsymbol{k}$$

由此，得

$$\begin{cases} \omega = \dfrac{\mathrm{d}\varphi}{\mathrm{d}t} \\ \alpha = \dfrac{\mathrm{d}\omega}{\mathrm{d}t} = \dfrac{\mathrm{d}^2\varphi}{\mathrm{d}t^2} \end{cases} \tag{4-16}$$

以原点 O 为基点，点 M 的速度和加速度分别为

$$\begin{cases} v = \boldsymbol{\omega} \times \boldsymbol{r} \\ \boldsymbol{a} = \boldsymbol{\alpha} \times \boldsymbol{r} + \boldsymbol{\omega} \times v \end{cases} \tag{4-17}$$

式中，$\boldsymbol{a}_\mathrm{n} = \boldsymbol{\omega} \times v$、$\boldsymbol{a}_\mathrm{t} = \boldsymbol{\alpha} \times \boldsymbol{r}$ 分别标为点 M 的法向加速度和切向加速度。

转动角 φ 可以确定定轴转动刚体空间位置，因此刚体的自由度为 1。定轴转动刚体的转动方程为

$$\varphi = \varphi(t) \tag{4-18}$$

例 4-2 如图 4-7 所示，某瞬时大齿轮的角速度 ω_1 和角加速度 α_1 绕定轴 O_1 转动，并与绕定轴 O_2 转动的齿轮相互啮合。设两齿轮的节圆半径分别为 r_1 和 r_2，求小齿轮的角速度和角加速度，并求两轮啮合点的速度和加速度。

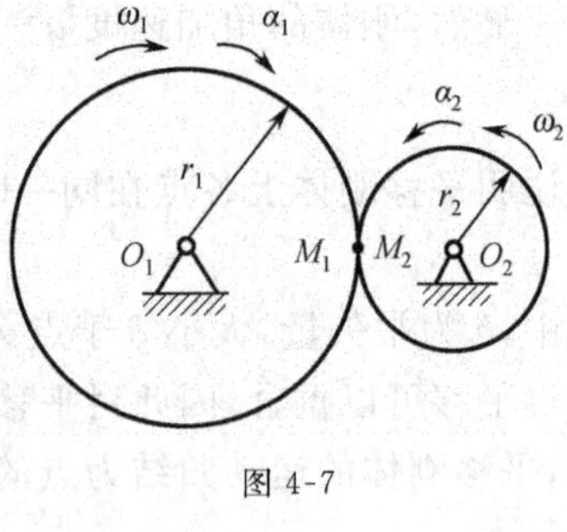

图 4-7

解：两啮合齿轮转动时，在啮合点无相对滑动，因此在啮

合点两齿轮有相同的速度，即

$$v_{M_1} = v_{M_2} \tag{1}$$

或

$$r_1\omega_1 = r_2\omega_2 \tag{2}$$

式(2)两边对时间求导，得

$$r_1\alpha_1 = r_2\alpha_2 \tag{3}$$

$$\omega_2 = \frac{r_1}{r_2}\omega_1,\quad \alpha_2 = \frac{r_1}{r_2}\alpha_1 \tag{4}$$

显然

$$\frac{\omega_1}{\omega_2} = \frac{\alpha_1}{\alpha_2} = \frac{r_2}{r_1} \tag{5}$$

这说明两啮合齿轮的角速度、角加度之比与它们的节圆半径成反比。

$$a_{M_1}^{n} = r_1\omega_1^2,\ a_{M_1}^{t} = r_1\alpha_1 \tag{6}$$

$$a_{M_2}^{n} = r_2\omega_2^2 = \frac{r_1^2}{r_2}\omega_1^2,\ a_{M_2}^{t} = r_2\alpha_2 = r_1\alpha_1 = a_{M_1}^{t} \tag{7}$$

4.3 刚体的平面运动

若刚体上任一点的速度始终平行于一个固定平面，则称刚体的这种运动为刚体的平面运动。

1. 平面运动刚体上两点速度和加速度关系及运动方程

以平行于固定平面的平面截刚体，得一平面图形 S，如图 4-8 所示，则图形 S 上任一点的速度都在图形 S 平面内。

在运动图形所在的平面上建立固定坐标为 Oxy。在图形 S 上取基点 O'，建立平移坐标系 $O'x'y'$，两坐标系对应轴相互平行，如图 4-8 所示。对图形 S 上的任一点 M。

$$v_M = v_{O'} + \boldsymbol{\omega} \times \boldsymbol{r}_{O'M} \tag{4-19}$$

由于 v_M、$v_{O'}$、$\boldsymbol{r}_{O'M}$ 都在图形 S 内，所以角速度 $\boldsymbol{\omega}$ 一定垂直图形 S，令

$$\boldsymbol{\omega} = \omega\, \boldsymbol{k}' \tag{4-20}$$

由式(4-7)和式(4-20)可知，垂直于图形 S 的直线上的点具有相同的速度，并且轨迹完全一样，因此图形 S 的运动完全代表了刚体的运动。

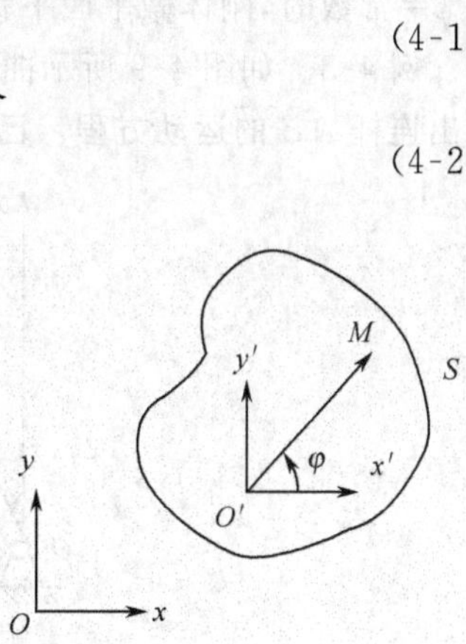

图 4-8

对式(4-20)关于时间求导，得

$$\boldsymbol{\alpha} = \frac{d\boldsymbol{\omega}}{dt} = \frac{d\omega}{dt}\boldsymbol{k}' = \alpha \boldsymbol{k}' \tag{4-21}$$

类似于刚体的定轴转动，$O'M$ 与 x' 轴的夹角 φ 称为刚体平面运动的转动角，如图 4-8 所示。其正负号由右手螺旋法则确定。

$$d\boldsymbol{\varphi} = d\varphi \boldsymbol{k}' = \boldsymbol{\omega} dt = \omega dt \boldsymbol{k}'$$

由此，得

$$\begin{cases} \omega = \dfrac{d\varphi}{dt} \\ \alpha = \dfrac{d\omega}{dt} = \dfrac{d^2\varphi}{dt^2} \end{cases} \tag{4-22}$$

点 M 的速度和加速度分别为

$$v_M = v_{O'} + \boldsymbol{\omega} \times \boldsymbol{r}_{O'M}$$

$$\boldsymbol{a}_M = \boldsymbol{a}_{O'} + \boldsymbol{\alpha} \times \boldsymbol{r}_{O'M} + \boldsymbol{\omega} \times (\boldsymbol{\omega} \times \boldsymbol{r}_{O'M}) \tag{4-23}$$

在平移坐标求 $O'x'y'$ 下，点 M 相对于原点 O' 做圆周运动。令

$$v_{MO'} = \boldsymbol{\omega} \times \boldsymbol{r}_{O'M} \tag{4-24}$$

$$\boldsymbol{a}_{MO'} = \boldsymbol{a}_{MO'}^{t} + \boldsymbol{a}_{MO'}^{n} \tag{4-25}$$

其中

$$\boldsymbol{a}_{MO'}^{t} = \boldsymbol{\alpha} \times \boldsymbol{r}_{O'M} \tag{4-26}$$

$$\boldsymbol{a}_{MO'}^{n} = \boldsymbol{\omega} \times (\boldsymbol{\omega} \times \boldsymbol{r}_{O'M}) \tag{4-27}$$

式中，$v_{MO'}$ 表示点 M 相对于点 O' 的速度；$\boldsymbol{a}_{MO'}$ 表示点 M 相对于点 O' 的加速度，$\boldsymbol{a}_{MO'}^{t}$、$\boldsymbol{a}_{MO'}^{n}$ 分别为 $\boldsymbol{a}_{MO'}$ 的切向分量与法向分量。它们的大小分别为

$$v_{MO'} = r_{O'M}\omega \tag{4-28}$$

$$a_{MO'}^{t} = r_{O'M}\alpha \tag{4-29}$$

$$a_{MO'}^{n} = r_{O'M}\omega^2 \tag{4-30}$$

这样，式(4-20)、式(4-24)可记为

$$v_M = v_{O'} + v_{MO'} \tag{4-31}$$

$$\boldsymbol{a}_M = \boldsymbol{a}_{O'} + \boldsymbol{a}_{MO'} = \boldsymbol{a}_{O'} + \boldsymbol{a}_{MO'}^{t} + a_{MO'}^{n} \tag{4-32}$$

式(4-32)、式(4-33)说明，刚体的平面运动可以分解为随基点 O' 的平移和绕过基点 O' 并垂直于运动平面的轴的转动。

一般情况下，平面运动刚体的自由度为 3。确定基点 O' 需要两个独立坐标 $x_{O'}$、$y_{O'}$，而确定刚体相对平移坐标 $O'x'y'$ 的位置只需要一个刚体的转角 φ，因此 $x_{O'}$、$y_{O'}$ 和 φ 三个独立坐标完全确定平面运动刚体所处位置。平面运动刚体的运动方程可表示为

$$x_{O'} = x_{O'}(t), y_{O'} = y_{O'}(t), \varphi = \varphi(t) \tag{4-33}$$

当 $\varphi=$ 常数时，刚体做平面平移；当 $x_{O'}=$ 常数、$y_{O'}=$ 常数时，刚体做定轴转动。

例 4-3 如图 4-9 所示曲柄连杆机构，曲柄 OA 以 $\theta=\omega t$ 的规律做定轴转动，ω 是常数，试写出连杆 AB 的运动方程。已知 $OA=r$，$AB=l$。

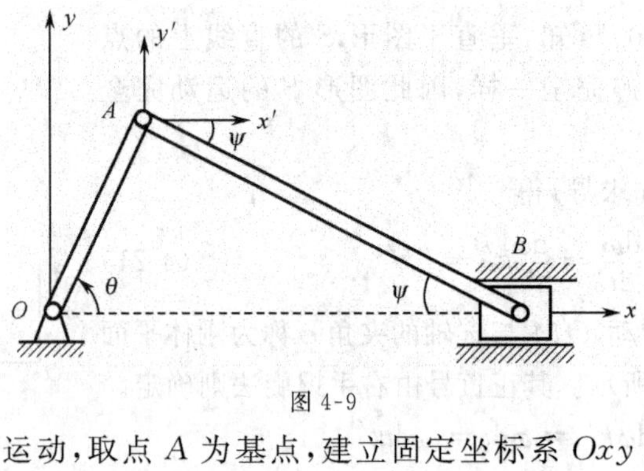

图 4-9

解：连杆 AB 做平面运动，取点 A 为基点，建立固定坐标系 Oxy 和平移坐标系 $Ax'y'$，如图 4-9所示。

$$r\sin\theta = l\sin\psi \tag{1}$$

$$\psi = \arcsin\left(\frac{r}{l}\sin\theta\right) \tag{2}$$

杆 AB 的运动方程为

$$x_A = r\cos\omega t\,,\ y_A = r\sin\omega t\,,\ \psi = \arcsin\left(\frac{r}{l}\sin\omega t\right) \tag{3}$$

2. 速度瞬心

基点法的速度公式中，基点是可以任意选取的，如果刚体内或其延伸部分上存在瞬时速度为零的点，以此点为基点，则基点法的速度公式会得到简化。下面就来找这一点。

设点 P 的瞬时速度为零，以点 O' 为基点，则

$$v_P = v_{O'} + \boldsymbol{\omega} \times \boldsymbol{r}_{O'P} = 0$$

上式两边左叉乘 $\boldsymbol{\omega}$，注意到

$$\boldsymbol{\omega} \perp \boldsymbol{r}_{O'P}$$

$$\boldsymbol{\omega} \times (\boldsymbol{\omega} \times \boldsymbol{r}_{O'P}) = (\boldsymbol{\omega} \cdot \boldsymbol{r}_{O'P})\boldsymbol{\omega} - (\boldsymbol{\omega} \cdot \boldsymbol{\omega})\boldsymbol{r}_{O'P} = -\omega^2 \boldsymbol{r}_{O'P}$$

得

$$\boldsymbol{\omega} \times v_{O'} - \omega^2 \boldsymbol{r}_{O'P} = 0$$

当 $\boldsymbol{\omega} \neq 0$ 时，

$$\boldsymbol{r}_{O'P} = \frac{\boldsymbol{\omega} \times v_{O'}}{\omega^2} \tag{4-34}$$

因此，当 $\boldsymbol{\omega} \neq 0$ 时，瞬时速度为零的点是存在的，它在基点 O' 的速度的垂线上，距点 O' 为 $|\boldsymbol{r}_{O'P}| = \dfrac{v_{O'}}{\omega}$。称点 P 为瞬时速度中心，简称速度瞬心。当 $\boldsymbol{\omega}=0$，刚体瞬时平移，其速度瞬心在无穷远处。

以速度瞬心 P 为基点，则平面图形任一点 M 的速度为

$$v_M = v_P + \boldsymbol{\omega} \times r_{PM} = \boldsymbol{\omega} \times \boldsymbol{r}_{PM} \tag{4-35}$$

上式与定轴转动刚体上任意点的速度公式有相同形式，即平面图形上的任一点的速度等于平面图形以角速度 ω 绕过速度瞬心垂直平面图形的轴转动时该点的速度。以速度瞬心为基点求平面图形上任一点速度的方法，称为速度瞬心法。

下面介绍几种确定速度瞬心的方法。

(1)已知图形上两点 A、B 的速度方向，若 v_A、v_B 互不平行，则速度瞬心必在过两点速度垂线的交点上，如图 4-10(a)所示；若 $v_A /\!/ v_B$，则有两种情况：①当速度垂线平行时，速度瞬心在无穷远处，刚体为瞬时平移，如图 4-10(b)所示；②当速度垂线重合时，则速度瞬心必在速度矢端的连线与速度垂线的交点上($v_A \neq v_B$)，如图 4-10(c)、(d)所示；此交点可以在无穷远处($v_A = v_B$)，此时刚体为瞬时平移，如图 4-10(e)所示。

(2)当平面图形沿某固定曲线做纯滚动时，因接触点无相对滑动，速度为零，接触点就是速度瞬心，如图 4-10(f)所示。

(3)当已知图形上一点 A 的速度 v_A 及角速度 $\boldsymbol{\omega}$ 时，将 v_A，沿 $\boldsymbol{\omega}$ 的转向转 90°，再截取距离为 $\dfrac{v_A}{\omega}$ 的点。此点即是速度瞬心，如图 4-10(g)所示。

应该指出的是，速度瞬心不是平面图形上的固定点，其位置随时间而变化，速度瞬心仅瞬时速度为零，而瞬时加速度一般并不为零。

例 4-4 如图 4-11 所示曲柄连杆机构。曲柄 OA 以匀角速度 ω 转动，已知曲柄 OA 长为 r，连杆 AB 长为 l，当曲柄在任意位置 $\varphi=\omega t$ 时，试求滑块 B 的速度。

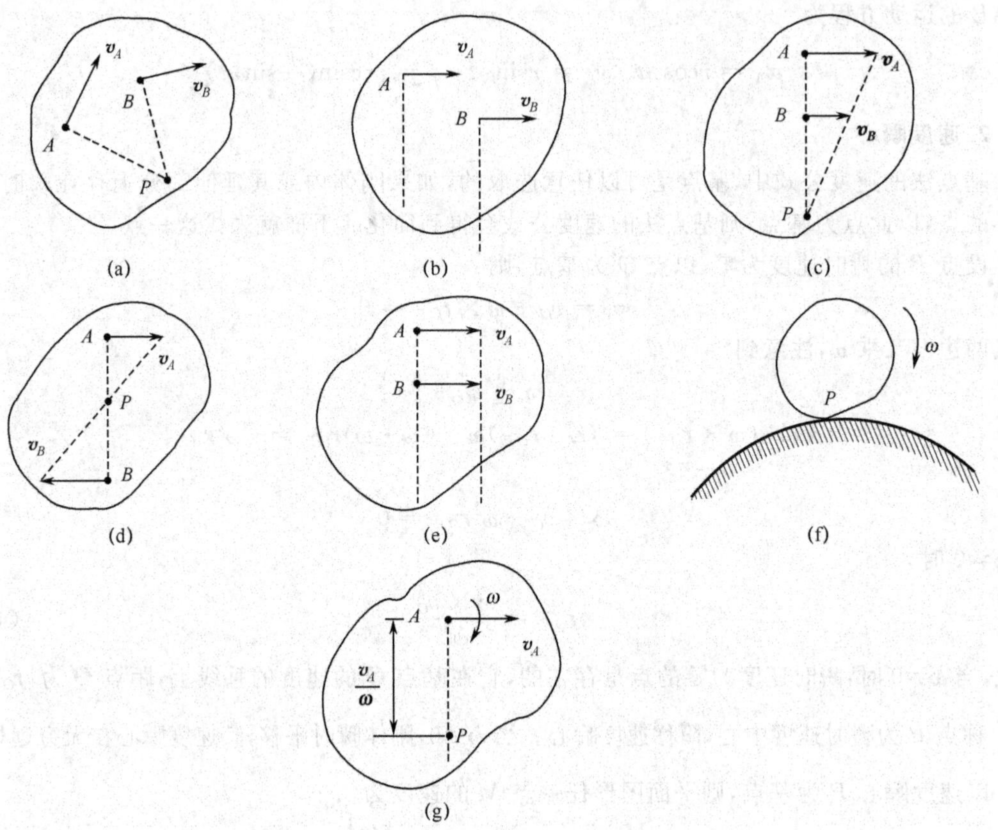

图 4-10

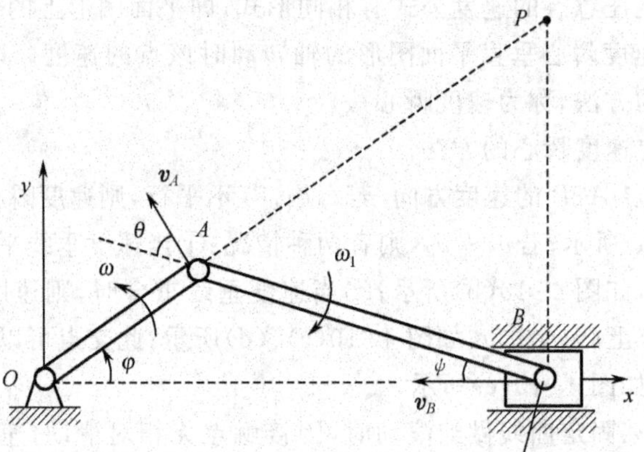

图 4-11

解法 1:基点法

曲柄 OA 做定轴转动,连杆 AB 做平面运动。点 A 的速度为

$$v_A = r\omega \tag{1}$$

设连杆 AB 的角速度为 ω_1,以点 A 为基点,则

$$\boldsymbol{v}_B = \boldsymbol{v}_A + \boldsymbol{v}_{BA} \tag{2}$$

式(2)是一个平面矢量方程,可以求解两个未知量。由几何关系得

$$r\sin\varphi = l\sin\psi$$

$$\sin\psi = \frac{r}{l}\sin\varphi, \quad \cos\psi = \sqrt{1-\frac{r^2}{l^2}\sin^2\varphi} \tag{3}$$

如图 4-11 所示，$\theta=\frac{\pi}{2}-\varphi-\psi$，把式(2)沿 AB 方向投影，得

$$\begin{aligned} v_B\cos\psi &= v_A\cos(\frac{\pi}{2}-\varphi-\psi) \\ v_B &= r\omega\frac{\sin(\varphi+\psi)}{\cos\psi} \end{aligned} \tag{4}$$

其中 ψ 由式(3)确定。

把式(2)沿垂直方向投影，得

$$\begin{aligned} 0 &= v_A\sin(\frac{\pi}{2}-\varphi)-v_{BA}\sin(\frac{\pi}{2}-\psi) \\ \omega_1 &= \frac{v_{BA}}{l} = \frac{r\omega\cos\varphi}{l\cos\psi} \end{aligned} \tag{5}$$

解法 2：速度瞬心法

由于已知点 A、B 的速度方向，因此点 P 即为杆 AB 的速度瞬心。由几何关系，得

$$\sin\psi = \frac{r}{l}\sin\varphi, \quad \cos\psi = \sqrt{1-\frac{r^2}{l^2}\sin^2\varphi}$$

$$OB = r\cos\varphi + l\cos\psi \tag{6}$$

$$AP = \frac{OB}{\cos\varphi} - r = l\frac{\cos\psi}{\cos\varphi} \tag{7}$$

$$BP = OB\tan\varphi \tag{8}$$

$$v_A = r\omega = AP\cdot\omega_1$$

$$\omega_1 = \frac{r\omega\cos\varphi}{l\cos\psi}$$

$$\begin{aligned} v_B &= BP\cdot\omega_1 = (r\cos\varphi + l\cos\psi)\tan\varphi\cdot\omega_1 \\ &= r\omega(\frac{r}{l}\sin\varphi\cos\varphi + \sin\varphi\cos\psi)\frac{1}{\cos\psi} \\ &= r\omega(\sin\psi\cos\varphi + \cos\psi\sin\varphi)\frac{1}{\cos\psi} \\ &= r\omega\frac{\sin(\varphi+\psi)}{\cos\psi} \end{aligned}$$

解法 3：速度投影定理

由几何关系，得

$$\sin\psi = \frac{r}{l}\sin\varphi, \quad \cos\psi = \sqrt{1-\frac{r^2}{l^2}\sin^2\varphi}$$

由速度投影定理，得

$$v_A\cos(\frac{\pi}{2}-\varphi-\psi) = v_B\cos\psi$$

$$v_B = v_A\frac{\sin(\varphi+\psi)}{\cos\psi} = r\omega\frac{\sin(\varphi+\psi)}{\cos\psi}$$

解法 4：点的运动学

建立坐标系 Oxy，如图 4-11 所示，则

$$x_B = r\cos\varphi + l\cos\psi \tag{9}$$

$$v_B = \dot{x}_B = -r\dot{\varphi}\sin\varphi - l\dot{\psi}\sin\psi \tag{10}$$

由几何关系，得

$$r\sin\varphi = l\sin\psi$$

上式两边对时间求导，得

$$r\dot{\varphi}\cos\varphi = l\dot{\psi}\cos\psi$$

$$\dot{\psi} = \frac{r\omega\cos\varphi}{l\cos\psi}$$

这是连杆 AB 的角速度，代入式(10)，得

$$v_B = -r\omega\sin\varphi - r\omega\frac{\cos\varphi\sin\psi}{\cos\psi} = -r\omega\frac{\sin(\varphi+\psi)}{\cos\psi}$$

上式负号表示点 B 的速度方向与 x 轴方向相反。

例 4-5 如图 4-12 所示的平面机构，已知杆 O_1A 的角速度为 ω_1，杆 O_2B 的角速度为 ω_2，$O_2B=r$，$O_1A=\sqrt{3}r$，在图示瞬时，杆 O_1A 处于铅垂位置，杆 AC 和 O_2B 处于水平位置，而杆 BC 与铅垂线成 30°夹角，试求该瞬时点 C 的速度。

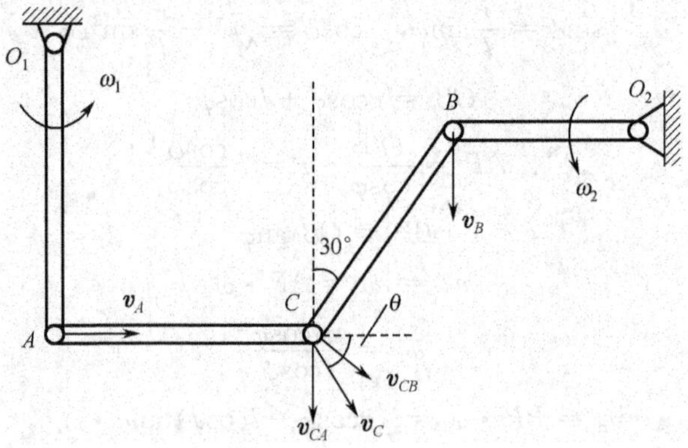

图 4-12

解法 1：基点法

系统为两自由度系统，点 C 的速度大小和方向都未知。

以点 A 的基点，考虑点 C，

$$v_C = v_A + v_{CA} \tag{1}$$

其中 $v_A=\sqrt{3}r\omega_1$，上式有三个未知量，不能求解。为此，以点 B 为基点，考虑点 C，

$$v_C = v_B + v_{CB} \tag{2}$$

其中 $v_B=r\omega_2$，上式也有三个未知量。由式(1)、(2)得

$$v_A + v_{CA} = v_B + v_{CB} \tag{3}$$

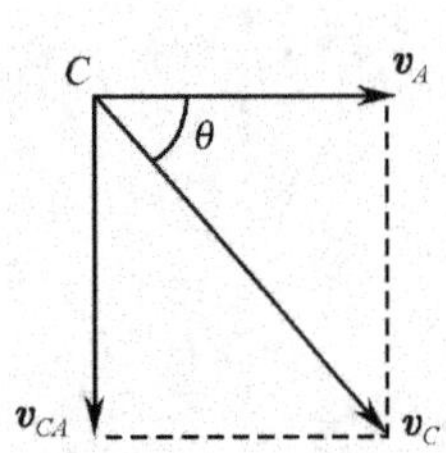

图 4-13

式(3)只有两个未知量，可以求解。只要求得 v_{CA}，则 v_C 可方便求出。

把式(3)沿 BC 方向投影，得

$$v_A\sin30° - v_{CA}\cos30° = -v_B\cos30°$$

$$v_{CA} = v_A\tan30° + v_B = r(\omega_1+\omega_2)$$

$$v_C = \sqrt{v_A^2 + v_{CA}^2} = r\sqrt{4\omega_1^2 + 2\omega_1\omega_2 + \omega_2^2}$$

$$\tan\theta = \frac{v_{CA}}{v_A} = \frac{\sqrt{3}(\omega_1 + \omega_2)}{3\omega_1}$$

如图 4-13 所示。

解法 2:速度投影定理

设点 C 的速度 v_C 与水平方向成 θ 角,如图 4-12 所示。对杆 AC 应用速度投影定理,得

$$v_A = v_C\cos\theta \tag{4}$$

同理,对杆 BC 应用速度投影定理,得

$$v_B\cos30^\circ = v_C\sin(\theta - 30^\circ) \tag{5}$$

式(5)除以式(4),得

$$\frac{v_B\cos30^\circ}{v_A} = \frac{\sin(\theta-30^\circ)}{\cos\theta} = \frac{\sqrt{3}}{2}\tan\theta - \frac{1}{2}$$

$$\tan\theta = \frac{\sqrt{3}(\omega_1 + \omega_2)}{3\omega_1}$$

$$v_C = \frac{v_A}{\cos\theta} = v_A\sqrt{1+\tan^2\theta} = r\sqrt{4\omega_1^2 + 2\omega_1\omega_2 + \omega_2^2}$$

例 4-6 如图 4-14 所示的平面四连杆机构。已知曲柄 O_1A 以匀角速度 ω_1 绕 O_1 轴转动,$O_1A = r_1$,$AB = l$,$O_2B = r_2$,试求图示位置时,杆 AB 和 O_2B 的角速度和角加速度。

解:杆 O_2B 做定轴转动,设其角速度和角加速度分别为 ω_2 和 α_2,杆 AB 做平面运动,设其角速度和角加速度分别为 ω 和 α,如图 4-14、图 4-15 所示。

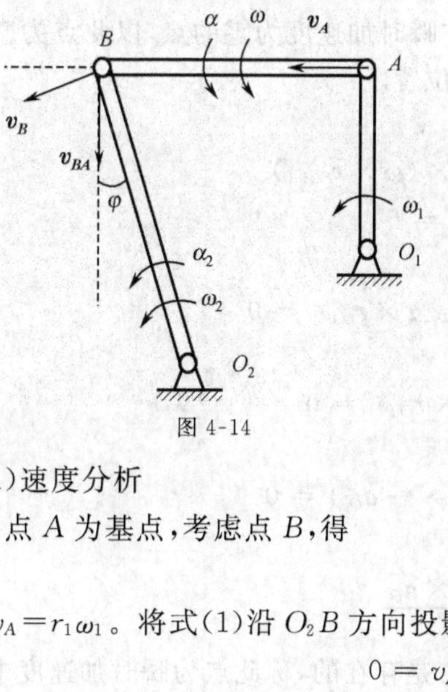

图 4-14

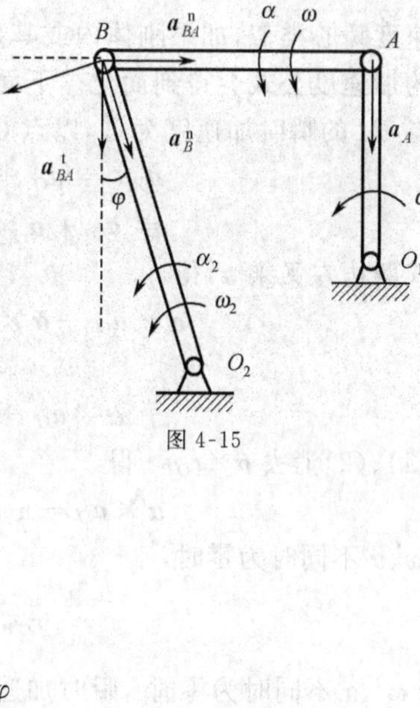

图 4-15

(1)速度分析

以点 A 为基点,考虑点 B,得

$$v_B = v_A + v_{BA} \tag{1}$$

其中,$v_A = r_1\omega_1$。将式(1)沿 O_2B 方向投影,得

$$0 = v_A\sin\varphi - v_{BA}\cos\varphi$$

$$v_{BA} = v_A\tan\varphi = r_1\omega_1\tan\varphi$$

$$\omega = \frac{v_{BA}}{l} = \frac{r_1}{l}\omega_1\tan\varphi$$

将式(1)沿 AB 方向投影,得

$$v_B\cos\varphi = v_A$$

$$v_B = \frac{v_A}{\cos\varphi} = \frac{r_1\omega_1}{\cos\varphi}$$

$$\omega_2=\frac{v_B}{r_2}=\frac{r_1\omega_1}{r_2\cos\varphi}$$

(2)加速度分析

以点 A 为基点，考虑点 B，得

$$\boldsymbol{a}_B=\boldsymbol{a}_A+\boldsymbol{a}_{BA}$$

由于杆 O_2B 做定轴转动，上式可写成

$$\boldsymbol{a}_B^{\mathrm{t}}+\boldsymbol{a}_B^{\mathrm{n}}=\boldsymbol{a}_A+\boldsymbol{a}_{BA}^{\mathrm{t}}+\boldsymbol{a}_{BA}^{\mathrm{n}} \tag{2}$$

其中 $a_A=r_1\omega_1^2$，$a_{BA}^{\mathrm{n}}=l\omega^2$，$a_B^{\mathrm{n}}=r_2\omega_2^2$。将式(2)沿 O_2B 方向投影，得

$$a_B^{\mathrm{n}}=a_A\cos\varphi+a_{BA}^{\mathrm{t}}\cos\varphi+a_{BA}^{\mathrm{n}}\sin\varphi$$

$$a_{BA}^{\mathrm{t}}=\frac{1}{\cos\varphi}(r_2\omega_2^2-r_1\omega_1^2\cos\varphi-l\omega^2\sin\varphi)$$

$$\alpha=\frac{a_{BA}^{\mathrm{t}}}{l}=\frac{1}{\cos\varphi}\left(\frac{r_2}{l}\omega_2^2-\frac{r_1}{l}\omega_1^2\cos\varphi-\omega^2\sin\varphi\right)$$

将式(2)沿 AB 方向投影，得

$$a_B^{\mathrm{t}}\cos\varphi-a_B^{\mathrm{n}}\sin\varphi=-a_{BA}^{\mathrm{n}}$$

$$a_B^{\mathrm{t}}=\frac{1}{\cos\varphi}(r_2\omega_2^2\sin\varphi-l\omega^2)$$

$$\alpha_2=\frac{a_B^{\mathrm{t}}}{r_2}=\frac{1}{\cos\varphi}\left(\omega_2^2\sin\varphi-\frac{l}{r_2}\omega^2\right)$$

3*. 加速度瞬心

与速度瞬心类似，如果刚体内或其延伸部分上存在瞬时加速度为零的点，以此点为基点，则基点法的加速度公式会得到简化。下面来确定该点的位置。

设点 P^* 的瞬时加速度为零，以点 O' 为基点，则

$$\begin{aligned}\boldsymbol{a}_{P^*}&=\boldsymbol{a}_{O'}+\boldsymbol{\alpha}\times\boldsymbol{r}_{O'P^*}+\boldsymbol{\omega}\times(\boldsymbol{\omega}\times\boldsymbol{r}_{O'P^*})\\&=\boldsymbol{a}_{O'}+\boldsymbol{\alpha}\times\boldsymbol{r}_{O'P^*}-\omega^2\boldsymbol{r}_{O'P^*}=0\end{aligned} \tag{1}$$

上式两边左叉乘 $\boldsymbol{\alpha}$，得

$$\boldsymbol{\alpha}\times\boldsymbol{a}_{O'}+\boldsymbol{\alpha}\times(\boldsymbol{\alpha}\times\boldsymbol{r}_{O'P^*})-\omega^2\boldsymbol{\alpha}\times\boldsymbol{r}_{O'P^*}=0$$

即

$$\boldsymbol{\alpha}\times\boldsymbol{a}_{O'}-\alpha^2\boldsymbol{r}_{O'P^*}-\omega^2\boldsymbol{\alpha}\times\boldsymbol{r}_{O'P^*}=0 \tag{2}$$

式(1)、(2)消去 $\boldsymbol{\alpha}\times\boldsymbol{r}_{O'P^*}$ 得

$$\boldsymbol{\alpha}\times\boldsymbol{a}_{O'}-\alpha^2\boldsymbol{r}_{O'P^*}-\omega^2(\omega^2\boldsymbol{r}_{O'P^*}-\boldsymbol{a}_{O'})=0$$

当 $\boldsymbol{\omega}$、$\boldsymbol{\alpha}$ 不同时为零时，

$$\boldsymbol{r}_{O'P^*}=\frac{\omega^2\boldsymbol{a}_{O'}+\boldsymbol{\alpha}\times\boldsymbol{a}_{O'}}{\omega^4+\alpha^2} \tag{4-36}$$

因此，当 $\boldsymbol{\omega}$ 、$\boldsymbol{\alpha}$ 不同时为零时 ，瞬时加速度为零的点 P^* 是存在的，称此点为瞬时加速度中心，简称加速度瞬心。

由式(4-36)可知

$$\begin{cases}|\boldsymbol{r}_{O'P^*}|=\dfrac{a_{O'}}{\sqrt{\omega^4+\alpha^2}}\\[2ex]\tan\theta=\dfrac{\alpha}{\omega^2}\end{cases} \tag{4-37}$$

如图 4-16 所示。

以点 P^* 为基点，平面图形上的一点 M 的加速度为

$$\begin{aligned}\boldsymbol{a}_M &= \boldsymbol{a}_{P^*} + \boldsymbol{a}_{MP^*} = \boldsymbol{a}_{MP^*}^{t} + \boldsymbol{a}_{MP^*}^{n} \\ &= \boldsymbol{\alpha} \times \boldsymbol{r}_{P^*M} + \boldsymbol{\omega} \times (\boldsymbol{\omega} \times \boldsymbol{r}_{P^*M})\end{aligned} \tag{4-38}$$

式(4-38)与定轴转动刚体上任意点的加速度公式有相同的形式，即平面图形上任一点的加速度等于平面图形以角速度 ω 和角加速度 α 绕过加速度瞬心垂直平面图形的轴转动时该点的加速度。

以加速度瞬心为基点求平面图形上任一点加速度的方法称为加速度瞬心法。显然，确定加速度瞬心并不怎么方便，在求解加速度问题时一般不采用加速度瞬心法。但在两种特殊情况下却很方便：①$\boldsymbol{\omega}=0, \boldsymbol{\alpha}\neq 0$，这时 $\theta=\frac{\pi}{2}$，$a_M = P^*M \cdot \alpha$，方向由 $\overrightarrow{P^*M}$ 顺着 α 转向转 $90°$；②$\boldsymbol{\omega}\neq 0, \boldsymbol{\alpha}=0$，这时 $\theta=0$，$a_M = P^*M \cdot \omega^2$，方向由点 M 指向点 P^*。

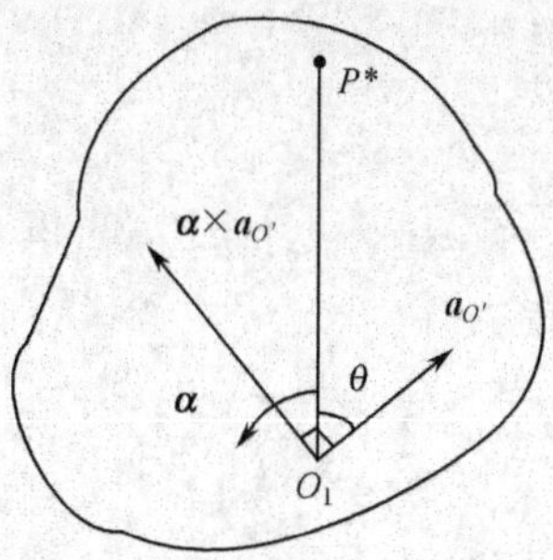

图 4-16

由式(4-34)和式(4-36)可知，速度瞬心和加速度瞬心一般是不重合的，即 $\boldsymbol{a}_{MP^*}^{t}$ 与 v_M 一般不共线，因此 $\boldsymbol{a}_{MP^*}^{t}$ 和 $\boldsymbol{a}_{MP^*}^{n}$ 并不是点 M 的切向和法向加速度，它们只是点 M 相对于加速度瞬心的切向和法向加速度。

习　题

4-1　对于平面运动的刚体，某瞬时角速度、角加速度同时为零，此时刚体上各点的速度与加速度是否相等？能否得出刚体做平移的结论？为什么？

4-2　图示为平面图形的三种速度分布情况，其中可能的是______，不可能的是______。

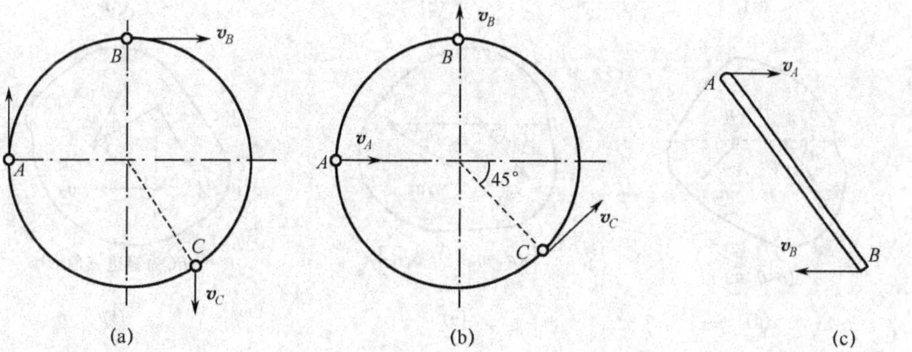

题 4-2 图

4-3　图示小车的车轮 A 与滚柱 B 的半径都是 r。设 A、B 与地面之间和 B 与车板之间都没有滑动，则小车前进时，车轮 A 和滚柱 B 的角速度是________。

(a)$\omega_A > \omega_B$　　　　(b)$\omega_A = \omega_B$　　　　(c)$\omega_A < \omega_B$

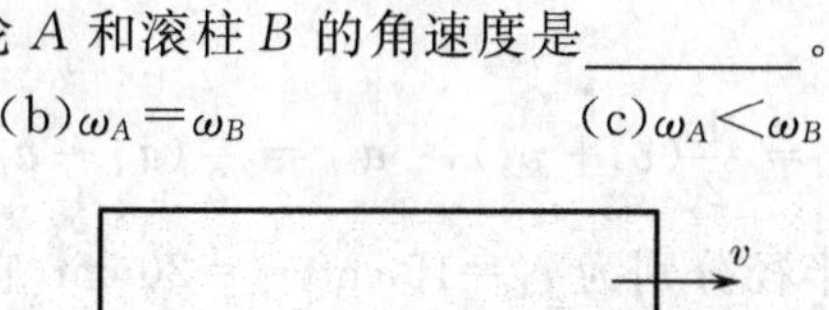

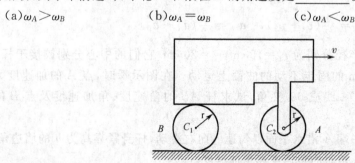

题 4-3 图

4-4 杆 AB 的两端可分别沿水平、铅直滑道运动。已知 B 端的速度为 v_B，则图示瞬时点 B 相对于基点 A 的速度大小为________。

(a) $v_B\sin\theta$　　(b) $v_B\cos\theta$　　(c) $\dfrac{v_B}{\sin\theta}$　　(d) $\dfrac{v_B}{\cos\theta}$

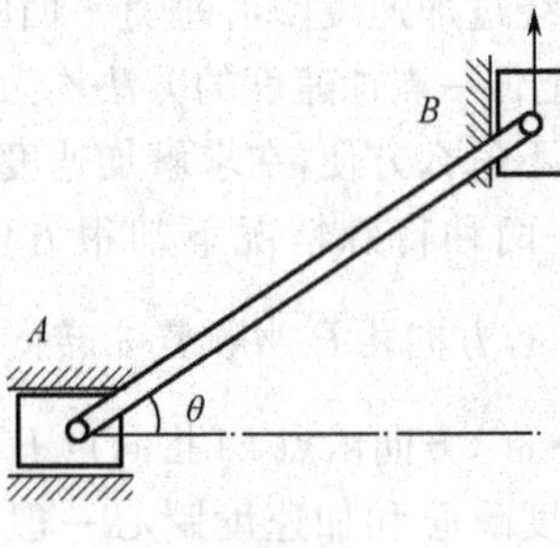

题 4-4 图

4-5 试判断图示平面图形上的加速度分布是否可能？为什么？

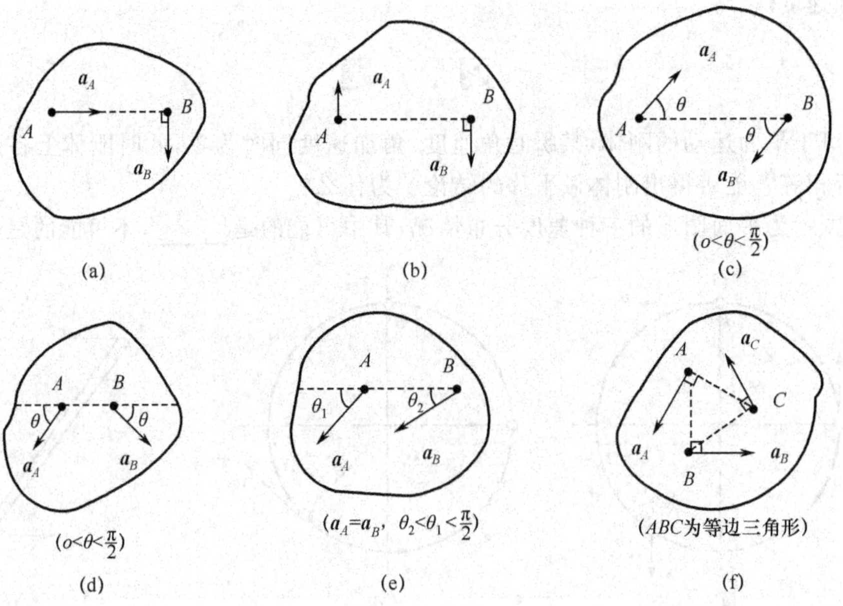

题 4-5 图

4-6 设刚体上任意两点 A、B 的速度和加速度分别为 v_A、v_B 和 $\boldsymbol{a}_A$、$\boldsymbol{a}_B$，M 为 A、B 连线的中点，试证：

$$v_M=\frac{1}{2}(v_A+v_B),\quad \boldsymbol{a}_M=\frac{1}{2}(\boldsymbol{a}_A+\boldsymbol{a}_B)$$

4-7 图示圆轮Ⅰ、Ⅱ的半径分别为 $r_1=15$ cm，$r_2=20$ cm，它们的中心分别铰接于杆 AB 的两端，两轮在半径 $R=45$ cm 的固定不动的曲面上运动。在图示瞬时，点 A 的加速度大小为 $a_A=120\ \text{cm/s}^2$，其方向与 OA 线成 $60°$ 夹角，试求杆 AB 的角速度、角加速度及点 B 的加速度。

4-8 如图所示，杆 AB 一端 A 沿水平面以匀速 v_A 向右滑动，杆身紧靠高为 h 的墙边角 C。试根据定义求杆与水平面成 φ 角时的角速度和角加速度。

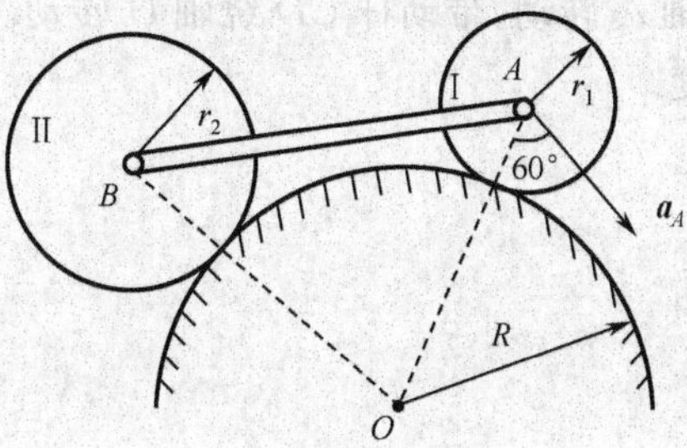

题 4-7 图

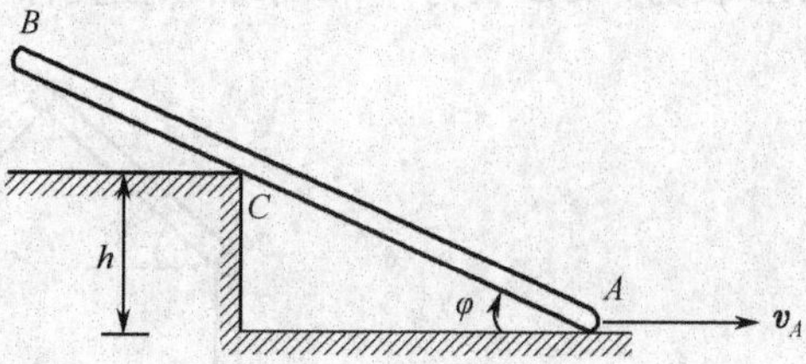

题 4-8 图

4-9 如图所示，靠在固定的半圆柱上的直杆 AB 在铅垂面内运动。已知 A 端以匀速 v_A 在水平面上运动，固定半圆柱半径为 r。试根据定义求杆与水平面成 φ 角时的角速度和角加速度。

4-10 振动筛机构如图所示。筛子摆动由曲柄连杆机带动。已知曲柄 OA 长 $l=30$ cm，转速 $n=40$ r/min，$O_1D=O_2E$，$O_1O_2=DE$，当 BC 运动至与 O 同一水平线时，$\angle AOB=60°$，$OA\perp AB$。试求此瞬时筛子 BC 的速度。

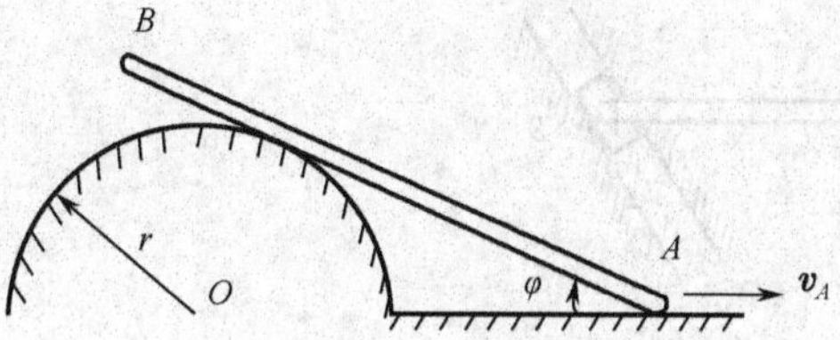

题 4-9 图

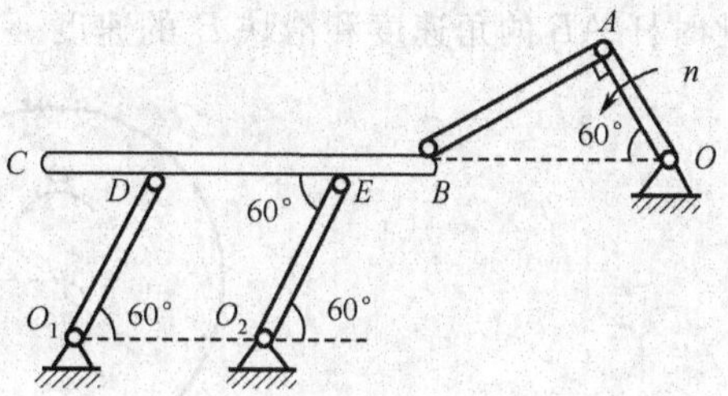

题 4-10 图

4-11 在图示曲柄连杆机构中，曲柄 $OA=40$ cm，连杆 $AB=100$ cm，曲柄 OA 绕轴 O 做匀速转动，其转速 $n=180$ r/min。当曲柄与水平线间成 45°时，试求连杆 AB 的角速度和其中点 M 的速度。

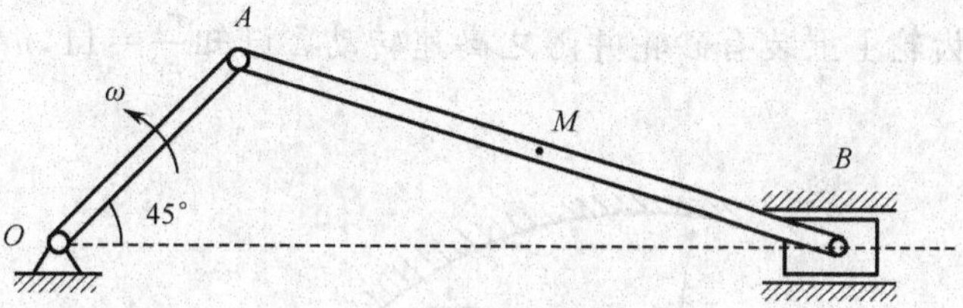

题 4-11 图

4-12 在图示四连杆机构中，$OA=O_1B=\dfrac{1}{2}AB$，曲柄以角速度 $\omega=3$ rad/s 绕轴 O 转动。试求在图示位置时杆 AB 和 O_1B 的角速度。

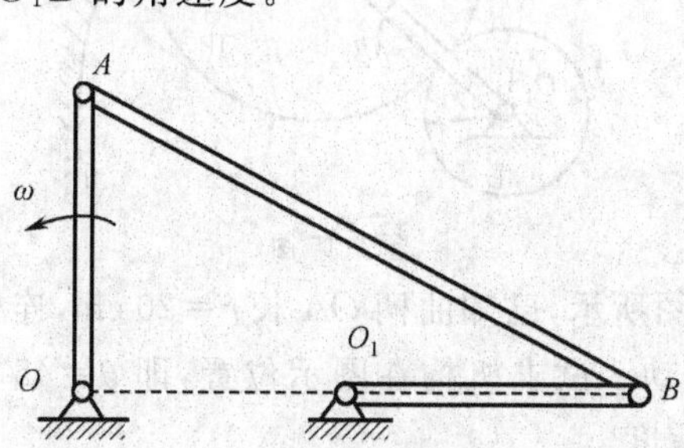

题 4-12 图

4-13 在图示四连杆机构中，杆 AB 以角速度 ω 绕轴 A 转动，带动杆 CD 绕轴 D 转动。已知 AB 长为 r，CD 长为 l。试求图示位置杆 CD 的角速度。

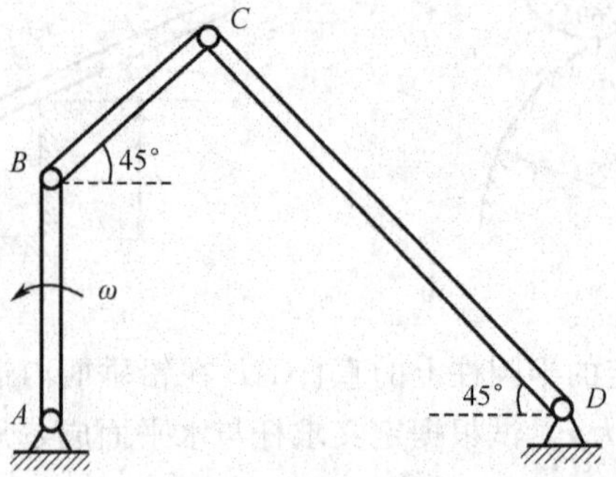

题 4-13 图

4-14 直径为 d 的滚轮（O 为轮心）在水平直线轨道上做纯滚动。长为 l 的杆 AB 的 A 端与轮缘铰接。已知滚轮角速度为 ω，在图示瞬时，OA 与水平成 30°夹角，AB 处于水平位置。试求此时杆 AB 的角速度和滑块 B 的速度。

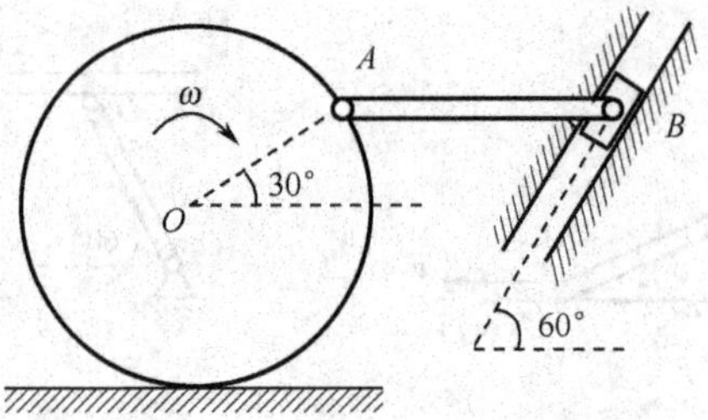

题 4-14 图

4-15 使砂轮高速转动的装置如图所示。杆 O_1O_2 绕 O_1 轴转动，转速为 n。O_2 处用铰链连接一半径为 r_2 的活动齿轮Ⅱ，杆 O_1O_2 转动时轮Ⅱ在固定齿轮Ⅲ上滚动并使半径为 r_1 的齿轮Ⅰ绕 O_1 转动，齿轮Ⅰ上装有砂轮并随之高速转动。已知 $\frac{r_3}{r_1}=11$，$n=900$ r/min，试求砂轮的转速。

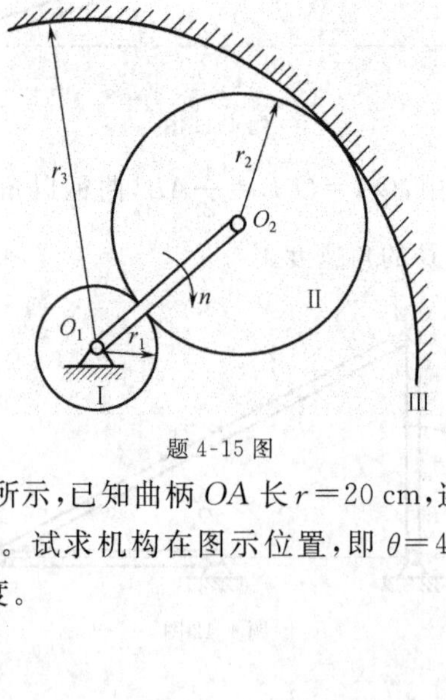

题 4-15 图

4-16 曲柄连杆机构如图所示，已知曲柄 OA 长 $r=20$ cm，连杆 AB 长 $l=100$ cm，曲柄 OA 以匀角速度 $\omega_0=10$ rad/s 转动。试求机构在图示位置，即 $\theta=45°$、$\varphi=45°$时，连杆 AB 的角速度、角加速度和滑块 B 的加速度。

4-17 平面四连杆机构 $ABCD$ 的尺寸和位置如图所示。已知杆 AB 以匀角速度 $\omega=$ 1 rad/s绕轴 A 转动，试求此瞬时点 C 的速度和加速度。

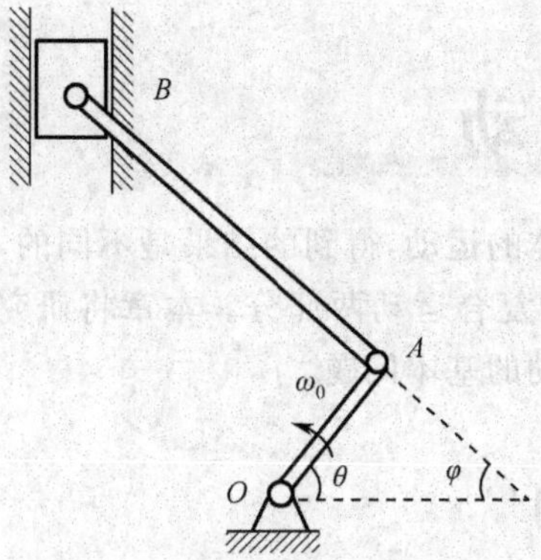

题 4-16 图

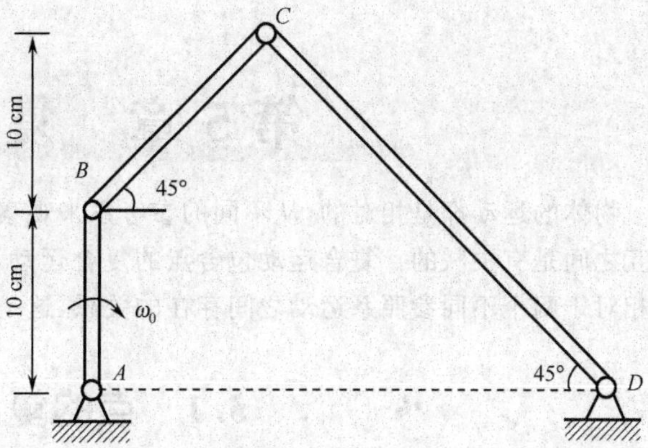

题 4-17 图

4-18 半径均为 r 的两轮用长为 l 的杆 O_2A 相铰接，如图所示。前轮 O_1 做匀角速纯滚动，轮心速度为 v，试求在图示位置后轮 O_2 做纯滚动的角速度和角加速度。

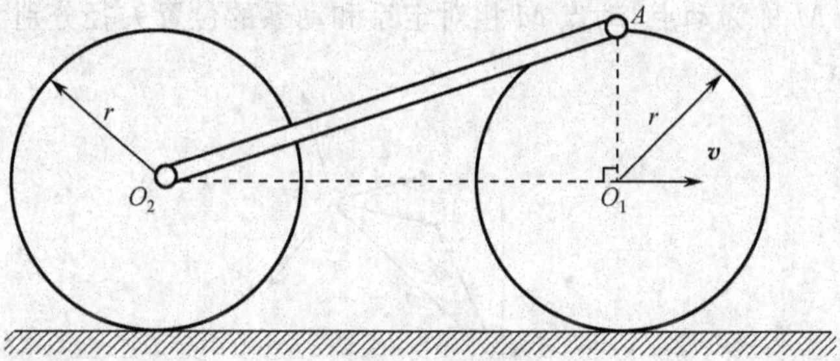

题 4-18 图

第 5 章 复合运动

物体的运动都是相对的，从不同的参考系来观察同一物体的运动，得到的结果是不同的，但相互之间是有关联的。复合运动包含点的复合运动和刚体的复合运动两部分。本章将研究物体相对于两个不同参照系运动之间存在的关系，这是复合运动的基本问题。

5.1 点的复合运动

5.1.1 绝对运动、相对运动和牵连运动

如图 5-1 所示，$Oxyz$ 是空间固定坐标系，称为定系；$O'x'y'z'$ 是空间运动坐标系，称为动系。研究对象，即点 M 称为动点，动点 M 相对定系和动系的位置矢径分别为 $\boldsymbol{r}_{OM}$ 和 $\boldsymbol{r}_{O'M}$。

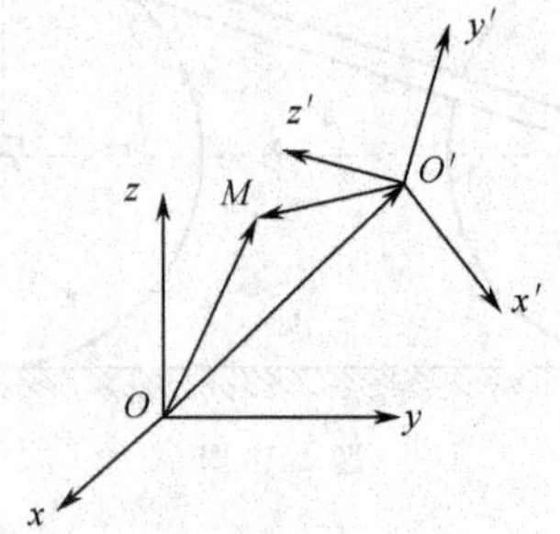

图 5-1

动点 M 相对于定系的运动称为绝对运动；动点 M 相对动系的运动称为相对运动；动系相对于定系的运动称为牵连运动。牵连运动是刚体运动。

下面讨论一个随时间变化的矢量 $\boldsymbol{A}=\boldsymbol{A}(t)$ 对时间的变化率。

设动系做刚体的一般运动，其角速度为 $\boldsymbol{\omega}$，$\boldsymbol{A}$ 在动系下表示为

$$\boldsymbol{A} = A_{x'}(t)\,\boldsymbol{i}' + A_{y'}(t)\,\boldsymbol{j}' + A_{z'}(t)\boldsymbol{k}'$$

$$\frac{\mathrm{d}\boldsymbol{A}}{\mathrm{d}t} = \dot{A}_{x'}(t)\,\boldsymbol{i}' + \dot{A}_{y'}(t)\boldsymbol{j}' + \dot{A}_{z'}(t)\,\boldsymbol{k}' + A_{x'}(t)\dot{\boldsymbol{i}}' + A_{y'}(t)\,\dot{\boldsymbol{j}}' + A_{z'}(t)\,\dot{\boldsymbol{k}}' \tag{5-1}$$

令

$$\frac{\tilde{\mathrm{d}}\boldsymbol{A}}{\mathrm{d}t} = \dot{A}_{x'}(t)\,\boldsymbol{i}' + \dot{A}_{y'}(t)\,\boldsymbol{j}' + \dot{A}_{z'}(\mathrm{t})\,\boldsymbol{k}' \tag{5-2}$$

上式表示在动系上对 $\boldsymbol{A}(t)$ 关于时间求导，称为对时间的相对导数。$\boldsymbol{i}'$、$\boldsymbol{j}'$、$\boldsymbol{k}'$ 可看成是固定于刚体上的矢量，由式(4-10)得

$$\dot{\boldsymbol{i}}' = \boldsymbol{\omega}\times\boldsymbol{i}',\quad \dot{\boldsymbol{j}}' = \boldsymbol{\omega}\times\boldsymbol{j}',\quad \dot{\boldsymbol{k}}' = \boldsymbol{\omega}\times\boldsymbol{k}' \tag{5-3}$$

式(5-1)变为

$$\frac{\mathrm{d}\boldsymbol{A}}{\mathrm{d}t} = \frac{\tilde{\mathrm{d}}\boldsymbol{A}}{\mathrm{d}t} + \boldsymbol{\omega}\times\boldsymbol{A} \tag{5-4}$$

即矢量对时间的绝对导数等于其相对导数加上动系的角速度叉乘矢量本身。

当 $\boldsymbol{\omega}=0$ 时，

$$\frac{\mathrm{d}\boldsymbol{A}}{\mathrm{d}t}=\frac{\tilde{\mathrm{d}}\boldsymbol{A}}{\mathrm{d}t} \tag{5-5}$$

即动系做平移或瞬时平移时，则绝对导数等于相对导数。

5.1.2 点的速度合成定理

如图 5-1 所示，设动系做刚体一般运动，其角速度为 $\boldsymbol{\omega}$，对动点 M，有

$$\boldsymbol{r}_{OM}=\boldsymbol{r}_{OO'}+\boldsymbol{r}_{O'M} \tag{5-6}$$

$$\frac{\mathrm{d}\boldsymbol{r}_{OM}}{\mathrm{d}t}=\frac{\mathrm{d}\boldsymbol{r}_{OO'}}{\mathrm{d}t}+\frac{\mathrm{d}\boldsymbol{r}_{O'M}}{\mathrm{d}t}$$

利用式(5-4)，则

$$\frac{\mathrm{d}\boldsymbol{r}_{O'M}}{\mathrm{d}t}=\frac{\tilde{\mathrm{d}}\boldsymbol{r}_{O'M}}{\mathrm{d}t}+\boldsymbol{\omega}\times\boldsymbol{r}_{O'M}$$

$$\frac{\mathrm{d}\boldsymbol{r}_{OM}}{\mathrm{d}t}=\frac{\mathrm{d}\boldsymbol{r}_{OO'}}{\mathrm{d}t}+\boldsymbol{\omega}\times\boldsymbol{r}_{O'M}+\frac{\tilde{\mathrm{d}}\boldsymbol{r}_{O'M}}{\mathrm{d}t} \tag{5-7}$$

显然，$\frac{\mathrm{d}\boldsymbol{r}_{OM}}{\mathrm{d}t}$表示动点 M 相对于定系的速度，称为绝对速度，以 v_a 表示；$\frac{\tilde{\mathrm{d}}\boldsymbol{r}_{O'M}}{\mathrm{d}t}$表示动点 M 相对于动系的速度，称为相对速度，以 v_r 表示；而由刚体两点的速度关系可知：$\frac{\mathrm{d}\boldsymbol{r}_{OO'}}{\mathrm{d}t}+\boldsymbol{\omega}\times\boldsymbol{r}_{O'M}=v_{O'}+\boldsymbol{\omega}\times\boldsymbol{r}_{O'M}$ 表示动系上与动点重合点的速度，称为牵连速度，以 v_e 表示。因此，式(5-7)成为

$$v_a=v_e+v_r \tag{5-8}$$

上式称为点的速度合成定理。

对刚体的平面运动，取基点 O'，其上的平移坐标系 $O'x'y'$ 为动系，其上任一点 M 为动点，则

$$v_a=v_M \qquad v_r=v_{MO'}$$

由于平动坐标系上任一点的速度都相同，

$$v_e=v_{O'}$$

由点的速度合成定理得

$$v_M=v_{O'}+v_{MO'}$$

这就是式(4-32)。

5.1.3 点的加速度合成定理

把式(5-7)写成

$$v_a=\frac{\mathrm{d}\boldsymbol{r}_{O'O}}{\mathrm{d}t}+\boldsymbol{\omega}\times\boldsymbol{r}_{O'M}+v_r \tag{5-9}$$

上式关于时间求导，并注意应用式(5-4)得

$$\begin{aligned}\frac{\mathrm{d}v_a}{\mathrm{d}t}&=\frac{\mathrm{d}^2\boldsymbol{r}_{OO'}}{\mathrm{d}t^2}+\frac{\mathrm{d}\boldsymbol{\omega}}{\mathrm{d}t}\times\boldsymbol{r}_{O'M}+\boldsymbol{\omega}\times\frac{\mathrm{d}\boldsymbol{r}_{O'M}}{\mathrm{d}t}+\frac{\mathrm{d}\,v_r}{\mathrm{d}t}\\&=\frac{\mathrm{d}^2\boldsymbol{r}_{OO'}}{\mathrm{d}t^2}+\boldsymbol{\alpha}\times\boldsymbol{r}_{O'M}+\boldsymbol{\omega}\times\left(\frac{\tilde{\mathrm{d}}\boldsymbol{r}_{O'M}}{\mathrm{d}t}+\boldsymbol{\omega}\times\boldsymbol{r}_{O'M}\right)+\frac{\tilde{\mathrm{d}}\,v_r}{\mathrm{d}t}+\boldsymbol{\omega}\times v_r\\&=\frac{\mathrm{d}^2\boldsymbol{r}_{OO'}}{\mathrm{d}t^2}+\boldsymbol{\alpha}\times\boldsymbol{r}_{O'M}+\boldsymbol{\omega}\times(\boldsymbol{\omega}\times\boldsymbol{r}_{O'M})+\frac{\tilde{\mathrm{d}}\,v_r}{\mathrm{d}t}+2\boldsymbol{\omega}\times v_r\end{aligned} \tag{5-10}$$

式中，$\frac{\mathrm{d}\,\boldsymbol{v}_{\mathrm{a}}}{\mathrm{d}t}$表示动点 M 相对定系的加速度，称为绝对加速度，以 $\boldsymbol{a}_{\mathrm{a}}$ 表示；$\frac{\tilde{\mathrm{d}}\boldsymbol{v}_{\mathrm{r}}}{\mathrm{d}t}$表示动点 M 相对动系的加速度，称为相对加速度，以 $\boldsymbol{a}_{\mathrm{r}}$ 表示；$\frac{\mathrm{d}^2\boldsymbol{r}_{OO'}}{\mathrm{d}t^2}+\boldsymbol{\alpha}\times\boldsymbol{r}_{O'M}+\boldsymbol{\omega}\times(\boldsymbol{\omega}\times\boldsymbol{r}_{O'M})=\boldsymbol{a}_{O'}+\boldsymbol{\alpha}\times\boldsymbol{r}_{O'M}+\boldsymbol{\omega}\times(\boldsymbol{\omega}\times\boldsymbol{r}_{O'M})$表示动系上与动点 M 重合点的加速度，称为牵连加速度，以 $\boldsymbol{a}_{\mathrm{e}}$ 表示；$2\boldsymbol{\omega}\times\boldsymbol{v}_{\mathrm{r}}$称为科氏加速度，是法国工程师 Coriolis 于 1832 年首先提出来的，它是由动系的牵连转动和相对运动的相互影响而引起的，以 $\boldsymbol{a}_{\mathrm{C}}$ 表示。因此，式(5-10)可表示为

$$\boldsymbol{a}_{\mathrm{a}}=\boldsymbol{a}_{\mathrm{e}}+\boldsymbol{a}_{\mathrm{r}}+\boldsymbol{a}_{\mathrm{C}} \tag{5-11}$$

其中

$$\boldsymbol{a}_{\mathrm{C}}=2\boldsymbol{\omega}\times\boldsymbol{v}_{\mathrm{r}} \tag{5-12}$$

式(5-11)称为点的加速度合成定理。

当动系平移时，

$$\boldsymbol{\omega}=0,\quad \boldsymbol{a}_{\mathrm{C}}=0$$

$$\boldsymbol{a}_{\mathrm{a}}=\boldsymbol{a}_{\mathrm{e}}+\boldsymbol{a}_{\mathrm{r}} \tag{5-13}$$

例 5-1 如图 5-2 所示，船 A 和 B 分别沿夹角为 θ 的两条直线航行。已知船 A 的速度为 v_1，加速度为 $\boldsymbol{a}_1$；船 B 在 A 的右侧，并使 A、B 两船的连线始终与速度v_1垂直，试求船 B 的速度和加速度，以及船 B 相对于船 A 的速度和加速度。

解：(1)动点、动系和定系的选择

动点：船 B；

动系：与船 A 固连的坐标系 $Ax'y'$；

定系：与地面固连的坐标系 Oxy。

绝对运动是点 B 沿 OB 做直线运动；相对运动是点 B 沿 A、B 连线做直线运动；牵连运动是动系 $Ax'y'$沿 y 轴做直线平移。

(2)速度分析

$$v_{\mathrm{a}}=v_{\mathrm{e}}+v_{\mathrm{r}}$$

其中$v_{\mathrm{e}}=v_1$。如图 5-2 所示，不难求得

$$v_{\mathrm{a}}=\frac{v_1}{\cos\theta},\quad v_{\mathrm{r}}=v_1\tan\theta$$

(3)加速度分析

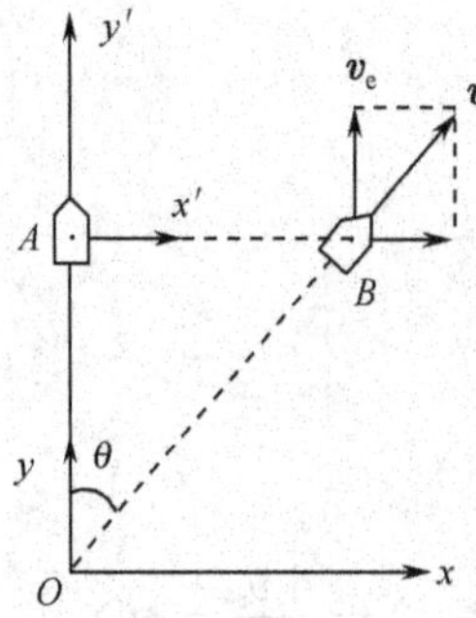

图 5-2

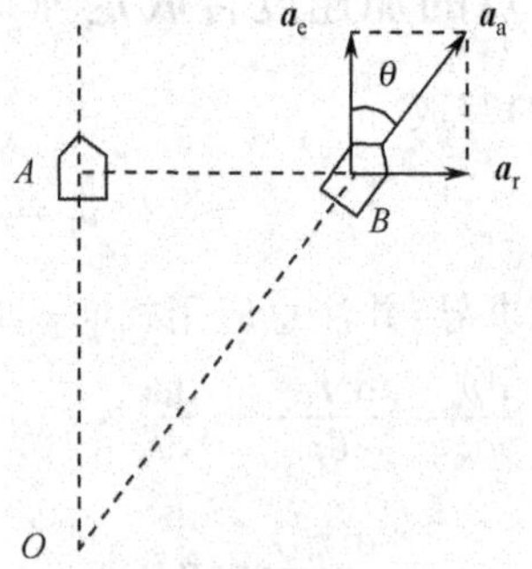

图 5-3

$$\boldsymbol{a}_{\mathrm{a}}=\boldsymbol{a}_{\mathrm{e}}+\boldsymbol{a}_{\mathrm{r}}$$

其中 $a_e=a_1$。如图 5-3 所示，不难求得

$$a_a=\frac{a_1}{\cos\theta},\quad a_r=a_1\tan\theta$$

例 5-2 直线 AB 以大小为 v_1 的速度沿垂直于 AB 的方向向上移动，而直线 CD 以大小为 v_2 的速度沿垂直于 CD 的方向向左上方移动，如图 5-4 所示。如两直线交角为 θ，试求两直线交点 M 的速度和加速度。v_1、v_2 都是常数。

解：(1)动点、动系和定系的选择

动点：两直线的交点 M；

动系：与直线 AB 固连的坐标系；

定系：与地面固连的坐标系。

绝对运动未知；相对运动是点 M 沿 AB 的直线运动，牵连运动是动系随直线 AB 的直线平移。

(2)速度分析

$$v_a=v_e+v_r \tag{1}$$

其中 $v_e=v_1$。由于存在三个未知量，不能求解。为此，再把动系固连于直线 CD，同样有

$$v_a=v'_e+v'_r \tag{2}$$

其中 $v'_e=v_2$ 上式也有三个未知量，由式(1)和(2)得

$$v_e+v_r=v'_e+v'_r \tag{3}$$

式(3)沿 v'_e 方向投影，得

$$v_e\cos\theta+v_r\sin\theta=v'_e$$

$$v_r=\frac{v_2-v_1\cos\theta}{\sin\theta}$$

$$v_a=\sqrt{v_e^2+v_r^2}=\frac{1}{\sin\theta}\sqrt{v_1^2+v_1^2-2v_1v_2\cos\theta}$$

$$\tan\beta=\frac{v_r}{v_e}=\frac{v_2-v_1\sin\theta}{v_1\sin\theta}$$

如图 5-5 所示

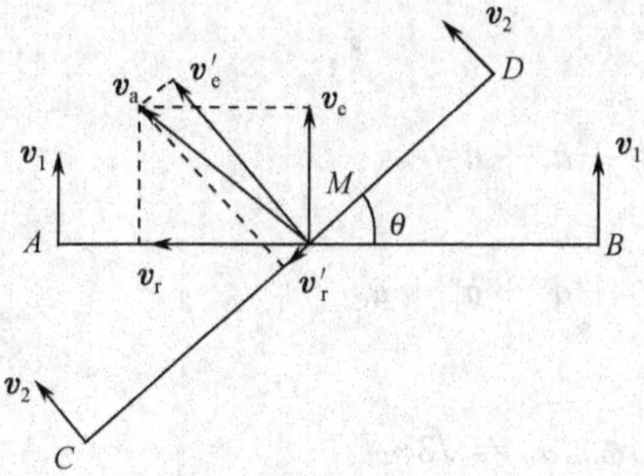

图 5-4

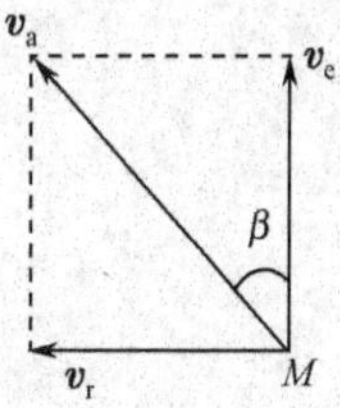

图 5-5

(3)加速度分析

$$\boldsymbol{a}_a=\boldsymbol{a}_e+\boldsymbol{a}_r=\boldsymbol{a}_r$$

另一方面，当动系固连于直线 CD 时，有

$$\boldsymbol{a}_a=\boldsymbol{a}'_e+\boldsymbol{a}'_r=\boldsymbol{a}'_r$$

但 $\boldsymbol{a}_r$ 和 $\boldsymbol{a}'_r$ 的方向不一样，所以

$$\boldsymbol{a}_a = \boldsymbol{a}_r = \boldsymbol{a}'_r = 0$$

例 5-3 如图 5-6 所示，半径为 r 的两圆相交，令圆 O' 固定，圆 O 绕其圆周上一点 A 以匀角速度 ω 转动。试求当 A、O、O' 位于同一直线时，两圆交点 M 的速度与加速度。

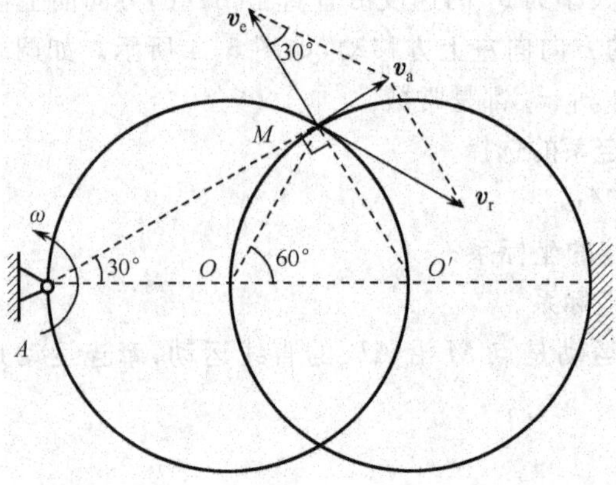

图 5-6

解：(1)动点、动系和定系的选择

动点：两圆的交点 M；

动系：固连于圆 O 的坐标系；

定系：固连于地面的坐标系。

绝对运动是动点 M 绕圆 O' 做圆周运动；相对运动是动点 M 绕圆 O 做圆周运动；牵连运动是动系绕点 A 的定轴转动。

(2)速度分析

$$v_a = v_e + v_r$$

其中

$$v_e = AM \cdot \omega = \sqrt{3} r\omega$$

$$v_a = v_e \tan 30^\circ = r\omega$$

$$v_r = 2v_a = 2r\omega$$

如图 5-6 所示。

(3)加速度分析

$$\boldsymbol{a}_a = \boldsymbol{a}_e + \boldsymbol{a}_r + \boldsymbol{a}_C$$

或

$$\boldsymbol{a}_a^t + \boldsymbol{a}_a^n = \boldsymbol{a}_e + \boldsymbol{a}_r^t + \boldsymbol{a}_r^n + \boldsymbol{a}_C \tag{1}$$

其中

$$a_a^n = \frac{v_a^2}{r} = r\omega^2, a_e = \sqrt{3} r\omega^2$$

$$a_r^n = \frac{v_r^2}{r} = 4r\omega^2, \quad a_C = 2\omega v_r = 4r\omega^2$$

把式(1)沿 $\boldsymbol{a}_r^n$ 方向投影，得

$$-a_a^t \cos 30^\circ + a_a^n \sin 30^\circ = a_e \cos 30^\circ + a_r^n - a_C$$

$$a_a^t = -\frac{2\sqrt{3}}{3} r\omega^2$$

点 M 的切向和法向加速度分别为 $a_a^t=-\frac{2\sqrt{3}}{3}r\omega^2$ 和 $a_a^n=r\omega^2$，方向如图 5-7 所示。

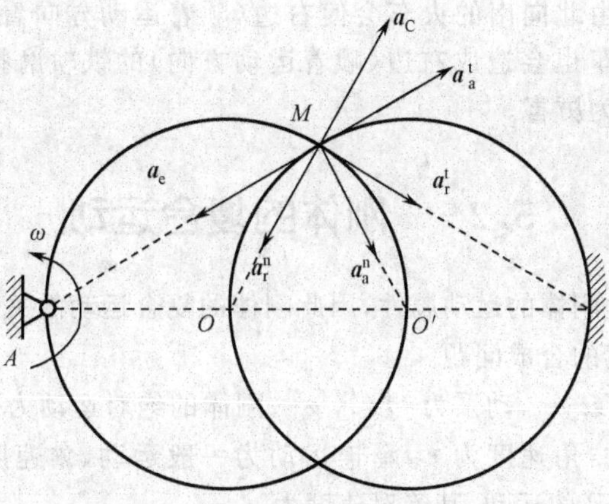

图 5-7

例 5-4 火车 M 在北纬 φ 度处沿子午线自北向南以速度 v 匀速行驶，如图 5-8 所示。地球半径为 R，自转角速度为 ω，试求火车的绝对速度、绝对加速度和科氏加速度。

解：(1)动点、动系和定系的选择

动点：火车 M；

动系：固连于地面的坐标系 $Mx'y'z'$；

定系：原点在点 O，指向三个恒星的地心坐标系。

绝对运动未知；相对运动是动点 M 沿子午线绕点 O 做圆周运动；牵连运动是动系绕地轴（地球的南北轴）的定轴转动。

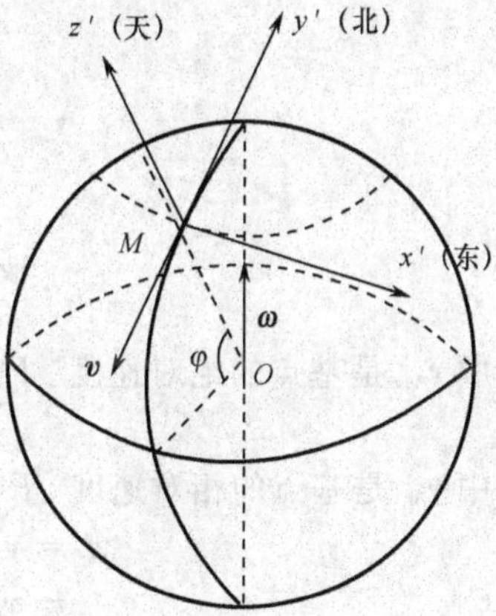

图 5-8

(2)速度分析

$$v_a=v_e+v_r$$

其中，$v_e=R\omega\cos\varphi$，$v_r=v$，在 $Mx'y'z'$ 坐标系下

$$\boldsymbol{v}_e=R\omega\cos\varphi\boldsymbol{i}'$$

$$\boldsymbol{v}_r=-v\boldsymbol{j}' \qquad (1)$$

$$\boldsymbol{v}_a=R\omega\cos\varphi\,\boldsymbol{i}'-v\boldsymbol{j}' \qquad (2)$$

(3)加速度分析

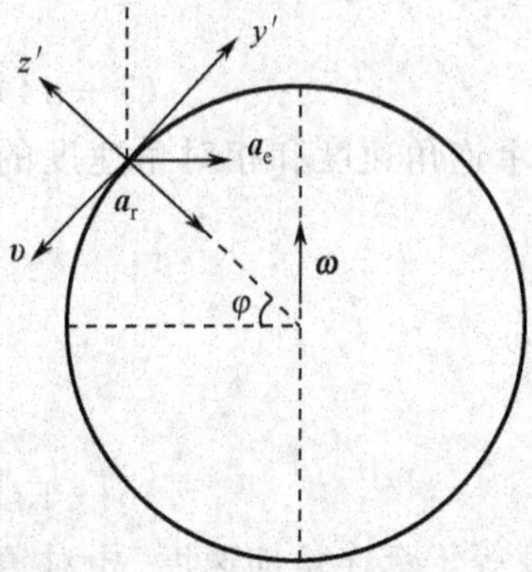

图 5-9

$$\boldsymbol{a}_a=\boldsymbol{a}_e+\boldsymbol{a}_r+\boldsymbol{a}_C=\boldsymbol{a}_e^n+\boldsymbol{a}_r^n+\boldsymbol{a}_C$$

其中，$a_e^n=R\omega^2\cos\varphi$，$a_r^n=\frac{v_r^2}{R}=\frac{v^2}{R}$，在 $M'x'y'z'$ 坐标系下

$$\boldsymbol{a}_e=a_e\sin\varphi\boldsymbol{j}'-a_e\cos\varphi\,\boldsymbol{k}'$$

$$=R\omega^2\cos\varphi(\sin\varphi\boldsymbol{j}'-\cos\varphi\,\boldsymbol{k}')$$

$$\boldsymbol{a}_r=-a_r\boldsymbol{k}'=-\frac{v^2}{R}\boldsymbol{k}'$$

$$\boldsymbol{\omega}=\omega\cos\varphi\boldsymbol{j}'+\omega\sin\varphi\,\boldsymbol{k}'$$

$$\boldsymbol{a}_C=2\boldsymbol{\omega}\times\boldsymbol{v}_r$$

$$=-2v\,\omega\sin\varphi\,\boldsymbol{k}'\times\boldsymbol{j}'=2v\,\omega\sin\varphi\,\boldsymbol{i}' \qquad (3)$$

$$\boldsymbol{a}_a=2v\,\omega\sin\varphi\,\boldsymbol{i}'+R\omega^2\sin\varphi\cos\varphi\boldsymbol{j}'-(R\omega^2\cos^2\varphi+\frac{v^2}{R})\boldsymbol{k}' \qquad (4)$$

式(4)右边第一项是科氏加速度,由牛顿第二定律知,由于 $\boldsymbol{a}_C$ 的存在,顺着运动方向看,火车受到铁轨向左的侧向推力,由牛顿第三定律,铁轨必受到火车向右的侧压力,此压力会加剧车轮与轨道间的磨损,因此由北向南的火车会使右边(顺着运动方向看)的铁轨磨损得比左边厉害。同样,由南向北的火车也会造成右边(顺着运动方向)的铁轨磨损得厉害。由北向南的河流,河水对右岸冲刷得较为厉害。

5.2* 刚体的复合运动

角速度和角加速度是刚体的运动属性,因此刚体的复合运动的关键问题是其相对于两个参照系的角速度和角加速度的合成问题。

如图 5－10,定系为 $Oxyz$,动系为 $O'x'y'z'$,刚体的绝对运动为一般运动,角速度为 $\boldsymbol{a}$,刚体的相对运动为一般运动,角速度为 $\boldsymbol{r}$,牵连运动为一般运动,角速度为 $\boldsymbol{e}$ 。在刚体上取基点 A ,考虑刚体上的任一点 P 的运动,其绝对速度为

$$\boldsymbol{a} = Aa + \boldsymbol{a} \times \boldsymbol{r}_{AP}$$

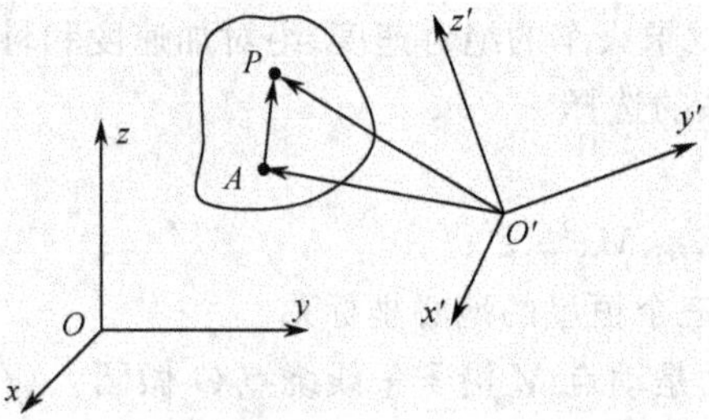

图 5-10

其中 $\boldsymbol{v}_{Aa}$ 是基点的绝对速度。P 的相对速度为

$$\boldsymbol{v}_r = \boldsymbol{v}_{Ar} + \boldsymbol{v}_r \times \boldsymbol{r}_{AP}$$

其中 $\boldsymbol{v}_{Ar}$ 是基点的相对速度。P 的牵连速度为

$$\begin{aligned} \boldsymbol{v}_e &= \boldsymbol{v}_{O'} + \boldsymbol{\omega}_e \times \boldsymbol{r}_{O'P} = \boldsymbol{v}_{O'} + \boldsymbol{\omega}_e \times (\boldsymbol{r}_{O'A} + \boldsymbol{r}_{AP}) \\ &= \boldsymbol{v}_{O'} + \boldsymbol{\omega}_e \times \boldsymbol{r}_{O'A} + \boldsymbol{\omega}_e \times \boldsymbol{r}_{AP} = \boldsymbol{v}_{Ae} + \boldsymbol{\omega}_e \times \boldsymbol{r}_{AP} \end{aligned}$$

其中 $\boldsymbol{v}_{Ae}$ 是 A 的牵连速度。由于

$$\boldsymbol{v}_a = \boldsymbol{v}_e + \boldsymbol{v}_r \qquad \boldsymbol{v}_{Aa} = \boldsymbol{v}_{Ae} + \boldsymbol{v}_{Ar}$$

得

$$\boldsymbol{\omega}_a \times \boldsymbol{r}_{AP} = \boldsymbol{\omega}_e \times \boldsymbol{r}_{AP} + \boldsymbol{\omega}_r \times \boldsymbol{r}_{AP}$$

由点 P 的任意性,得

$$\boldsymbol{\omega}_a = \boldsymbol{\omega}_e + \boldsymbol{\omega}_r \tag{5－14}$$

这就是刚体复合运动的角速度合成定理,即刚体的绝对角速度等于牵连角速度和相对角速度的矢量和。对式(5－14)关于时间求导,并利用式(5－4)得

$$\frac{\mathrm{d}\boldsymbol{\omega}_a}{\mathrm{d}t} = \frac{\mathrm{d}\boldsymbol{\omega}_e}{\mathrm{d}t} + \frac{\mathrm{d}\boldsymbol{\omega}_r}{\mathrm{d}t} = \frac{\mathrm{d}\boldsymbol{\omega}_e}{\mathrm{d}t} + \frac{\tilde{\mathrm{d}}\boldsymbol{\omega}_r}{\mathrm{d}t} ++ \boldsymbol{\omega}_e \times \boldsymbol{\omega}_r$$

即

$$\boldsymbol{\alpha}_a = \boldsymbol{\alpha}_e + \alpha_r + \boldsymbol{\omega}_e \times \boldsymbol{\omega}_r \tag{5－15}$$

这就是刚体复合运动的角加速度合成定理。即刚体的绝对角加速度等于牵连角加速度、相对角加速度以及牵连角速度和相对角速度的叉积的矢量和。

讨论常见的几种情况:

1) 相对运动和牵连运动都是常角速度的定轴转动,且角速度方向不同,则

$$\boldsymbol{\omega}_a = \boldsymbol{\omega}_e + \boldsymbol{\omega}_r \quad \boldsymbol{\alpha}_a = \boldsymbol{\omega}_e \times \boldsymbol{\omega}_r \tag{5-16}$$

2) 相对运动和牵连运动都是平面运动，且角速度方向平行，则

$$\omega_a = \omega_e + \omega_r \tag{5-17}$$

$$\alpha_a = \alpha_e + \alpha_r \tag{5-18}$$

情况 2)包含相对运动和牵连运动都是转动轴平行的定轴转动的情形。若 $\omega_e = -\omega_r$，即 ω_e、ω_r 等值反向，则 $\omega_a = 0$，刚体作平动。这样的两个转动的组合称为转动偶。自行车的脚蹬子的运动就是一个转动偶，因为把动系固连于曲柄，牵连运动是平面运动，脚蹬子相对于动系的运动是定轴转动，曲柄的角速度和脚蹬子相对曲柄的角速度等值反向。

例 5-5 如图 5－11 所示，曲柄 O_1O_2 以角速度 ω_3 绕轴 O_1 逆时针方向转动，并通过轴 O_2 带动半径为 r_2 的小齿轮在固定的内齿轮上纯滚动，内齿轮半径为 r_1。求小齿轮的绝对角速度和相对曲柄的角速度。

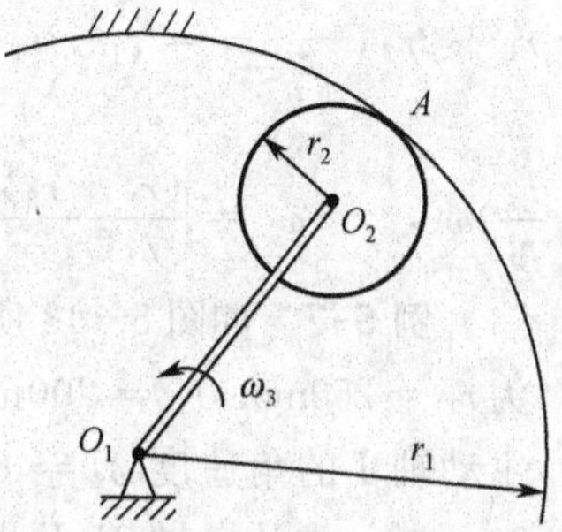

图 5-11

解：设定齿轮为轮 1，小齿轮为轮 2，把动系固连于曲柄 O_1O_2 上，则轮 1、轮 2 相对于动系作定轴转动，符合相对运动和牵连运动都是定轴转动，且角速度方向平行的情况，即情形 2)，只是在这里相对运动有二个，要分别考虑。设它们的相对角速度分别为 ω_{r1}、ω_{r2}，以逆时针转向为正，则

$$\omega_e = \omega_3 \qquad \omega_{a1} = \omega_e + \omega_{r1} = \omega_3 + \omega_{r1} = 0$$

$$\omega_{r1} = -\omega_3$$

$$\omega_{a2} = \omega_e + \omega_{r2} = \omega_3 + \omega_{r2}$$

$$\omega_{r2} = \omega_{a2} - \omega_3$$

由定轴转动的齿轮传动关系(这里考虑了转向的正负号)

$$\frac{\omega_{r1}}{\omega_{r2}} = \frac{r_2}{r_1}$$

可解得 $\omega_{r2} = -\dfrac{r_1}{r_2}\omega_3$，$\omega_{a2} = (1 - \dfrac{r_1}{r_2})\omega_3 < 0$

并且 ω_{r2} 和 ω_{a2} 的转向是顺时针的。显然轮 1 和轮 2 的接触点 A 是轮 2 的速度瞬心，轮 2 以 ω_{a2} 绕点 A 作瞬时转动，从这里也不难判断 ω_{a2} 的转向。

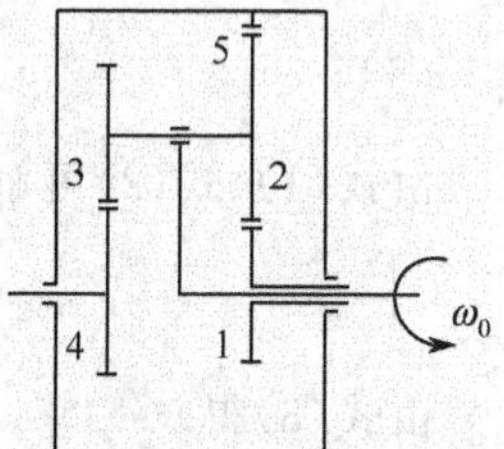

图 5-12

例 5-6 如图 5－12 所示，在齿轮传速器中，主动轴角速度为 ω_0，齿轮 2 与定齿轮 5 内啮合。齿轮 2 和 3 又分别与动齿轮 1 和 4 外啮合。如齿轮 1、2 和 3 的半径分别为 r_1、r_2 和 r_3，试求齿轮 1 和 4 的角速度。

解：把动系固连于主动轴上，则齿轮 1、2、3、4、5 都相对于动系作定轴转动，符合相对运动和牵连运动都是定轴转动，且角速度方向平行的情况，只是在这里相对运动有五个，要分别考虑。设它们的角速度分别为 ω_1、ω_2、ω_3、ω_4 和 ω_5，以主动轴的转动方向

为正，则

$$\omega_e = \omega_0,\omega_5 = \omega_e + \omega_{r5} = \omega_0 + \omega_{r5} = 0$$

$$\omega_{r5} = -\omega_0 \tag{1}$$

由定轴转动的齿轮传动关系(这里考虑了转向的正负号)

$$\frac{\omega_{r1}}{\omega_{r2}} = -\frac{r_2}{r_1} \quad \frac{\omega_{r2}}{\omega_{r5}} = \frac{r_5}{r_2} \quad \frac{\omega_{r3}}{\omega_{r4}} = -\frac{r_4}{r_3} \quad \omega_{r2} = \omega_{r3} \tag{2}$$

由式(1)、式(2)可解得

$$\omega_{r1} = \frac{r_5}{r_1}\omega_0,\omega_{r2} = \omega_{r3} = -\frac{r_5}{r_2}\omega_0,\quad \omega_{r4} = \frac{r_3 r_5}{r_2 r_4}\omega_0 \tag{3}$$

$$\omega_1 = \omega_e + \omega_{r1} = (1+\frac{r_5}{r_1})\omega_0,\quad \omega_4 = \omega_e + \omega_{r4} = (1+\frac{r_3 r_5}{r_2 r_4})\omega_0$$

注意到关系式

$$r_5 = r_1 + 2r_2,\qquad r_4 = r_1 + r_2 - r_3 \tag{4}$$

得

$$\omega_1 = 2(1+\frac{r_2}{r_1})\omega_0,\qquad \omega_4 = \frac{(r_1+r_2)(r_2+r_3)}{r_2(r_1+r_2-r_3)}\omega_0 \tag{5}$$

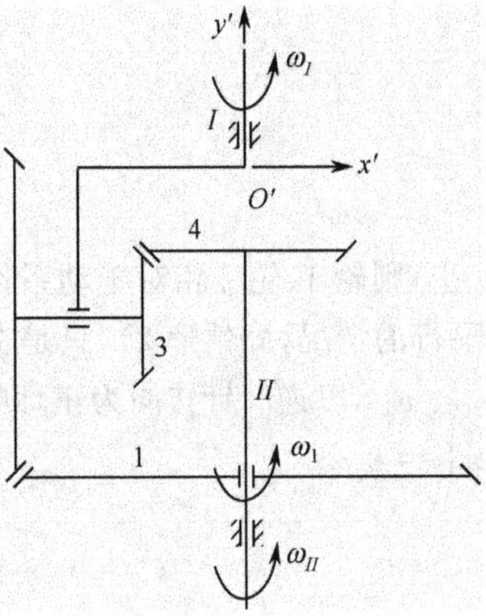

图 5-13

例 5-7 如图 5—13 所示为锥齿轮传动机构，各轮的半径为 $r_1 = 250\text{mm}$ ，$r_2 = 200\text{mm}$ ，$r_3 = 100\text{mm}$ ，$r_4 = 150\text{mm}$ 。主动轴 I 的角速度 $\omega_I = 60\text{rad/s}$ ，又知轮 1 的角速度 $\omega_1 = 80\text{rad/s}$ ，求从动轴 II 及齿轮 3 的角速度 ω_{II} 和 ω_3 。

解：把动系 $O'x'y'z'$ 固连于主动轴 I 上，不难看出锥齿轮 1、2、3、4 都相对于动系作定轴转动，而在这里轮 1、4 的相对运动和牵连运动都是定轴转动，且角速度方向平行；轮 2、3 的相对运动和牵连运动都是定轴转动，但角速度方向不同。设它们的角速度分别为 ω_1 、ω_2 、ω_3 和 ω_4 ，以转向符合右手螺旋法则与坐标系 $O'x'y'z'$ 方向一致者为正，相反为负。

$$\omega_e = \omega_I \quad \omega_1 = \omega_e + \omega_{r1} = \omega_I + \omega_{r1}$$

$$\omega_{r1} = \omega_1 - \omega_I \tag{1}$$

由定轴转动的齿轮传动关系

$$\frac{\omega_{r1}}{\omega_{r2}} = -\frac{r_2}{r_1},\ \frac{\omega_{r3}}{\omega_{r4}} = \frac{r_4}{r_3},\ \omega_{r2} = \omega_{r3} \tag{2}$$

由式(1)、式(2)可解得

$$\omega_{r2} = \omega_{r3} = -\frac{r_1}{r_2}(\omega_1 - \omega_I) \qquad \omega_{r4} = -\frac{r_1 r_3}{r_2 r_4}(\omega_1 - \omega_I) \tag{3}$$

由式(3)得

$$\omega_{II} = \omega_e + \omega_{r4} = \omega_I - \frac{r_1 r_3}{r_2 r_4}(\omega_1 - \omega_I) = 43.33\text{rad/s}$$

由于 ω_e 和 ω_{r3} 方向不一致，因此

$$\boldsymbol{\omega}_3 = \boldsymbol{\omega}_e + \boldsymbol{\omega}_{r3}$$

如图 5—14 所示。

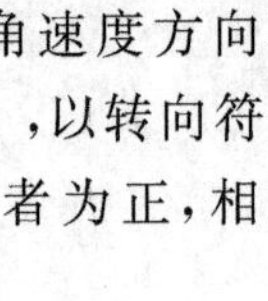

图 5-14

$\omega_{r3} = -25\text{rad/s}$（负号表示矢量方向与 x' 轴方向相反）

$$\omega_3 = \sqrt{\omega_e^2 + \omega_{r3}^2} = 65\text{rad/s}$$

$$\tan\theta = \frac{|\omega_{r3}|}{|\omega_e|} = 0.41667 \qquad \theta = 22.62^o$$

即 $\boldsymbol{\omega}_3$ 始终在 $O'x'y'$ 平面内与 y' 轴成 22.62^o 的方向随动系旋转。

例 5-8 一圆锥沿半径为 r 的轮 I 表面作纯滚动，其顶点 A 始终处在轮 I 的中心 A。圆锥母线长为 r，顶角 $\alpha = 90^o$。轮 I 本身由曲柄 OA 带动，使它绕固定轮 II 作纯滚动，曲柄 OA 的角速度 ω_0 为常值，方向如图 5－15 所示。圆锥底面中心点 D 相对于轮 I 的速度大小 $v_r = r\omega_0$，为常值。求当圆锥母线 AC 平行于曲柄 OA（$OC > OA$）时圆锥上最高点 B 的加速度。

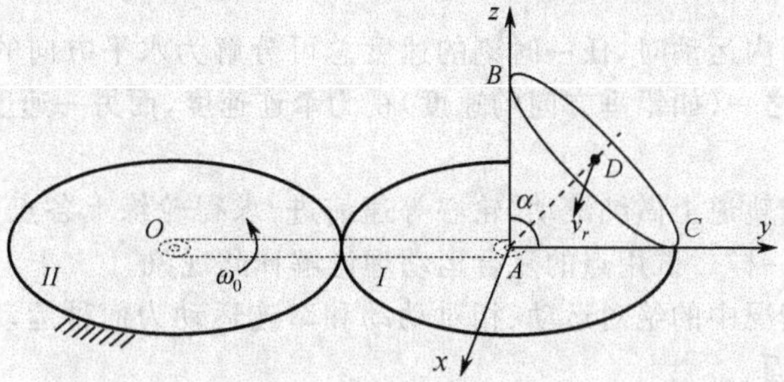

图 5-15

解：(1)考虑△ABD(点 B 为 z 轴上的点)刚体的运动。

取动系固连于轮 I，则牵连运动为平面运动，相对运动为定轴转动，并且相应的角速度方向平行。

$$\omega_e = \frac{2r\omega_0}{r} = 2\omega_0 \text{（沿 } z \text{ 轴正向）}$$

$$\omega_r = \frac{v_r}{r/2} = 2\omega_0 \quad \text{（沿 } z \text{ 轴负向）}$$

$$\omega_a = \omega_e + \omega_r = 0$$

即△ABD 刚体作平动，它是一个转动偶。

(2)求圆锥相对于△ABD 刚体的角速度和角加速度。圆锥相对于△ABD 作定轴转动(转轴为 AD)，设△ABD 刚体相对于轮 I 转过 θ 角，圆锥相对于△ABD 刚体(即相对于轴 AD)转过的角度为 φ。设圆锥相对于△ABD 刚体(即相对于轴 AD)的角速度为 ω_1、角加速度为 α_1，有关系式

$$r\theta = \frac{\sqrt{2}}{2}r\varphi \qquad \varphi = \sqrt{2}\theta$$

$$\dot{\theta} = \omega_r = 2\omega_0\text{，}\quad \dot{\varphi} = \omega_1$$

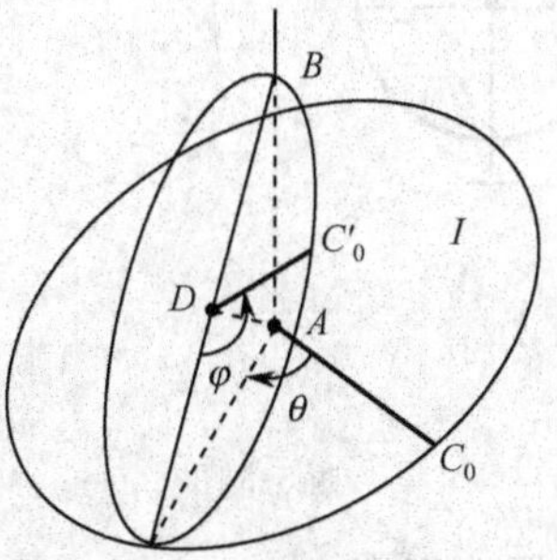

图 5-16

因此 $$\omega_1 = 2\sqrt{2}\omega_0,\ \alpha_1 = \ddot{\varphi} = \sqrt{2}\ddot{\theta} = 0$$

(3)求点 B 的加速度 $\boldsymbol{a}_B$。再把动系固连于△ABD 刚体，取点 B 为动点，则牵连运动为平动，相对运动为匀角速度的圆周运动，

$$a_r = \frac{\sqrt{2}}{2}r\omega_1^2 = 4\sqrt{2}r\omega_0^2,\ \boldsymbol{a}_r = 4r\omega_0^2(\boldsymbol{j}-\boldsymbol{k})$$

$$\boldsymbol{a}_e = -2r\omega_0^2\boldsymbol{j}$$

$$\boldsymbol{a}_B = \boldsymbol{a}_e + \boldsymbol{a}_r = 2r\omega_0^2(\boldsymbol{j}-2\boldsymbol{k})$$

习　题

5-1　点在铅垂面内运动时，任一时刻的速度总可分解为水平方向的速度和铅垂方向的速度。是否可以将其中之一(如铅垂方向的速度)视为牵连速度，而另一速度视为相对速度？为什么？请举例说明。

5-2　圆轮在直线轨道上做纯滚动，轮心等速前进；求得轮缘上各点加速度均指向轮心，就如同固定的轮心旋转一样。试用点的复合运动理论解释此现象。

5-3　指出下述情况中的绝对运动、相对动动和牵连运动为何种运动？画出在图示的牵连速度。定系固连于地面。

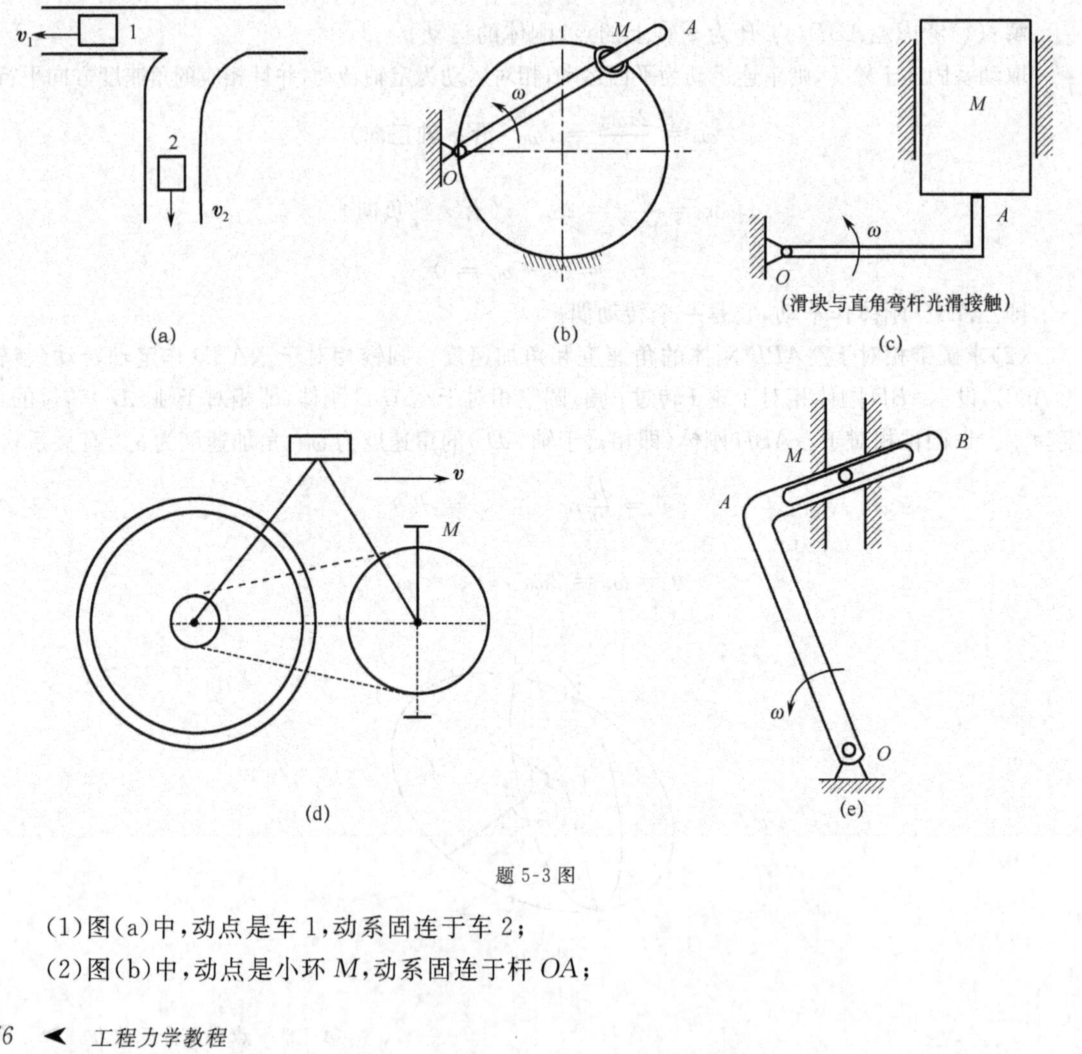

题 5-3 图

(1)图(a)中，动点是车 1，动系固连于车 2；

(2)图(b)中，动点是小环 M，动系固连于杆 OA；

(3)图(c)中，动点是直角弯杆的端点 A，动系固连于矩形滑块 M；

(4)图(d)中，动点是脚蹬 M，动系固连于自行车车架；

(5)图(e)中，动点是滑槽内的销钉 M，动系固连于 L 形杆 OAB。

5-4 圆盘以匀角速度 ω 绕定轴 O 转动，如图所示。盘上动点 M 在半径为 R 的圆槽内以速度 v 相对圆盘做等速圆周运动。动点的绝对运动是______；绝对加速度的大小是________；方向________。

(a)$R\omega^2+\dfrac{v^2}{R}$　　(b)$R\omega^2+2\omega v$

(c)$\dfrac{v^2}{R}+2\omega v$　　(d)$R\omega^2+\dfrac{v^2}{R}+2\omega v$

5-5 在研究点的复合运动问题时，所选的动点是否一定要求相对速度不为零？

5-6 动点的相对加速度是否等于相对速度对时间的导数减去科氏加速度？动点的牵连加速度是否等于牵连速度对时间的导数减去科氏加速度的一半？

5-7 牵连运动是定轴转动，若科氏加速度始终为零，则动点在空间里是否一定做直线运动？

5-8 图示曲柄滑道机构。已知曲柄长 $OA=r$，以匀角速度 ω 绕 O 轴转动。装在水平杆上的滑槽 DE 与水平线成 60°角。试求当曲柄与水平的支角分别为 $\varphi=0°$、30°、60°时，杆 BC 的速度和加速度。

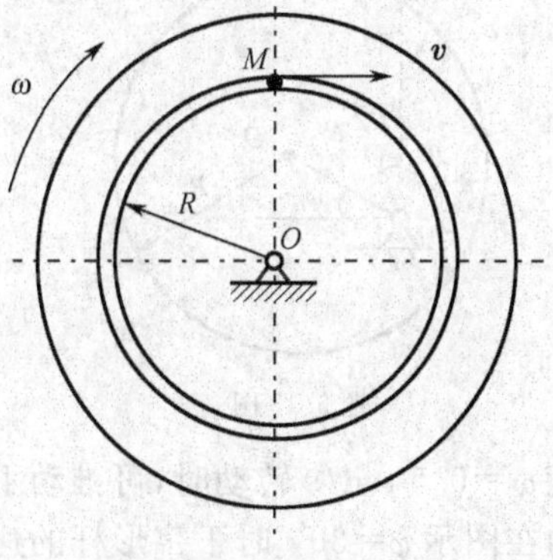

题 5-4 图

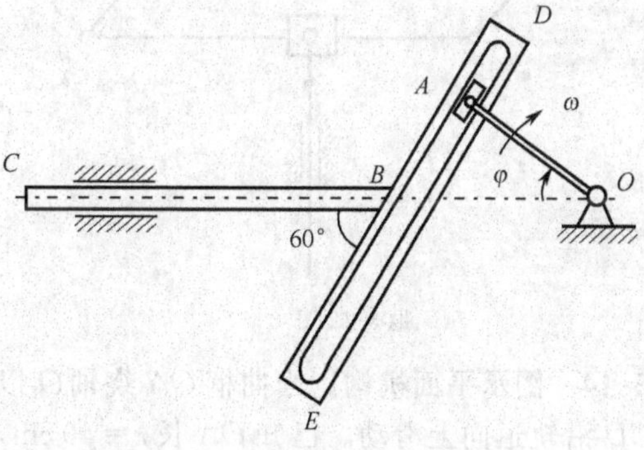

题 5-8 图

5-9 图示曲柄滑道机构中，$BCDE$ 由两直杆垂直焊接而成。曲柄 OA 长 $r=10$ cm，以匀角速度 $\omega=20$ rad/s 绕轴 O 转动，通过滑块 A 带动 $BCDE$ 做水平直线平移。试求图示 φ 角分别为 0°、30°、90°时，$BCDE$ 的速度和加速度。

5-10 水平放置的圆盘以匀角速度 ω 绕通过其中心点 O 并垂直于圆盘平面的铅垂轴转动，设有一笔头，以匀速 v_0 从点 O 出发沿固定的 Ox 轴做直线运动，试求该笔头在圆盘上所画出的轨迹。

5-11 图示金属切削刀具 M 按规律 $x=b\sin\omega t$ 沿 Ox 轴在圆盘所在的平面内做往复运动，被加工的圆盘以匀角速度 ω 绕 O 轴转动。试求刀具 M 在圆盘上所切削出来的曲线。

5-12 图示铰接四边形机构中，$O_1A=O_2B=\dfrac{1}{2}O_1O_2=\dfrac{1}{2}AB=r$，已知 O_1A 以匀角速度 ω 转动，并通过 AB 上的套筒 C 带动杆 CD 在铅垂滑槽内平移。机构的各部件都在同一平面内，试求机构在图示位置时杆 CD 的速度和加速度。

5-13 在图示凸轮机构中，当半径为 R 的圆轮 O 绕偏心轴 O_1 以匀角速度 ω 转动时，通过

与挺杆 AB 固连的平板 CD 接触而推动挺杆 AB 沿铅垂轨道滑动。设偏心距 $OO_1=e$，试求在图示位置，即 $\varphi=30°$时挺杆的速度和加速度。

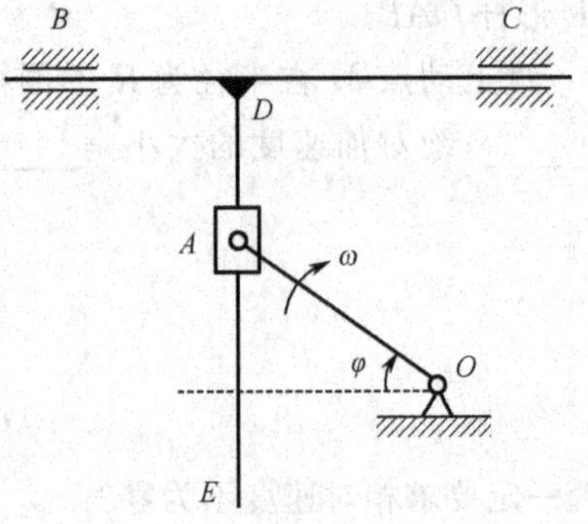

题 5-9 图

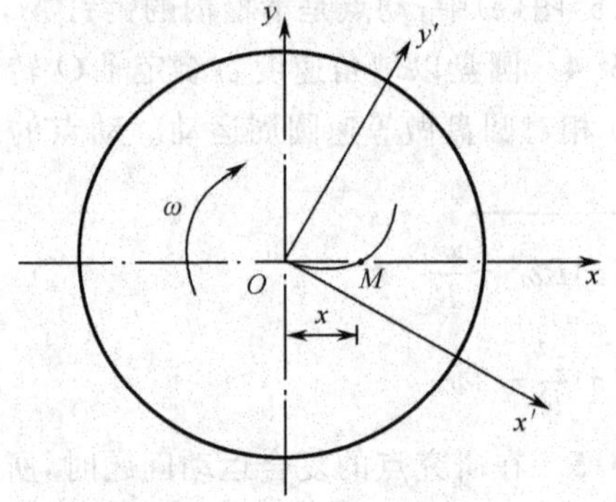

题 5-11 图

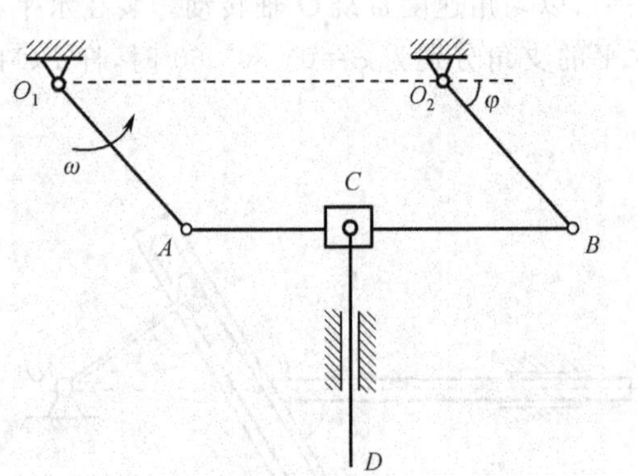

题 5-12 图

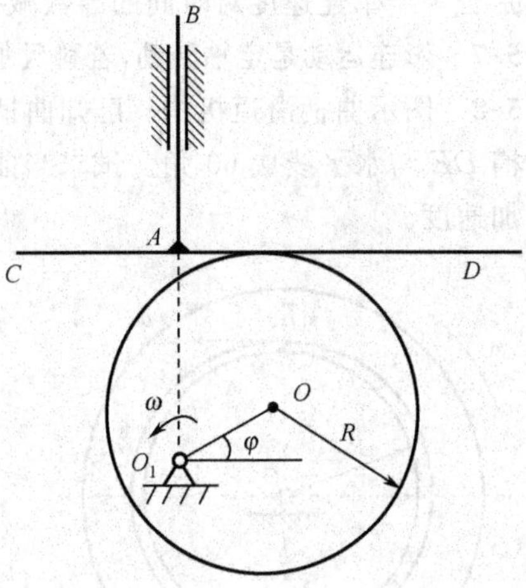

题 5-13 图

5-14 图示平面机构。当曲柄 OA 绕轴 O 以匀角速度 $\omega=0.5\ \text{rad/s}$ 转动时，可推动丁字形杆 BCD 沿轨道向上滑动。已知 OA 长 $r=40\ \text{cm}$，试求机构在图示 $\varphi=30°$ 时丁字形杆的速度和加速度。

5-15 如图所示，已知摇杆机构的滑杆 AB 以等速 u 向上滑动，通过滑套推动摇杆 OC 绕轴 O 转动。设 OC 长为 a，O 与 AB 的距离为 l。试求 $\varphi=\frac{\pi}{4}$时，点 C 的速度和加速度。

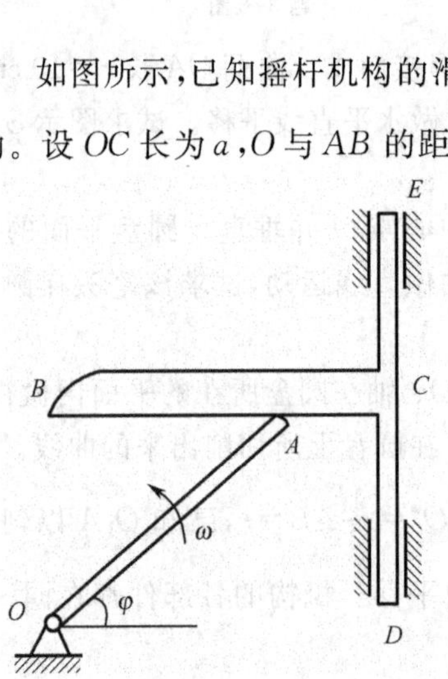

题 5-14 图

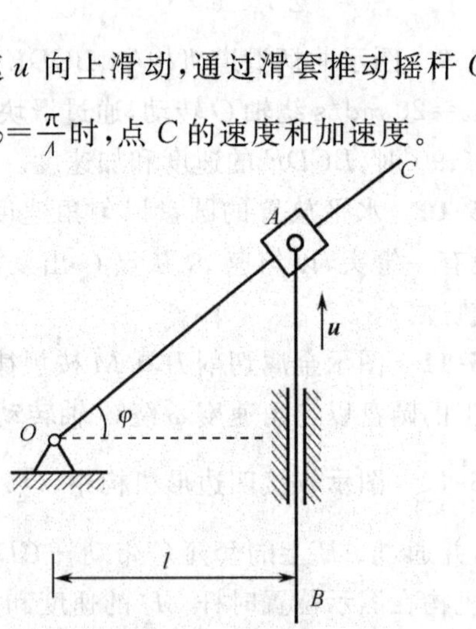

题 5-15 图

5-16 半径为 R 的滚轮 O 以匀角速度 ω 沿水平直线轨道做纯滚动，推动细直杆 O_1A 绕轴 O_1 转动。试求当杆 O_1A 与水平线成角 θ 的瞬时，杆 O_1A 的角速度 ω_1 和角加速度 α_1。设杆 O_1A 在 $0°<\theta<90°$ 区间内转动时，始终保持与滚轮接触。

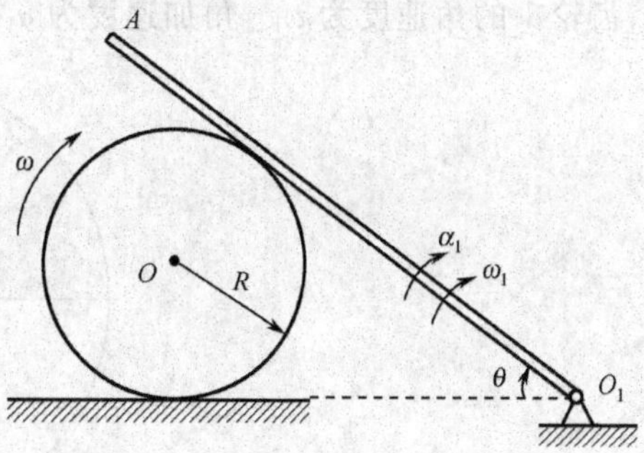

题 5-16 图

5-17 如图所示，半径为 r 的轮子沿固定水平面做纯滚动。连杆 AE 的一端与轮上的点 A 铰接，另一端与可在摇杆 O_1D 的直槽中滑动的滑块 E 铰接，并带动摇杆绕轴 O_1 转动，连杆的 B 处与沿水平滑道滑动的滑块铰接。已知 $OA=\frac{r}{2}$，$AB=3r$，$BE=2r$，轮心具有不变的向右速度 v_0，试求当 OA 处于铅垂位置时，摇杆 O_1D 的角速度和角加速度。

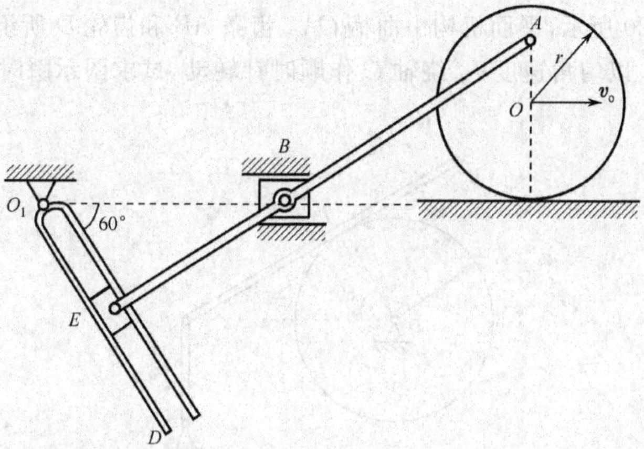

题 5-17 图

5-18 如图所示，直角弯杆 DME 可在两套筒中滑动，与套筒 A 垂直焊接的套筒臂 OA 以匀角速度 ω 绕轴 O 做逆时针转动，另一套筒可绕轴 B 转动，O、B 两点连线为铅垂直线，$OA=OB=l$，试求图示位置时，直角弯杆 DME 上点 M 的速度和加速度。

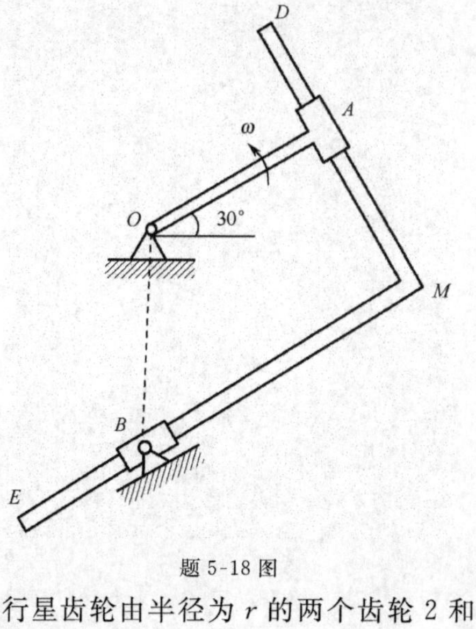

题 5-18 图

5-19 如图 5－19 所示，行星齿轮由半径为 r 的两个齿轮 2 和 3 以及内齿轮 1 所组成，齿轮 1 的传动轴与固定齿轮 3 的轴心重合。当齿轮 1 转动时，带动齿轮 2 沿齿轮 3 滚动。设某瞬时，齿轮 1 的角速度为 ω_1，角加速度为 α_1。求此时齿轮 2 上啮合点 A 和 B 的加速度。

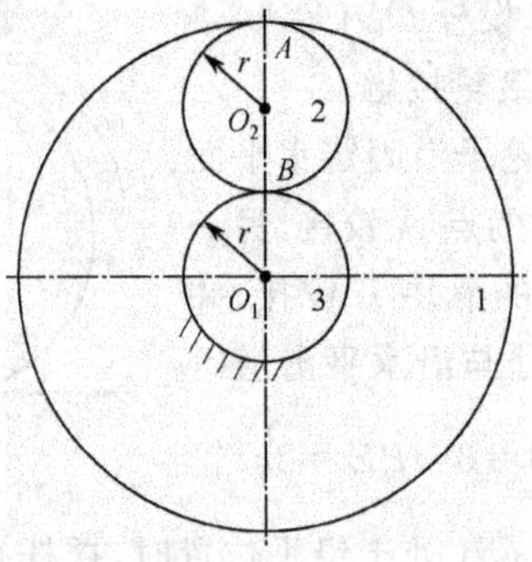

题 5-19 图

5-20 如图 5－20 所示，平面机构由曲柄 OA、齿条 AB 和齿轮 D 所组成，$OA = r$，齿轮的半径也为 r，曲柄 OA 以匀角速度 ω_0 绕轴 O 作顺时针转动，试求图示瞬时齿条 AB、齿轮 D 的角速度和角加速度。

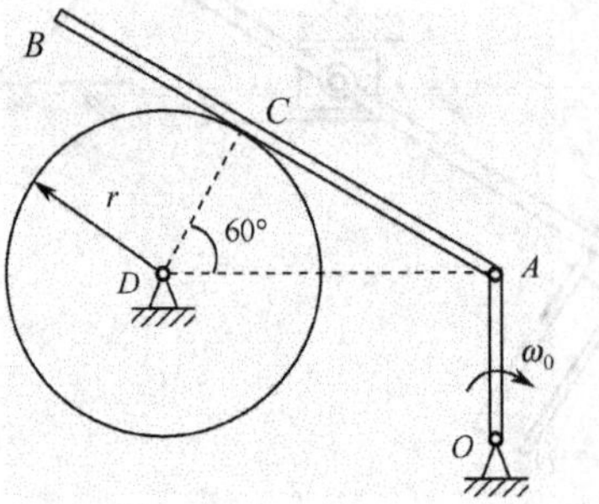

题 5-20 图

第 6 章 质点运动微分方程

通过动力学基本定律，建立质点运动微分方程，并根据质点受力的特点和运动初始条件进行求解。

6.1 动力学基本定律

动力学基本定律是在对机械运动进行大量的观察及实验的基础上建立起来的。这些定律是牛顿总结了前人的研究成果，于 1687 年在他的名著《自然哲学的数学原理》中明确提出来的，所以常称为牛顿运动三定律。这三个定律描述了动力学最基本的规律，是经典力学体系的核心。

第一定律 质点如不受其他物体的作用，则将保持其原来的静止或匀速直线运动的状态。

第一定律说明了两点：第一，给出了质点惯性的概念，即物体具有保持运动状态不变的性质，它是物体的固有属性，因此这个定律又称为惯性定律；第二，指出了力是物体改变运动状态（即获得加速度）的原因。

第二定律 质点受到力作用时所获得的加速度的大小与合力的大小成正比，与质点的质量成反比，加速度的方向与合力的方向相同，即

$$m\boldsymbol{a} = \boldsymbol{F} \tag{6-1}$$

第二定律说明了三点：第一，说明了质量是质点惯性的度量，若同样大小的力作用在不同质量的质点上，则质量小的获得的加速度大，质量大的获得的加速度小，即质量越大，它的运动状态越不容易被改变，即它的惯性越大；第二，物体的质量 m 由物体的重量 W 及物体在真空中自由落体的加速度 g 按式(6-1)确定，即

$$\begin{gathered} mg = W \\ m = \frac{W}{g} \end{gathered} \tag{6-2}$$

第三，在国际单位制(SI)中，质量 m 的单位为千克(kg)，加速度 a 的单位为米/秒²(m/s^2)，力的单位为牛(N)。

应该指出，第一、第二定律只能对某些参考系成立，对另一些参考系不成立。使之成立的参考系称为惯性参考系，使之不成立的参考系称为非惯性参考系。

第三定律 两个物体间的作用力和反作用力，总是大小相等、方向相反，并沿同一作用线分别作用在这两个物体上。

6.2 质点运动微分方程

由牛顿第二定律知

$$m\frac{d^2\boldsymbol{r}}{dt^2} = \boldsymbol{F} \tag{6-3}$$

式中，$\boldsymbol{r}$ 为质点的位置矢量，即矢径，式(6－3)即是质点运动微分方程。在实际计算时，式(6-3)常被写成不同的坐标投影式。

1. 直角坐标系形式

$$\begin{cases} m\dfrac{\mathrm{d}^2x}{\mathrm{d}t^2}=\sum F_x \\ m\dfrac{\mathrm{d}^2y}{\mathrm{d}t^2}=\sum F_y \\ m\dfrac{\mathrm{d}^2z}{\mathrm{d}t^2}=\sum F_z \end{cases} \tag{6-4}$$

2. 自然坐标形式

$$\begin{cases} m\dfrac{\mathrm{d}^2s}{\mathrm{d}t^2}=\sum F_{\mathrm{t}} \\ m\dfrac{\dot{s}^2}{\rho}=\sum F_{\mathrm{n}} \\ 0=\sum F_{\mathrm{b}} \end{cases} \tag{6-5}$$

还有其他形式的坐标系的投影式，限于篇幅，不做这方面的介绍。

利用质点运动微分方程可以求解质点动力学的两类基本问题。第一类问题是已知质点的运动，求解作用在质点上的未知力；第二类问题是已知作用于质点上的力，求解质点的运动规律。

从数学上讲，第一类问题是求解代数方程组的问题，而第二类问题是求解微方程组的问题。在实际问题中，多数问题是属于非自由质点（运动受到一定约束的质点）的动力学问题，即有未知的动约束反力，又有未知的运动，因此是两类问题的混合问题。

下面举例说明质点运动微分方程的应用，重点放在如何建立运动微分方程及求解上。

例 6-1 质量为 m 的质点，在有阻力的空气中无初速地自距地面 h 的地方竖直下落，如阻力与速度成正比，试研究其运动。

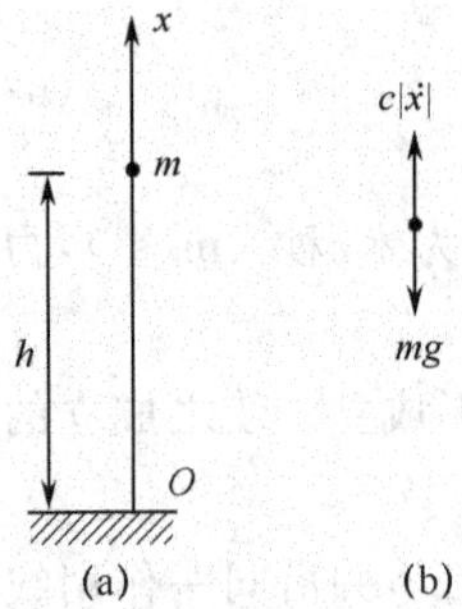

图 6-1

解：这是动力学第二类问题。建立如图 6-1(a)所示的坐标系，质点在任一时刻 t 的坐标为 x，受力如图 6-1(b)所示，其中 $c|\dot{x}|$ 是空气的阻力系数，由运动微分方程，得

$$m\ddot{x}=-mg+c|\dot{x}|=-mg-c\dot{x} \tag{1}$$

因为 $\dot{x}<0$，所以 $|\dot{x}|=-\dot{x}$，整理得

$$\ddot{x}+\frac{c}{m}\dot{x}=-g \tag{2}$$

这是二阶常系数非齐次常微分方程，不难求得其通解为

$$x=A\mathrm{e}^{-\frac{c}{m}t}+B-\frac{mg}{c}t \tag{3}$$

初始条件为

$$t=0\text{ 时},x=h,\dot{x}=0 \tag{4}$$

可定积分常数为

$$A=-\frac{m^2}{c^2}g,B=h-A \tag{5}$$

$$x = h + \frac{m^2 g}{c^2}(1 - e^{-\frac{c}{m}t}) - \frac{mg}{c}t \tag{6}$$

$$\dot{x} = -\frac{mg}{c}(1 - e^{-\frac{c}{m}t}) \tag{7}$$

由式(7)可知，当 $t \to \infty$ 时，$\dot{x} \to -\frac{mg}{c}$，$\ddot{x} \to 0$，$-\frac{mg}{c}$ 称为质点的极限速度，因此当 t 足够大时，质点几乎以极限速度做匀速直线运动。实际上，$t = 4\frac{m}{c}$ 时，$\dot{x} = -0.98168\frac{mg}{c}$，$\ddot{x} = -0.01832g$，已经很接近极限速度了。这是因为随着时间的增加，阻力也随之增加，当它增加到和重力相等时，质点做匀速直线运动。由此可知，当 h 足够大时，物体的运动过程是由加速运动与匀速运动两阶段组成。

例 6-2* 欲测汽车铅垂振动的加速度，可将如图 6-2 所示的振动仪安装在汽车上。已知汽车铅垂振动的频率为 3 Hz，振动仪的固有频率为 60 Hz，k 为弹簧的刚度系数，c 为阻尼器系数，若记录到质量 m 的物体相对于汽车的最大振幅为 0.03 mm，试求汽车铅垂方向的最大加速度。

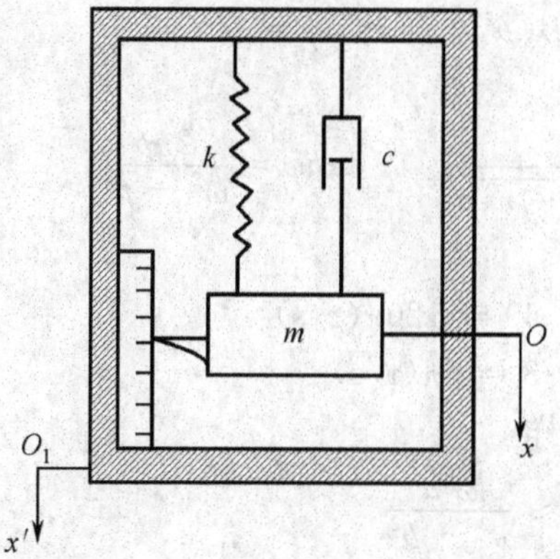

图 6-2

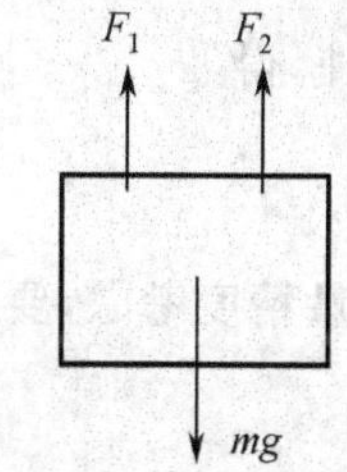

图 6-3

解：取质量为 m 的物体的静平衡位置 O 为坐标原点，它在铅直方向的位置为 x，弹簧的静伸长为 δ_{st}，$k\delta_{st} = mg$，仪器框铅直方向的位移为 x'，这也是汽车铅直方向的位移，$x' = a\sin pt$，弹簧的伸长为 $x - x' + \delta_{st}$，$x - x'$ 为物体与汽车之间的相对位移。

考虑物体的受力，如图 6-3 所示，则

$$F_1 = k(x - x' + \delta_{st}),F_2 = c\dot{x}$$

由质点运动微分方程，得

$$m\ddot{x} = mg - F_1 - F_2 = -c\dot{x} - kx + kx' \tag{1}$$

令 $\omega^2 = \frac{k}{m}$，$2n = \frac{c}{m}$，得

$$\ddot{x} + 2n\dot{x} + \omega^2 x = a\,\omega^2 \sin pt \tag{2}$$

这是二阶常系数非齐次线性微分方程，一般解为齐次方程的通解 x_1 与方程特解 x_2 之和，即

$$x = x_1 + x_2 \tag{3}$$

齐次方程的特征方程为

$$r^2 + 2nr + \omega^2 = 0 \tag{4}$$

$$r = \frac{-2n \pm \sqrt{4n^2 - 4\omega^2}}{2} = -n \pm \sqrt{n^2 - \omega^2}$$

齐次方程的通解为

$$x_1(t)=\begin{cases}e^{-nt}(A\sin\sqrt{\omega^2-n^2}\,t+B\cos\sqrt{\omega^2-n^2}\,t) & \omega>n\\ (A+Bt)e^{-nt} & \omega=n\\ Ae^{-(n+\sqrt{n^2-\omega^2})t}+Be^{-(n-\sqrt{n^2-\omega^2})t} & \omega<n\end{cases}\tag{5}$$

式中，A、B 为积分常数，由初始条件确定。显然，不管初始条件怎样，随着时间的增加，$x_1(t)$ 及各阶导数的绝对值以指数阶趋于零，因此式(3)中只要考虑物体 $x_2(t)$ 即可。

令

$$x_2=B\sin(pt-\varphi)\tag{6}$$

将式(6)代入式(2)，得

$$-Bp^2\sin(pt-\varphi)+2nBp\cos(pt-\varphi)+\omega^2B\sin(pt-\varphi)=\omega^2a\sin pt\tag{2}$$

整理，得

$$[2nBp\sin\varphi-B(p^2-\omega^2)\cos\varphi]\sin pt+[2nBp\cos\varphi+B(p^2-\omega^2)\sin\varphi]\cos pt=\omega^2a\sin pt\tag{8}$$

由此，得

$$\begin{cases}2nBp\sin\varphi-B(p^2-\omega^2)\cos\varphi=\omega^2a\\ 2nBp\cos\varphi+B(p^2-\omega^2)\sin\varphi=0\end{cases}\tag{9}$$

解之，得

$$B=\frac{\omega^2a}{\sqrt{(p^2-\omega^2)^2+4n^2p^2}}\qquad\tan\varphi=\frac{2np}{\omega^2-p^2}\tag{10}$$

根据已知条件，得

$$\omega=2\pi\times60=120\pi(\mathrm{r/s})$$
$$p=2\pi\times3=6\pi(\mathrm{r/s})$$

显然，$\omega\gg p$，为测量精度考虑，要求 $n\ll\omega$，这样

$$B\approx\frac{\omega^2a}{\omega^2-p^2}$$
$$\varphi\approx0\tag{11}$$

因此

$$x-x'=B\sin pt-a\sin pt=(B-a)\sin pt\tag{12}$$

$$|B-a|=\frac{ap^2}{\omega^2-p^2}$$

$$ap^2=|B-a|(\omega^2-p^2)\approx|B-a|\,\omega^2\tag{13}$$

显然，ap^2 即是汽车铅直方向的最大加速度，且 $|B-a|=0.03\ \mathrm{mm}$，所以

$$ap^2=4.26\ \mathrm{m/s^2}=0.435g\tag{14}$$

习　　题

6-1　质点的瞬时速度方向与质点在该瞬时所受的合力有无关系？

6-2　质量相同的两个质点，如受力相同，它们在同一坐标系中是否有相同的运动微分方程和运动规律？

6-3　“质点在常力作用下，只能做匀加速直线运动”的说法正确吗？

6-4　质点在重力和空气阻力 $\boldsymbol{F}=-kv$ 作用下，沿铅垂方向运动，有如图所示的四种情况，则它们的运动微分方程分别为：(1)________；(2)________；(3)________；(4)________。

(a)$m\ddot{y}=mg-k\dot{y}$　　　(b)$m\ddot{y}=mg+k\dot{y}$

(c)$m\ddot{y}=-mg-k\dot{y}$　　(d)$m\ddot{y}=-mg+k\dot{y}$　　(e)其他形式

6-5　如图(a)所示，起重机起重的重物 A 的质量 $m=500$ kg，已知重物上升的速度变化曲线如图(b)所示。试求重物上升过程中绳索的拉力。

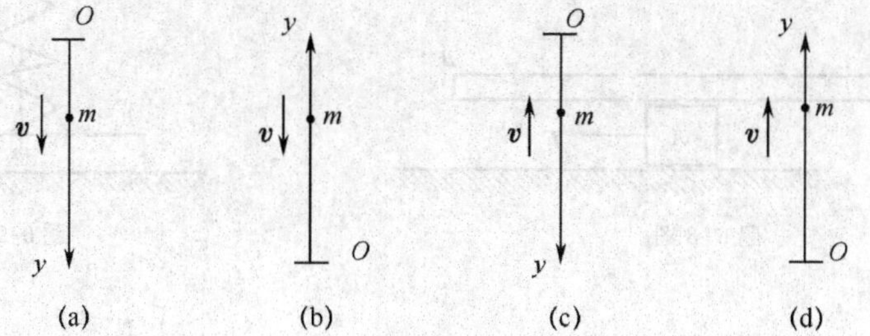

题 6-4 图

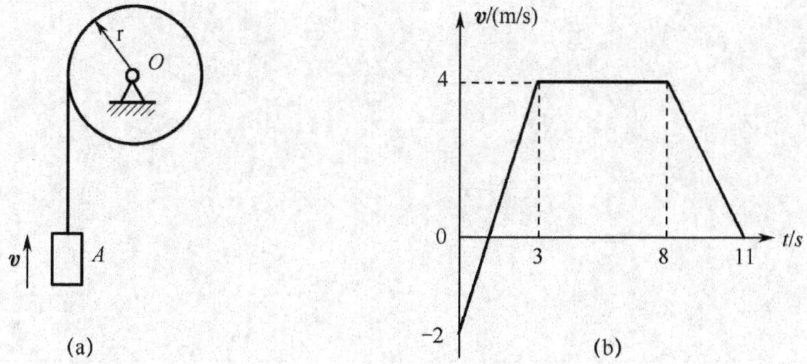

题 6-5 图

6-6　图示质量为 1 kg 的小球用两绳系住，使其绕铅垂轴以匀速 $v=2.5$ m/s 做圆周运动，圆的半径 $R=0.5$m，试求两绳中的张力，并求小球的速度在什么范围内时，两绳均受拉力。

6-7　图示钢球置于倾角 $\alpha=30°$的光滑斜面上，以水平初速度 $v_0=5$ m/s 射出，试求钢球到达斜面底部点 B 时所需的时间 t 和距离 d。

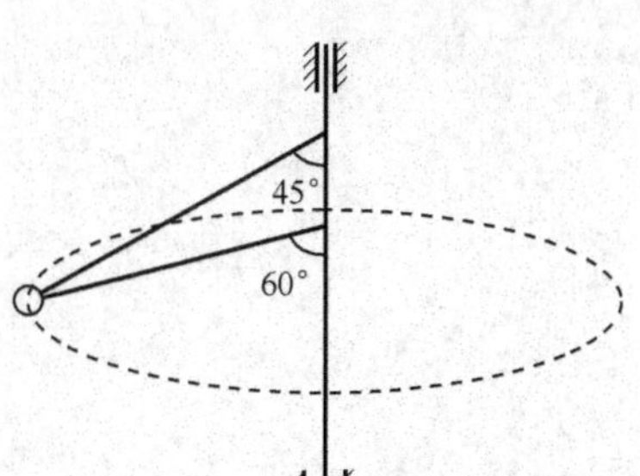

题 6-6 图

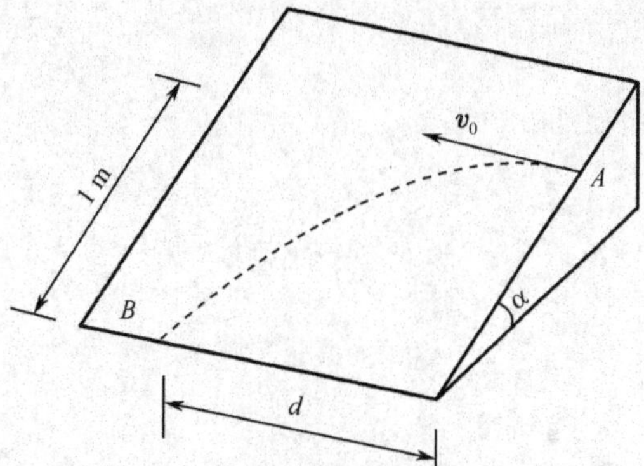

题 6-7 图

6-8　如图均质细直杆 OB 的质量为 2 m，长为 l，物体 A 的质量为 m。物体 A 在常力 $\boldsymbol{F}$ 的作用下，从杆的中点无初速地向右移动，试求物体 A 离开杆时所具有的速度大小。已知物体 A 和地面及杆之间的摩擦因数均为 f。

6-9　如图所示，用一弹簧把质量各为 m_1 和 m_2 的两块木板连起来。弹簧的刚度系数为 k，质量不计。试问对上面的木板必须施加多大的垂直压力 $\boldsymbol{F}$,以便在力 $\boldsymbol{F}$ 突然撤去而上面的木块跳起来时,恰能使下面的木块脱离地面?

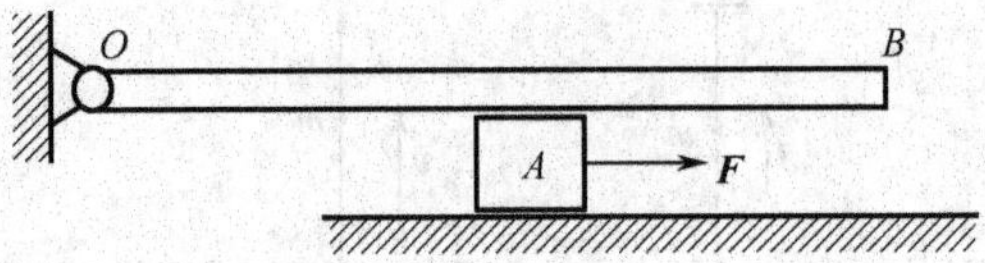

题 6-8 图

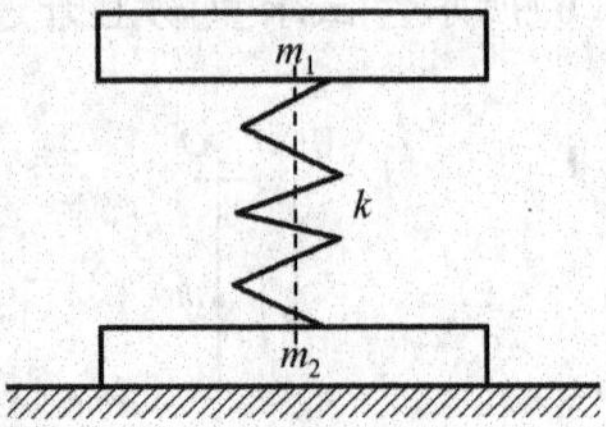

题 6-9 图

第 7 章　达朗贝尔原理

达朗贝尔原理是法国数学家、力学家达朗贝尔在他 1743 年出版的《动力学》一书中提出的一个基本原理。其要点是在牛顿定理的基础上，引入惯性力的概念，这样就可以用静力学中研究物体平衡问题的方法来研究动力学问题，因此这种方法也称为动静法。用这种方法求解非自由质点的动约束力和动载荷强度等问题非常方便。

7.1　惯性力和质点的达朗贝尔原理

设质量为 m 的非自由质点，在主动力 $\boldsymbol{F}$ 和约束力 $\boldsymbol{F}_N$ 作用下沿曲线运动，其加速度为 $\boldsymbol{a}$，如图 7-1 所示。

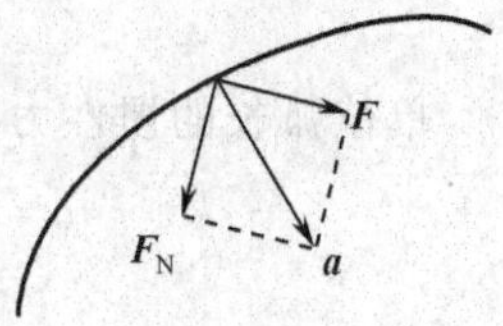

图 7-1

由牛顿第二定律

$$\boldsymbol{F} + \boldsymbol{F}_N = m\boldsymbol{a}$$

定义质点的惯性力 $\boldsymbol{F}_I = -m\boldsymbol{a}$，即质点惯性力的大小等于质点的质量与质点加速度大小的乘积，方向与加速度相反，因此

$$\boldsymbol{F} + \boldsymbol{F}_N + \boldsymbol{F}_I = 0 \tag{7-1}$$

式(7-1)表明，作用于质点上的主动力、约束力和质点的惯性力组成一个平衡共点力系，这就是质点的达朗贝尔原理。

要注意的是，惯性力并不是作用于质点上的真实力，而是假想的力。作用于质点上的力只有主动力和约束力，因此质点并不平衡。

7.2　质点系的达朗贝尔原理

设非自由质点系由 n 个质点组成，设第 k 个质点的质量为 m_k，受到的主动力为 $\boldsymbol{F}_k$，约束力为 $\boldsymbol{F}_{Nk}$，加速度为 $\boldsymbol{a}_k$，则其惯性力 $\boldsymbol{F}_{Ik} = -m_k\boldsymbol{a}_k$，由质点的达朗贝尔原理，得

$$\boldsymbol{F}_k + \boldsymbol{F}_{Nk} + \boldsymbol{F}_{Ik} = 0 \qquad (k = 1,2,\cdots,n) \tag{7-2}$$

式(7-2)表明，质点系存在 n 个平衡共点力系。这 n 个平衡力系必然组成一个空间任意的平衡力系。这个平衡力系既包括每个质点的惯性力，又包括质点系所受的外力和内力。但全部的内力总是成对出现的，因此内力系是一个平衡力系。去掉这个平衡力系，余下质点系的惯性力系和外力系仍是一个平衡力系。设第 k 个质点所受的外力(包括主动力和质点系的外约束力)合力为 $\boldsymbol{F}_k^{(e)}$ $(k=1,2,\cdots,n)$，由平衡力系的主矢和对任一点 O 的主矩都为零，得

$$\sum \boldsymbol{F}_k^{(e)} + \sum \boldsymbol{F}_{Ik} = 0 \tag{7-3}$$

$$\sum \boldsymbol{M}_O(\boldsymbol{F}_k^{(e)}) + \sum \boldsymbol{M}_O(\boldsymbol{F}_{Ik}) = 0 \tag{7-4}$$

式(7-3)和式(7-4)即为质点系的达朗贝尔原理，其表述为：质点系的外力系和惯性力系组

成一个平衡力系。

例 7-1 如图 7-2 所示,匀质圆环的质量为 m,平均半径为 R,以匀角速 ω 在光滑水平内绕点 O 定轴转动,求圆环横截面上的张力。

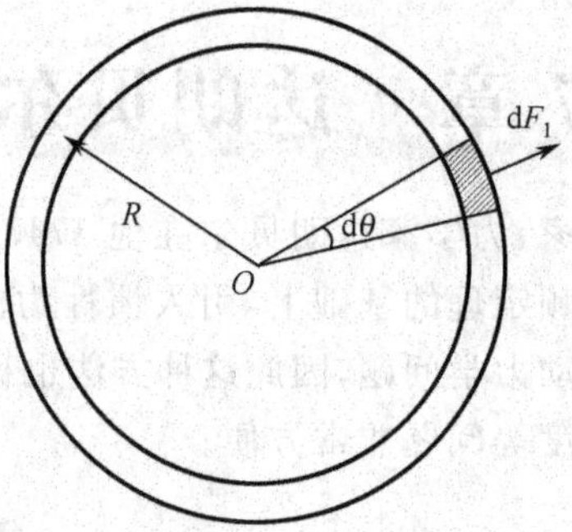

图 7-2

解:设圆环横截面积为 A,密度为 ρ。考虑 $d\theta$ 所对应的微段,其上的惯性为 dF_I,如图 7-2 所示。

$$dF_I = dmR\omega^2 = \rho \cdot AR\,d\theta \cdot R\omega^2 = \rho AR^2\omega^2 d\theta$$

单位弧长的惯性力,即惯性力载荷集度为

$$q_I = \frac{dF_I}{ds} = \frac{dF_I}{Rd\theta} = \rho AR\omega^2$$

在圆环上加沿中心对称均匀分布的惯性力 q_I,如图 7-3(a)所示。考虑半圆环的平衡,如图 7-3(b)所示,沿张力 T 的方向取平衡方程。

$$-2T + 2Rq_I = 0$$

$$T = Rq_I = \rho AR^2\omega^2 = \frac{m}{2\pi RA}AR^2\omega^2 = \frac{mR}{2\pi}\omega^2$$

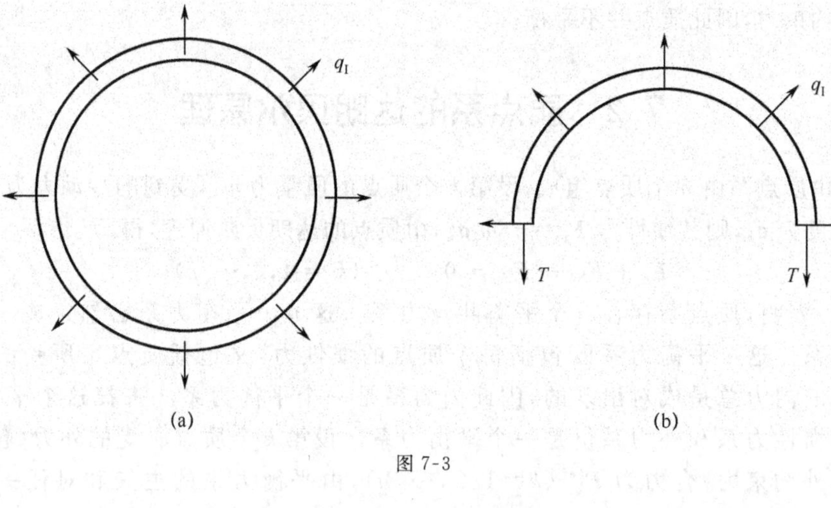

(a) (b)

图 7-3

7.3 刚体的转动惯量与惯性积

如图 7-4 所示,在刚体中取一微体,其质量为 m_i,直角坐标为(x_i, y_i, z_i)。由于刚体存在很多这样的微体,令

$$\begin{cases} J_x = \sum m_i(y_i^2 + z_i^2) = \int_m (y^2 + z^2)\mathrm{d}m \\ J_y = \sum m_i(z_i^2 + x_i^2) = \int_m (z^2 + x^2)\mathrm{d}m \\ J_z = \sum m_i(x_i^2 + y_i^2) = \int_m (x^2 + y^2)\mathrm{d}m \end{cases} \tag{7-5}$$

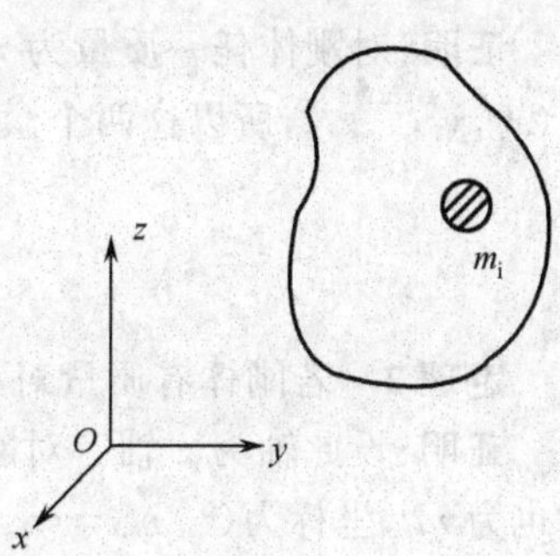

图 7-4

分别称为刚体对 x 轴、y 轴和 z 轴的转动惯量。

令

$$\begin{cases} J_{xy} = \sum m_i x_i y_i = \int_m xy\mathrm{d}m \\ J_{yz} = \sum m_i y_i z_i = \int_m yz\mathrm{d}m \\ J_{zx} = \sum m_i z_i x_i = \int_m zx\mathrm{d}m \end{cases} \tag{7-6}$$

分别称为刚体对 x 轴和 y 轴、y 轴和 z 轴及 z 轴和 x 轴的惯性积。

令

$$\rho_x = \sqrt{\frac{J_x}{m}},\quad \rho_y = \sqrt{\frac{J_y}{m}},\quad \rho_z = \sqrt{\frac{J_z}{m}} \tag{7-7}$$

式中，m 为刚体的质量，式(7-7)分别称为刚体对 x 轴、y 轴和 z 轴的回转半径或惯性半径。

对刚体建立直角坐标系 $Oxyz$ 及形心直角坐标系 $Cx_Cy_Cz_C$，它们对应轴相互平行，如图 7-5 所示。

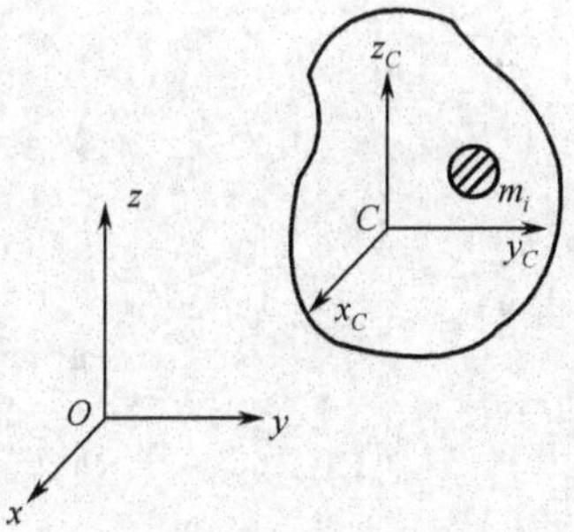

图 7-5

对于刚体内质量为 m_i 的微元体，它在两个坐标下的坐标分别为(x_i,y_i,z_i)和(x_{Ci},y_{Ci},z_{Ci})。形心 C 在坐标系 $Oxyz$ 下的坐标为(a,b,c)则

$$x_i = x_{Ci} + a,\quad y_i = y_{Ci} + b,\quad z_i = z_{Ci} + c$$

$$\begin{aligned} J_x &= \sum m_i(y_i^2 + z_i^2) = \sum m_i[(y_{Ci} + b)^2 + (z_{Ci} + c)^2] \\ &= \sum m_i(y_{Ci}^2 + z_{Ci}^2) + m(b^2 + c^2) + 2b\sum m_i y_{Ci} + 2c\sum m_i z_{Ci} \end{aligned}$$

显然，$\sum m_i y_{Ci} = \sum m_i z_{Ci} = 0$，故

$$J_x = J_{x_C} + m(b^2 + c^2)$$

同理

$$\begin{aligned} J_y &= J_{y_C} + m(c^2 + a^2) \\ J_z &= J_{z_C} + m(a^2 + b^2) \\ J_{xy} &= J_{x_Cy_C} + mab \\ J_{yz} &= J_{y_Cz_C} + mbc \\ J_{zx} &= J_{z_Cx_C} + mca \end{aligned}$$

上面六个式子称为平行移轴公式。当已知形心轴的转动惯量或惯性积时，可通过平行移轴公式求出与其平行轴的转动惯量与惯性积。

若刚体对某坐标轴(如 x 轴)相关的惯性积(如 J_{xy}、J_{zx})等于零，则该轴(如 x 轴)称为刚体的惯性主轴。刚体对惯性主轴的转动惯量称为主转动惯量。过刚体质心的惯性主轴称为中心惯性主轴。

定理 1　若刚体对坐标平面 xy 质量对称，则 Oz 轴(O 为坐标平面 xy 上的任意点)一定是刚体的惯性主轴。

证明:对刚体任一质量为 m_i 的微体,其坐标为(x_i,y_i,z_i),其对称的微体质量也为 m_i,坐标为$(x_i,y_i,-z_i)$,所以这两个微体在 J_{zx}、J_{yz} 的表达式中相互抵消,即

$$J_{zx}=\sum m_i z_i x_i=0$$

$$J_{yz}=\sum m_i y_i z_i=0$$

定理 2 若刚体有质量对称轴,则该轴一定是刚体的惯性主轴。

证明:设此轴为 z 轴。对刚体任一质量为 m_i 的微体,其坐标为(x_i,y_i,z_i),其对称的微体质量也为 m_i,坐标为$(-x_i,-y_i,z_i)$,所以这两个微体在 J_{zx}、J_{yz} 的表达式中相互抵消,即

$$J_{zx}=\sum m_i z_i x_i=0$$

$$J_{yz}=\sum m_i y_i z_i=0$$

由定理 1 和定理 2 可以看出惯性积反映刚体质量分布的不对称性。

7.4 刚体惯性力系的简化

用达朗贝尔原理求解刚体动力学问题时,必须将连续分布在刚体体积内的惯性力系加以简化。由静力学的力系简化理论知:任一力系向选定的简化中心简化,可简化为一个力和一个力偶,这个力矢等于原力系的主矢;这个力偶的力偶矩等于力系对简化中心的主矩。力系的主矢与简化中心无关,而主矩与简化中心有关。

考虑刚体惯性力系的主矢 $\boldsymbol{F}_{\mathrm{IR}}$,由定义

$$\begin{aligned}\boldsymbol{F}_{\mathrm{IR}}&=\sum \boldsymbol{F}_{\mathrm{I}k}=\sum(-m_k\boldsymbol{a}_k)\\&=-\sum m_k\frac{\mathrm{d}^2\boldsymbol{r}_k}{\mathrm{d}t^2}=-\frac{\mathrm{d}^2}{\mathrm{d}t^2}\left(\sum m_k\boldsymbol{r}_{\mathrm{k}}\right)\\&=\frac{\mathrm{d}^2}{\mathrm{d}t^2}(m\boldsymbol{r}_C)\end{aligned}$$

式中,m 为刚体的质量,$\boldsymbol{r}_C$ 为刚体质心位置矢,因此

$$\boldsymbol{F}_{\mathrm{IR}}=-m\frac{\mathrm{d}^2\boldsymbol{r}_C}{\mathrm{d}t^2}=-m\boldsymbol{a}_C \tag{7-8}$$

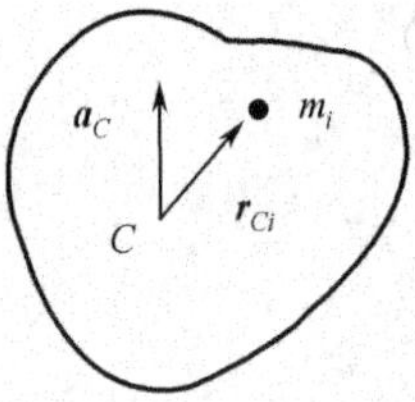

图 7-6

刚体惯性力系的主矩与刚体的运动形式有关,下面针对刚体的几种运动形式讨论惯性力系主矩的简化。

1. 平移刚体

设刚体做平移,如图 7-6 所示,其质心加速度为 $\boldsymbol{a}_C$,其内质点 i 的质量为 m_i,相对质心 C 的位置矢为 $\boldsymbol{r}_{Ci}$;加速度 $\boldsymbol{a}_i=\boldsymbol{a}_C$,取质心 C 为惯性力系的简化中心,则

$$\boldsymbol{M}_{\mathrm{IC}}=\sum \boldsymbol{M}_C(\boldsymbol{F}_{\mathrm{I}i})=\sum \boldsymbol{r}_{\mathrm{C}i}\times(-m_i\boldsymbol{a}_i)=-\left(\sum m_i\boldsymbol{r}_{Ci}\right)\times\boldsymbol{a}_C$$

显然

$$\sum m_i\boldsymbol{r}_{Ci}=0$$

$$\boldsymbol{M}_{\mathrm{IC}}=0 \tag{7-9}$$

式(7-9)表明,平移刚体惯性力系对质心的主矩为零。因此,平移刚体的惯性力系简化为作用于质心 C 的一个合力。

2. 定轴转动刚体

设刚体做定轴转动，如图 7-7 所示建立直角坐标系 $Oxyz$，Oz 轴为刚体的转动轴。其内质点 i 的质量为 m_i，位置矢为 $\boldsymbol{r}_i$，取原点 O 为惯性力系的简化中心，则

$$\boldsymbol{M}_{IO} = \sum \boldsymbol{M}_O(\boldsymbol{F}_{Ii}) = \sum \boldsymbol{r}_i \times (-m_i \boldsymbol{a}_i)$$

由刚体运动学知

$$\boldsymbol{a}_i = \boldsymbol{\alpha} \times \boldsymbol{r}_i + \boldsymbol{\omega} \times v_i$$

$$\begin{aligned} v_i &= \boldsymbol{\omega} \times \boldsymbol{r}_i = \omega \boldsymbol{k} \times (x_i \boldsymbol{i} + y_i \boldsymbol{j} + z_i \boldsymbol{k}) \\ &= -\omega y_i \boldsymbol{i} + \omega x_i \boldsymbol{j} \end{aligned}$$

$$\begin{aligned} \boldsymbol{a}_i &= \alpha \boldsymbol{k} \times (x_i \boldsymbol{i} + y_i \boldsymbol{j} + z_i \boldsymbol{k}) + \omega \boldsymbol{k} \times (-\omega y_i \boldsymbol{i} + \omega x_i \boldsymbol{j}) \\ &= -(\alpha y_i + \omega^2 x_i)\boldsymbol{i} + (\alpha x_i - \omega^2 y_i)\boldsymbol{j} \end{aligned}$$

$$\begin{aligned} \boldsymbol{M}_{IO} &= \sum m_i \boldsymbol{a}_i \times \boldsymbol{r}_i = \sum m_i \begin{vmatrix} \boldsymbol{i} & \boldsymbol{j} & \boldsymbol{k} \\ -\alpha y_i - \omega^2 x_i & \alpha x_i - \omega^2 y_i & 0 \\ x_i & y_i & z_i \end{vmatrix} \\ &= \sum m_i z_i (\alpha x_i - \omega^2 y_i)\boldsymbol{i} + \sum m_i z_i (\alpha y_i + \omega^2 x_i)\boldsymbol{j} - \\ &\quad \sum m_i [y_i(\alpha y_i + \omega^2 x_i) + x_i(\alpha x_i - \omega^2 y_i)]\boldsymbol{k} \\ &= (J_{zx}\alpha - J_{yz}\omega^2)\boldsymbol{i} + (J_{yz}\alpha + J_{zx}\omega^2)\boldsymbol{j} - J_z \alpha \boldsymbol{k} \end{aligned} \tag{7-10}$$

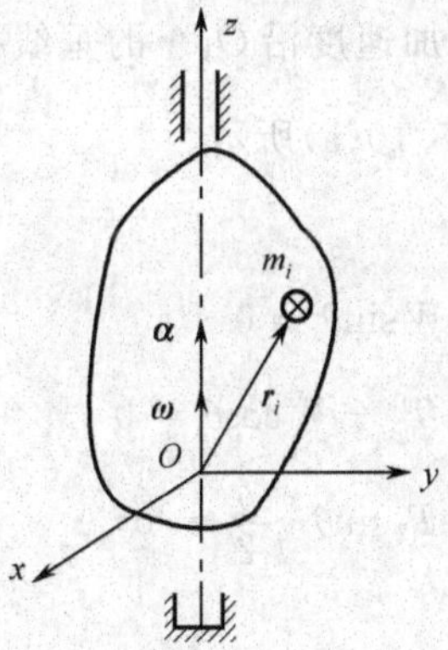

图 7-7

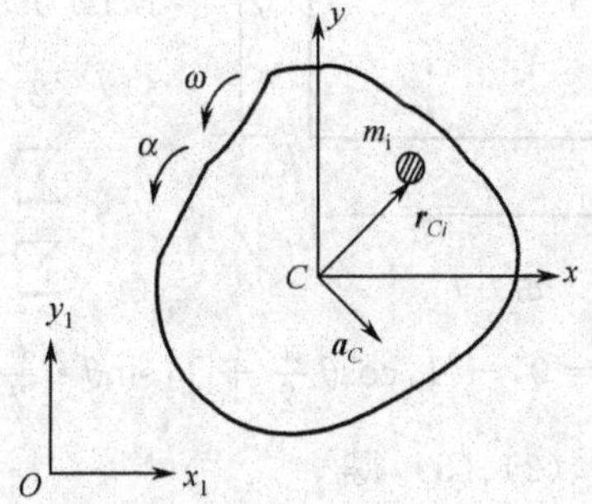

图 7-8

由此可知：定轴转动刚体的惯性力系可简化为转轴上原点 O 处的大小和方向由式(7-8)确定的力，以及由式(7-10)确定的力偶矩为 $\boldsymbol{M}_{IO}$ 的力偶。

下面两种常见的特殊情况惯性力系可进一步简化。

(1)当刚体的质心 C 通过转轴时，$\boldsymbol{a}_C=0$，则 $\boldsymbol{F}_{IR}=0$，惯性力系简化为一个力偶。

(2)当 z 轴是质量对称轴，或 Oxy 平面是质量对称面时，$J_{zx}=J_{yz}=0$，则

$$\boldsymbol{M}_{IO} = -J_z \alpha \boldsymbol{k} \tag{7-11}$$

3. 平面运动刚体

设刚体做平面运动，在刚体的运动平面内建立一个固定坐标系 Ox_1y_1，再建立一个以刚体质心 C 为原点的平移坐标系 Cxy，使其和固定坐标系的相应轴平行，如图 7-8所示。刚体内质点 i 的质量为 m_i，相对 Cxy 坐标系的位置矢为 $\boldsymbol{r}_{Ci}$，取 C 为惯性力系的简化中心，则

$$\boldsymbol{a}_i = \boldsymbol{a}_C + \boldsymbol{\alpha} \times \boldsymbol{r}_{Ci} + \boldsymbol{\omega} \times (\boldsymbol{\omega} \times \boldsymbol{r}_{Ci})$$

惯性力系的主矩为

$$\boldsymbol{M}_{IC}=\sum\boldsymbol{M}_C(\boldsymbol{F}_{Ii})=\sum\boldsymbol{r}_{Ci}\times(-m_i\boldsymbol{a}_i)$$
$$=\sum\boldsymbol{r}_{Ci}\times(-m_i\boldsymbol{a}_C)+\sum\boldsymbol{r}_{Ci}\times(-m_i\boldsymbol{\alpha}\times\boldsymbol{r}_{Ci})+\sum\boldsymbol{r}_{Ci}\times[-m_i\boldsymbol{\omega}\times(\boldsymbol{\omega}\times\boldsymbol{r}_{Ci})]$$

注意到

$$\sum\boldsymbol{r}_{Ci}\times(-m_i\boldsymbol{a}_C)=-(\sum m_i\boldsymbol{r}_{Ci})\times\boldsymbol{a}_C=0$$

因此和定轴转动刚体的情况有相同的数学形式，不难得到

$$\boldsymbol{M}_{IC}=(J_{zx}\alpha-I_{yz}\omega^2)\boldsymbol{i}+(J_{yz}\alpha+J_{zx}\omega^2)\boldsymbol{j}-J_z\alpha\boldsymbol{k} \tag{7-12}$$

由此可知：平面运动刚体的惯性力系可简化为质心 C 处由式(7-8)确定的力，以及由式(7-12)确定的力偶矩为 $\boldsymbol{M}_{IC}$ 的力偶。

当 Cz 轴是质量对称轴或 Oxy 平面是质量对称面时，

$$J_{zx}=J_{yz}=0$$
$$\boldsymbol{M}_{IC}=-J_z\alpha\boldsymbol{k} \tag{7-13}$$

例 7-2 边长如图 7-9 所示的匀质长方形薄板重 W，以两根等长的柔绳悬挂于铅垂平面内。试求薄板在重力的作用下，由图示位置无初速释放的瞬时，板的质心加速度和两绳的拉力。

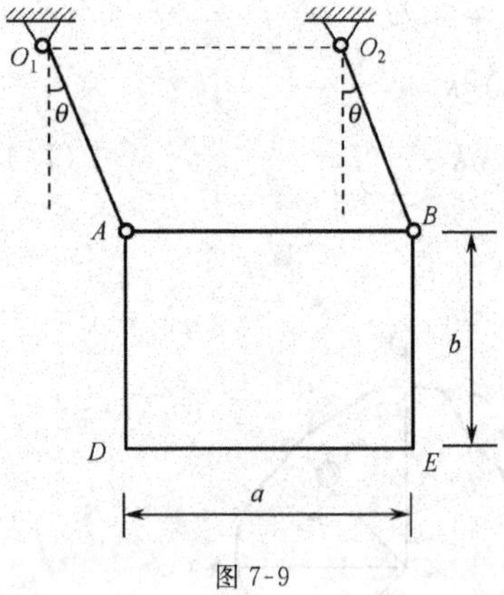

图 7-9

解：(1)以薄板为研究对象，受力分析如图 7.10(a)所示。由于薄板做平移，质心 C 的加速度和点 A(或点 B)的加速度相同，显然，点 A 的加速度沿 O_1A 的垂线指向下方，加惯性力 $F_I=\dfrac{W}{g}a_A$，如图 7.10(a)所示。

(2)列平衡方程求解

$$\sum F_x=0,\quad F_I-W\sin\theta=0 \tag{1}$$

$$\sum F_y=0,\quad T_1+T_2-W\cos\theta=0 \tag{2}$$

$$\sum M_C=0,-T_1\cos\theta\frac{a}{2}+T_1\sin\theta\cdot\frac{b}{2}+T_2\cos\theta\frac{a}{2}+T_2\sin\theta\cdot\frac{b}{2}=0 \tag{3}$$

由式(1)、(2)、(3)，得

$$a_A=g\sin\theta,\quad T_1=\frac{a\cos\theta+b\sin\theta}{2a}W,\quad T_2=\frac{a\cos\theta-b\sin\theta}{2a}W \tag{4}$$

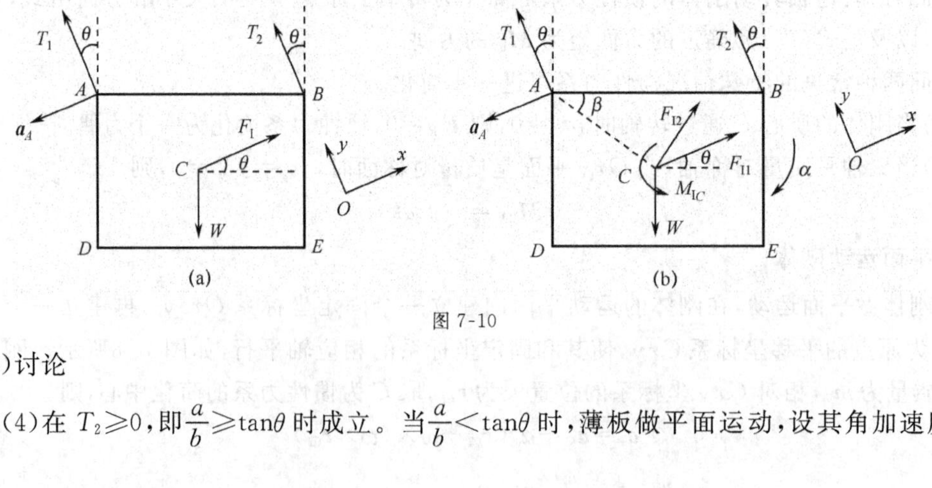

图 7-10

(3)讨论

式(4)在 $T_2\geqslant0$，即$\dfrac{a}{b}\geqslant\tan\theta$ 时成立。当$\dfrac{a}{b}<\tan\theta$ 时，薄板做平面运动，设其角加速度为 α，

这时 $T_2=0$，$\boldsymbol{a}_C=\boldsymbol{a}_A+\boldsymbol{a}_{CA}$，加惯性力 $F_{I1}=\dfrac{W}{g}a_A$，$F_{I2}=\dfrac{1}{2}\dfrac{W}{g}\alpha\sqrt{a^2+b^2}$，以及惯性力偶 $M_{IC}=J_C\alpha$，如图 7-10(b)所示。

$$\sum F_x=0,\quad F_{I1}+F_{I2}\cos\left(\pi-\beta-\frac{\pi}{2}-\theta\right)-W\sin\theta=0 \tag{5}$$

$$\sum F_y=0,\quad T_{I1}+F_{I2}\sin\left(\pi-\beta-\frac{\pi}{2}-\theta\right)-W\cos\theta=0 \tag{6}$$

$$\sum M_C=0,\quad T_1\cos\theta\frac{a}{2}-T_1\sin\theta\frac{b}{2}-J_C\alpha=0 \tag{7}$$

$$J_C=\frac{1}{12}\frac{W}{g}(a^2+b^2) \tag{8}$$

可解得

$$\begin{cases}\alpha=\dfrac{W(a\cos\theta-b\sin\theta)\cos\theta}{2J_C+\dfrac{1}{2}\dfrac{W}{g}\sqrt{a^2+b^2}(a\cos\theta-b\sin\theta)\cos(\beta+\theta)}\\ \quad=\dfrac{6g(a\cos\theta-b\sin\theta)\cos\theta}{a^2+b^2+3\sqrt{a^2+b^2}(a\cos\theta-b\sin\theta)\cos(\beta+\theta)}\\ T_1=\dfrac{2J_C\alpha}{a\cos\theta-b\sin\theta}\\ \quad=\dfrac{W(a^2+b^2)\cos\theta}{2(a^2+b^2)+6\sqrt{a^2+b^2}(a\cos\theta-b\sin\theta)\cos(\beta+\theta)}\\ a_A=g\sin\theta-\dfrac{1}{2}\alpha\sqrt{a^2+b^2}\sin(\beta+\theta)\end{cases} \tag{9}$$

其中 $\beta+\theta>\dfrac{\pi}{2}$，$\alpha<0$，这种情况下，薄板质心 C 在直线 O_1A 延长线的下方，$\alpha<0$ 是显然的。

例 7-3　质量为 M 的三棱柱 ABD 放置在光滑的水平面上，质量为 m 的均质圆柱在重力作用下沿三棱柱的斜面 AB 无滑地滚下，如图 7-11 所示，试求三棱柱运动的加速度。

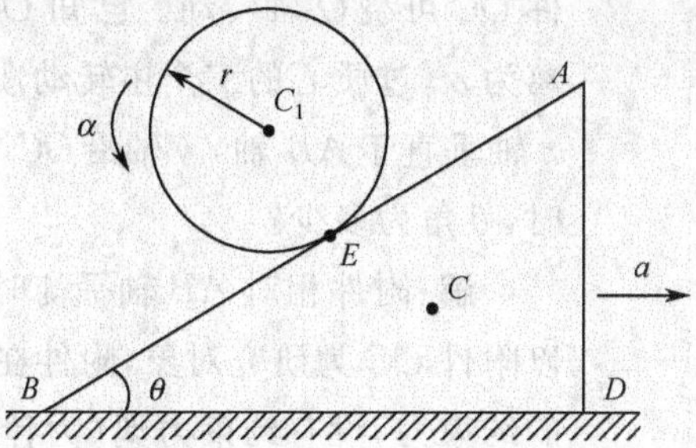

图 7-11

解：(1) 受力分析及加惯性力、惯性力偶。

设三棱柱质心为 C，三棱柱作平动，其加速度为 a。设圆柱的角加速度为 α，其质心 C_1 的加速度为 a_{C_1}。取动点 C_1，动系固连于三棱柱 ABD，则

$$\boldsymbol{a}_{C_1}=\boldsymbol{a}_e+\boldsymbol{a}_r=\boldsymbol{a}+\boldsymbol{a}_r$$

其中 $a_r=r\alpha$，方向平行于斜面向下。

整体受力分析及加惯性力、惯性力偶如图 7－12(a)所示，其中

$$F_I = Ma,\quad F_{I1} = ma_e = ma,\quad F_{I2} = ma_r = mr\alpha,\quad M_{IC_1} = J_{C1}\alpha = \frac{1}{2}mr^2\alpha$$

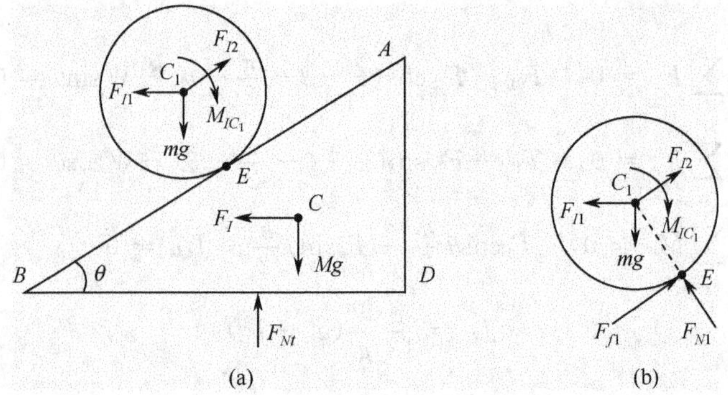

图 7-12

(2) 列平衡方程求解。

整体平衡，有

$$\sum F_x = 0,\quad F_{I2}\cos\theta - F_I - F_{I1} = 0 \tag{1}$$

$$a = \frac{m}{M+m} r\alpha\cos\theta \tag{2}$$

考虑圆柱体，受力分析及圆柱体的惯性力、惯性力偶如图 7-12(b)所示。

$$\sum M_E = 0,\quad F_{I1}\cdot r\cos\theta + mg\cdot r\sin\theta - F_{I2}\cdot r - M_{IC_1} = 0 \tag{3}$$

$$\frac{3}{2}mr\alpha - Ma\cos\theta = mg\sin\theta \tag{4}$$

由式(2)、式(4)，得

$$a = \frac{m\sin 2\theta}{3m + (1 + 2\sin^2\theta)M} g \tag{5}$$

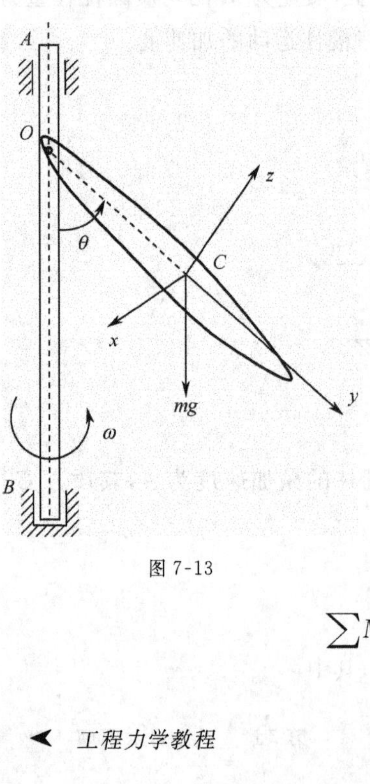

图 7-13

例 7-4 如图 7-13 所示，轴 AB 以均角速度 ω 转动，附件 OC 可绕 O 轴转动。已知 OC 的质量为 m，点 O、C 的距离为 r，过质心的三个主转动惯量分别为 J_x、J_y、J_z，其中 x 轴垂直于 AB 轴，y 轴沿 OC 方向，求附件相对 AB 轴平衡时，θ 角为多少？

解：附件相对 AB 轴平衡时，附件绕 AB 轴做定轴转动。以附件 OC 为研究对象，附件在轴 O 处受 y_1 轴和 z_1 轴方向的约束力，没有约束力偶(为什么没有约束力偶?)。过点 O 建立坐标系 $Ox_1y_1z_1$，其中 x_1 轴平行于 x 轴，如图 7-14 所示，则

惯性力 $F_{IO} = mr\omega^2\sin\theta$

惯性力偶矩 $M_{Ix_1} = -J_{y_1z_1}\omega^2$，$M_{Iy_1} = J_{x_1z_1}\omega^2$

在 OC 上加主动力和附件的惯性力、惯性力偶矩。

$$\sum M_{x_1} = 0 \quad M_{Ix_1} - mgr\sin\theta = 0$$

即 $$J_{y_1z_1}\omega^2+mgr\sin\theta=0 \tag{1}$$

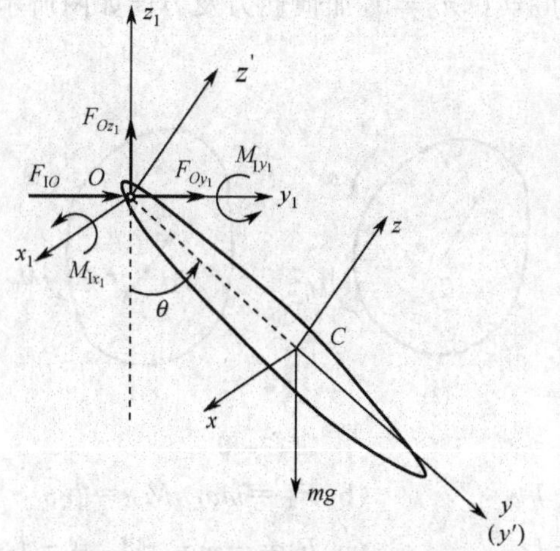

图 7-14

建立与形心主轴坐标系 $Cxyz$ 相平行的坐标系 $Ox_1y'z'$，其中 y' 轴和 y 轴重合。由平行移轴公式不难看出 $Ox_1y'z'$ 是主轴坐标系，且

$$J_{x_1}=J_x+mr^2,\quad J_{y'}=J_y,\quad J_{z'}=J_z+mr^2$$

$$y_1=y'\sin\theta+z'\cos\theta,\quad z_1=-y'\cos\theta+z'\sin\theta$$

$$J_{x_1z_1}=\int_m x_1z_1\,\mathrm{d}m=-\cos\theta\int_m x_1y'\,\mathrm{d}m+\sin\theta\int_m x_1z'\,\mathrm{d}m=0$$

（因此 $M_{\mathrm{I}y_1}=0$，这就是没有约束力偶的原因）

$$\begin{aligned}J_{y_1z_1}&=\int_m y_1z_1\,\mathrm{d}m=\int_m(y'\sin\theta+z'\cos\theta)(-y'\cos\theta+z'\sin\theta)\mathrm{d}m\\&=\sin\theta\cos\theta\int_m(z'^2-y'^2)\mathrm{d}m=\frac{1}{2}\sin 2\theta\int_m[(x_1^2+z'^2)-(x_1^2+y'^2)]\mathrm{d}m\\&=(J_{y'}-J_{z'})\sin\theta\cos\theta=(J_y-J_z-mr^2)\sin\theta\cos\theta\end{aligned}$$

把上式代入式(1)，得

$$\sin\theta=0\quad\text{或}\quad\cos\theta=\frac{mgr}{(J_z-J_y+mr^2)\omega^2}$$

所以 $$\theta=0\quad\text{或}\quad\theta=\arccos\frac{mgr}{(J_z-J_y+mr^2)\omega^2}$$

习　题

7-1　定轴转动刚体的惯性力系也可以向质心简化，试以图示做定轴转动的均质杆 OA 为例说明惯性力向质心简化的结果。

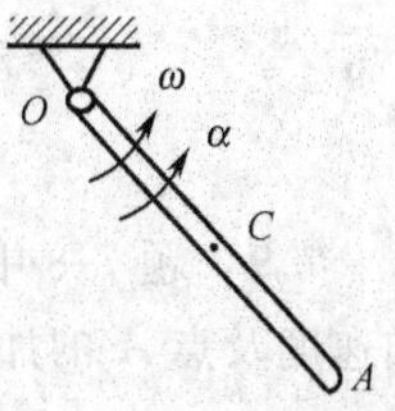

题 7-1 图

7-2　若平面运动刚体的惯性力系向质心简化的结果是 $\boldsymbol{F}_{\mathrm{IC}}=0$，$\boldsymbol{M}_{\mathrm{IC}}=0$，则作用于刚体上的外力系是否是平衡力系？

7-3　平面运动刚体的角加速度 $\alpha\neq0$，质心加速度 $\boldsymbol{a}_C\neq0$，则此刚体的

惯性力系是否一定可以简化为一个合力？

7-4 平面运动刚体的 $\alpha \neq 0$，$\boldsymbol{a}_C \neq 0$，加惯性力及力偶如图所示，则(1)______；(2)______；(3)______；(4)______。

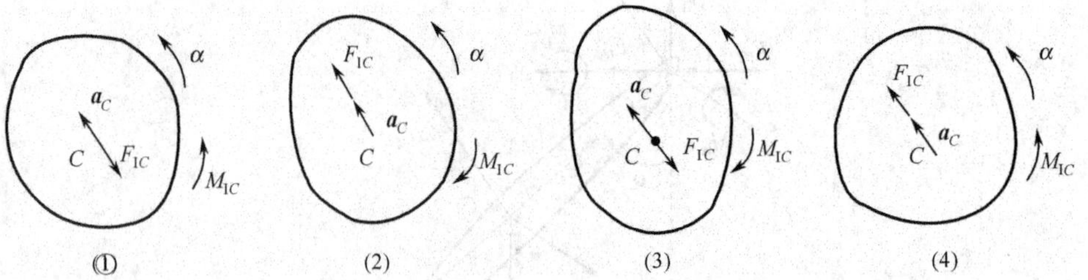

题 7-4 图

(a) $F_{IC}=ma_C$，$M_{IC}=-J_C\alpha$　　(b) $F_{IC}=ma_C$，$M_{IC}=J_C\alpha$

(c) $F_{IC}=-ma_C$，$M_{IC}=J_C\alpha$　　(d) $F_I=-ma_C$，$M_{IC}=-J_C\alpha$

7-5 质量为 $m=20$ kg 的均质杆 AB，以三根等长的细绳拉住悬于图示的铅垂位置。由于 CD 绳突然断开，杆 AB 开始运动。试求此瞬时点 A 的加速度及绳 AE、BH 的拉力。

7-6 汽车的重心 C 的位置如图所示，轮胎与地面的静摩擦因数为 f_s，轮的质量和滚动摩擦略去不计，设汽车为后轮驱动式，试求汽车能达到的最大加速度。

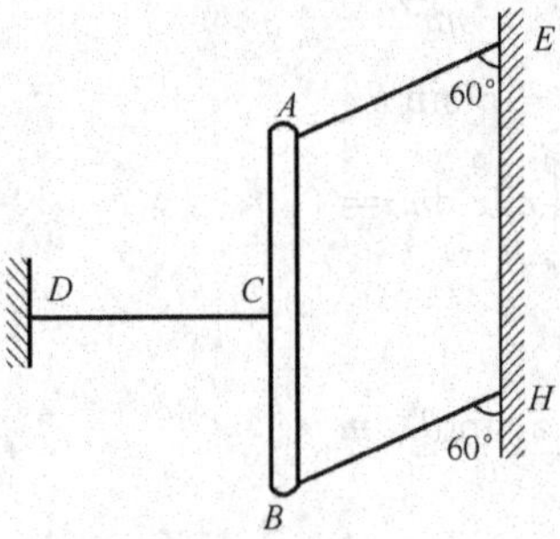

题 7-5 图

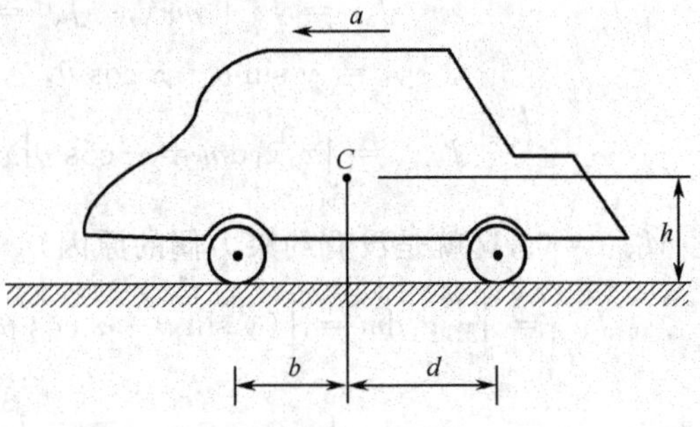

题 7-6 图

7-7 均质杆 AB 长为 $\sqrt{2}R$，重为 W，沿半径为 R 的光滑圆弧运动，开始时 B 端位于圆弧的水平直径处，无初速释放。试求此时点 B 的加速度和 A、B 处的约束力。

7-8 均质杆 AB，质量为 m，长为 l，用两无重绳悬挂成水平位置，如图所示。试求绳 BD 断开的瞬时绳 AE 的张力和杆 AB 的角加速度。

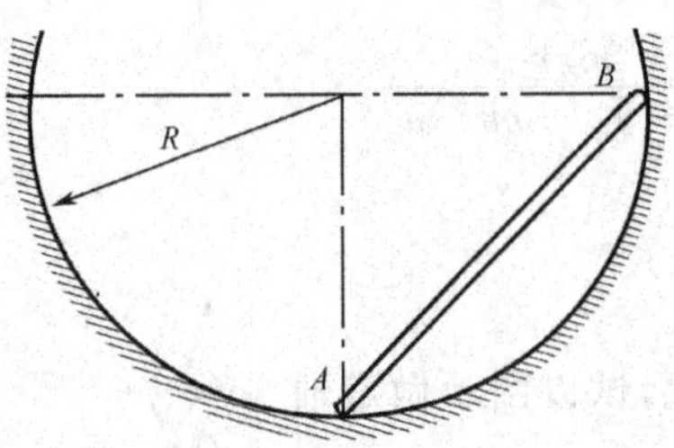

题 7-7 图

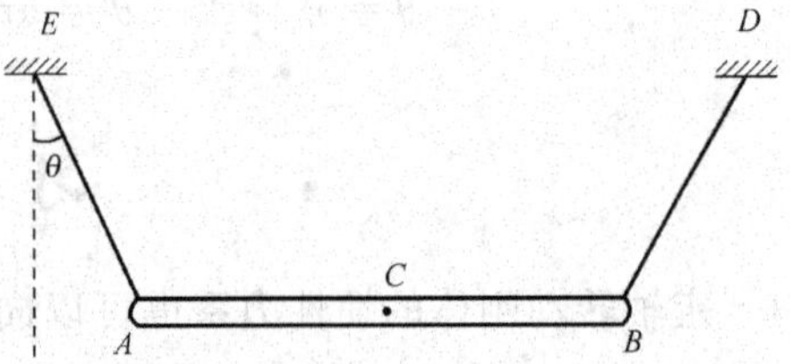

题 7-8 图

7-9 题 7-8 中，若把两绳换成刚度系数为 k 的弹簧，试求弹簧 BD 断开的瞬时杆 AB 的角加速度及点 A 的加速度。

7-10 将一均质半圆球放于光滑水平面及铅垂平面间，并使其底面位于铅垂位置，如图所示。今无初速释放，试求此瞬时半圆球的角加速度及所受的约束力。

7-11 均质圆柱体质量为 m，半径为 r，放在倾角 $\theta=60°$ 的斜面上。一绳（不计质量）绕在圆柱体上，另一端固定于点 A，AB 平行于斜面。若圆柱体与斜面的摩擦因数为 $f=\frac{1}{3}$，试求圆柱体中心 C 的加速度。

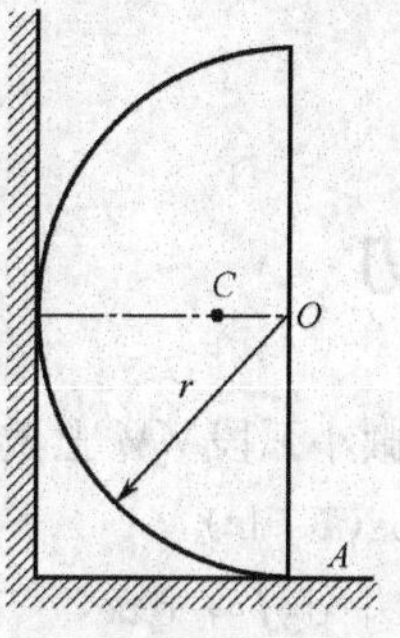

题 7-10 图

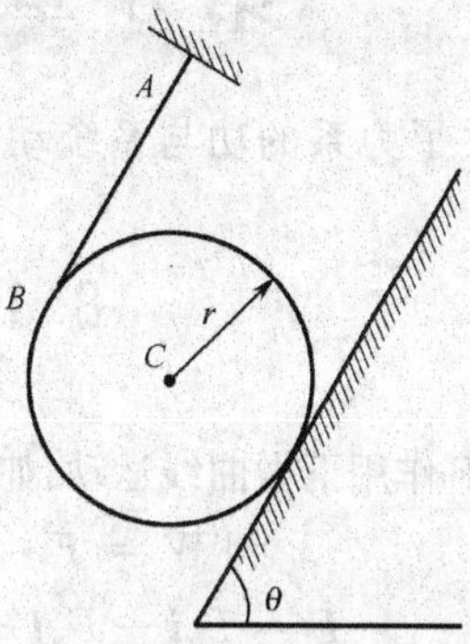

题 7-11 图

7-12 均质圆柱形滚子重 $P=200$ N，半径为 $r=30$cm，被绳拉住沿水平面滚动而不滑动。此绳跨过不计质量的定滑轮 B（转轴为其几何中心）系一重量为 $G=100$ N 的重物，如图所示。试求在重力作用下系统的运动过程中滚子中心 C 的加速度。已知绳与滚子之间无相对滑动。

7-13 均质圆柱体 A，其质量为 m，半径为 r，在外圆上绕以细绳。绳的另一端 B 按正弦规律 $x=a\sin\omega t$ 上下运动。圆柱体因解开绳子而下降。试问 ω 等于多大时，绳的竖直部分不会弯曲，并在此基础上求圆柱体中心 A 的加速度及绳子的拉力。已知绳与圆柱体之间无相对滑动。

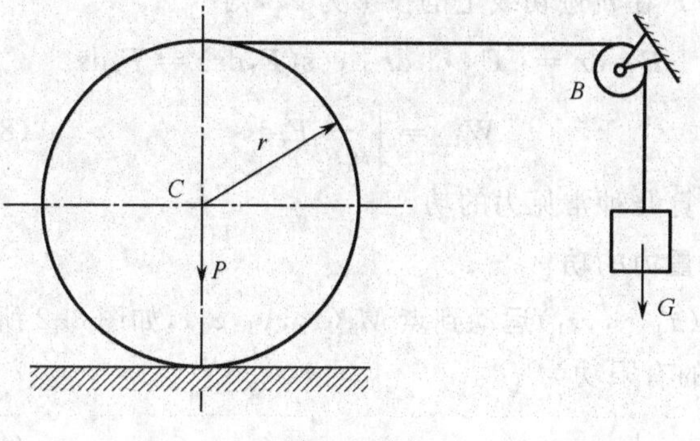

题 7-12 图

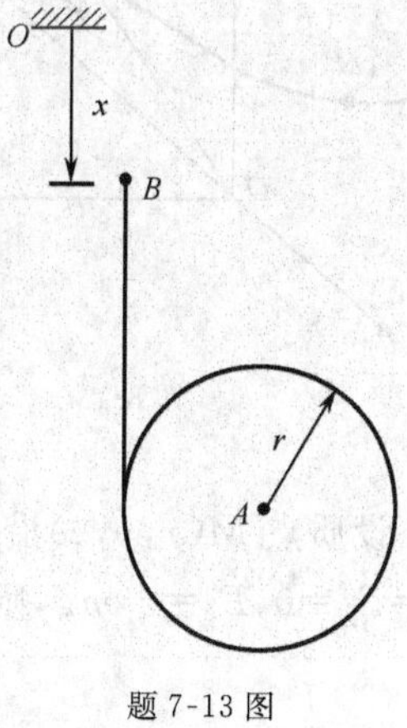

题 7-13 图

第 8 章 动能定理

动能定理建立了力系的功与系统动能变化的关系。

8.1 力的功

质点 M 在力 $\boldsymbol{F}$ 作用下做曲线运动，如图 8-1 所示。$\boldsymbol{F}$ 在微小弧段 $\overset{\frown}{MM'}$ 上做的元功 $\mathrm{d}'W$ 定义为

$$\mathrm{d}'W = \boldsymbol{F}\cdot\mathrm{d}\boldsymbol{r} = |\boldsymbol{F}||\mathrm{d}\boldsymbol{r}|\cos(\boldsymbol{F},\mathrm{d}\boldsymbol{r}) \tag{8-1}$$

$$\boldsymbol{F} = F_x\boldsymbol{i} + F_y\boldsymbol{j} + F_z\boldsymbol{k},\quad \mathrm{d}\boldsymbol{r} = \mathrm{d}x\boldsymbol{i} + \mathrm{d}y\boldsymbol{j} + \mathrm{d}z\boldsymbol{k}$$

$$\mathrm{d}'W = F_x\mathrm{d}x + F_y\mathrm{d}y + F_z\mathrm{d}z \tag{8-2}$$

$\boldsymbol{F}$ 在 $\overset{\frown}{M_1M_2}$ 上做的有限功为

$$W_{12} = \int_{\overset{\frown}{M_1M_2}}\mathrm{d}'W = \int_{\overset{\frown}{M_1M_2}}\boldsymbol{F}\cdot\mathrm{d}\boldsymbol{r}$$

$$= \int_{\overset{\frown}{M_1M_2}}F_x\mathrm{d}x + F_y\mathrm{d}y + F_z\mathrm{d}z \tag{8-3}$$

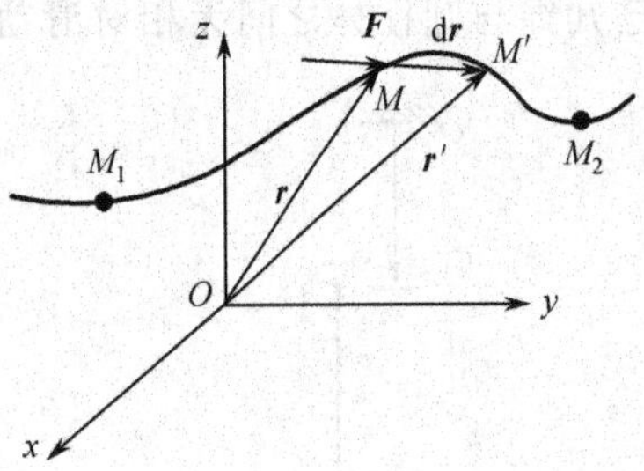

图 8-1

这是数学上的第二类曲线积分，一般情况下是与路径有关的，所以元功用 $\mathrm{d}'W$ 表示而不用 $\mathrm{d}W$ 表示，正是反映了一般情况下力的功与路径的相关性。

设 $\boldsymbol{F}$ 在轨迹切线上的投影为 F_τ，则

$$\boldsymbol{F}\cdot\mathrm{d}\boldsymbol{r} = |\boldsymbol{F}|\cdot|\mathrm{d}\boldsymbol{r}|\cos(\boldsymbol{F},\mathrm{d}\boldsymbol{r}) = F_\tau\mathrm{d}s$$

$$W_{12} = \int_{\overset{\frown}{M_1M_2}}F_\tau\mathrm{d}s \tag{8-4}$$

下面计算几种常见力的功。

1. 重力的功

设质点 $M(x,y,z)$ 沿曲线轨迹由点 $M_1(x_1,y_1,z_1)$ 运动到点 $M_2(x_2,y_2,z_2)$，如图 8-2 所示。$F_x=F_y=0$，$F_z=-mg$，则该质点重力所做的有限功为

$$W_{12} = \int_{z_1}^{z_2} -mg\,\mathrm{d}z = mg(z_1 - z_2) \tag{8-5}$$

对于质点系，由位置状态 1 运动到位置状态 2 的过程中重力做的有限功为

$$W_{12} = \sum m_k g(z_{k1} - z_{k2}) = g\left(\sum m_k z_{k1} - \sum m_k z_{k2}\right)$$

$$= g(mz_{C1} - mz_{C2}) = mg(z_{C1} - z_{C2}) \tag{8-6}$$

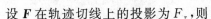

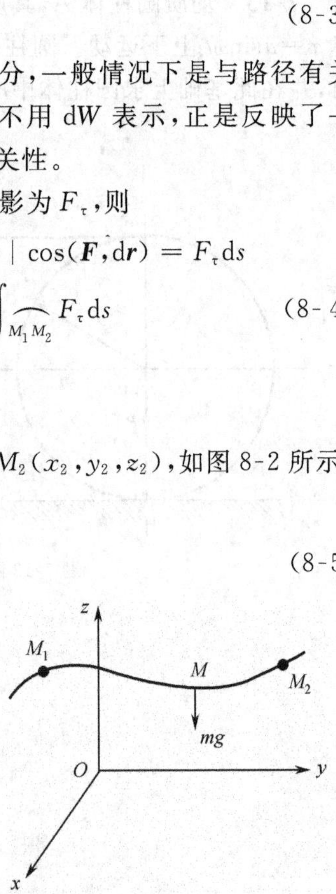

图 8-2

式中，$m=\sum m_k$ 为质点系的质量，z_{C1} 和 z_{C2} 分别为质点系质心 C 在运动开始和终了时的 z 坐标。

2. 弹性力的功

设弹簧一端固定，另一端连接质点 M，运动中弹簧始终保持直线状态，弹簧原长为 l_0，弹簧刚度系数为 k，如图 8-3 所示。

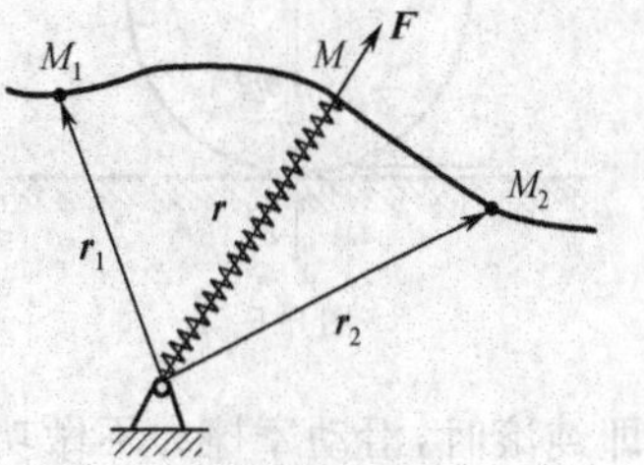

图 8-3

$$\boldsymbol{F} = -k(r-l_0)\frac{\boldsymbol{r}}{r}$$

$$\mathrm{d}'W = \boldsymbol{F}\cdot\mathrm{d}\boldsymbol{r} = -k(r-l_0)\frac{\boldsymbol{r}\cdot\mathrm{d}\boldsymbol{r}}{r}$$

$$\boldsymbol{r}\cdot\mathrm{d}\boldsymbol{r} = \frac{1}{2}(\mathrm{d}\boldsymbol{r}\cdot\boldsymbol{r}+\boldsymbol{r}\cdot\mathrm{d}\boldsymbol{r}) = \frac{1}{2}\mathrm{d}(\boldsymbol{r}\cdot\boldsymbol{r}) = \frac{1}{2}\mathrm{d}(r^2) = r\mathrm{d}r$$

$$\mathrm{d}'W = -k(r-l_0)\mathrm{d}r$$

质点 M 由点 M_1 运动到点 M_2 时弹性力的有限功为

$$W_{12} = \int_{\overset{\frown}{M_1M_2}}\boldsymbol{F}\cdot\mathrm{d}\boldsymbol{r} = \int_{r_1}^{r_2}-k(r-l_0)\mathrm{d}r$$

$$= \frac{1}{2}k[(r_1-l_0)^2-(r_2-l_0)^2]$$

令 $\delta_1=r_1-l_0$，$\delta_2=r_2-l_0$，分别表示质点 M 在点 M_1、点 M_2 时弹簧的伸长量，则

$$W_{12} = \frac{1}{2}k(\delta_1^2-\delta_2^2) \tag{8-7}$$

3. 外力对刚体的功

设刚体上作用有外力系 $\boldsymbol{F}_1,\boldsymbol{F}_2,\cdots,\boldsymbol{F}_n$，外力作用点的位置矢为 $\boldsymbol{r}_i(i=1,2,\cdots,n)$，刚体的质心速度和角速度分别为 v_C 和 $\boldsymbol{\omega}$，由刚体一般运动的两点速度关系知，$\boldsymbol{F}_i$ 的作用点的速度为

$$\dot{\boldsymbol{r}}_i = v_C+\boldsymbol{\omega}\times\boldsymbol{r}_{Ci}$$

式中，$\boldsymbol{r}_{Ci}$ 是 $\boldsymbol{F}_i$ 的作用点相对质心 C 的位置矢。

$$\mathrm{d}\boldsymbol{r}_i = v_C\mathrm{d}t+\boldsymbol{\omega}\mathrm{d}t\times\boldsymbol{r}_{Ci}$$

$$= \mathrm{d}\boldsymbol{r}_C+\boldsymbol{\omega}\mathrm{d}t\times\boldsymbol{r}_{Ci}$$

外力系的元功为

$$\mathrm{d}'W = \sum_{i=1}^{n}\boldsymbol{F}_i\cdot\mathrm{d}\boldsymbol{r}_i = \left(\sum_{i=1}^{n}\boldsymbol{F}_i\right)\cdot\mathrm{d}\boldsymbol{r}_C+\sum_{i=1}^{n}[\boldsymbol{F}_i\cdot(\boldsymbol{\omega}\mathrm{d}t\times\boldsymbol{r}_{Ci})]$$

令 $\boldsymbol{F}_{\mathrm{R}}=\sum_{i=1}^{n}\boldsymbol{F}_i$，$\boldsymbol{M}_C=\sum_{i=1}^{n}\boldsymbol{r}_{Ci}\times\boldsymbol{F}_i$，分别表示外力系的主矢及外力系对质心 C 的主矩，则

$$\mathrm{d}'W = \boldsymbol{F}_{\mathrm{R}}\cdot\mathrm{d}\boldsymbol{r}_C+\boldsymbol{M}_C\cdot\boldsymbol{\omega}\mathrm{d}t \tag{8-8}$$

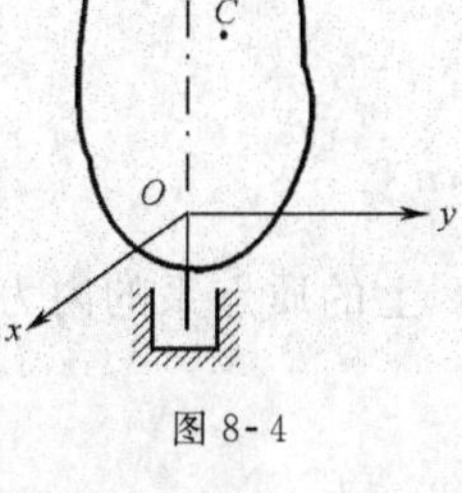

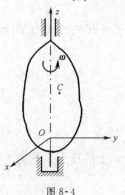

图 8-4

对于平移刚体，$\boldsymbol{\omega}=0$，则

$$\mathrm{d}'W = \boldsymbol{F}_{\mathrm{R}}\cdot\mathrm{d}\boldsymbol{r}_C \tag{8-9}$$

对于定轴转动刚体，取 Oz 轴为转动轴，如图 8-4 所示。

$$v_C = \boldsymbol{\omega}\times\boldsymbol{r}_{OC}$$

$$\mathrm{d}\boldsymbol{r}_C = \boldsymbol{\omega}\mathrm{d}t\times\boldsymbol{r}_{OC}$$

$$\mathrm{d}'W = \boldsymbol{F}_{\mathrm{R}}\cdot(\boldsymbol{\omega}\mathrm{d}t\times\boldsymbol{r}_{OC})+\boldsymbol{M}_C\cdot\boldsymbol{\omega}\mathrm{d}t$$

$$= (\boldsymbol{M}_C+\boldsymbol{r}_{OC}\times\boldsymbol{F}_{\mathrm{R}})\cdot\boldsymbol{\omega}\mathrm{d}t$$

$$= \boldsymbol{M}_O\cdot\boldsymbol{\omega}\mathrm{d}t$$

式中，$\boldsymbol{M}_O$ 为外力系对原点 O 的主矩

$$\mathrm{d}'W = M_{Oz}\mathrm{d}\varphi \tag{8-10}$$

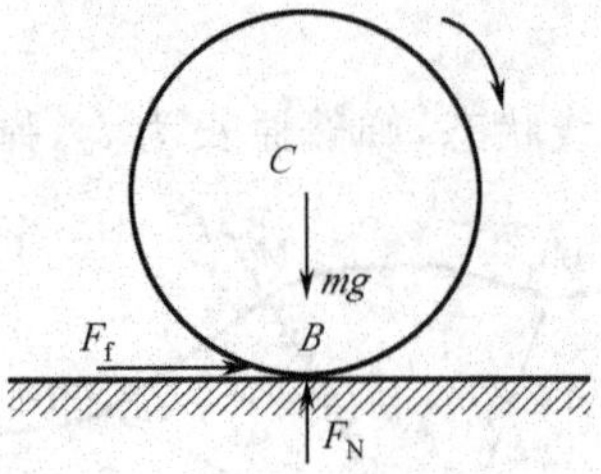

图 8-5

对于平面运动刚体，不难得到

$$d'W = \boldsymbol{F}_R \cdot d\boldsymbol{r}_C + M_{Cz} d\varphi \tag{8-11}$$

例 8-1 计算圆柱体沿固定面做纯滚动时作用于其上的滑动摩擦力的功。

解：如图 8-5 所示，圆柱体做纯滚动，与地面的接触点 B 的速度 $v_B=0$，滑动摩擦力 $\boldsymbol{F}_f$ 做的功为

$$d'W = \boldsymbol{F}_f \cdot d\boldsymbol{r}_B = \boldsymbol{F}_f \cdot v_B dt = 0$$

即纯滚时，滑动摩擦力不做功。

8.2 动能定理

1. 质点的动能定理

如图 8-6 所示，质量为 m 的质点 M 在合力 $\boldsymbol{F}$ 的作用下做曲线运动，$\boldsymbol{F}$ 的元功为

$$d'W = \boldsymbol{F} \cdot d\boldsymbol{r}$$

由牛顿第二定律 $\boldsymbol{F} = m\dfrac{d\boldsymbol{v}}{dt}$，则

$$d'W = m\frac{d\boldsymbol{v}}{dt} \cdot d\boldsymbol{r} = m\boldsymbol{v} \cdot d\boldsymbol{v} = \frac{1}{2}md(\boldsymbol{v} \cdot \boldsymbol{v})$$

即

$$d(\frac{1}{2}mv^2) = d'W \tag{8-12}$$

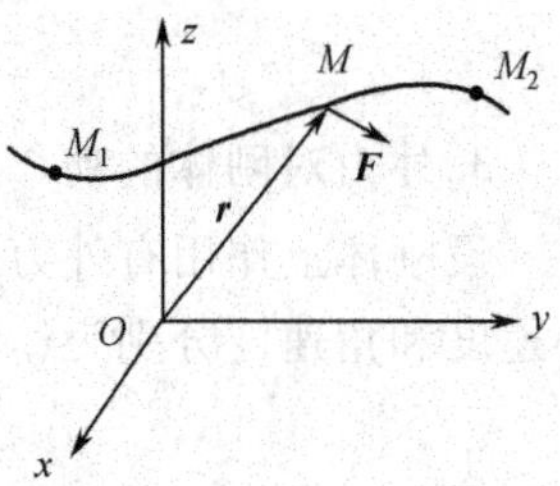

图 8-6

式中，$\frac{1}{2}mv^2$ 称为质点 M 的动能，是一个标量，单位是焦耳(J)，1 J=1 N·m。式(8-12)是质点动能定理的微分形式，即质点动能的微分等于作用于质点上的合力的元功。

将式(8-12)沿曲线 $\overset{\frown}{M_1M_2}$ 积分，得

$$\frac{1}{2}mv_2^2 - \frac{1}{2}mv_1^2 = \int_{\overset{\frown}{M_1M_2}} d'W = W_{12} \tag{8-13}$$

式(8-13)是质点动能定理的积分形式。

动能定理将作用力、质点的速度与路程三者联系起来，在解决与此三者有关的动力学问题时很方便。

2. 质点系的动能定理

由 n 个质点组成的质点系，对每个质点应用动能定理，则

$$d(\frac{1}{2}m_k v_k^2) = \boldsymbol{F}_k^{(e)} \cdot d\boldsymbol{r}_k + \boldsymbol{F}_k^{(i)} \cdot d\boldsymbol{r}_k \qquad (k = 1,2,\cdots,n)$$

式中，$\boldsymbol{F}_k^{(e)}$ 为作用于质点 k 上的质点系的外力的合力，$\boldsymbol{F}_k^{(i)}$ 为作用于质点 k 上的质点系的内力的合力，对上面几个方程求和，则

$$\sum d(\frac{1}{2}m_k v_k^2) = d(\sum \frac{1}{2}m_k v_k^2) = \sum \boldsymbol{F}_k^{(e)} \cdot d\boldsymbol{r}_k + \sum \boldsymbol{F}_k^{(i)} \cdot d\boldsymbol{r}_k$$

令 $T=\sum\frac{1}{2}m_k v_k^2$，称为质点系的动能；$\mathrm{d}'W^{(e)}=\sum \boldsymbol{F}_k^{(e)}\cdot\mathrm{d}\boldsymbol{r}_k$ 为作用于质点系上所有外力做的元功，$\mathrm{d}'W^{(i)}=\sum \boldsymbol{F}_k^{(i)}\cdot\mathrm{d}\boldsymbol{r}_k$ 为作用于质点系上的所有内力做的元功。即

$$\mathrm{d}T=\mathrm{d}'W^{(e)}+\mathrm{d}'W^{(i)} \tag{8-14}$$

式(8-14)是质点系动能定理的微分形式，即质点系动能的微分等于作用于质点系的所有外力和内力的元功之和。

积分式(8-14)，得

$$T_2-T_1=W_{12}^{(e)}+W_{12}^{(i)} \tag{8-15}$$

式(8-15)是质点系动能定理的积分形式。它表示在任意有限路程中，质点系动能的改变量等于作用在质点系上的所有外力和内力在此路程上所做功的代数和。

在工程实际中，有不少情况是由内力做功导致系统动能改变的，如汽车、人等由静止到运动、大炮发射炮弹等。下面讨论两个质点间的内力功。

如图 8-7 所示，质点 1 和质点 2 相对于固定点 O 的位置矢分别为 $\boldsymbol{r}_1$ 和 $\boldsymbol{r}_2$，质点 1 对质点 2 的作用力为 $\boldsymbol{F}_{21}^{(i)}$，质点 2 对质点 1 的作用力为 $\boldsymbol{F}_{12}^{(i)}$，则

$$\boldsymbol{F}_{12}^{(i)}=-\boldsymbol{F}_{21}^{(i)}$$

两质点间的内力元功为

$$\begin{aligned}\mathrm{d}'W^{(i)}&=\boldsymbol{F}_{12}^{(i)}\cdot\mathrm{d}\boldsymbol{r}_1+\boldsymbol{F}_{21}^{(i)}\cdot\mathrm{d}\boldsymbol{r}_2\\&=\boldsymbol{F}_{12}^{(i)}\cdot\mathrm{d}(\boldsymbol{r}_1-\boldsymbol{r}_2)=\boldsymbol{F}_{12}^{(i)}\cdot\mathrm{d}\boldsymbol{r}_{21}\end{aligned} \tag{8-16}$$

式中，$\boldsymbol{r}_{21}=\boldsymbol{r}_1-\boldsymbol{r}_2$。对于刚体，设其角速度为 $\boldsymbol{\omega}$，则

$$\mathrm{d}\boldsymbol{r}_{21}=\boldsymbol{\omega}\mathrm{d}t\times\boldsymbol{r}_{21}$$

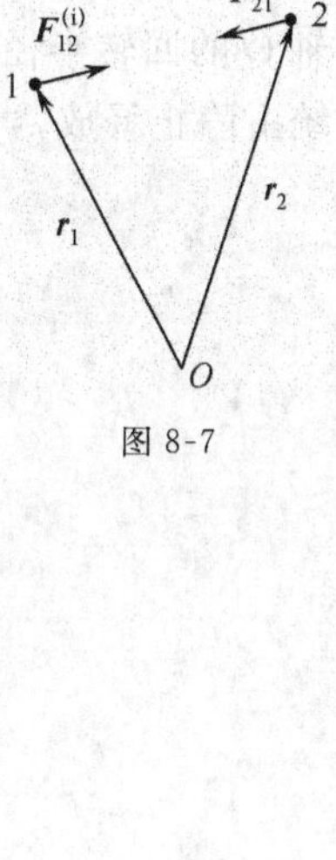

图 8-7

显然，$\mathrm{d}\boldsymbol{r}_{21}$ 与 $\boldsymbol{r}_{21}$ 垂直，即与 $\boldsymbol{F}_{12}^{(i)}$、$\boldsymbol{F}_{21}^{(i)}$ 垂直，因此 $\mathrm{d}'W^{(i)}=0$。对于一般质点系，$\mathrm{d}'W^{(i)}\neq0$。

在下列情况下，约束力的功为零，这样的约束称为理想约束：

(1)固定光滑面的约束力；

(2)不可伸长的柔索的约束力；

(3)固定光滑铰链的约束力；

(4)物体沿固定曲面做纯滚动时滑动摩擦力和法向约束力。

8.3 刚体的动能

1. 平移刚体

设平移刚体上一点的速度为 v，则

$$T=\sum\frac{1}{2}m_i v_i^2=\sum\frac{1}{2}m_i v^2=\frac{1}{2}\left(\sum m_i\right)v^2$$

令 $m=\sum m_i$ 为刚体的质量，则

$$T=\frac{1}{2}mv^2 \tag{8-17}$$

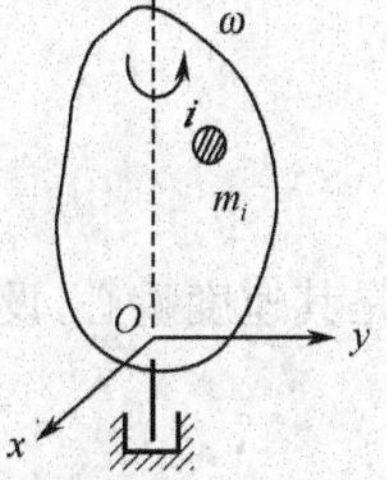

图 8-8

2. 定轴转动刚体

如图 8-8 所示，质点 i 的质量为 m_i，坐标为 (x_i, y_i, z_i)，速度为

$$v_i=\sqrt{x_i^2+y_i^2}\,\omega$$

刚体的动能为

$$T = \sum \frac{1}{2} m_i v_i^2 = \frac{1}{2} \left[\sum m_i (x_i^2 + y_i^2) \right] \omega^2 = \frac{1}{2} J_z \omega^2 \tag{8-18}$$

3. 平面运动刚体

如图 8-9 所示的平面运动刚体，点 C 为刚体的质心，点 P 为此瞬时的速度瞬心，则刚体的动能为

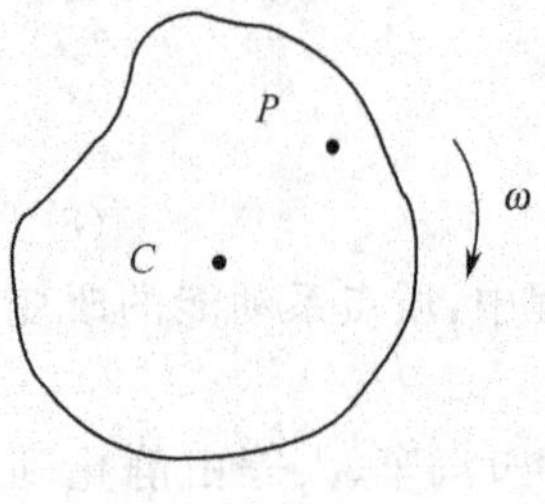

图 8-9

$$T = \frac{1}{2} J_P \omega^2 \tag{8-19}$$

式中，J_P 为刚体对过点 P 垂直于运动平面的轴的转动惯量。由平行移轴公式

$$J_P = J_C + m \cdot (CP)^2$$

注意到

$$CP \cdot \omega = v_C$$

$$T = \frac{1}{2} m v_C^2 + \frac{1}{2} J_C \omega^2 \tag{8-20}$$

上式说明平面运动刚体的动能等于刚体随质心平移动能与刚体相对于质心平移参考系做定轴转动的动能之和。

例 8-2 如图 8-10 所示，重物 A 的质量为 m，当其下降时，用一无重、不可伸长的绳子使滚子 C 沿水平轨道滚动而不滑动。绳子跨过一定滑轮 D(D 为其中心)并绕在圆轮 B 上。圆轮 B 的半径为 R，牢固地装在滚子 C 上，滚子 C 的半径为 r，两者总质量为 m_1，对与圆轮面垂直的质心轴 O 的回转半径为 ρ，绳与滑轮和滚子之间无相对滑动，忽略滑轮 D 的质量及轴承摩擦，试求系统由静止释放，当重物 A 下降了 h 时重物 A 的加速度。

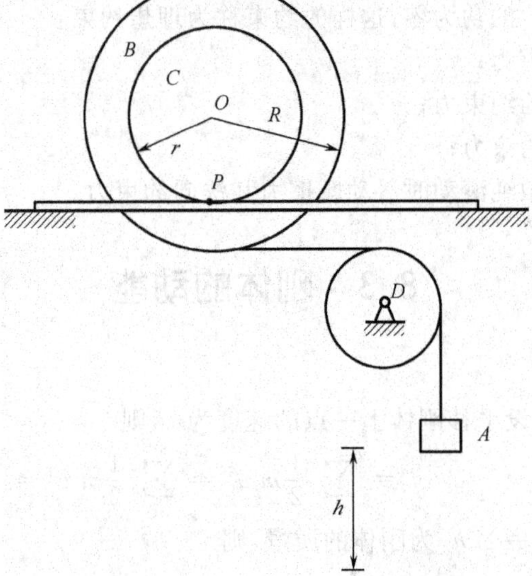

图 8-10

解：(1)求系统的动能。滚轮 C 和圆轮 B 做平面运动的同一刚体，点 P 是其速度瞬心，设其角速度为 ω，重物 A 的速度为 v_A，则

$$\omega = \frac{v_A}{R - r}$$

点 O 的速度

$$v_O = r\omega = \frac{r}{R-r}v_A$$

$$T = \frac{1}{2}m_1 v_O^2 + \frac{1}{2}J_O\omega^2 + \frac{1}{2}mv_A^2$$

$$= \frac{1}{2}m_1 \frac{r^2 v_A^2}{(R-r)^2} + \frac{1}{2}m_1\rho^2 \frac{v_A^2}{(R-r)^2} + \frac{1}{2}mv_A^2 \tag{1}$$

$$= \frac{1}{2}\left[\frac{r^2+\rho^2}{(R-r)^2}m_1 + m\right]v_A^2$$

(2)求外力和内力的功。显然，点 P 处的静滑动摩擦力和法向约束力不做功，不可伸长的绳子提供的内约束力也不做功，仅有重物 A 的重力做功。

$$W^{(e)} = mgh \tag{2}$$

(3)由质点系动能定理，得

$$\frac{1}{2}\left[\frac{r^2+\rho^2}{(R-r)^2}m_1 + m\right]v_A^2 - 0 = mgh$$

$$v_A^2 = \frac{2(R-r)^2 mh}{(r^2+\rho^2)m_1 + (R-r)^2 m}g \tag{3}$$

(4)讨论。式(3)在系统运动过程中是成立的，注意到 $\frac{\mathrm{d}h}{\mathrm{d}t} = v_A$，$\frac{\mathrm{d}v_A}{\mathrm{d}t} = a_A$ 是重物 A 的加速度，对式(3)两边相对时间求导，得

$$a_A = \frac{(R-r)^2 m}{(r^2+\rho^2)m_1 + (R-r)^2 m}g \tag{4}$$

这说明在某些情况下，由动能定理的两边同时对时间求导，可以得到加速度、角加速度等物理量。

例 8-3　如图 8-11 所示，均质细直杆长为 l，质量为 m_1，上端 B 靠在光滑的墙上，下端 A 以光滑铰链与质量为 m_2、半径为 R 的均质圆柱的中心 A 相连，圆柱放在足够粗糙的水平地面上，自图示位置由静止开始做纯滚动，杆与水平线的交角 $\theta = 45°$，试求点 A 在初瞬时的加速度。

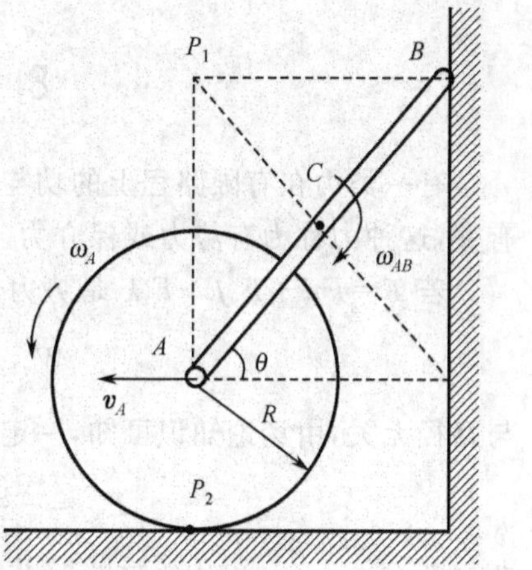

图 8-11

解：(1)求系统的动能，细直杆和圆柱都做平面运动，速度瞬心分别为点 P_1 和点 P_2，设细直杆的角速度为 ω_{AB}，圆柱的角速度为 ω_A，点 A 的速度和加速度分别为 v_A 和 a_A，则

$$\omega_{AB} = \frac{v_A}{P_1A} = \frac{v_A}{l\sin\theta},\quad \omega_A = \frac{v_A}{R} \tag{1}$$

系统的动能为

$$T = \frac{1}{2}J_{P_1}\omega_{AB}^2 + \frac{1}{2}J_{P_2}\omega_A^2 \tag{2}$$

其中

$$J_{P_1} = J_C + m_1\left(\frac{l}{2}\right)^2 = \frac{1}{3}m_1 l^2,\ J_{P_2} = J_A + m_2R^2 = \frac{3}{2}m_2R^2 \tag{3}$$

将式(1)、(3)代入式(2)，得

$$T=\frac{1}{6}m_1\frac{v_A^2}{\sin^2\theta}+\frac{3}{4}m_2v_A^2 \tag{4}$$

(2)求内力和外力的功。显然，$W^{(i)}=0$，点 P_2 处的滑动摩擦力和法向约束力的功为零，仅有细直杆的重力做功。

$$W^{(e)}=m_1g\frac{l}{2}(\sin45°-\sin\theta) \tag{5}$$

(3)由质点系的动能定理，得

$$\frac{1}{6}m_1\frac{v_A^2}{\sin^2\theta}+\frac{3}{4}m_2v_A^2-0=\frac{1}{2}m_1gl(\sin45°-\sin\theta) \tag{6}$$

将式(6)两边对时间求导，得

$$\frac{1}{3}m_1\left(\frac{v_Aa_A}{\sin^2\theta}-\frac{v_A^2}{\sin^3\theta}\dot{\theta}\cos\theta\right)+\frac{3}{2}m_2v_Aa_A=-\frac{1}{2}m_1gl\dot{\theta}\cos\theta \tag{7}$$

上式中 $\dot{\theta}$ 是以解析的方法表示细杆的角速度，θ 是时间的单减函数，所以 $\dot{\theta}<0$，因此

$$\dot{\theta}=-\omega_{AB}=-\frac{v_A}{l\sin\theta} \tag{8}$$

将式(8)代入式(7)，得

$$\frac{1}{3}m_1\left(\frac{a_A}{\sin^2\theta}+\frac{v_A^2\cos\theta}{l\sin^4\theta}\right)+\frac{3}{2}m_2a_A=\frac{1}{2}m_1g\cot\theta \tag{9}$$

解得

$$a_A=\frac{m_1}{2m_1+9m_2\sin^2\theta}\left(\frac{3}{2}g\sin2\theta-\frac{2v_A^2\cos\theta}{l\sin^2\theta}\right) \tag{10}$$

当 $\theta=45°$ 时，$v_A=0$，由式(10)得

$$a_A=\frac{3m_1}{4m_1+9m_2}g \tag{11}$$

8.4 机械能守恒定律

有一类力在有限路程上的功与其作用点所经过的路径无关，仅与作用点的起始和终了位置有关，这种力称为有势力或保守力。显然，重力、弹性力都是有势力。

若 $\boldsymbol{F}=F_x\boldsymbol{i}+F_y\boldsymbol{j}+F_z\boldsymbol{k}$ 是势力，则

$$W_{12}=\int_{\overset{\frown}{M_1M_2}}F_x\mathrm{d}x+F_y\mathrm{d}y+F_z\mathrm{d}z \tag{8-3}$$

与路径无关，由场论知识可知，一定存在一个标量函数 $V(x,y,z)$，使

$$F_x=-\frac{\partial V}{\partial x}\qquad F_y=-\frac{\partial V}{\partial y}\qquad F_z=-\frac{\partial V}{\partial z} \tag{8-21}$$

称函数 $V(x,y,z)$ 为势能函数。由式(8-3)得

$$\begin{aligned}W_{12}&=-\int_{\overset{\frown}{M_1M_2}}\frac{\partial V}{\partial x}\mathrm{d}x+\frac{\partial V}{\partial y}\mathrm{d}y+\frac{\partial V}{\partial z}\mathrm{d}z\\&=-\int_{\overset{\frown}{M_1M_2}}\mathrm{d}V=V(x_1,y_1,z_1)-V(x_2,y_2,z_2)\end{aligned} \tag{8-22}$$

由式(8-20)、式(8-21)可知，有势力的势能函数可以相差一个常数，只有势能函数的差才有意义。一般选一个计算基准面，在此面上，$V=0$，称此面为零势面。将质点由某一位置移动到零势面上势力的功定义为质点在该位置的势能。质点系的势能定义为质点系中各质点势能

之和。

质点系在某瞬时的动能与势能之和称为质点系的机械能。

对于质点系，若做功的力都是有势力，则称这样的质点系为有势系统或保守系统。对于保守系统，由动能定理得

$$T_2 - T_1 = W_{12} = V_1 - V_2$$

即

$$T_1 + V_1 = T_2 + V_2 = 常数 \tag{8-23}$$

上式即是机械能守恒定律。它表明，对于保守系统，系统的机械能守恒。

例 8-4 如图 8-12 所示，当物块 M 离地面高 h 时，系统处于平衡。若给 M 以向下的初速度 v_0，使其恰能触及地面，且已知物块 M 和滑轮 A、B 的质量均为 m，滑轮为均质圆盘，弹簧刚度系数为 k，绳重不计，绳与轮子间无相对滑动，试问 v_0 应为多大？

解：物块 M、轮 A、轮 B 及绳的系统是保守系统，系统的机械能守恒。

(1)求动能。先求初动能。

轮 A 的角速度为

$$\omega_A = \frac{v_0}{r}$$

轮 B 做平面运动，速度瞬心为点 P，角速度为 $\omega_B = \dfrac{v_0}{2r}$，则

$$\begin{aligned} T_1 &= \frac{1}{2}mv_0^2 + \frac{1}{2}J_A\omega_B^2 + \frac{1}{2}J_P\omega_A^2 \\ &= \frac{1}{2}mv_0^2 + \frac{1}{2}\cdot\frac{1}{2}mr^2\left(\frac{v_0}{r}\right)^2 + \frac{1}{2}\left(\frac{1}{2}mr^2 + mr^2\right)\left(\frac{v_0}{2r}\right)^2 \\ &= \frac{15}{16}mv_0^2 \end{aligned}$$

再求末动能。当物块恰能触地时，其速度为零，因此 $\omega_A = \omega_B = 0$。

$$T_2 = 0 \tag{2}$$

(2)求系统势能。取地面为重力势能零点，弹簧的自然长度为弹性势能零点。先求初势能。

设物块质心 C 离其底部的高度为 b，并设初状态点 A、B 距地面分别为 h_A、h_B，弹簧在初始平衡状态的弹性拉力为 mg，弹簧初伸长为

$$\delta_{st} = \frac{mg}{k} \tag{3}$$

$$V_1 = mgh_B + mgh_A + mg(h+b) + \frac{1}{2}k\delta_{st}^2 \tag{4}$$

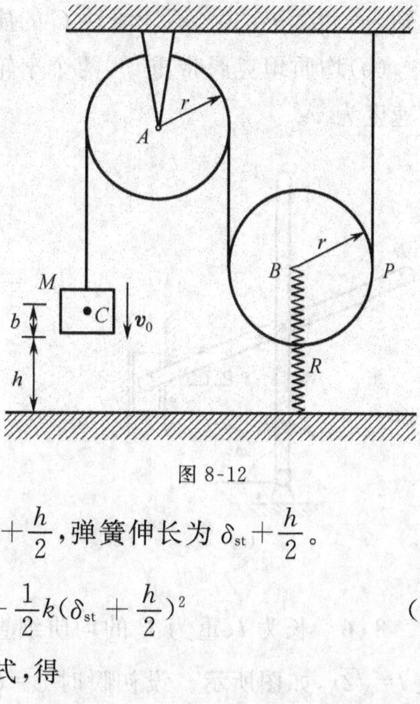

图 8-12

再求末势能。在末状态，点 A、B 距地面分别为 h_A、$h_B + \dfrac{h}{2}$，弹簧伸长为 $\delta_{st} + \dfrac{h}{2}$。

$$V_2 = mgb + mgh_A + mg\left(h_B + \frac{h}{2}\right) + \frac{1}{2}k\left(\delta_{st} + \frac{h}{2}\right)^2 \tag{5}$$

(3)将式(1)、(2)、(3)、(4)和(5)代入机械能守定律公式，得

$$\frac{15}{16}mv_0^2 + mg(h+b) + mgh_A + mgh_B + \frac{1}{2}k\delta_{st}^2$$

$$= mgb + mgh_A + mg(h_B + \frac{h}{2}) + \frac{1}{2}k(\delta_{st} + \frac{h}{2})^2$$

$$v_0 = \sqrt{\frac{2k}{15m}}h$$

习 题

8-1 某力使刚体做加速运动，此力是否一定对刚体做功？

8-2 作用于某刚体上的力系所做的功，是否等价于这个力系向刚体上任一点简化后的力矢和主矩对此刚体做的功之和？

8-3 $\boldsymbol{F}=C\dfrac{x\boldsymbol{i}+y\boldsymbol{j}}{x^2+y^2}$，其中 C 是一常数，$\boldsymbol{F}$ 是否是有势力(保守力)？

8-4 质量为 m_1 的滑块 A 可沿水平面滑动，其上铰接一长为 l、质量为 m_2 的均质细直杆 AB。图示瞬时，滑块的速度为 v_A，杆的质心速度为 v_C，杆的角速度为 ω，则系统动能 $T=$________。

(a) $\frac{1}{2}m_1v_A^2+\frac{1}{2}J_A\omega^2$

(b) $\frac{1}{2}m_1v_A^2+\frac{1}{2}m_2v_C^2+\frac{1}{2}J_A\omega^2$

(c) $\frac{1}{2}m_1v_A^2+\frac{1}{2}m_2v_C^2+\frac{1}{2}J_C\omega^2$

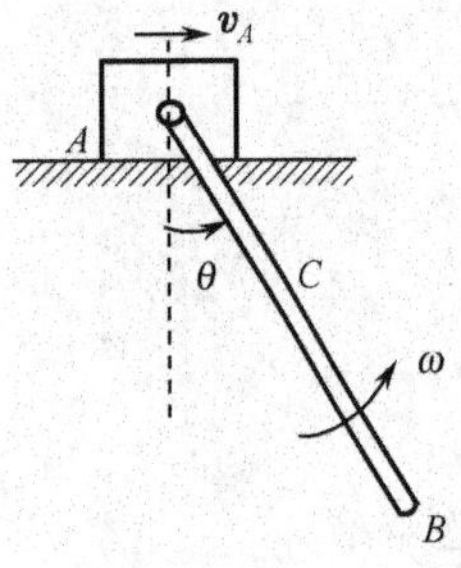

题 8-4 图

8-5 试用尽可能简单的方法求系统的动能。

(a)均质细直杆 AB、CD 的质量分别为 m_1、m_2，长均为 l，两杆在中点 O 处铰接，如图所示。已知 $\varphi=90°$，$\beta=30°$，不计滑块 C 的质量。

(b)均质坦克履带重 P，两个车轮的重量均为 W，车轮可视为均质圆盘，其半径为 r，坦克前进速度为 v。

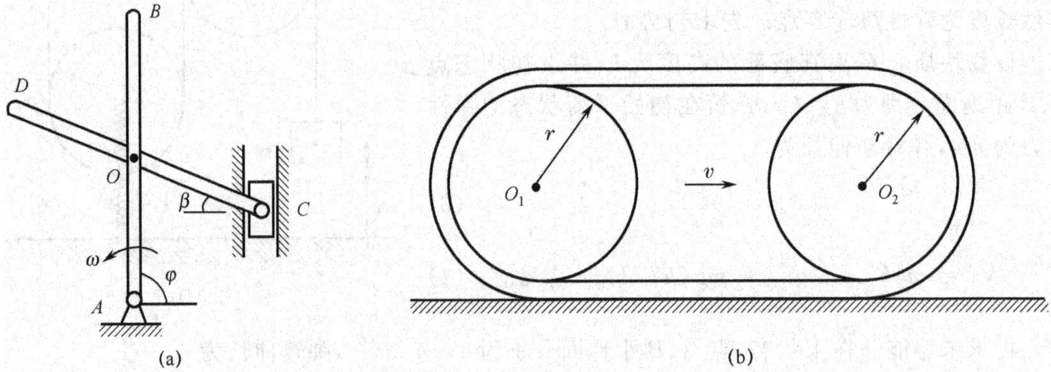

题 8-5 图

8-6 长为 l、重为 P 的均质细直杆 AB，放在以 O 为中心、r 为半径的固定光滑半圆槽内，且 $l=\sqrt{2}r$，如图所示。设初瞬时 $\varphi=\varphi_0$，并由静止释放。试求杆 AB 的角速度与角 φ 的关系。

8-7 图示均质杆 ABC 的质量 $m=4$ kg，B 为杆的中点，C 端作用一铅垂向下的力 $F=120$ N。

该杆在 $\theta=30°$ 的位置无初速释放，试求 $\theta=90°$ 时，杆的角速度。弹簧的刚度系数 $k=500\ \text{N/m}$，当 $\theta=0$ 时，弹簧为自然状态。杆长 $l=1\ \text{m}$，$h=0.75\ \text{m}$，略去滑块 A、B 的质量和大小及一切摩擦。

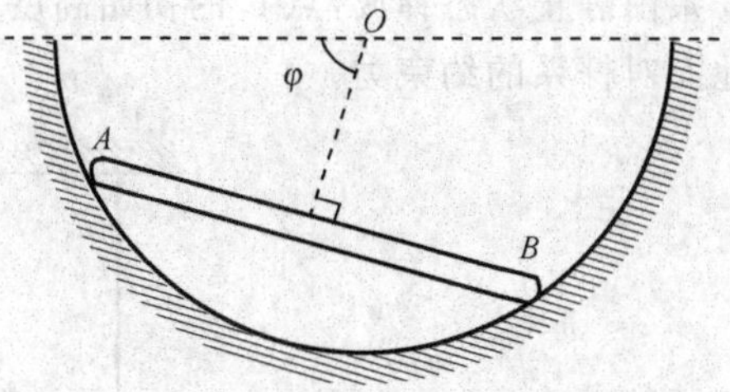

题 8-6 图

8-8 均质半圆柱体由图示位置静止释放，在水平面上滚动而不滑动。试求此半圆柱体在通过平衡位置(即 $\theta=0$)时的角速度。($OC=e=\dfrac{4r}{3\pi}$)

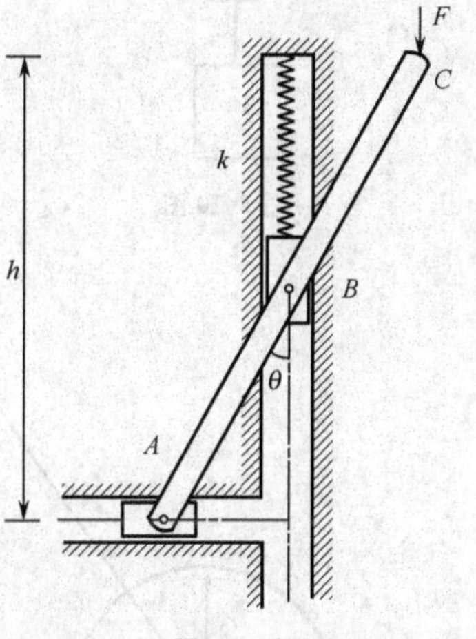

题 8-7 图

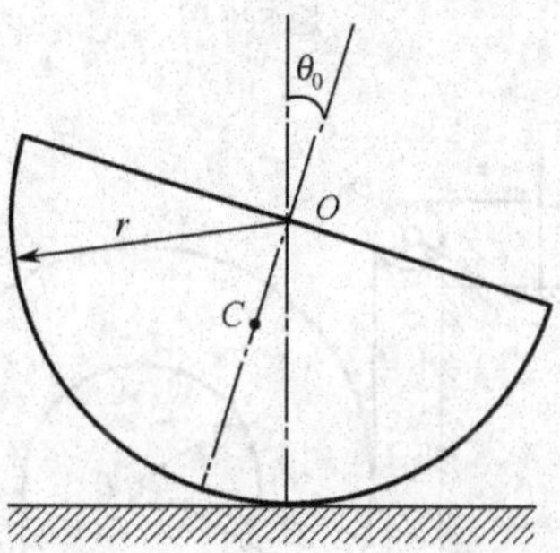

题 8-8

8-9 质量为 m、半径为 r 的均质半圆盘从图示位置静止释放，试求半圆盘动能达到最大值时的角速度 ω，假设半圆盘与水平面间无相对滑动。

8-10 图示系统从静止开始释放，此时弹簧的初始伸长为 $\delta_0=100\ \text{mm}$。弹簧的刚度系数 $k=400\ \text{N/m}$，均质滑轮重 $W=120\ \text{N}$，对中心轴 O 的回转半径 $\rho=450\ \text{mm}$，轮半径 $r=500\ \text{mm}$，均质物块 A 重 $P=200\ \text{N}$。试求滑轮下降 $s=25\ \text{mm}$ 时，滑轮中心的速度和加速度。假设绳和滑轮间无相对滑动。

8-11 在图示系统中，鼓轮 B 的质量 $m_B=4.5\ \text{kg}$，对其质量中心轴 B 的回转半径 $\rho=0.2\ \text{m}$，均质物块 A、C 的质量均为 $m=9\ \text{kg}$。物块 C 和水平面之间的摩擦因数 $f=0.3$，鼓轮的内半径 $r=0.15\ \text{m}$，$R=0.3\ \text{m}$。试求系统由静止释放 2 s 后，物块 A 的速度。绳、滑轮 D(D 为其中心轴)的质量不计，且绳与轮之间无相对滑动。

8-12 卷扬机如图所示。鼓轮在常值力偶矩 M 的作用下，将均质圆柱沿斜面上拉。已知鼓轮半径为 r_1，重为 P_1，质量均匀地分布在轮缘上；圆柱的半径为 r_2，重为 P_2，沿倾角为 θ 的斜面做纯滚动。系统从静止开始运动。不计绳重，直线段绳平行于斜面，试求圆柱中心 C 经过路径 s 时的加速度。

8-13 边长 $l=0.25\ \text{m}$、质量 $m=2.0\ \text{kg}$ 的正方形均质物块铰接在光滑水平轴 O 上，受微小扰动由图示静止位置进入运动，且为顺时针转动。试计算此正方形的 A 角即将触及水平地面时，轴承 O 的约束力。

8-14 均质细直杆 AC 和 BC 的质量均为 m，长度均为 l，在 C 点由光滑铰链相连，放在光滑水平地面上，如图所示。杆系由静止状态释放，点 C 的初始高度为 h，试求铰链 C 即将与地面相撞时的速度，以及此瞬时地面对杆系的约束力。

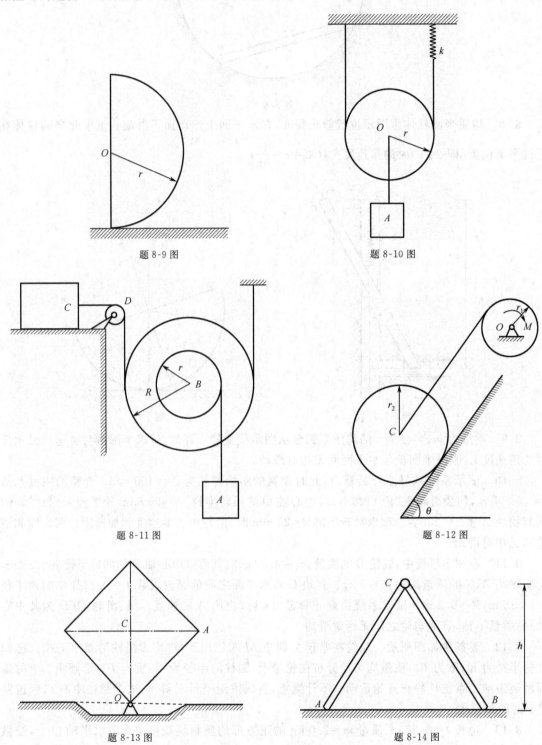

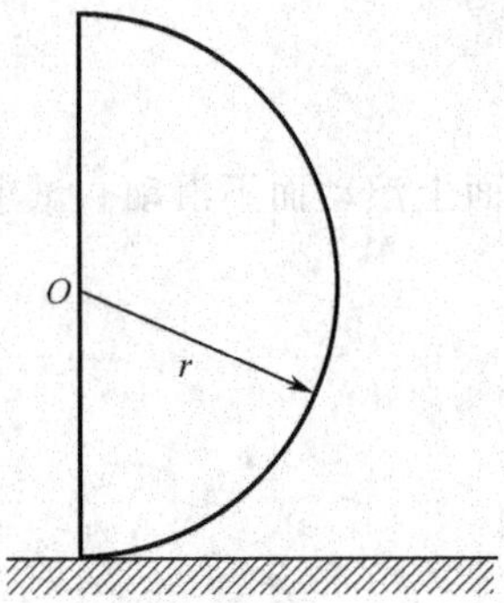

题 8-9 图

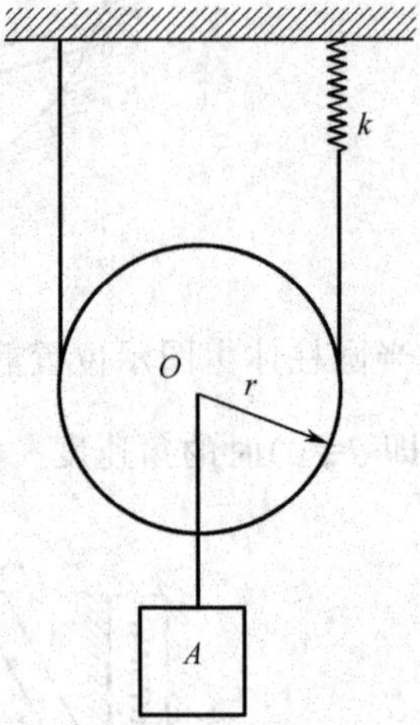

题 8-10 图

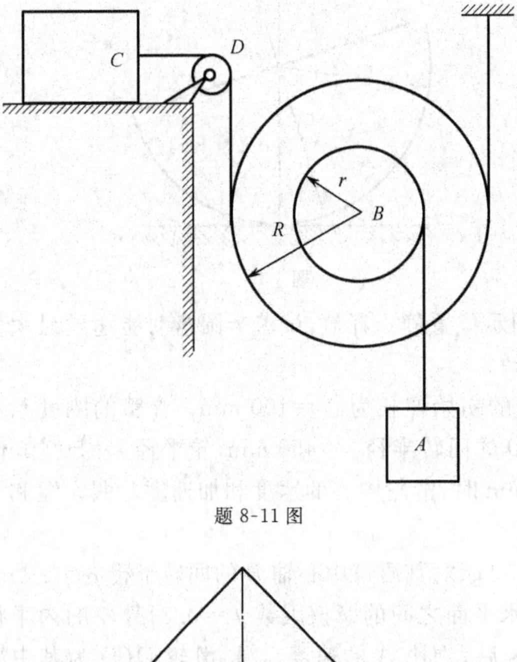

题 8-11 图

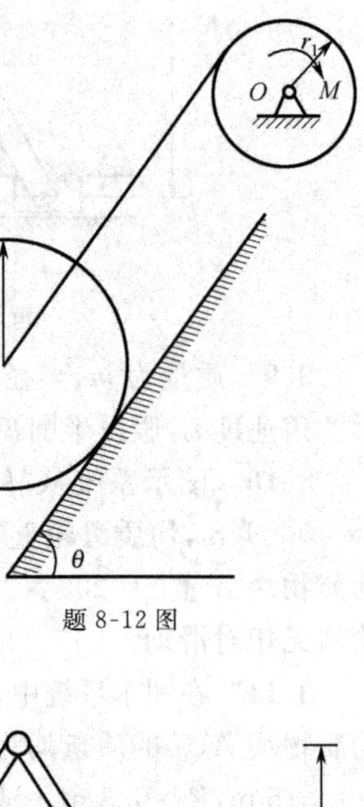

题 8-12 图

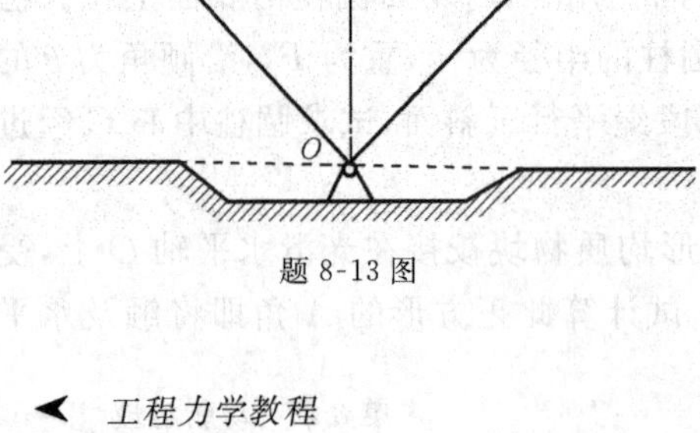

题 8-13 图

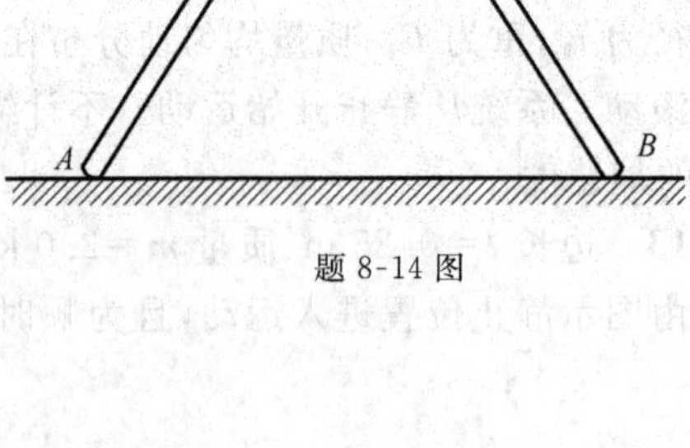

题 8-14 图

第 9 章　动量原理

动量原理包括动量定理和动量矩定理。动量定理反映了质点系动量的变化率与外力系主矢的关系，动量矩定理揭示了质点系对某点的动量矩的变化率与外力系对同一点主矩的关系。它们和动能定理一起构成了动力学三大普遍定理，成为研究质点系动力学的重要工具。

9.1　动量定理

1. 质点的动量定量

由于质点的质量是常数，牛顿第二定律可写成

$$\frac{\mathrm{d}}{\mathrm{d}t}(m\boldsymbol{v}) = \boldsymbol{F} \tag{9-1}$$

令 $\boldsymbol{p}=m\boldsymbol{v}$，称为质点的动量，则

$$\mathrm{d}\boldsymbol{p} = \boldsymbol{F}\mathrm{d}t \tag{9-2}$$

上式即为质点动量定理的微分形式，等式右边称为力 $\boldsymbol{F}$ 的元冲量。它表明，质点动量的微分等于作用于质点上外力合力的元冲量。

沿时间间隔$[t_1,t_2]$积分，得

$$\boldsymbol{p}_2 - \boldsymbol{p}_1 = \int_{t_1}^{t_2}\boldsymbol{F}\mathrm{d}t = \boldsymbol{I} \tag{9-3}$$

式中，$\boldsymbol{I} = \int_{t_1}^{t_2}\boldsymbol{F}\mathrm{d}t$ 称为外力合力在时间间隔$[t_1,t_2]$上的冲量，上式是质点动量定理的积分形式。

式(9-2)、式(9-3)在直角坐标系下的投影式分别为

$$\begin{cases} \mathrm{d}(mv_x) = F_x\mathrm{d}t \\ \mathrm{d}(mv_y) = F_y\mathrm{d}t \\ \mathrm{d}(mv_z) = F_z\mathrm{d}t \end{cases} \tag{9-4}$$

$$\begin{cases} mv_{2x} - mv_{1x} = I_x = \int_{t_1}^{t_2}F_x\mathrm{d}t \\ mv_{2y} - mv_{1y} = I_y = \int_{t_1}^{t_2}F_y\mathrm{d}t \\ mv_{2z} - mv_{1z} = I_z = \int_{t_1}^{t_2}F_z\mathrm{d}t \end{cases} \tag{9-5}$$

2. 质点系的动量定理

n 个质量组成的质点系，对第 k 个质点，作用其上的质点系外力的合力为 $\boldsymbol{F}_k^{(e)}$，作用其上的质点系内力的合力为 $\boldsymbol{F}_k^{(i)}$，则由质点动量定理得

$$\mathrm{d}(m_k\boldsymbol{v}_k) = (\boldsymbol{F}_k^{(e)} + \boldsymbol{F}_k^{(i)})\mathrm{d}t \qquad (k = 1,2,\cdots,n)$$

将上面几个方程求和，令 $\boldsymbol{p} = \sum m_k\boldsymbol{v}_k$，称为质点系的动量，$\boldsymbol{F}_\mathrm{R} = \sum \boldsymbol{F}_k^{(e)}$ 为质点系外力系的主

矢。注意到质点系的内力成对出现、大小相等、方向相反，$\sum \boldsymbol{F}_k^{(i)} = 0$，得

$$\mathrm{d}\boldsymbol{p} = \sum \boldsymbol{F}_k^{(e)} \mathrm{d}t = \boldsymbol{F}_{\mathrm{R}} \mathrm{d}t \tag{9-6}$$

上式是质点系动量定理的微分形式，等式右边为外力系主矢的元冲量。

沿时间间隔$[t_1, t_2]$积分式(9-6)，得

$$\boldsymbol{p}_2 - \boldsymbol{p}_1 = \int_{t_1}^{t_2} \boldsymbol{F}_{\mathrm{R}} \mathrm{d}t = \boldsymbol{I}_{\mathrm{R}} \tag{9-7}$$

式中，$\boldsymbol{I}_{\mathrm{R}} = \int_{t_1}^{t_2} \boldsymbol{F}_{\mathrm{R}} \mathrm{d}t$ 称为外力系主矢在时间间隔$[t_1, t_2]$上的冲量，式(9-7)称为质点系动量定理的积分形式。

式(9-6)、式(9-7)在直角坐标系下的投影式分别为

$$\begin{cases} \mathrm{d}p_x = (\sum F_x^{(e)})\mathrm{d}t \\ \mathrm{d}p_y = (\sum F_y^{(e)})\mathrm{d}t \\ \mathrm{d}p_z = (\sum F_z^{(e)})\mathrm{d}t \end{cases} \tag{9-8}$$

$$\begin{cases} p_{2x} - p_{1x} = I_{\mathrm{R}x} \\ p_{2y} - p_{1y} = I_{\mathrm{R}y} \\ p_{2z} - p_{1z} = I_{\mathrm{R}z} \end{cases} \tag{9-9}$$

3. 质点系的动量守恒定律

当作用于质点系的外力系的主矢 $\boldsymbol{F}_{\mathrm{R}} \equiv 0$ 时，则

$$\boldsymbol{p} = \text{常矢量} \tag{9-10}$$

当 $\boldsymbol{F}_{\mathrm{R}} \neq 0$，但 $\boldsymbol{F}_{\mathrm{R}}$ 在某固定轴（如 x 轴）的投影恒为零时，则

$$p_x = \text{常数} \tag{9-11}$$

式(9-10)、式(9-11)称为质点系动量守恒定律。

4. 质心运动定理

由质点系质心公式，得

$$\sum m_i \boldsymbol{r}_i = m\boldsymbol{r}_C$$

上式两边对时间求导，得

$$\boldsymbol{p} = \sum m_i v_i = m v_C \tag{9-12}$$

将式(9-12)代入式(9-6)，得

$$\begin{gathered} \mathrm{d}(m v_C) = \boldsymbol{F}_{\mathrm{R}} \mathrm{d}t \\ m \frac{\mathrm{d} v_C}{\mathrm{d}t} = m\boldsymbol{a}_C = \boldsymbol{F}_{\mathrm{R}} \end{gathered} \tag{9-13}$$

上式称为质点系的质心运动定理，它表明质点系的质量与质心加速度的乘积等于外力系的主矢。

当 $\boldsymbol{F}_{\mathrm{R}} \equiv 0$ 时，由式(9-13)得

$$v_C = \text{常矢}$$

若初始质心速度为零，则$v_C \equiv 0$，由此

$$\boldsymbol{r}_C = \frac{\sum m_i \boldsymbol{r}_i}{m} = \text{常矢} \tag{9-14}$$

又得

$$\sum m_i \Delta \boldsymbol{r}_i = 0 \tag{9-15}$$

式(9-14)、式(9-15)都表示在质点系运动过程中质心位置固定不动。

若 $\boldsymbol{F}_{\mathrm{R}} \neq 0$,但 $\boldsymbol{F}_{\mathrm{R}}$ 在某轴(如 x 轴)的投影恒为零,则

$$v_{Cx} = 常数$$

若初始质心速度在 x 轴的投影为零,则 $v_{Cx} \equiv 0$,由此

$$x_C = \frac{\sum m_i x_i}{m} = 常数 \tag{9-16}$$

又可得

$$\sum m_i \Delta x_i = 0 \tag{9-17}$$

式(9-14)、式(9-15)、式(9-16)、式(9-17)称为质心运动守恒定律。

例 9-1 如图 9-1 所示,质量为 m_A 的小棱柱体 A 在重力作用下沿着质量为 m_B 的大棱柱体 B 的斜面滑下,斜角为 θ。若开始时系统处于静止,所有接触面光滑,试求:(1)当棱柱 A 沿斜面下滑 l 时,棱柱 B 移动的距离 d;(2)棱柱 B 的加速度 a_B;(3)地面的约束力 $\boldsymbol{F}_{\mathrm{N}}$。

解:两棱柱都做平移,因此可作为质点处理。质点系所受外力为重力 $m_A g$、$m_B g$ 和地面约束力 F_{N},方向都沿垂直方向,所以系统动量在水平方向上投影守恒,加之初始系统静止,因此

$$p_x \equiv 0$$

下面求质点系沿 x 方向的动量 p_x。设棱柱 B 的速度为v_B,棱柱 A 相对棱柱 B 的速度为v_{r},棱柱 A 的绝对速度为 v_{A},则

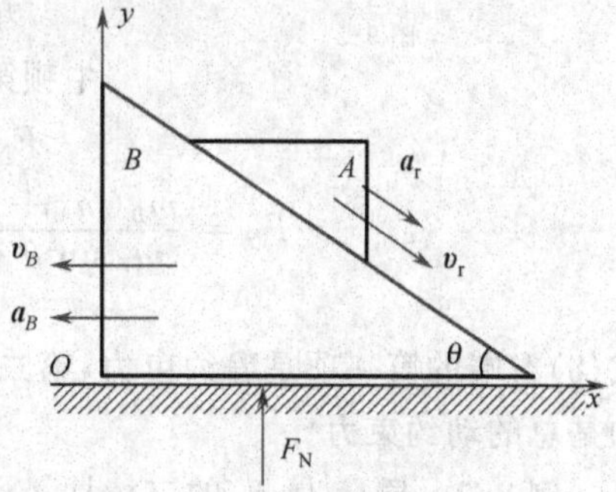

图 9-1

$$v_{\mathrm{A}} = v_{\mathrm{e}} + v_{\mathrm{r}} = v_B + v_{\mathrm{r}}$$

$$v_{Ax} = -v_B + v_{\mathrm{r}}\cos\theta$$

$$p_x = m_A v_{Ax} - m_B v_B = -(m_A + m_B)v_B + m_A v_{\mathrm{r}}\cos\theta = 0$$

$$v_{\mathrm{r}} = \frac{m_A + m_B}{m_A \cos\theta} v_B \tag{1}$$

(1)求棱柱 B 移动的距离 d

设棱柱 A 沿棱柱 B 斜面下滑 l 时,历时 t_1,则

$$d = \int_0^{t_1} v_B \mathrm{d}t, \qquad l = \int_0^{t_1} v_{\mathrm{r}} \mathrm{d}t$$

对式(1)于时间间隔$[0, t_1]$积分,得

$$l = \frac{m_A + m_B}{m_A \cos\theta} d$$

$$d = \frac{m_A \cos\theta}{m_A + m_B} l \tag{2}$$

式(2)即是棱柱 B 向左移动的距离。

(2)求棱柱 B 的加速度 a_B

对式(1)关于时间求导,得

$$a_B = \frac{\mathrm{d}v_B}{\mathrm{d}t} = \frac{m_A \cos\theta}{m_A + m_B}\frac{\mathrm{d}v_{\mathrm{r}}}{\mathrm{d}t} = \frac{m_A \cos\theta}{m_A + m_B} a_{\mathrm{r}} \tag{3}$$

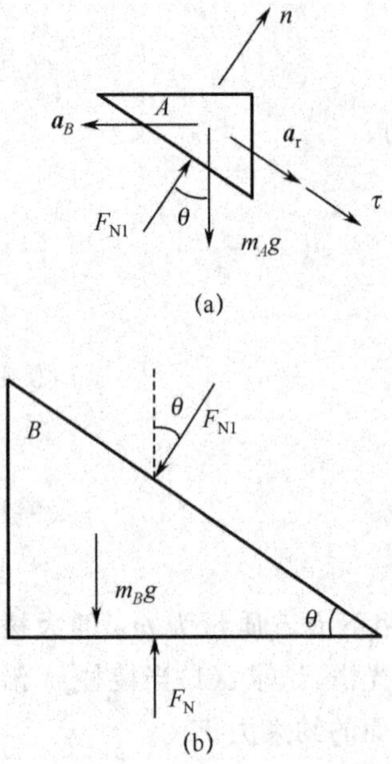

图 9-2

其中，a_r 是棱柱 A 相对棱柱 B 的相对加速度大小，不难看出其绝对加速度为

$$\boldsymbol{a}_A = \boldsymbol{a}_B + \boldsymbol{a}_r \tag{4}$$

单独考虑棱柱 A，如图 9-2(a)所示，取斜面方向为 τ 方向，其法线方向为 n 方向，则由式(4)得

$$a_{A\tau} = a_r - a_B\cos\theta, \quad a_{An} = -a_B\sin\theta$$

由牛顿第二定律，得

$$\begin{cases} m_A(a_r - a_B\cos\theta) = m_A g\sin\theta \\ -m_A a_B\sin\theta = F_{N1} - m_A g\cos\theta \end{cases} \tag{5}$$

由式(3)、(5)可解得

$$a_B = \frac{m_A\sin 2\theta}{2(m_A\sin^2\theta + m_B)}g \tag{6}$$

$$F_{N1} = \frac{m_B\cos\theta}{m_A\sin^2\theta + m_B}m_A g \tag{7}$$

(3)求 F_N

单独考虑棱柱 B，如图 9-2(b)，沿垂直方向加速度为零，由牛顿第二定律，得

$$F_N - m_B g - F_{N1}\cos\theta = 0$$

$$F_N = \frac{m_B(m_A + m_B)g}{m_A\sin^2\theta + m_B} = (m_A + m_B)g - \frac{(m_A + m_B)g}{1 + \dfrac{m_B}{m_A\sin^2\theta}} \tag{8}$$

式(8)右端的第一项是静约束力，第二项是由于系统的动量变化而引起的附加动约束力，两项叠加是总的动约束力。

例 9-2 质量为 m_1 的三棱柱 A 沿倾角为 θ 的斜面下滑，如图 9-3 所示。在三棱柱 A 上又放一质量为 m_2 的物体 B，忽略一切摩擦，试求三棱柱的加速度 a_A、斜面对三棱柱 A 的约束力及三棱柱 A 对物体 B 的约束力。

解：系统为二质点系统。以物体 B 为动点，动系固连于三棱柱 A 上，则物体 B 的相对加速度 $\boldsymbol{a}_r$ 水平向左，如图 9-3 所示。物体 B 的绝对加速度为

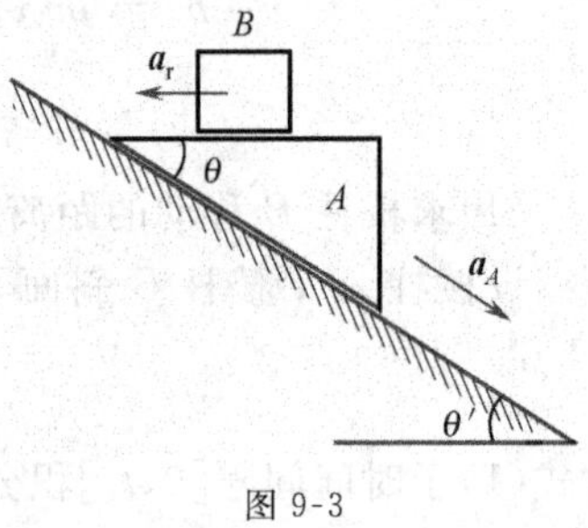

图 9-3

$$\boldsymbol{a}_B = \boldsymbol{a}_A + \boldsymbol{a}_r$$

考虑物体 B，如图 9-4(a)所示，由牛顿第二定律，得

$$m_2(a_A\cos\theta - a_r) = 0 \tag{1}$$

$$m_2 a_A\sin\theta = m_2 g - F_{N2} \tag{2}$$

$$a_r = a_A\cos\theta \tag{3}$$

$$F_{N2} = m_2(g - a_A\sin\theta) \tag{4}$$

考虑三棱柱 A 和物体 B，如图 9-4(b)所示。注意到系统质心 C 的加速度 $\boldsymbol{a}_C$ 满足

$$(m_1 + m_2)\boldsymbol{a}_C = m_1\boldsymbol{a}_A + m_2\boldsymbol{a}_B \tag{5}$$

由质心运动定理，沿斜面方向投影，得

$$m_1 a_A + m_2(a_A - a_r\cos\theta) = (m_1 + m_2)g\sin\theta \tag{6}$$

沿斜面法方向投影，得

$$m_2 a_r\sin\theta = (m_1 + m_2)g\cos\theta - F_{N1} \tag{7}$$

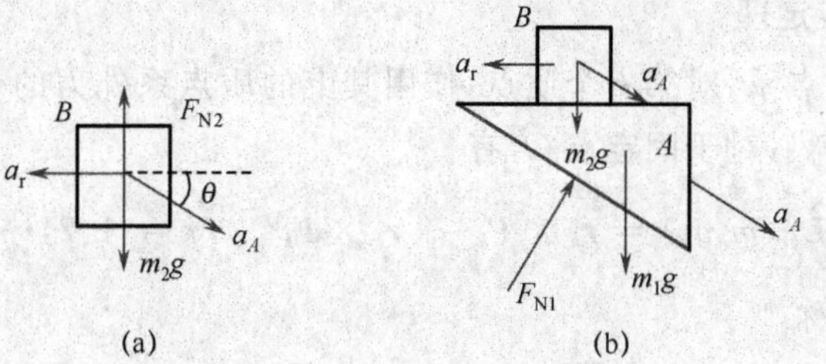

图 9-4

式(3)代入式(6),得

$$a_A = \frac{m_1 + m_2}{m_1 + m_2 \sin^2\theta} g\sin\theta \tag{8}$$

式(3)、(8)代入式(7),得

$$F_{N1} = \frac{m_1}{m_1 + m_2 \sin^2\theta}(m_1 + m_2) g\cos\theta \tag{9}$$

式(8)代入式(4),得

$$F_{N2} = \frac{m_2}{m_1 + m_2 \sin^2\theta} m_1 g\cos^2\theta \tag{10}$$

9.2 动量矩定理

1. 质点的动量矩定理

如图 9-5 所示,质点 M 的质量为 m,速度为 v,它对固定点 O 的动量矩定义为

$$\boldsymbol{L}_O(m\boldsymbol{v}) = \boldsymbol{r} \times m\boldsymbol{v} \tag{9-18}$$

将式(9-18)对时间求导,得

$$\frac{d\boldsymbol{L}_O}{dt} = \frac{d\boldsymbol{r}}{dt} \times m\boldsymbol{v} + \boldsymbol{r} \times \frac{d}{dt}(m\boldsymbol{v})$$

注意到$\frac{d\boldsymbol{r}}{dt} \times \boldsymbol{v} = 0$,$\frac{d}{dt}(m\boldsymbol{v}) = \boldsymbol{F}$,则

$$\frac{d\boldsymbol{L}_O}{dt} = \boldsymbol{r} \times \boldsymbol{F} = \boldsymbol{M}_O(\boldsymbol{F}) \tag{9-19}$$

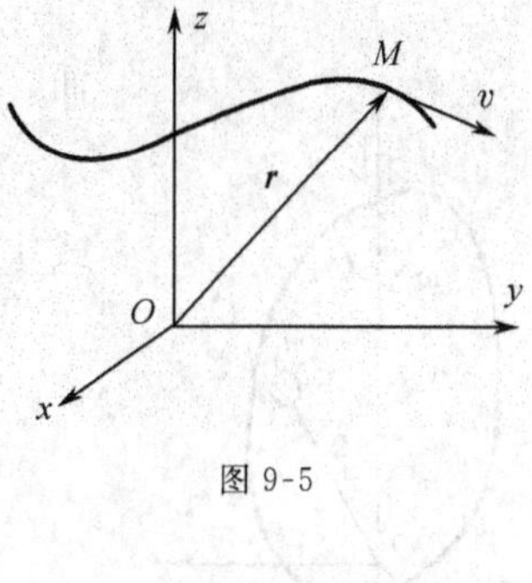

图 9-5

上式即为质点对定点的动量矩定理。它表明,质点对固定点的动量矩的时间变化率等于作用于质点上的合力对该点的矩。式(9-19)在直角坐标系上的投影式为

$$\begin{cases} \dfrac{dL_x}{dt} = M_x(\boldsymbol{F}) \\ \dfrac{dL_y}{dt} = M_y(\boldsymbol{F}) \\ \dfrac{dL_z}{dt} = M_z(\boldsymbol{F}) \end{cases} \tag{9-20}$$

式中,L_x、L_y、L_z 分别是 $\boldsymbol{L}_O$ 沿 x、y、z 轴的投影或质点的动量对 x、y、z 轴的矩。

2. 质点系的动量矩定理

n 个质点组成的质点系，对第 k 个质点，作用其上的质点系外力的合力为 $\boldsymbol{F}_k^{(e)}$，作用其上的质点系内力的合力为 $\boldsymbol{F}_k^{(i)}$，对于固定点 O，有

$$\frac{\mathrm{d}}{\mathrm{d}t}\boldsymbol{L}_O(m_k v_k) = \boldsymbol{r}_k \times \boldsymbol{F}_k^{(e)} + \boldsymbol{r}_k \times \boldsymbol{F}_k^{(i)} \quad (k = 1,2,\cdots,n)$$

将上面 n 个方程求和，称

$$\boldsymbol{L}_O = \sum \boldsymbol{L}_O(m_k v_k) = \sum \boldsymbol{r}_k \times m_k v_k \tag{9-21}$$

为质点系对固定点 O 的动量矩。令 $\boldsymbol{M}_O = \sum \boldsymbol{r}_k \times \boldsymbol{F}_k^{(e)}$ 为质点系外力系对点 O 的主矩，注意到质点系的内力成对出现，大小相等、方向相反，$\sum \boldsymbol{r}_k \times \boldsymbol{F}_k^{(i)} = 0$，得

$$\frac{\mathrm{d}\boldsymbol{L}_O}{\mathrm{d}t} = \sum \boldsymbol{r}_k \times \boldsymbol{F}_k^{(e)} = \boldsymbol{M}_O \tag{9-22}$$

上式即为对固定点的质点系动量矩定理。它表明，质点系对固定点的动量矩的时间变化率等于作用于质点系的外力系对该点的主矩。式(9-22)在固定直角坐标系下的投影式为

$$\begin{cases} \dfrac{\mathrm{d}L_x}{\mathrm{d}t} = \sum M_x \\ \dfrac{\mathrm{d}L_y}{\mathrm{d}t} = \sum M_y \\ \dfrac{\mathrm{d}L_z}{\mathrm{d}t} = \sum M_z \end{cases} \tag{9-23}$$

式中，L_x、L_y、L_z 分别是 $\boldsymbol{L}_O$ 沿 x、y、z 轴的投影或质点系各质点的动量对 x、y、z 轴的矩的代数和。

3. 刚体的动量矩定理

(1)平移刚体

设平移刚体质心速度为 v_C，则

$$\begin{aligned} \boldsymbol{L}_O &= \sum \boldsymbol{r}_k \times m_k v_k = \sum \boldsymbol{r}_k \times m_k v_C \\ &= (\sum m_k \boldsymbol{r}_k) \times v_C \end{aligned}$$

而

$$\sum m_k \boldsymbol{r}_k = m\boldsymbol{r}_C$$

式中，m 为刚体质量则

$$\boldsymbol{L}_O = \boldsymbol{r}_C \times m v_C \tag{9-24}$$

对固定点 O 的动量矩定理为

$$\boldsymbol{r}_C \times m\boldsymbol{a}_C = \boldsymbol{M}_O \tag{9-25}$$

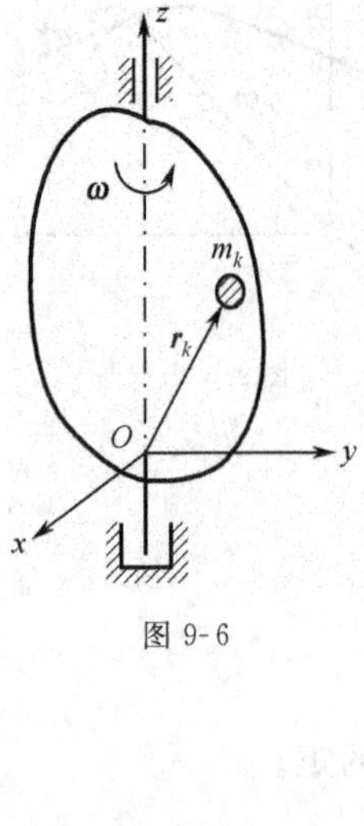

图 9-6

(2)定轴转动刚体

如图 9-6 所示的定轴转动刚体，刚体对原点 O 的动量矩为

$$\boldsymbol{L}_O = \sum \boldsymbol{r}_k \times m_k v_k$$

式中，$v_k = \boldsymbol{\omega} \times \boldsymbol{r}_k$，且 $\boldsymbol{\omega} = \omega\boldsymbol{k}$，$\boldsymbol{r}_k = x_k\boldsymbol{i} + y_k\boldsymbol{j} + z_k\boldsymbol{k}$，不难得到

$$v_k = -\omega y_k \boldsymbol{i} + \omega x_k \boldsymbol{j}$$

$$
\begin{aligned}
\boldsymbol{L}_O &= \sum m_k \boldsymbol{r}_k \times v_k = \sum m_k \begin{vmatrix} \boldsymbol{i} & \boldsymbol{j} & \boldsymbol{k} \\ x_k & y_k & z_k \\ -\omega y_k & \omega x_k & 0 \end{vmatrix} \\
&= -\omega \sum m_k x_k z_k \boldsymbol{i} - \omega \sum m_k y_k z_k \boldsymbol{j} + \omega \sum m_k (x_k^2 + y_k^2) \boldsymbol{k} \\
&= -J_{xz}\omega \boldsymbol{i} - J_{yz}\omega \boldsymbol{j} + J_z \omega \boldsymbol{k}
\end{aligned} \tag{9-26}
$$

对固定点 O 的动量矩定理为

$$
-\frac{\mathrm{d}}{\mathrm{d}t}(J_{xz}\omega)\boldsymbol{i} - \frac{\mathrm{d}}{\mathrm{d}t}(J_{yz}\omega)\boldsymbol{j} + \frac{\mathrm{d}}{\mathrm{d}t}(J_z\omega)\boldsymbol{k} = \boldsymbol{M}_O \tag{9-27}
$$

限于篇幅，只讨论式(9-27)沿转轴 z 的投影式，其他两个投影式主要用来求解定轴转动刚体支座的动约束力问题。

$$
\frac{\mathrm{d}}{\mathrm{d}t}(J_z\omega) = J_z\alpha = J_z\ddot{\varphi} = M_z \tag{9-28}
$$

上式称为定轴转动刚体的运动微分方程。

4. 质点系的动量矩守恒定律

当质点系的外力系对固定点 O 的主矩 $\boldsymbol{M}_O \equiv 0$ 时，则

$$
\boldsymbol{L}_O = \text{常矢量} \tag{9-29}
$$

当 $\boldsymbol{M}_O \neq 0$，但 $\boldsymbol{M}_O$ 在某固定轴(如 z 轴)的投影恒为零时，则

$$
L_z = \text{常数} \tag{9-30}
$$

式(9-29)、式(9-30)称为质点系的动量矩守恒定律。

直升机在空中停留时，若其尾桨不旋转，则所受的外力均平行于主叶桨的轴线，即外力对此轴的矩为零，系统对此轴的动量矩守恒。若初始时，只有主叶桨旋转，机厢不动，当主叶桨因需要改变转速时，为保持系统对转轴的动量矩守恒，机厢必须转动。显然，机厢的转动是不需要的，这时通过尾桨的转动提供一个外力，阻止机厢的转动。

例 9-3 将一匀质半圆球放于光滑水平面及铅垂墙面间，并使其底面位于铅垂位置，如图 9-7所示。今无初速释放，试求半圆球离开铅垂墙面时的角速度、角加速度及质心速度。

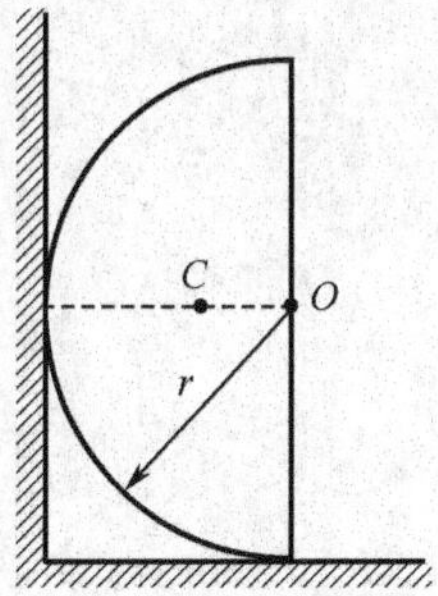

图 9-7

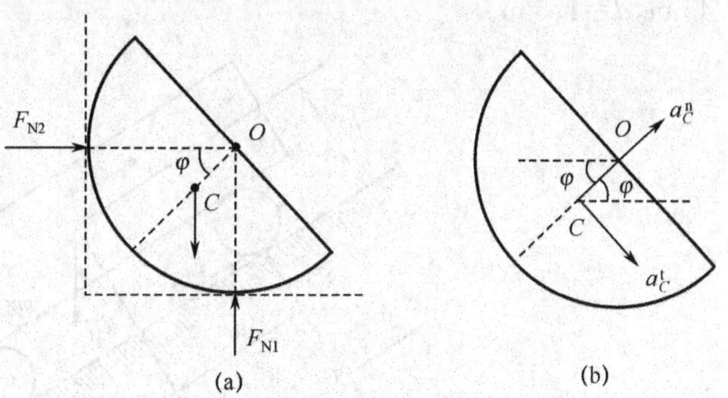

图 9-8

解: 当半圆球未脱离铅垂墙面时，绕过点 O 垂直图面的轴做定轴转动，查表可知，$OC = e = \frac{3}{8}r$，$J_O = \frac{2}{5}mr^2$。

如图 9-8(a)所示，由定轴转动微分方程

$$
J_O\ddot{\varphi} = mge\cos\varphi
$$

即

$$\ddot{\varphi} = \frac{5e}{2r^2} g\cos\varphi \tag{1}$$

或

$$\dot{\varphi} \mathrm{d} \dot{\varphi} = \frac{5e}{2r^2} g\cos\varphi \,\mathrm{d}\varphi$$

当 $\varphi=0$ 时，$\dot{\varphi}=0$，积分上式，得

$$\dot{\varphi}^2 = \frac{5e}{r^2} g\sin\varphi \tag{2}$$

考虑质心 C 的水平加速度分量，如图 9-8(b)所示，则

$$\begin{aligned} a_{Cx} &= a_C^n \cos\varphi + a_C^\tau \sin\varphi \\ &= e\dot{\varphi}^2 \cos\varphi + e\ddot{\varphi} \sin\varphi \\ &= \frac{15e^2}{4r^2} g\sin2\varphi \end{aligned} \tag{3}$$

由质心运动定理，得

$$ma_{Cx} = F_{N2}$$

$$F_{N2} = \frac{15e^2}{4r^2} mg\sin2\varphi \tag{4}$$

显然，当 $\varphi=\frac{\pi}{2}$ 时，$F_{N2}=0$，即半圆球脱离铅垂平面，这时由式(1)、(2)得

$$\ddot{\varphi} = 0 \tag{5}$$

$$\dot{\varphi} = \frac{1}{2}\sqrt{\frac{15g}{2r}} \tag{6}$$

$$v_C = e\dot{\varphi} = \frac{3}{32}\sqrt{30rg} \tag{7}$$

例 9-4 如图 9-9 所示，一辆轿车为前后联合驱动，行驶在坡度为 0.13 的山坡上。略去车轮的质量，车轮与路面之间的静摩擦因数 $f_s=0.6$，试求轿车可达到的最大加速度 a_{max}。已知 $b=0.45$ m，$d=1.5$ m。

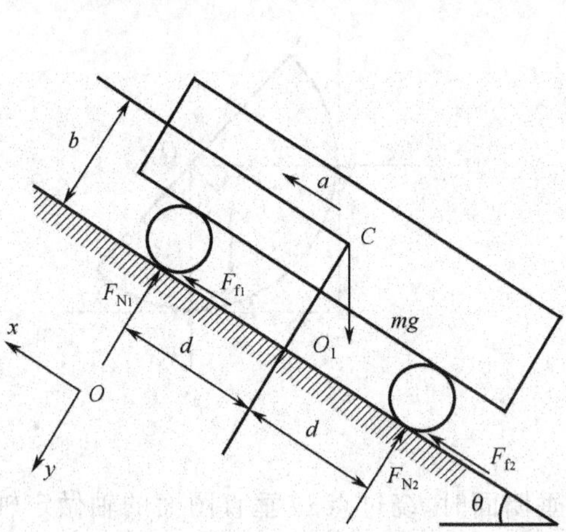

图 9-9

解：轿车做平移，其受力分析如图 9-9 所示，并建立图示坐标系 Oxy。由质心运动定理，

$$ma = F_{f1} + F_{f2} - mg\sin\theta \tag{1}$$

$$0 = -F_{N1} - F_{N2} + mg\cos\theta \tag{2}$$

由摩擦定律，得

$$F_{f1} \leqslant f_s F_{N1} \qquad F_{f2} \leqslant f_s F_{N2} \tag{3}$$

当轿车达到最大加速度时

$$F_{f1} = f_s F_{N1} \qquad F_{f2} = f_s F_{N2} \tag{4}$$

式(1)、(2)、(4)有 5 个未知量，只有 4 个方程，考虑对固定点 O_1 的动量矩方程，得

$$ma \cdot b = F_{N2} \cdot d - F_{N1} \cdot d - mg\sin\theta \cdot b \tag{5}$$

可解得

$$F_{N1} = \frac{1}{2}\left(1 - \frac{f_s b}{d}\right) mg\cos\theta$$

$$F_{N2} = \frac{1}{2}\left(1 + \frac{f_s b}{d}\right) mg\cos\theta$$

$$a = (f_s - \tan\theta) g\cos\theta$$

由于 $\tan\theta = 0.13$，所以 $a_{max} = 4.57\ \mathrm{m/s^2}$。

习　题

9-1　质点系动量守恒时，系内每一质点的动量是否守恒？试举例说明。

9-2　两物块 A 和 B，质量分别为 m_A 和 m_B，初始静止。A 沿斜面下滑的相对速度为 v_r，B 向左的速度为 v，如图所示。不计摩擦，根据动量守恒定律有：________。

(a)$m_A v_r \cos\theta = m_B v$

(b)$m_A v_r = m_B v$

(c)$m_A (v_r \cos\theta + v) = m_B v$

(d)$m_A (v_r \cos\theta - v) = m_B v$

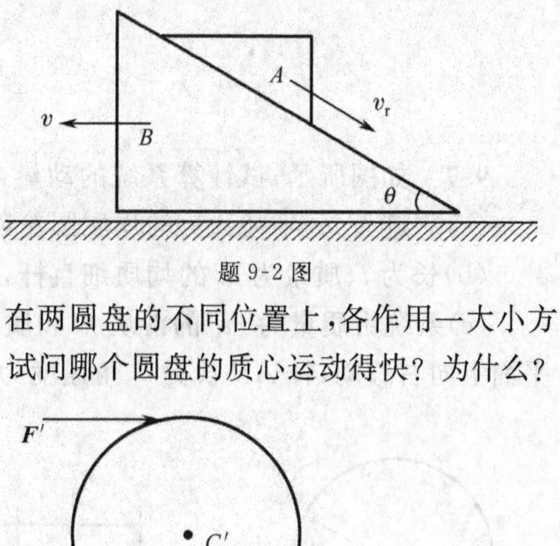

题 9-2 图

9-3　两个相同的均质圆盘，平放在光滑水平面上，在两圆盘的不同位置上，各作用一大小方向相同的水平力 $\boldsymbol{F}$ 和 $\boldsymbol{F}'$，使圆盘同时由静止开始运动。试问哪个圆盘的质心运动得快？为什么？

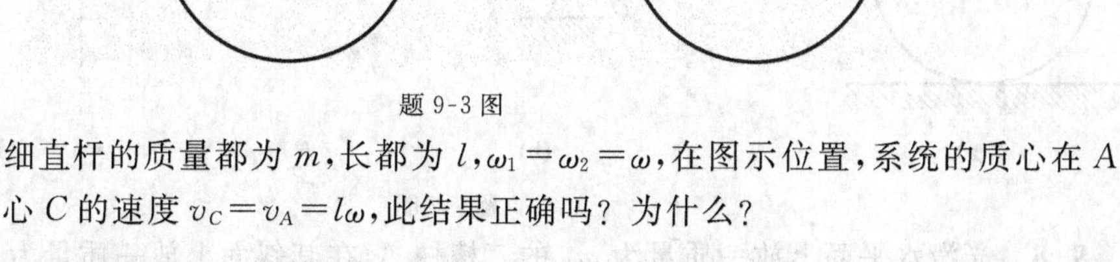

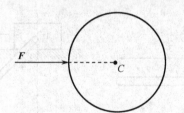

题 9-3 图

9-4　两均质细直杆的质量都为 m，长都为 l，$\omega_1 = \omega_2 = \omega$，在图示位置，系统的质心在 A 点处，因此系统的质心 C 的速度 $v_C = v_A = l\omega$，此结果正确吗？为什么？

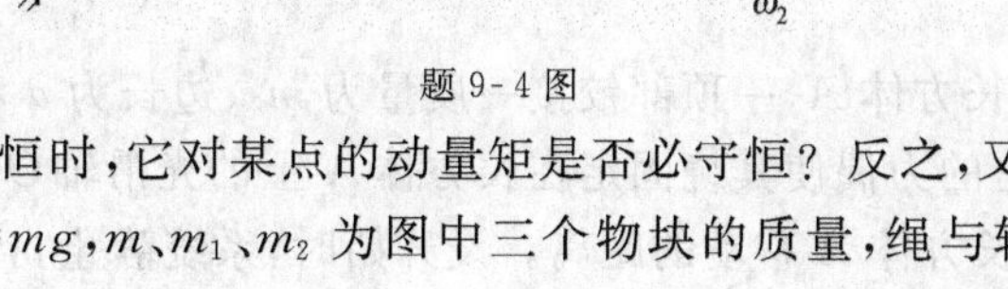

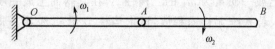

题 9-4 图

9-5　当质点动量守恒时，它对某点的动量矩是否必守恒？反之，又如何？

9-6　如图所示，$F = mg$，m、m_1、m_2 为图中三个物块的质量，绳与轮之间无相对滑动，滑轮

半径为 r，对水平轴 O 的转动惯量为 J_O，角加速度大小分别为 α_1、α_2、α_3，则(a)、(b)两个系统的角加速度的正确关系为________。

(a)$\alpha_1=\alpha_2$　　(b)$\alpha_1<\alpha_2$　　(c)$\alpha_1>\alpha_2$

三个系统的动力学方程分别为：(1)________；(2)________；(3)________。

(a)$J_O\alpha_1=Fr$

(b)$J_O(-\alpha_1)=Fr$

(c)$J_O\alpha_2=Fr$

(d)$(J_O+mr^2)\alpha_2=Fr$

(e)$J_O\alpha_3=(m_1-m_2)gr$

(f)$(J_O+m_1r^2+m_2r^2)\alpha_3=(m_1-m_2)gr$

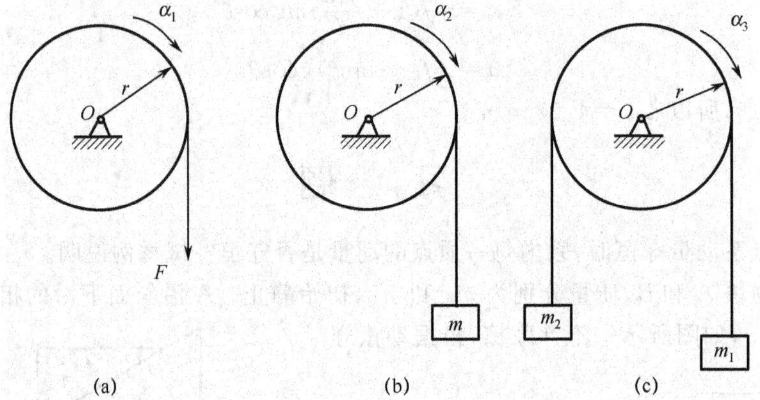

题 9-6 图

9-7　如图所示，试计算系统的动量：

(a)质量为 m、半径为 r 的均质圆轮以角速度 ω 沿地面做纯滚动；

(b)长为 l、质量为 m 的均质细直杆，在铅垂面内绕轴 O 以角速度 ω 转动；

(c)系统由质量为 m_1 的滑块 A 和质量为 m_2 的均质细直杆杆 AB 构成，滑块以速度 v 在水平面上向右移动，杆 AB 长为 l，角速度为 ω，A 为光滑圆柱铰链。

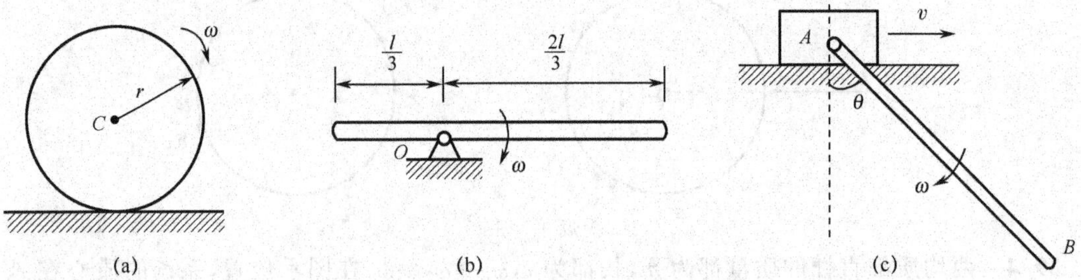

题 9-7 图

9-8　光滑水平面上放一质量为 m_1 的三棱柱 A，在其斜面上放一质量为 m_2、边长为 b 的等边三棱柱 B，如图所示。若系统无初速释放，试求当柱 B 沿柱 A 滑下即将接触水平面时，三棱柱 A 所移动的距离。

9-9　质量为 m_1 的长方体 A，一顶部铰接一质量为 m_2、边长为 a 和 b 的均质长方体 B。设水平面光滑，作用于 B 上的力偶使其绕固定在长方体 A 上的光滑轴 O 转动 90°（由图示实线位置转至虚线位置），试求长方体 A 移动的距离。设开始时，系统静止，且 A 与 B 各边分别平行。

9-10 质量为 m_1、长度为 l 的均质细直杆 OD，在其端部固接一质量为 m_2、半径为 r 的均质小球，如图所示。杆 OD 以匀角速度 ω 绕其基座上的光滑轴 O 转动，基座的质量为 m。试求基座对突台 A、B 的水平压力与对光滑水平面的垂直压力。

9-11 质量为 m_1 的滑块 A，可在水平光滑槽中运动；刚度系数为 k 的弹簧，一端与滑块 A 连接，另一端固定；另有一轻杆 AB，长为 l，端部固连一个质量 m_2 的小球，可绕滑块上垂直于运动平面的光滑轴 A 转动，转动角速度 ω 为常数。若在初瞬时，弹簧恰为自然长度，试求滑块 A 的运动微分方程。

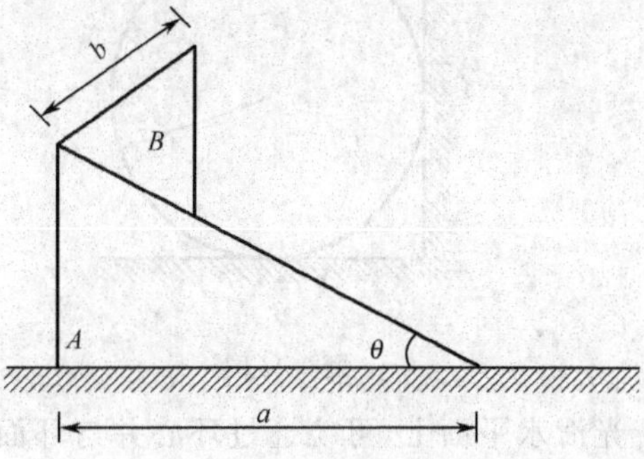

题 9-8 图

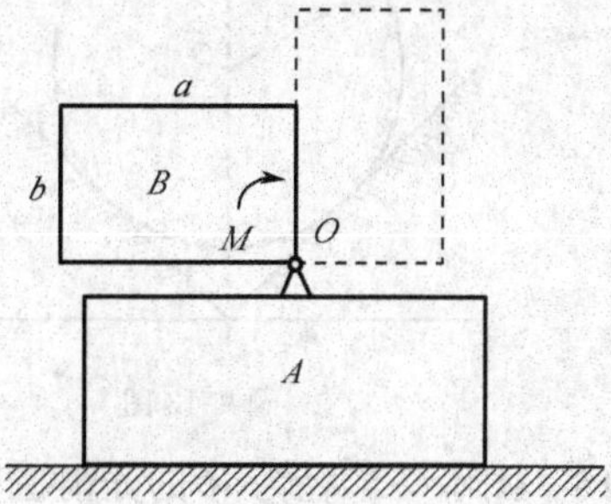

题 9-9 图

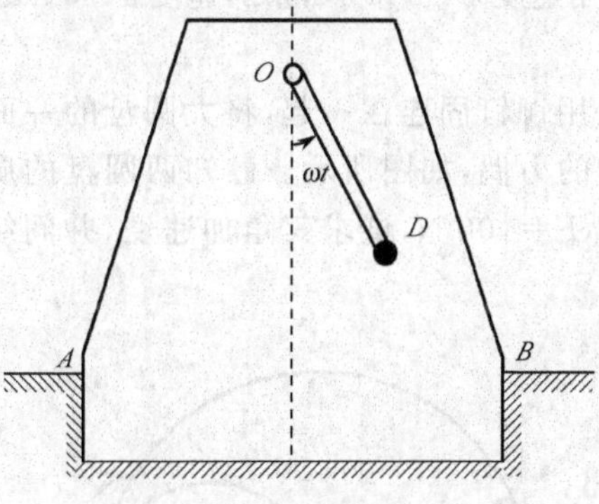

题 9-10 图

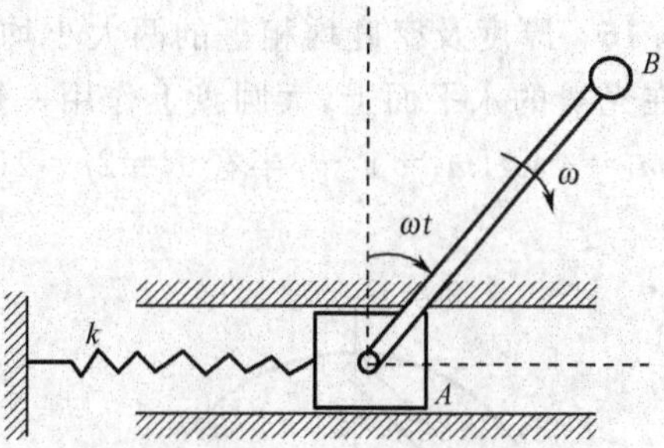

题 9-11 图

9-12 (1)计算图(a)、(b)所示系统对点 O 的动量矩。其中，均质滑轮半径为 r，质量为 m；物块 A、B 质量均为 m_1，速度为 v，绳质量不计。(2)计算图(c)所示系统对 AB 轴的动量矩。其中，小球 C、D 质量均为 m，用质量为 m_1 的均质杆固接，杆与铅直轴 AB 固连，且 $DO=OC=l$，交角为 θ，轴以匀角速度 ω 转动。

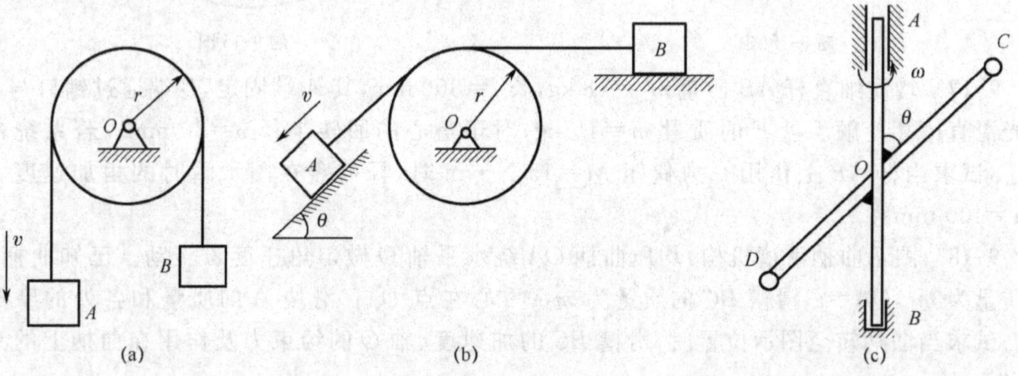

题 9-12 图

9-13 如图所示，均质圆柱体的质量 $m=4\ \text{kg}$，半径 $r=0.5\ \text{m}$，放置于光滑的两斜面上。现作用一如图所示的水平力 $F=20\ \text{N}$，试求圆柱体的角加速度及两斜面对圆柱体的约束力。

9-14 均质圆柱体的半径为 r，质量为 m，现将该圆柱放在图示位置。设在 A 和 B 处的摩擦因数均为 f，若给圆柱以初角速度 ω_0，试求圆柱体停止转动所需时间。

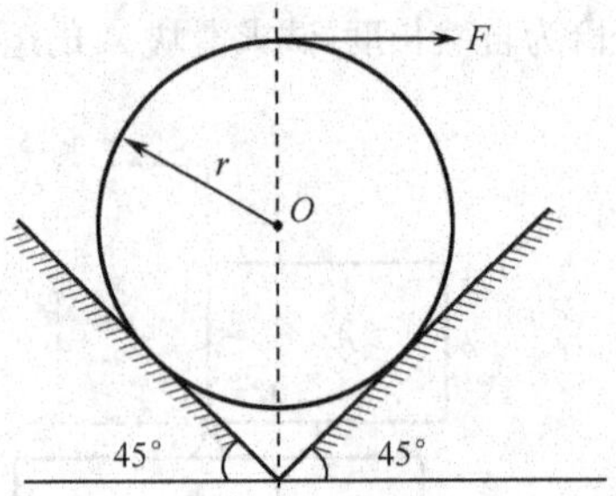

题 9-13 图

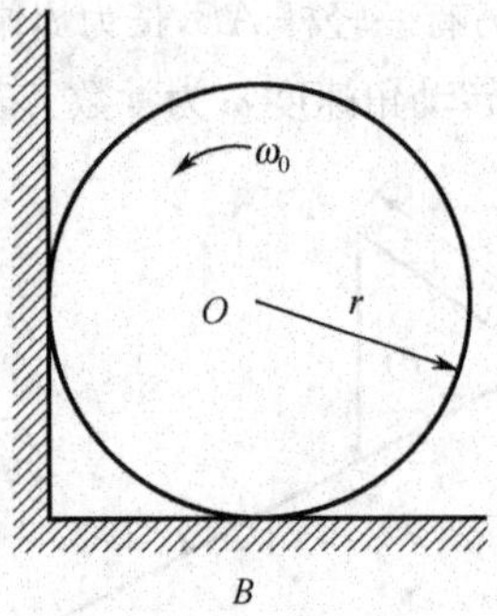

题 9-14 图

9-15 图示一半径为 R 的光滑圆环，平置于光滑水平面上，可绕通过环心并与环面垂直的轴 O 转动；另一均质杆 AB，长为 $l=\sqrt{2}R$、重为 P，A 端铰接于环的内缘，B 端始终压在轮内缘上。已知 $R=400\ \text{mm}$，$P=100\ \text{N}$。若在某瞬时圆环转动的角速度 $\omega=3\ \text{rad/s}$，角加速度 $\alpha=6\ \text{rad/s}^2$，试求该瞬时杆的 A、B 端所受的约束力。

9-16 厚度及密度均相等的两大小均质圆盘。用铆钉固连在一起，将大圆盘的一面静止地放在光滑的水平面上，大圆盘上作用一矩为 $2FR$ 的力偶，如图所示。已知两圆盘的质量分别为 $m_1=4\ \text{kg}$，$m_2=1\ \text{kg}$，半径 $R=2r=100\ \text{mm}$，力 $F=100\ \text{N}$，试求其角加速度，并问绕哪点转动？

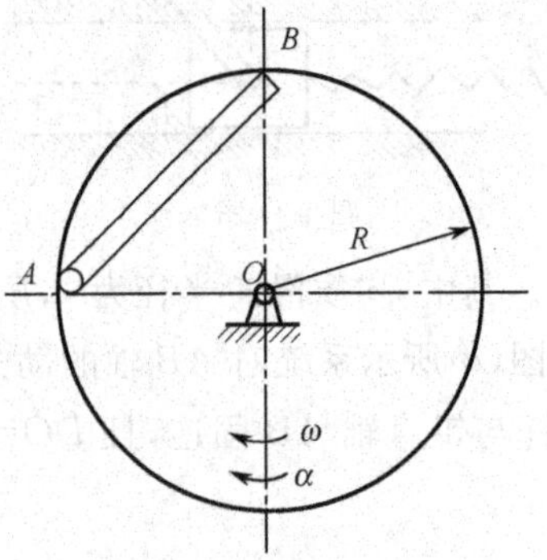

题 9-15 图

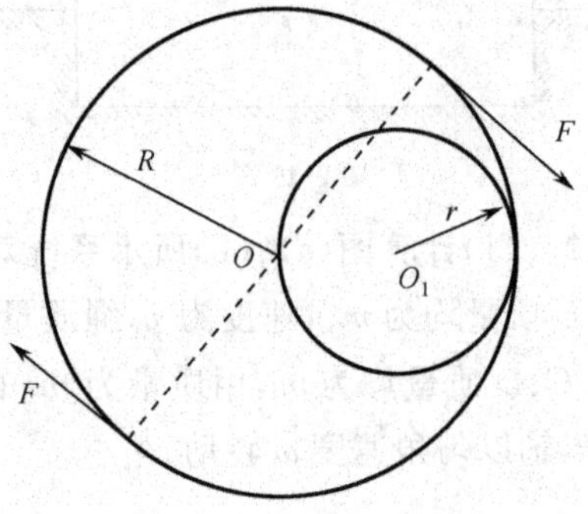

题 9-16 图

9-17 均质细直杆 AB 质量 $m_1=18\ \text{kg}$，长 $l=800\ \text{mm}$，其 A 端固定，B 端通过销钉与盘 E 的光滑直槽相接触。盘 E 的质量 $m=10\ \text{kg}$，对于盘心的回转半径 $\rho=30\ \text{mm}$。若系统初始静止，试求当杆 AB 上作用一力偶矩 $M=15\ \text{N}\cdot\text{m}$ 时，杆与盘在图示瞬时的角加速度。已知 $a=400\ \text{mm}$。

9-18 图示曲柄滑槽机构，均质曲柄 OA 绕水平轴 O 做匀角速度 ω 转动。已知曲柄 OA 的质量为 m_1，$OA=r$，滑槽 BC 的质量为 m_2（重心在点 D）。滑块 A 的质量和各处的摩擦不计。试求当曲柄转至图示位置时，滑槽 BC 的加速度、轴 O 的约束力及作用在曲柄上的力偶 M 的大小。

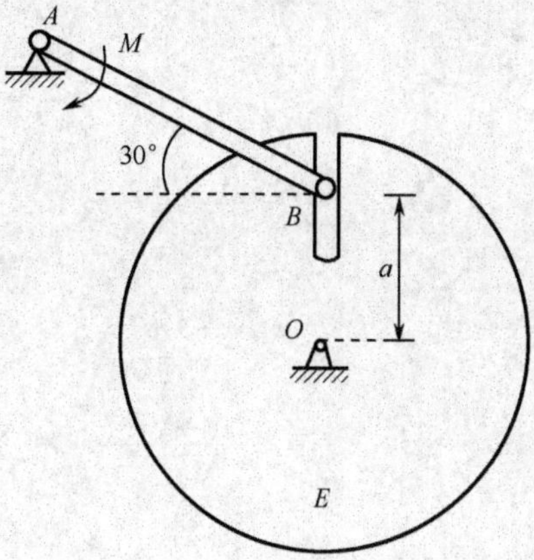

题 9-17 图

9-19 边长 $l=0.25\ \mathrm{m}$，质量 $m=2.0\ \mathrm{kg}$ 的正方形均质物块，放在光滑水平面上。如果该物块受到微小扰动由图示静止位置进入运动，且发生的转角为顺时针转向，试计算该物块的 A 角即将触及水平面时，物块的角速度、角加速度及滚轴 O 处的约束力。

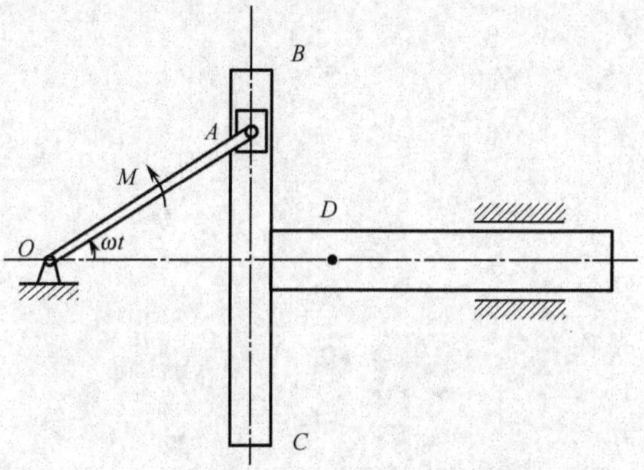

题 9-18 图

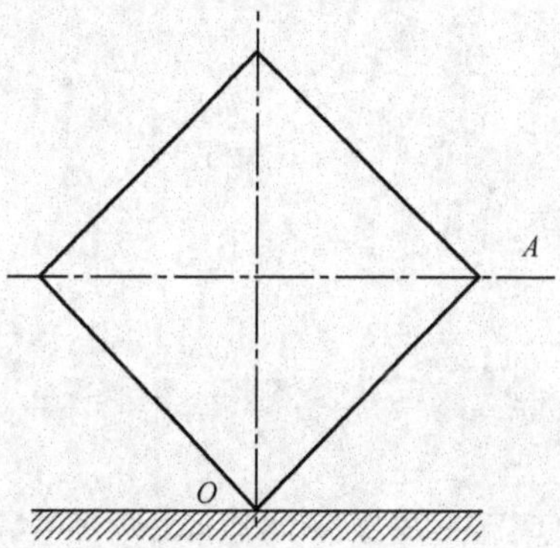

题 9-19 图

第二篇　材料力学

材料力学是固体力学的第一门基础课。固体力学是研究变形固体受力与变形、流动和破坏的一门学科。固体受力后的响应复杂、多变，如出现弹性、塑性、蠕变、断裂和疲劳等，内容丰富多彩。因此，材料力学的教学内容也是十分广泛的。由于教学学时的限制，本教材的材料力学内容主要集中在构件受力后的弹性响应、小变形上，绝大部分是线性问题。

材料力学解决问题的方式从三个方面入手，即几何变形方面、本构关系（即物理关系）方面及静力平衡方面。材料力学的特点体现在其所选择的研究对象——实际工程中常见又很简单的杆件，以及几何变形方面的简化处理上，利用合理的假设，使几何变形关系得到极大的简化，推演出的理论简单、实用，又满足工程的精度要求。这种在几何变形上的处理方法，在固体力学其他分支上也能看到，如板壳理论等。

材料力学的内容包含了对杆件的强度、刚度和稳定性设计的基本理论和方法。能量法在材料力学中有着重要的地位，它给出了求复杂结构变形的一般性方法，并且可操作性好，概念简单。材料力学中大部分问题是静态问题，动态问题非常复杂，冲击载荷是材料力学处理动态问题的典型范例，尽管方法有点粗糙，但能提供工程上可用的结论，是材料力学处理问题的方法展示。由于有着很强的工程背景，材料力学的基本理论和方法呈现出简单、实用的特点。

材料力学实验非常重要，它提供了理论所需的材料参数和对某些简单常用工程构件（如铆钉、销钉等，这些工程构件不适合进行理论分析）进行强度设计的基础，以及检验理论的唯一标准。它与材料力学基本理论和方法有着同等的地位。由于篇幅所限，本教材不包含这部分内容。

第10章 绪 论

10.1 引言

“材料力学”课程是一门研究物体受力与变形之间关系的基础课程。它是固体力学的第一门课程，主要研究工程上常见的一种构件——杆。所谓杆，即在三维尺寸中，一个方向的尺寸比其他两个方向的尺寸要大得多的物体，如图10-1所示。

图10-1

杆有两个几何要素：横截面和轴线。横截面是垂直于杆长度方向的截面，轴线是各横截面形心的连线。轴线为直线的杆称为直杆，轴线为连续曲线的杆称为曲杆。横截面沿轴线变化的杆称为变截面杆。材料力学主要研究等截面直杆。

10.2 杆的基本变形

在外力作用下，杆发生变形，不同的外力，有不同的杆的变形形式。杆有四种基本变形形式。

1. 拉伸与压缩

杆在一对大小相等、方向相反、作用线与杆轴线重合的外力作用下发生长度的改变，图10-2(a)为拉伸变形（称为轴向拉伸），图10-2(b)为压缩变形（称为轴向压缩）。桁架结构中各个杆件产生的变形就是拉伸变形或压缩变形。

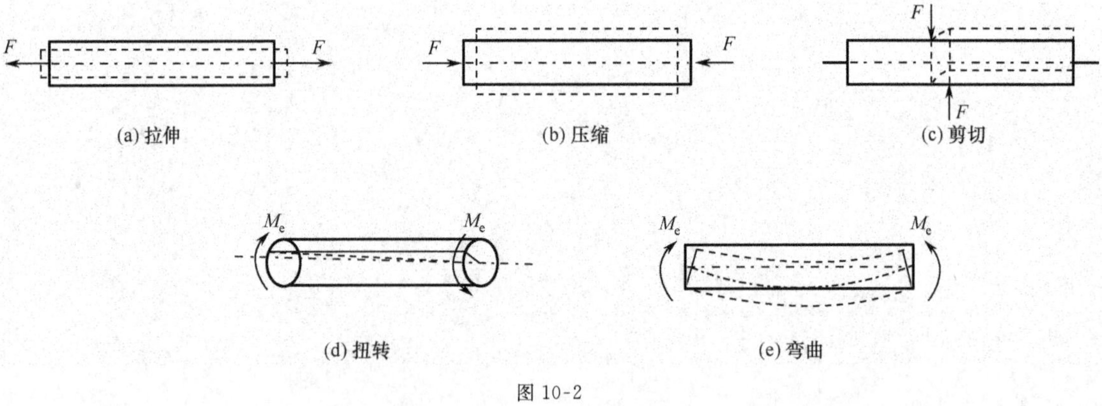

(a) 拉伸 (b) 压缩 (c) 剪切

(d) 扭转 (e) 弯曲

图10-2

2. 剪切

杆在一对大小相等、方向相反、作用线相距很近的外力作用下，横截面沿外力作用线方向发生相对错动，如图 10-2(c)所示，这种变形称为剪切变形。在铆钉连接的结构中，铆钉会发生剪切变形。

3. 扭转

杆在一对大小相等、转向相反、作用面与杆轴线垂直的外力偶作用下，横截面将绕轴线发生相对转动，如图 10-2(d)所示，这种变形称为扭转变形。机器的传动轴、汽车的转向轴都会发生扭转变形。

4. 弯曲

杆在一对大小相等、转向相反、作用面通过杆轴线的外力偶作用下，横截面将绕垂直于杆轴线的轴发生相对转动，杆轴线变成曲线，如图 10-2(e)所示，这种变形称为弯曲变形。发生弯曲变形的杆常称为梁。汽车的车轮轴会发生弯曲变形。

杆发生的变形中若包含两种或两种以上的基本变形，则称为组合变形。

在材料力学中，一般只讨论杆件的小变形，即杆的变形相对其原始尺寸来说是很小的。小变形的要求是为了使问题得到简化，工程实际中绝大部分杆件的变形都是符合小变形条件的。

10.3 材料力学的基本问题和任务

材料力学有三个基本问题：一是强度问题；二是刚度问题；三是稳定性问题。

所谓强度是指结构承受外力而不发生破坏的能力；所谓刚度是指结构承受外力而保持其原有形状的能力；所谓稳定性是指结构承受外力而保持其原有变形形式的能力。

材料力学的任务是：研究在外力作用下杆内受力与变形的规律，通过实验与理论推演建立起进行工程构件设计的强度、刚度和稳定性的条件。

在材料力学中，理论分析与实验结果具有同等重要的地位。

第 11 章　应力状态理论

11.1　应力和应变

如图 11-1(a)所示，受轴向拉伸的等截面直杆，用截面把杆截开，考虑左半段杆，如图 11-1(b)所示。在截面处有均匀分布力，设其集度为 σ，分布力的合力为 F_N，称为横截面上的轴力。显然，F_N 与外力 F 大小相等、方向相反、作用线相同。设杆的横截面积为 A，则

$$\sigma A = F_N$$

$$\sigma = \frac{F_N}{A} \tag{11-1}$$

称 σ 为横截面上的正应力，简称应力。应力的单位为 N/m^2，也称为 Pa(帕)。应力的符号规定为：产生拉伸变形的应力为正，产生压缩变形的应力为负。

设杆原长为 l，变形后的长度为 l_1，如图 11-2 所示，杆的正应变(简称应变)ε 定义为

$$\varepsilon = \frac{l_1 - l}{l} = \frac{\Delta l}{l} \tag{11-2}$$

应变是一无量纲量。

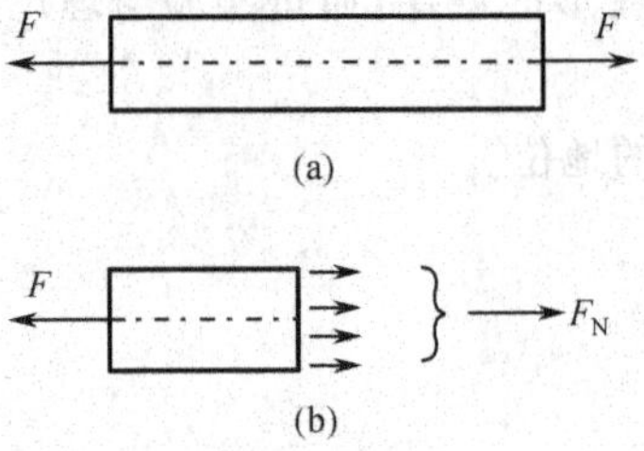

图 11-1

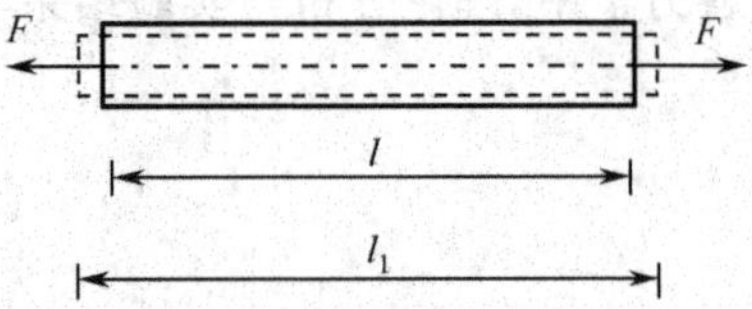

图 11-2

实验表明，在一定的应力范围内，σ 与 ε 成正比，即

$$\sigma = E\varepsilon \tag{11-3}$$

式中，比例常数 E 称为弹性模量，其量纲与应力相同。对于钢，E=200～220 GPa；对于铝合金，E=70～72 GPa。式(11-3)称为胡克定律。

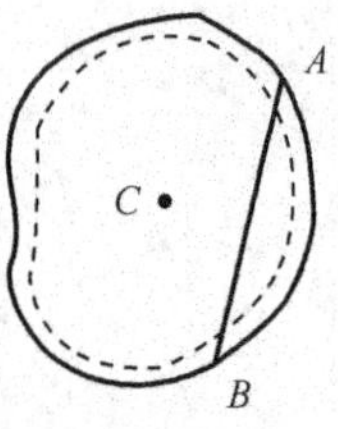

图 11-3

有时要考虑杆的横向应变。如图 11-3 所示的杆的横截面，C 为形心，变形后横截面轮廓由虚线表示。对于任一线段 AB，变形前长为 b，变形后长为 b_1，则杆的横向应变 ε' 定义为

$$\varepsilon' = \frac{b_1 - b}{b} = \frac{\Delta b}{b} \tag{11-4}$$

实验表明，在杆的线弹性范围内，横向应变 ε' 与应变 ε 的比值为一常数 ν，称为泊松比，即

$$\left|\frac{\varepsilon'}{\varepsilon}\right|=\nu$$

或

$$\varepsilon'=-\nu\varepsilon \tag{11-5}$$

对于大多数金属材料，ν 值在 0.25～0.3 之间。

11.2 剪应力和剪应变

如图 11-4(a)所示，试件置放于冲头和带圆柱形孔腔的底模之间。在力 F 的作用下，图中试件的环状阴影区内的材料呈现剪切变形。用直径为$\frac{D_1+D_2}{2}$的圆柱面截开试件，如图 11-4(b)所示，截面处有与截面平行的分布力。设分布力为均匀分布，集度为 τ，其合力为 F_s，称为剪力。设试件截面的面积为 A，则

$$\tau A = F_s$$

$$\tau=\frac{F_s}{A} \tag{11-6}$$

称 τ 为此截面上的剪应力(平均剪应力)或切应力。

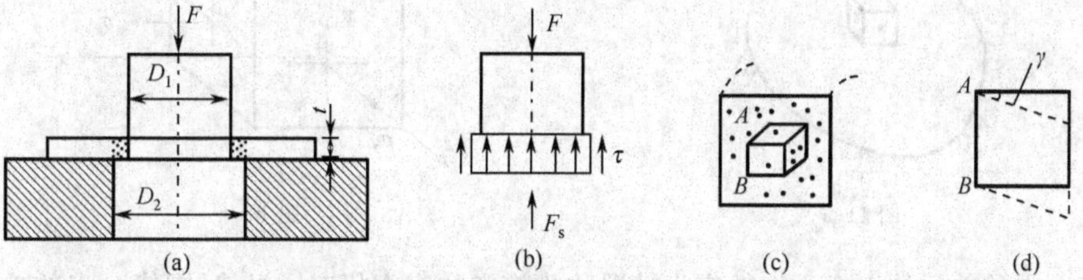

图 11-4

在试件的阴影区内取出一微小立方体，如图 11-4(c)所示，其变形如图 11-4(d)所示，变形后立方体直角的改变量 γ 称为剪应变或切应变。剪应变的单位为弧度。

实验表明，在一定的剪应力范围内，τ 与 γ 成正比，即

$$\tau = G\gamma \tag{11-7}$$

式中，比例常数 G 称为剪切弹性模量，其量纲与应力的量纲相同。目前，已介绍了三个材料常数 E、G 和 ν，可以证明这三个常数有以下关系

$$G=\frac{E}{2(1+\nu)} \tag{11-8}$$

要指出的是，尽管式(11－1)、式(11－6)是在截面上均匀分布力系的假设下得到的，但其思路具有一般性。当一个截面上的分布力系不均匀、分布力系的方向也不一致时(这是一般的情况)，由微分学的思想，可以在截面上的任一微小面积 $\mathrm{d}A$ 上考虑。这时分布力系是均匀的，方向是一致的(但不一定垂直或平行于截面)，因此有合力 $\mathrm{d}F$，则

$$p=\frac{\mathrm{d}F}{\mathrm{d}A}$$

称为微小截面 $\mathrm{d}A$ (也可以说是截面一点，这是微分思想的深刻含义)上的应力。p 的方向一般即不与截面垂直，也不与截面平行，可以把其分解为垂直于截面的正应力 σ 和平行于截面的剪应力 τ 。如果建立一个坐标系 $Oxyz$ ，使截面的外法线为 x 轴，y 轴、z 轴在截面上，则 σ 的方向

与 x 轴一致，记为 σ_x ；剪应力 τ 的方向一般不与 y 轴或 z 轴一致，把它在 yz 平面上分解为两个分量，方向与 y 轴一致的记为 τ_{xy} ，方向与 z 轴一致的记为 τ_{xz} ，因此在微小面积 $\mathrm{d}A$ 上有三个应力分量：σ_x 、τ_{xy} 、τ_{xz} 。如果使截面的法线取为 y 轴（或 z 轴），则微小面积 $\mathrm{d}A$ 上的三个应力分量记为：σ_y 、τ_{yx} 、τ_{yz}（或 σ_z 、τ_{zx} 、τ_{zy}），参看图 11－6。

11.3 应力状态

受力物体，如图 11-5 所示，围绕其中的一点 P 取出一微小的长方体（要求三个方向均无限小），此微小长方体称为单元体。单元体所受应力情况如图 11-6 所示。每个面上有一个正应力、两个剪应力，相对面上的正应力和剪应力大小相等、方向相反。由于单元体处于平衡状态，沿坐标轴取矩，不难得到

$$\tau_{xy} = \tau_{yx} \qquad \tau_{xz} = \tau_{zx} \qquad \tau_{yz} = \tau_{zy} \tag{11-9}$$

上面三式称为剪应力互等定理。

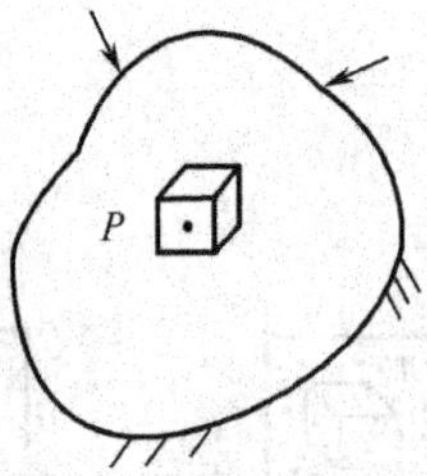

图 11-5

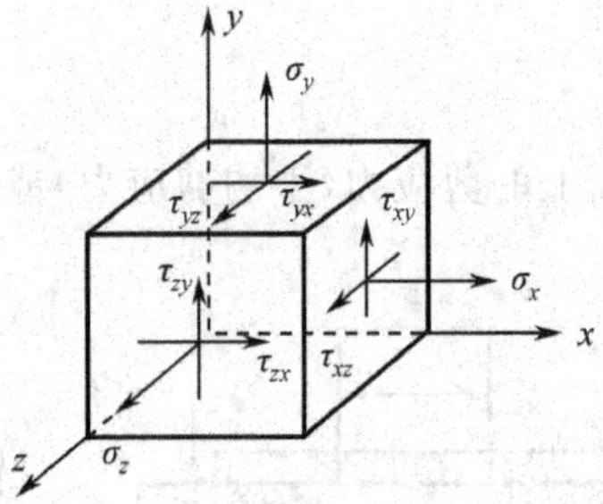

图 11-6

围绕一点的单元体六个面上的应力情况称为该点的应力状态。显然，围绕一点的单元体有无限多个，每一个单元体六个面上的应力情况一般也不相同，但都表示该点的应力状态，因此一点的应力状态有无限多种表示方法。若单元体上某个面上的剪应力为零，则称该面为主平面。主平面的法向称为主方向。主平面上的正应力称为主应力。主应力可以为零。可以证明：对物体内的任一点，一定存在围绕此点的一个单元体，其每个面都是主平面，因此存在三个主应力，分别记为 σ_1、σ_2 和 σ_3，约定 $\sigma_1 \geqslant \sigma_2 \geqslant \sigma_3$。显然，用主平面构成的单元体来表示一点的应力状态是最简便的。在一点的三个主应力中，只有一个不为零的应力状态称为单向应力状态；只有一个主应力为零的应力状态称为二向应力状态或平面应力状态；三个主应力都不为零的应力状态称为三向应力状态。

研究应力状态的目的是要弄清楚围绕一点处不同单元体上，正应力、剪应力的变化规律。

1. 平面应力状态分析

平面应力状态下有两个主应力不为零，但相应的两个主方向不易确定，在绝大部分情况下是如图 11－7 所示的应力状态：只知道 z 轴方向是主应力为零的主方向，而 x 轴、y 轴方向不是主方向（即有剪应力存在）。不难看出，这个应力状态在一般情况下是平面应力状态，在特殊情况下是单向应力状态。下面对此应力状态进行应力分析。

规定正应力以拉应力为正，压应力为负，剪应力以使单元体顺时针转为正，逆时针转为负。以截面 ef 把单元体切成两部分，考虑 aef 部分的平衡，如图 11-8所示，截面的法向 $\boldsymbol{n}$ 与 x 轴的夹角为 α，规定 α 以从 x 轴逆时针转到 $\boldsymbol{n}$ 方向为正，设斜面 ef 的面积为 $\mathrm{d}A$，沿 $\boldsymbol{n}$ 方向投影，得

$$\sigma_\alpha \mathrm{d}A - (\sigma_x \mathrm{d}A\cos\alpha)\cos\alpha + (\tau_{xy}\mathrm{d}A\cos\alpha)\sin\alpha - (\sigma_y \mathrm{d}A\sin\alpha)\sin\alpha + (\tau_{yx}\mathrm{d}A\sin\alpha)\cos\alpha = 0$$

由剪应力互等定理，$\tau_{xy}=\tau_{yx}$，整理得

$$\sigma_\alpha=\sigma_x\cos^2\alpha+\sigma_y\sin^2\alpha-\tau_{xy}\sin2\alpha=\frac{\sigma_x+\sigma_y}{2}+\frac{\sigma_x-\sigma_y}{2}\cos2\alpha-\tau_{xy}\sin2\alpha \tag{11-10}$$

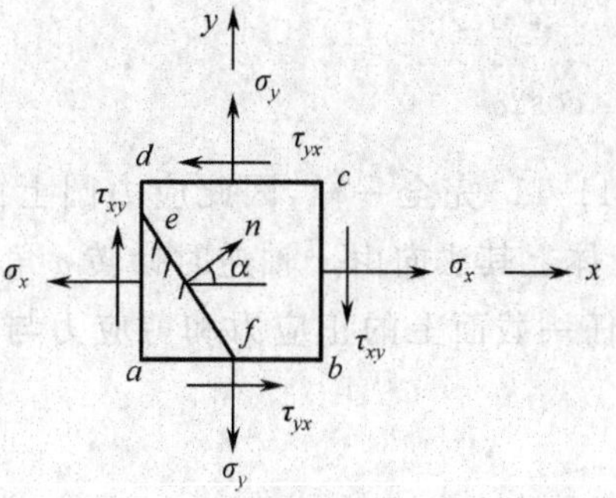

图 11-7

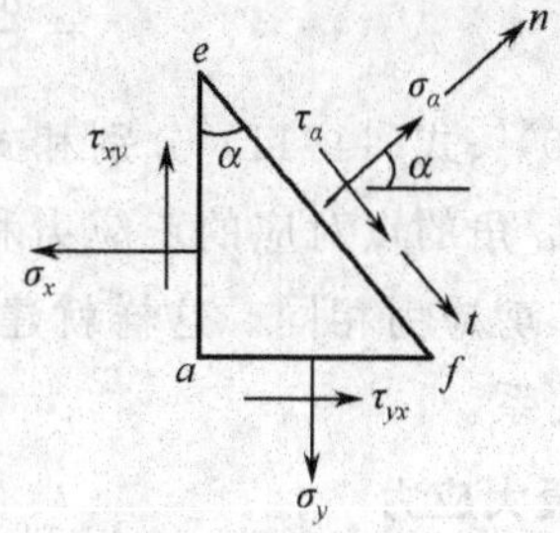

图 11-8

沿 **t** 方向投影，得

$$\tau_\alpha \mathrm{d}A-(\sigma_x \mathrm{d}A\cos\alpha)\sin\alpha-(\tau_{xy}\mathrm{d}A\cos\alpha)\cos\alpha+(\sigma_y \mathrm{d}A\sin\alpha)\cos\alpha+(\tau_{yx}\mathrm{d}A\sin\alpha)\sin\alpha=0$$

整理得

$$\tau_\alpha=\frac{\sigma_x-\sigma_y}{2}\sin2\alpha+\tau_{xy}\cos2\alpha \tag{11-11}$$

式(11-10)和式(11-11)反映了截面上正应力 σ_α 和剪应力 τ_α 随截面方位角 α 的变化规律，也就是在保持两个相对面(法方向为 z 轴方向)不变，其余四个面改变时，单元体上正应力和剪应力的变化规律。

2. 应力圆

以正应力 σ 为横轴、剪应力 τ 为纵轴建立坐标系，式(11-10)和式(11-11)表示以 α 为参数的一条曲线方程，显然

$$\left(\sigma_\alpha-\frac{\sigma_x+\sigma_y}{2}\right)^2+\tau_\alpha^2=\left(\frac{\sigma_x-\sigma_y}{2}\right)^2+\tau_{xy}^2$$

这是 σ-τ 坐标系下以点 $C(\frac{\sigma_x+\sigma_y}{2},0)$ 为圆心、以 $\sqrt{(\frac{\sigma_x-\sigma_y}{2})^2+\tau_{xy}^2}$ 为半径的圆，称为应力圆(或莫尔圆)，如图 11-9所示。显然，单元体上任一截面上的正应力可确定应力圆上的一点。确定应力圆上点 $D_x(\sigma_x,\tau_{xy})$ 和点 $D_y(\sigma_y,\tau_{yx})$，不难看出 D_xD_y 即是应力圆的直径。因此，应力圆也可以这样绘制：确定点 D_x、D_y 后，线段 D_xD_y 和 σ 轴的交点 C 即是圆心，CD_x 即是应力圆的半径。

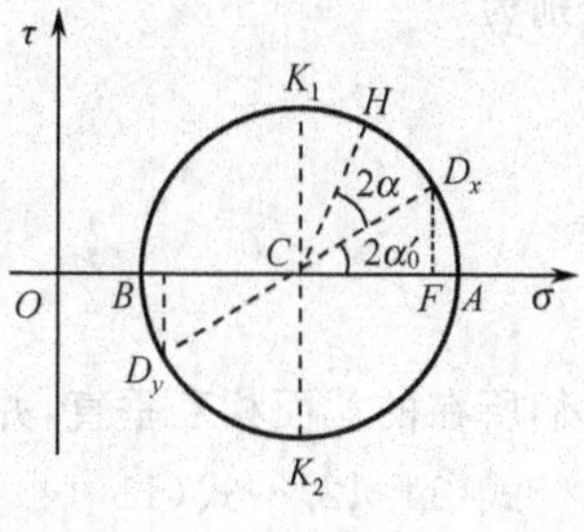

图 11-9

考虑应力圆上的一点 $H(\sigma_\alpha,\tau_\alpha)$，设$\angle D_xCH=2\alpha$，$\angle D_xCA=2\alpha_0'$，则

$$\begin{aligned}\sigma_\alpha&=OC+CH\cos(2\alpha+2\alpha_0')\\&=OC+CD_x\cos2\alpha_0'\cos2\alpha-CD_x\sin2\alpha_0'\sin2\alpha\\&=\frac{\sigma_x+\sigma_y}{2}+\left(\sigma_x-\frac{\sigma_x+\sigma_y}{2}\right)\cos2\sigma-\tau_{xy}\sin2\alpha\\&=\frac{\sigma_x+\sigma_y}{2}+\frac{\sigma_x-\sigma_y}{2}\cos2\alpha-\tau_{xy}\sin2\alpha\end{aligned} \tag{11-10$'$}$$

$$\begin{aligned}\tau_\alpha &= CH\sin(2\alpha + 2\alpha'_0) \\ &= CD_x \sin 2\alpha'_0 \cos 2\alpha + CD_x \cos 2\alpha'_0 \sin 2\alpha \\ &= \tau_{xy}\cos 2\alpha + (\sigma_x - \frac{\sigma_x - \sigma_y}{2})\sin 2\alpha \\ &= \frac{\sigma_x - \sigma_y}{2}\sin 2\alpha + \tau_{xy}\cos 2\alpha \end{aligned} \tag{11-11}'$$

式(11-10)′、式(11-11)′分别和式(11-10)、式(11-11)完全一样，因此应力圆上由 CD_x 线逆时针转 2α 角的点对应的正应力和剪应力与单元体上其法向由 x 轴逆时针转 α 角的斜面上的正应力和剪应力相同。这样就建立起了单元体任一截面上的正应力和剪应力与应力圆上点的对应关系。

3. 最大应力

从图 11-9 上可以看出，最大正应力在点 A 处，最小正应力在点 B 处，则

$$\begin{cases} \sigma_{\max} = OC + CA = \dfrac{\sigma_x + \sigma_y}{2} + \sqrt{(\dfrac{\sigma_x - \sigma_y}{2})^2 + \tau_{xy}^2} \\ \sigma_{\min} = OC - CB = \dfrac{\sigma_x + \sigma_y}{2} - \sqrt{(\dfrac{\sigma_x - \sigma_y}{2})^2 + \tau_{xy}^2} \end{cases} \tag{11-12}$$

显然，这两个正应力也是两个主应力，下面确定相应的主方向。设单元体由 x 轴方向逆时针转到主方向的角为 α_0，则在应力圆上由 CD_x 逆时针转 $2\alpha_0$ 到主应力对应的点，显然

$$2\alpha_0 = \pi - 2\alpha'_0 \text{或} 2\pi - 2\alpha'_0$$

$$\tan 2\alpha_0 = -\tan 2\alpha'_0 = -\frac{D_xF}{CF} = -\frac{2\tau_{xy}}{\sigma_x - \sigma_y} \tag{11-13}$$

式(11-13)确定主平面的方位。它有两个解，分别对应最大正应力和最小正应力的方向，但哪个解对应最大正应力的方向不能由式(11-13)确定。后面以例子说明怎样借助于应力圆来确定最大应力方向。

从图 11-9 还可以看出，应力圆上点 K_1、K_2 分别是最大、最小剪应力对应的点，它们的大小分别为

$$\begin{cases} \tau_{\max} = \sqrt{(\dfrac{\sigma_x - \sigma_y}{2})^2 + \tau_{xy}^2} \\ \tau_{\min} = -\sqrt{(\dfrac{\sigma_x - \sigma_y}{2})^2 + \tau_{xy}^2} \end{cases} \tag{11-14}$$

它们所在的截面相互垂直，并且与两个主方向成 45°角

式(11-12)～式(11-14)也可以由式(11-10)、(11-11)两式对参数 α 求极值得到。

例 11-1 如图 11-10 所示，在梁的点 A 处取一单元体，$\sigma_x = -70$ MPa，$\sigma_y = 0$，$\tau_{xy} = 50$ MPa，试确定点 A 处的主应力及主平面。

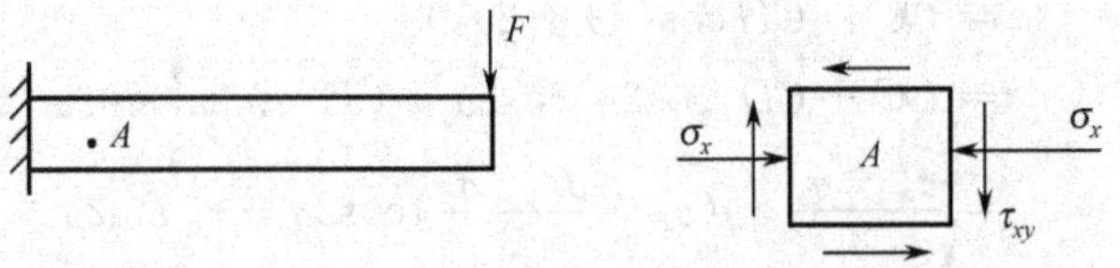

图 11-10

解:1. 解析法由式(11-12)得

最大主应力 $\sigma_1=\frac{\sigma_x+\sigma_y}{2}+\sqrt{(\frac{\sigma_x-\sigma_y}{2})^2+\tau_{xy}^2}=-35+61=26(\mathrm{MPa})$

最小主应力 $\sigma_3=\frac{\sigma_x+\sigma_y}{2}-\sqrt{(\frac{\sigma_x-\sigma_y}{2})^2+\tau_{xy}^2}=-36-61=-96(\mathrm{MPa})$

下面求主平面的方位。

$$\tan2\alpha_0=-\frac{2\tau_{xy}}{\sigma_x-\sigma_y}=-\frac{2\times50}{-70-0}=\frac{10}{7}$$

作应力圆草图如图 11-11(a),不难看出,最大主应力平面方位 $2\alpha_0$ 是第三象限的角,所以

$$2\alpha_0=180^\circ+55^\circ=235^\circ$$

$$\alpha_0=117.5^\circ$$

以主应力表示点 A 的应力状态如图 11-11(b)所示。

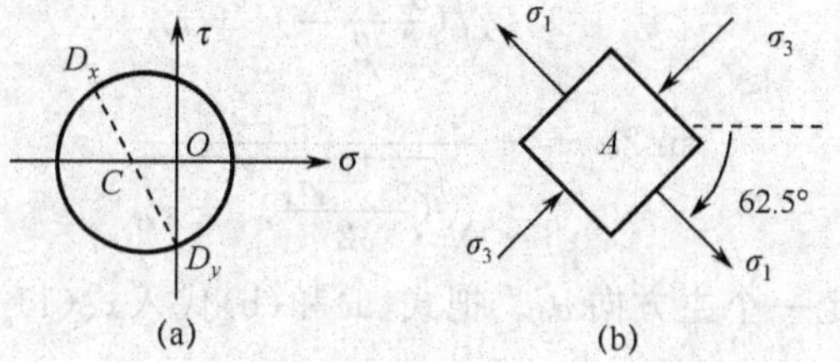

图 11-11

2. 图解法:选取适当的比例,建立应力坐标系 $O\sigma\tau$ 。根据比例确定应力坐标系中的点 D_x 和 D_y ,连接 D_xD_y ,则此线段为应力圆的直径,其与 σ 轴的交点 C 即为应力圆的圆心,做应力圆,如图 11—12 所示。

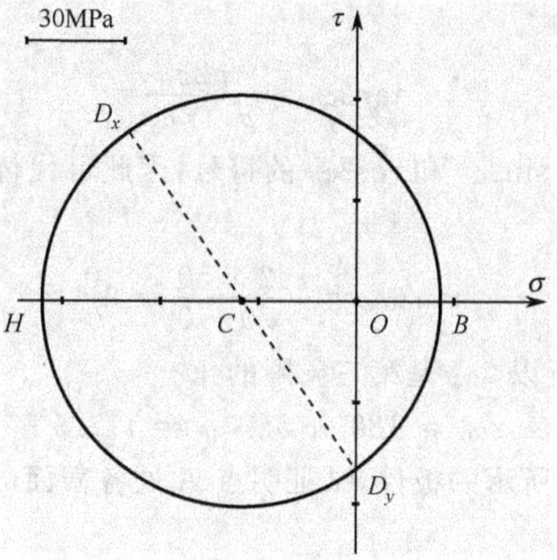

图 11-12

不难看出,按选取的比例 OB、OH 的长度分别为主应力 σ_1 、σ_3 的大小,用直尺测量出

$$\sigma_1=26\mathrm{MPa}$$

$$\sigma_3=-96\mathrm{MPa}$$

对应 σ_1 的主方向为 $\angle D_xCB$ 的一半,用量角器测量出

$$\alpha_0=117.5^\circ$$

很显然,图解法由于作图及测量的准确性问题,结果的精确度远不如解析法好,但其直观性强。

例 11-2 试推导求对应最大主应力的主方向公式。

解:式(11-13)是确定主方向的公式,但它有两个解,不能确定哪个解对应最大主应力方向。由三角函数关系式,得

$$\cos 2\alpha_0 = \pm \frac{1}{\sqrt{1+\tan^2 2\alpha_0}} = \pm \frac{\left|\frac{\sigma_x-\sigma_y}{2}\right|}{\sqrt{(\frac{\sigma_x-\sigma_y}{2})+\tau_{xy}^2}}$$

$$\sin 2\alpha_0 = \tan 2\alpha_0 \cdot \cos 2\alpha_0 = \mp \frac{\tau_{xy}}{\frac{\sigma_x-\sigma_y}{2}} \cdot \frac{\left|\frac{\sigma_x-\sigma_y}{2}\right|}{\sqrt{(\frac{\sigma_x-\sigma_y}{2})+\tau_{xy}^2}}$$

取

$$\cos 2\alpha_0 = \frac{\frac{\sigma_x-\sigma_y}{2}}{\sqrt{(\frac{\sigma_x-\sigma_y}{2})^2+\tau_{xy}^2}} \tag{a}$$

则

$$\sin 2\alpha_0 = -\frac{\tau_{xy}}{\sqrt{(\frac{\sigma_x-\sigma_y}{2})^2+\tau_{xy}^2}} \tag{b}$$

式(a)和(b)联立,唯一确定一个主方向 α_0。把式(a)和(b)代入式(11-10),得

$$\sigma_{\alpha 0} = \frac{\sigma_x+\sigma_y}{2} + \frac{\sigma_x-\sigma_y}{2}\cos 2\alpha_0 - \tau_{xy}\sin 2\alpha_0$$

$$= \frac{\sigma_x+\sigma_y}{2} + \sqrt{(\frac{\sigma_x-\sigma_y}{2})^2+\tau_{xy}^2}$$

因此,这个主方向 α_0 对应最大主应力方向,即式(a)和式(b)即是求最大主应力方向的公式。由式(a)和(b)得,

$$\tan 2\alpha_0 = \frac{-2\tau_{xy}}{\sigma_x-\sigma_y} \tag{c}$$

式(c)分子分母的符号即表示 $\sin 2\alpha_0$ 和 $\cos 2\alpha_0$ 的符号,因此可代替式(a)和(b)。以例 11-1 的数据代入式(c)中,

$$\tan 2\alpha_0 = \frac{-2\times 50}{-70-0} = \frac{10}{7}$$

显然,$\sin 2\alpha_0 < 0$,$\cos 2\alpha_0 < 0$,所以 $2\alpha_0$ 是第三象限的角。

$$2\alpha_0 = 180° + 55°, \alpha_0 = 117.5°$$

例 11-3 如图 11-13(a)所示的板件,试证明点 A 处各截面的正应力与剪应力均为零。

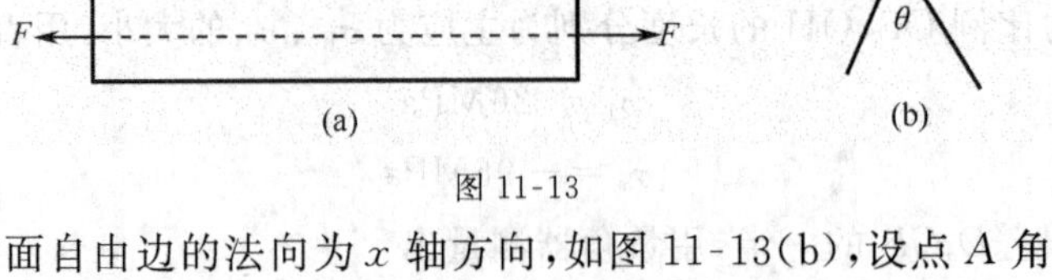

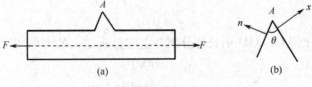

图 11-13

证: 取点 A 右面自由边的法向为 x 轴方向,如图 11-13(b),设点 A 角为 θ,则 $0<\theta<\pi$,点 A 左面自由边的法向为 n 方向,则这两个面上的应力都为零,即

$$\sigma_x = 0, \tau_{xy} = 0, \alpha = \pi - \theta \text{时}, \sigma_\alpha = 0, \tau_\alpha = 0$$

由式(11-10)得

$$0=\frac{\sigma_y}{2}+\frac{0-\sigma_y}{2}\cos 2(\pi-\theta)=\frac{\sigma_y}{2}(1-\cos 2\theta)=\sigma_y\sin^2\theta$$

$$\sigma_y=0$$

由于点 A 处，$\sigma_x=\sigma_y=\tau_{xy}=0$，由式(11-10)和式(11-11)知，点 A 处各截面的正应力与剪应力均为零。

4. 三向应力状态

如图 11-14(a)所示的三向应力状态，设 $\sigma_1\geqslant\sigma_2\geqslant\sigma_3$，在与 σ_3 平行的斜截面上的应力 σ_α、τ_α 与 σ_3 无关，如图 11-14(b)所示。和前面平面应力状态分析的讨论方法类似，可知在 σ-τ 平面上，$(\sigma_\alpha,\tau_\alpha)$位于由 σ_1、σ_2 所确定的应力圆上。同理，在与 σ_1 平行的斜截面上的应力位于由 σ_2、σ_3 所确定的应力圆上，在与 σ_2 平行的斜截面上的应力位于由 σ_1、σ_3 所确定的应力圆上。由此可以确定三个应力圆，如图 11-15 所示。可以证明：如图 11-14(a)所示单元体的其他截面上的正应力和剪应力在 σ-τ 平面上确定的点位于图 11-15 的阴影区域内。

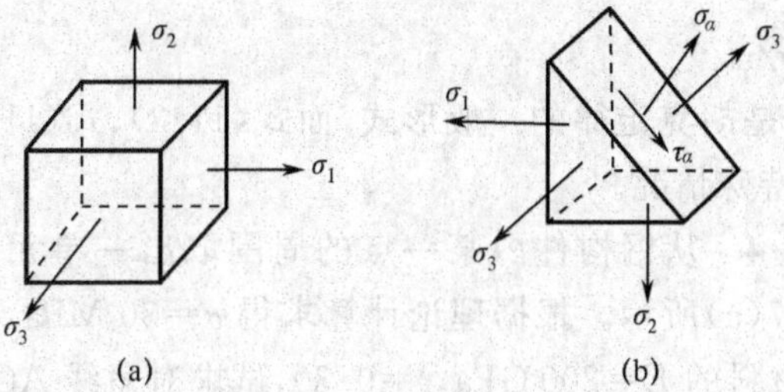

图 11-14

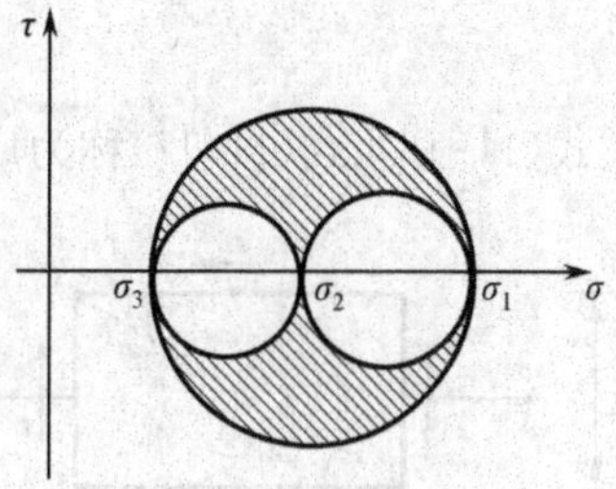

图 11-15

由图 11-15 可以看出，单元体内的最大剪应力为

$$\tau_{\max}=\frac{\sigma_1-\sigma_3}{2} \tag{11-15}$$

它位于与 σ_2 平行且与 σ_1、σ_3 均成 45°的截面上。

式(11-14)是平面应力状态下的最大剪应力表达式，而式(11-15)是三向应力状态下的最大剪应力表达式，两者是不一样的。当最大主应力和最小主应力恰好是平面应力状态的两个主应力时，两者相等，否则，由式(11-15)求得的最大剪应力要大于或等于由式(11-14)求得的剪应力。当要求最大剪应力时，应该用式(11-15)来求。

11.4 广义胡克定律

如图 11-16 所示的三向应力状态，对于各向同性材料(即材料内任一点处沿各个方向的力学性能都相同)，剪应力不会引起 x、y、z 方向上的正应变，正应力仅产生 x、y、z 方向上的正应变，不引起单元体上与 x、y、z 轴重合的三条棱边间的直角改变，即剪应变为零。

σ_x 引起 x、y、z 轴方向的正应变分别为

$$\frac{\sigma_x}{E},\quad -\nu\frac{\sigma_x}{E},\quad -\nu\frac{\sigma_x}{E}$$

σ_y 引起 x、y、z 轴方向的正应变分别为

$$-\nu\frac{\sigma_y}{E},\quad \frac{\sigma_y}{E},\quad -\nu\frac{\sigma_y}{E}$$

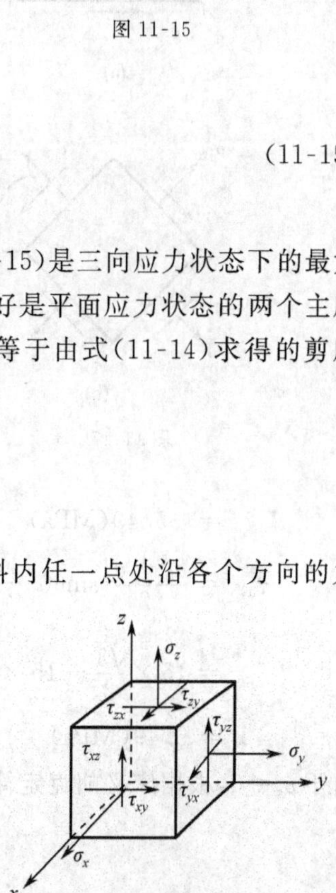

图 11-16

σ_z 引起 x、y、z 轴方向的正应变分别为

$$-\nu\frac{\sigma_z}{E},\quad -\nu\frac{\sigma_z}{E},\quad \frac{\sigma_z}{E}$$

叠加起来，得 x、y、z 轴方向的正应变分别为

$$\left\{\begin{aligned}\varepsilon_x &= \frac{1}{E}[\sigma_x-\nu(\sigma_y+\sigma_z)]\\ \varepsilon_y &= \frac{1}{E}[\sigma_y-\nu(\sigma_z+\sigma_x)]\\ \varepsilon_z &= \frac{1}{E}[\sigma_z-\nu(\sigma_x+\sigma_y)]\end{aligned}\right. \tag{11-16}$$

由剪切胡克定律，得

$$\left\{\begin{aligned}\tau_{xy} &= G\gamma_{xy}\\ \tau_{yz} &= G\gamma_{yz}\\ \tau_{zx} &= G\gamma_{zx}\end{aligned}\right. \tag{11-17}$$

式(11-16)、式(11-17)称为广义胡克定律，它是胡克定律的一般形式，而式(11-3)、式(11-7)只是它的特殊情况。

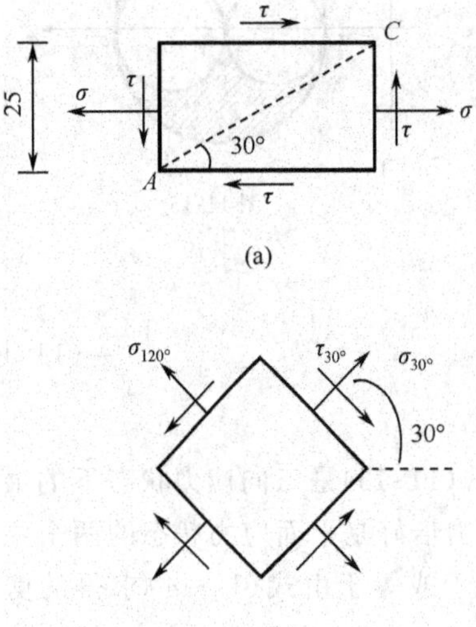

(a)

(b)

图 11-17

例 11-4 从钢构件内某一点的周围取出一单元体，如图 11-17(a)所示。根据理论计算求得 $\sigma=30$ MPa，$\tau=15$ MPa，材料的 $E=200$ GPa，$\nu=0.30$，试求对角线 AC 的长度改变量 Δl。

解：已知 $\sigma_x=30$ MPa，$\sigma_y=0$，$\tau_{xy}=-15$ MPa，则

$$\sigma_{30^\circ}=\frac{\sigma_x+\sigma_y}{2}+\frac{\sigma_x-\sigma_y}{2}\cos60^\circ-\tau_{xy}\sin60^\circ$$

$$=15+15\times\frac{1}{2}+15\times\frac{\sqrt{3}}{2}$$

$$=35.49(\text{MPa})$$

$$\sigma_{120^\circ}=\frac{\sigma_x+\sigma_y}{2}+\frac{\sigma_x-\sigma_y}{2}\cos240^\circ-\tau_{xy}\sin240^\circ$$

$$=15-15\times\frac{1}{2}+15\times\frac{\sqrt{3}}{2}$$

$$=-5.49(\text{MPa})$$

$$\tau_{30^\circ}=\frac{\sigma_x-\sigma_y}{2}\sin60^\circ-\tau_{xy}\cos60^\circ$$

$$=15\times\frac{\sqrt{3}}{2}-15\times\frac{1}{2}$$

$$=5.49(\text{MPa})$$

由于 $\sigma_z=0$，根据广义胡克定律，则

$$\varepsilon_{30^\circ}=\frac{1}{E}(\sigma_{30^\circ}-\nu\sigma_{120^\circ})=\frac{\Delta l}{AC}$$

$$\Delta l=\frac{AC}{E}(\sigma_{30^\circ}-\nu\sigma_{120^\circ})$$

$$=\frac{2\times25}{200\times10^3}[(35.49-0.3\times(-5.49)]=9.3\times10^{-3}(\text{mm})$$

例 11-5 试证明关系式 $G=\frac{E}{2(1+\nu)}$。

证:考虑图 11-18(a)所示的正方体表示的平面应力状态,称为纯剪切状态。显然,用主应力表示的该应力状态如图 11-18(b)所示,因此沿 σ_1 方向的正应变为

$$\varepsilon_1=\frac{1}{E}(\sigma_1-\nu\sigma_3)=\frac{1+\nu}{E}\tau \tag{a}$$

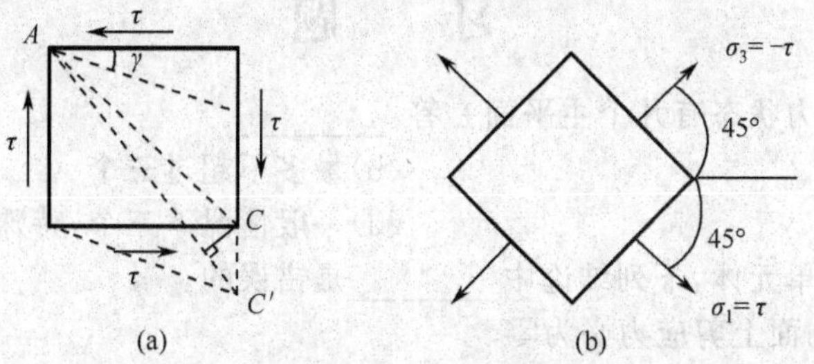

图 11-18

如图 11-18(a)所示,设正方体边长为 a,则 $AC=\sqrt{2}a$。变形后,AC 变成 AC',剪应变为 γ,$CC'=\gamma a$,

$$\Delta l=AC'-AC\approx CC'\cos45^\circ=\frac{\sqrt{2}}{2}\gamma a$$

$$\varepsilon_1=\frac{\Delta l}{AC}=\frac{1}{2}\gamma=\frac{\tau}{2G} \tag{b}$$

比较式(a)和式(b),即得

$$G=\frac{E}{2(1+\nu)}$$

例 11-6 试说明 $\nu=0.5$ 的材料是不可压缩的,即受力后材料的体积不发生变化。

解:考虑图 11-19 所示的以三个主应力表示的三向应力状态。设单元体的长、宽、高分别为 a、b、c。变形前单元体体积为

$$V_0=abc$$

变形后,长变为

$$a+\varepsilon_1 a=(1+\varepsilon_1)a$$

宽变为

$$b+\varepsilon_3 b=(1+\varepsilon_3)b$$

高变为

$$c+\varepsilon_2 c=(1+\varepsilon_2)c$$

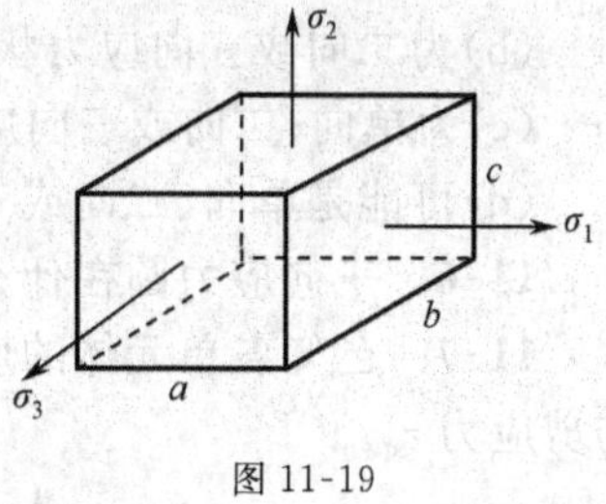

图 11-19

变形后,单元体体积为

$$\begin{aligned}V&=(1+\varepsilon_1)(1+\varepsilon_2)(1+\varepsilon_3)abc\\&=(1+\varepsilon_1+\varepsilon_2+\varepsilon_3+\varepsilon_1\varepsilon_2+\varepsilon_2\varepsilon_3+\varepsilon_3\varepsilon_1+\varepsilon_1\varepsilon_2\varepsilon_3)V_0\\&\approx(1+\varepsilon_1+\varepsilon_2+\varepsilon_3)V_0\end{aligned}$$

因为是小变形,ε_1、ε_2、ε_3 很小,$\varepsilon_1\varepsilon_2$、$\varepsilon_2\varepsilon_3$、$\varepsilon_3\varepsilon_1$、$\varepsilon_1\varepsilon_2\varepsilon_1$ 是高阶小量,可以略去。定义体积应变为

$$\theta=\frac{V-V_0}{V_0}=\varepsilon_1+\varepsilon_2+\varepsilon_3$$

代入广义胡克定律,得

$$\theta = \frac{1-2\nu}{E}(\sigma_1+\sigma_2+\sigma_3)$$

令 $\sigma_m = \frac{1}{3}(\sigma_1+\sigma_2+\sigma_3)$，表示平均应力；$K=\frac{E}{3(1-2\nu)}$，称为体积弹性模量，则

$$\theta = \frac{\sigma_m}{K} \quad \text{或} \quad \sigma_m = K\theta$$

当 $\nu=0.5$ 时，$\theta=0$，体积应变为零，这说明材料体积不变，因此材料是不可压缩的。

习　题

11-1　一点的应力状态有几个主平面？答：________。

(a)两个　　(b)最多不超过三个

(c)无限多个　　(d)一般情况下三个，特殊情况下有无限多个

11-2　对于一个单元体，下列结论中________是错误的。

(a)正应力最大的面上剪应力必为零

(b)剪应力最大的面上正应力必为零

(c)正应力最大的面与剪应力最大的面相交成45°角

(d)正应力最大的面与正应力最小的面必相互垂直

11-3　下列结论中________是错误的。

(a)单元体的三对相互垂直的面上均有剪应力，但没有正应力，这种应力状态属于纯剪切

(b)纯剪状态是二向应力状态

(c)纯剪状态中，$|\sigma_1|=|\sigma_3|$

(d)纯剪状态中最大剪应力的值与最大正应力的值相等

11-4　对于平面应力状态的应力圆，下列结论中________是错误的。

(a)应力圆的圆心坐标是$(\frac{\sigma_1+\sigma_2}{2},0)$　　(b)应力圆的圆心坐标是$(\frac{\sigma_x+\sigma_y}{2},0)$

(c)应力圆的半径 $r=\frac{\sigma_1-\sigma_2}{2}$　　(d)应力圆的半径 $r=\frac{\sigma_x-\sigma_y}{2}$

11-5　一个二向应力状态与另一个单向应力状态叠加，结果________。

(a)为二向应力状态

(b)为二向或三向应力状态

(c)为单向、二向或三向应力状态

(d)可能是单向、二向或三向应力状态，也可能是零应力状态

11-6　三向应力圆在什么情况下：(1)成为一个圆；(2)成为一个点圆；(3)成为三个圆。

11-7　已知各单元体的应力情况如图所示，试用解析法和图解法确定斜面 α 上的正应力 σ_α 与剪应力 τ_α。

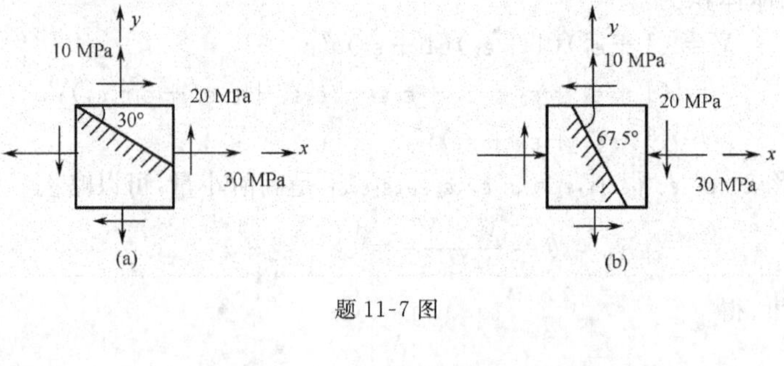

题 11-7 图

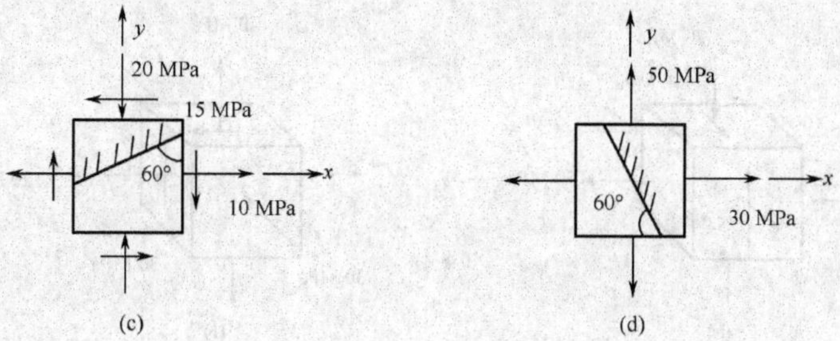

题 11-7 图(续)

11-8 已知各单元体的应力情况如图所示，试确定单元体主应力的大小及主平面的方位，并将结果在图中画出。

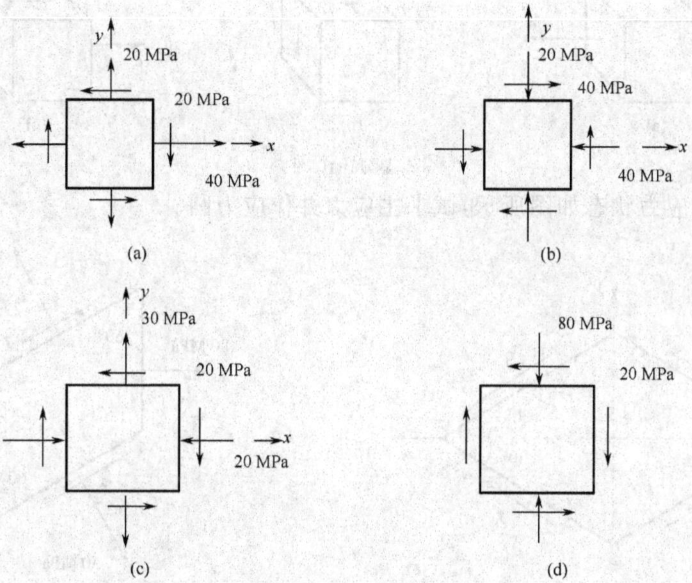

题 11-8 图

11-9 单元体各面的应力情况如图所示，试确定各单元的主应力及最大剪应力。

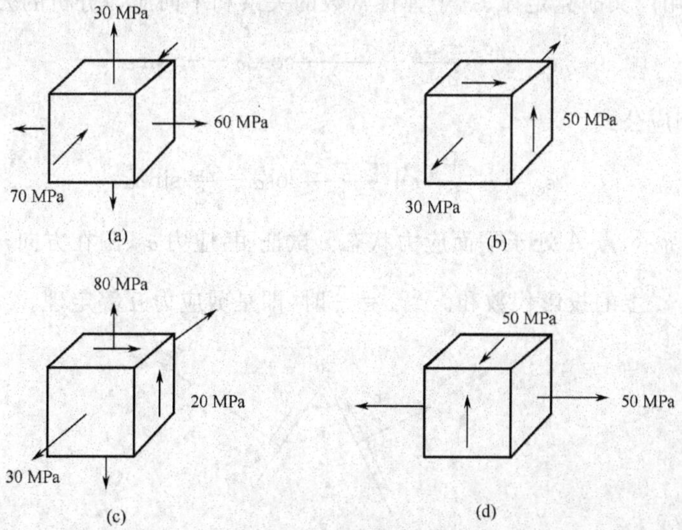

题 11-9 图

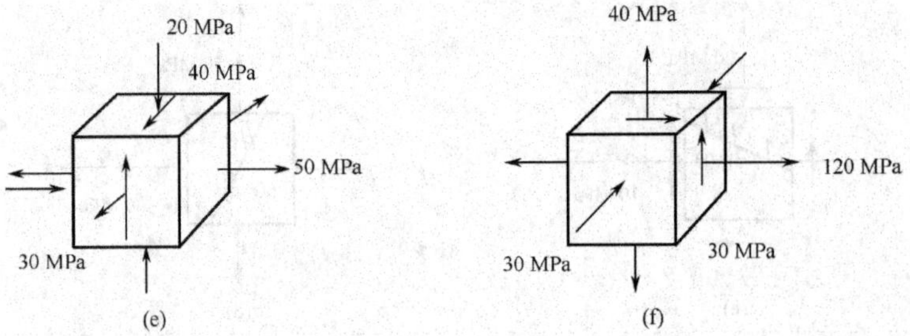

题 11-9 图(续)

11-10 试作出图示各单元体的三向应力圆,并写出单元体主应力与最大剪力的表达式。

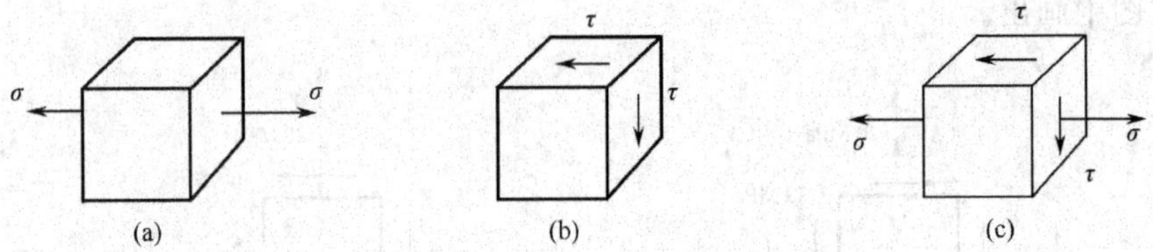

题 11-10 图

11-11 二向应力状态如图所示,试求主应力并作应力圆。

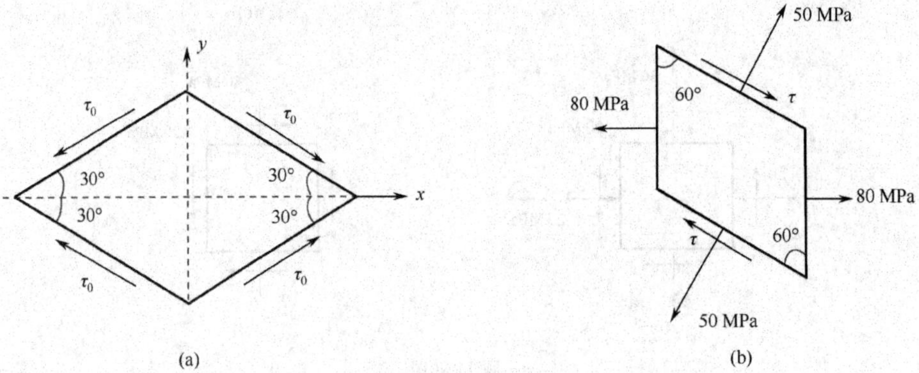

题 11-11 图

11-12 试利用广义胡克定律、三个弹性常数的关系和平面应力分析的公式

$$\sigma_\alpha = \frac{\sigma_x + \sigma_y}{2} + \frac{\sigma_x - \sigma_y}{2}\cos 2\alpha - \tau_{xy}\sin\alpha$$

导出应变分析的相应公式

$$\varepsilon_\alpha = \frac{\varepsilon_x + \varepsilon_y}{2} + \frac{\varepsilon_x - \varepsilon_y}{2}\cos\alpha - \frac{\gamma_{xy}}{2}\sin 2\alpha$$

11-13 如图所示,点 A 处于平面应力状态。试证明:应力 σ_θ、τ_θ 在方向 n_φ 上的投影代数和等于 σ_φ、τ_φ 在方向 n_θ 上的投影代数和。当 $\alpha=\frac{\pi}{2}$时,即是剪应力互等定理。

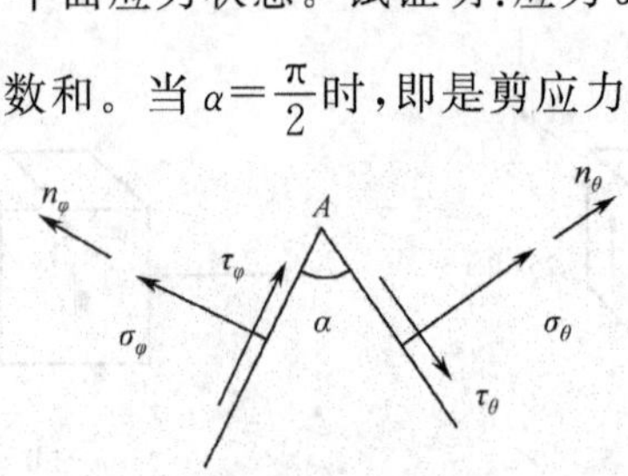

题 11-13 图

第 12 章　杆的拉伸与压缩

12.1　杆拉压时的应力与变形

如图 12-1(a)所示的轴向拉伸杆，杆长为 l。沿截面 $m\text{-}m$ 截断，考虑左半段的平衡，如图 12-1(b)。轴力 F_N 的符号规定为：产生拉伸变形的轴力为正，产生压缩变形的轴力为负。横截面上的正应力为

$$\sigma = \frac{F_N}{A} \tag{1}$$

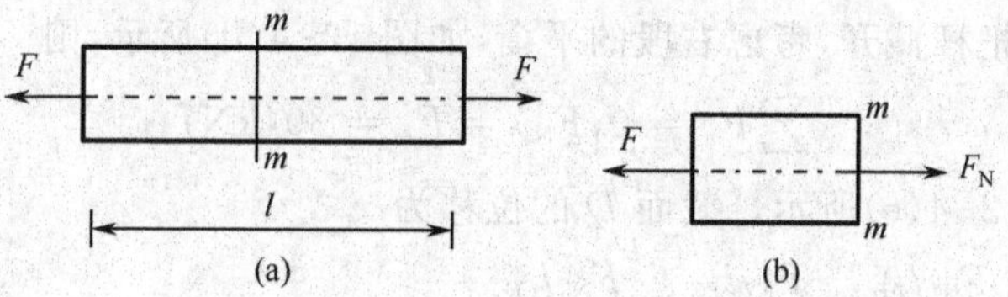

图 12-1

杆的应变为

$$\varepsilon = \frac{\Delta l}{l} \tag{2}$$

把式(11-1)和(11-2)代入胡克定律(见式(11-3))，得

$$\Delta l = \frac{F_N l}{EA} \tag{12-1}$$

式(12-1)为胡克定律的另一种形式，它表示轴向拉压时的变形，其中 EA 称为杆的抗拉压刚度。

例 12-1　在上式(1)、式(12-1)中，$F_N=F$，试问是否可以用

$$\sigma = \frac{F}{A} \tag{3}$$

$$\Delta l = \frac{Fl}{EA} \tag{4}$$

分别代替式(1)、式(12-1)？

解：式(1)、式(12-1)是一般情况下的式子，而式(3)、式(4)只是特殊情况下的式子。在图 12-1(a)所示的情况，式(1)和式(3)、式(12-1)和式(4)是一样的，但当轴力 F_N 沿轴线变化时，如图 12-2 所示，式(3)、式(4)就不适用了，而式(1)、(12-1)依然有效。所以，一般不可用式(3)、(4)分别代替式(1)、式(12-1)。

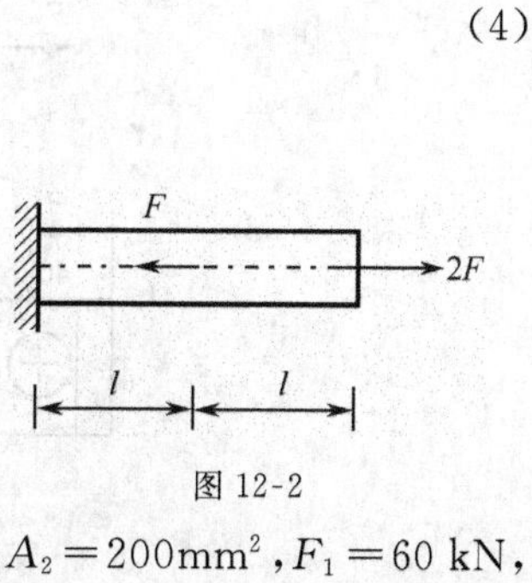

图 12-2

例 12-2　如图 12-3 所示的钢制直杆，已知 $A_1=A_3=300\ \text{mm}^2$，$A_2=200\text{mm}^2$，$F_1=60$ kN，$F_2=50$ kN，$F_3=30$ kN，$E=200$ GPa，试求截面 D 的位移。

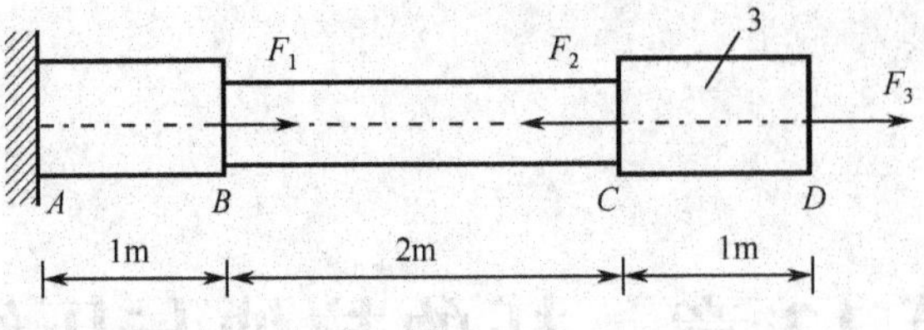

图 12-3

解:先求各横截面上的轴力。

杆的受力如图 12-4(a)所示,由$\sum F_x=0$,得

$$-F_A+F_1-F_2+F_3=0$$

$$F_A=F_1-F_2+F_3=40(\text{kN})$$

在 AB 段用截面把杆截开,考虑左断的平衡,如图 12-4(b)所示,则

$$\sum F_x=0, F_{N1}=F_A=40(\text{kN})$$

在 BC 间用截面把杆截开,考虑左段的平衡,如图 12-4(c)所示,则

$$\sum F_x=0, F_{N2}+F_1-F_A=0$$

$$F_{N2}=F_A-F_1=-20(\text{kN})$$

在 CD 间用截面把杆截开,考虑右段的平衡,如图 12-4(d)所示,则

$$\sum F_x=0, F_{N3}=F_3=30(\text{kN})$$

作轴力图,如图 12-4(e)所示。截面 D 的位移为

$$\begin{aligned}\Delta_D&=\frac{F_{N1}l_{AB}}{EA_1}+\frac{F_{N2}l_{BC}}{EA_2}+\frac{F_{N3}l_{CD}}{EA_3}\\&=\frac{1}{E}\left(\frac{F_{N1}l_{AB}}{A_1}+\frac{F_{N2}l_{BC}}{A_2}+\frac{F_{N1}l_{CD}}{A_3}\right)\\&=\frac{1}{200\times10^9}\left(\frac{40\times10^3\times1}{300\times10^{-6}}-\frac{20\times10^3\times2}{200\times10^{-6}}+\frac{30\times10^3\times1}{300\times10^{-6}}\right)\\&=1.67\times10^{-4}(\text{m})=0.167(\text{mm})(\rightarrow)\end{aligned}$$

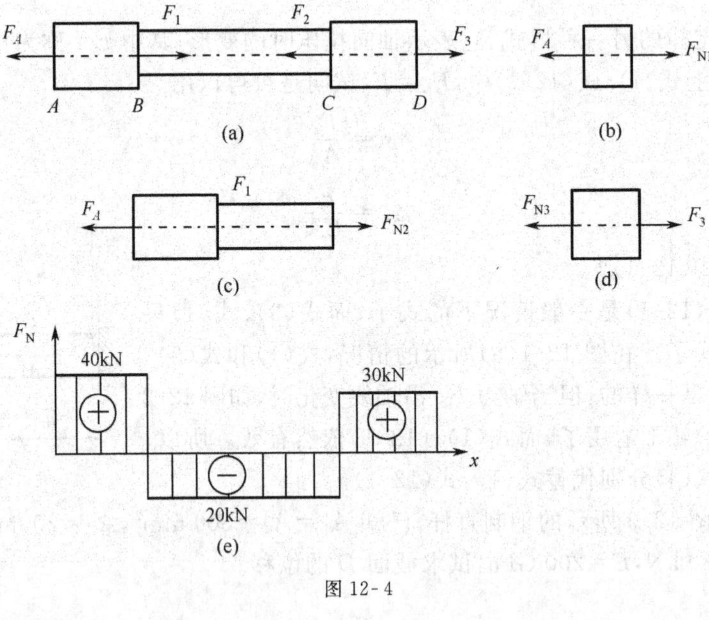

图 12-4

例 12-3 在图 12-5 所示的简单杆系中，设 AB 和 AC 分别为直径 $d_1=10$ mm 和 $d_2=12$ mm的圆截面杆，$E=200$ GPa，$F=10$ kN，试求点 A 的位移。

解：考虑点 A 的平衡，如图 12-6(a)所示，则

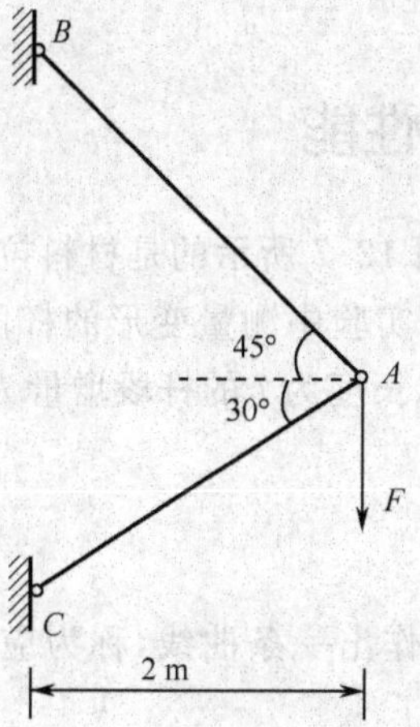

图 12-5

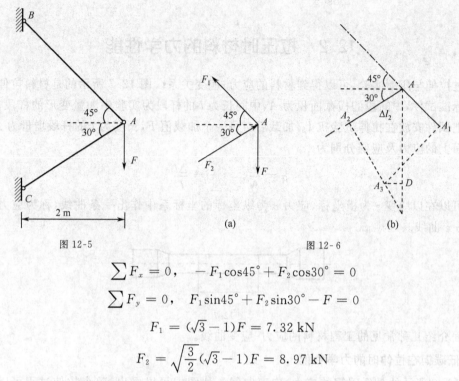

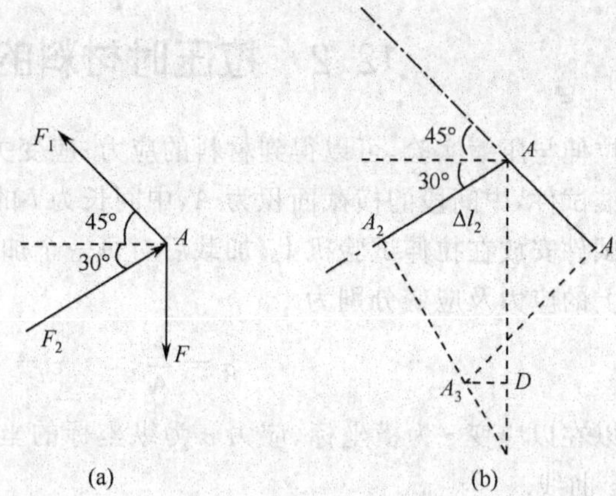

图 12-6

$$\sum F_x=0,\quad -F_1\cos45^\circ+F_2\cos30^\circ=0$$

$$\sum F_y=0,\quad F_1\sin45^\circ+F_2\sin30^\circ-F=0$$

$$F_1=(\sqrt{3}-1)F=7.32\ \text{kN}$$

$$F_2=\sqrt{\frac{3}{2}}(\sqrt{3}-1)F=8.97\ \text{kN}$$

杆 AB 长 $l_1=2\sqrt{2}$ m，杆 AC 长 $l_2=\frac{4}{3}\sqrt{3}$ m，它们的变形分别为

$$\Delta l_1=\frac{F_1l_1}{EA_1}=\frac{7.32\times10^3\times2\times1.41}{200\times10^9\times\frac{\pi}{4}\times0.01^2}=1.32\times10^{-3}\ \text{m}$$

$$\Delta l_2=\frac{F_2l_2}{EA_2}=\frac{8.97\times10^3\times\frac{4}{3}\times1.73}{200\times10^9\times\frac{\pi}{4}\times0.012^2}=9.16\times10^{-4}\ \text{m}$$

为求点 A 的位移，设想拆开铰 A，变形后杆 AB 变成 A_1B，杆 AC 变成 A_2C，分别过 A_1、A_2 作 A_1B、A_2C 的垂线，交点 A_3 即是结构变形后点 A 的新位置，这是在小变形情况下简化得到的近似位置，如图 12-6(b)所示。点 A 的水平位移 $\Delta_x=A_3D$，垂直位移 $\Delta_y=AD$。

从几何关系不难看出

$$\frac{\Delta l_2}{\sin30^\circ}-\frac{\Delta l_1}{\sin45^\circ}=\frac{\Delta_x}{\tan45^\circ}+\frac{\Delta_x}{\tan30^\circ}=(1+\cot30^\circ)\Delta_x$$

$$\Delta_x = \frac{1}{\sqrt{3}+1}(2\Delta l_2 - \sqrt{2}\Delta l_1) = -1.27 \times 10^{-2}(\text{mm})(\rightarrow)$$

$$\Delta_y = \frac{\Delta l_1}{\cos 45^\circ} + \Delta_x = \sqrt{2}\Delta l_1 + \Delta_x = 1.85(\text{mm})(\downarrow)$$

12.2 拉压时材料的力学性能

通过拉伸与压缩实验，可以得到材料的应力-应变关系。图 12-7 所示的是材料拉伸实验中常见的标准试件，中间段的横截面积为 A，中间长为 l 的杆段为实验中测量变形的杆段，称为标距段。把试件安放在拉伸试验机上，加载后对每一个加载值 F，长度为 l 的杆段增量为 Δl，相应杆横截面上的应力及应变分别为

$$\sigma = \frac{F}{A}, \qquad \varepsilon = \frac{\Delta l}{l}$$

这样就可以在以应变 ε 为横坐标、应力 σ 为纵坐标的坐标系中作出一条曲线，称为应力－应变曲线或 σ-ε 曲线。

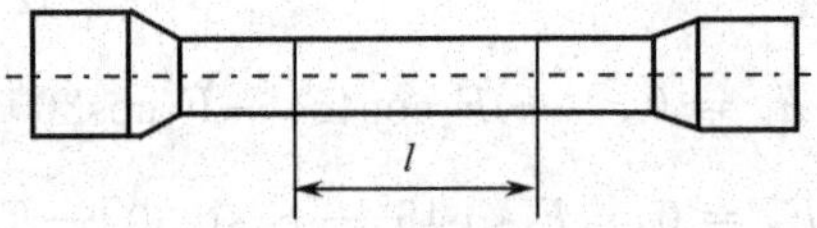

图 12-7

下面介绍几种常见的工程材料的应力-应变曲线。

1. 低碳钢在拉伸时的力学性能

图 12-8 所示的是低碳钢的应力-应变曲线。从图中可以看出，整个拉伸过程可以分为以下四个阶段。

1)弹性阶段

图 12-8 中的 oa 段是直线段，点 a 对应的应力值称为比例极限，记为 σ_p。当 $\sigma \leqslant \sigma_p$ 时，则

$$\sigma = E\varepsilon \tag{11-3}$$

式中，比例常数 E 称为弹性模量(或杨氏模量)，是一个材料常数。

图 12-8 中 ab 段的变形仍是弹性的，但 σ 与 ε 之间是非线性关系，过了点 b 以后就会产生塑性变形。点 b 对应的应力值称为弹性极限，记为 σ_e。

2)屈服阶段

在图 12-8 中的 bc 段，应力的值变化比较小，发生波动，而应变值一直增加，这种现象称为材料屈服。这一阶段应力波动时的最小值定义为屈服极限，记为 σ_s。进入屈服阶段，材料丧失抵抗变形的能力。屈服阶段结束，试件有明显的塑性变形。

3)强化阶段

在图 12-8 中 ce 段，过了屈服阶段后，材料又恢复抵抗变形的能力，要使材料继续变形必须增加应力，这种现象称为材料的强化。曲线最高点 e 对应的应力值称为强度极限，记为 σ_b，它反映材料所能承受的最大应力。

4)局部变形阶段

在图 12-8 中 ef 段，过了点 e 后，试件某局部范围内，横向尺寸突然急剧缩小，如图 12-9 所示，称为颈缩现象。到达点 f，试件被拉断。

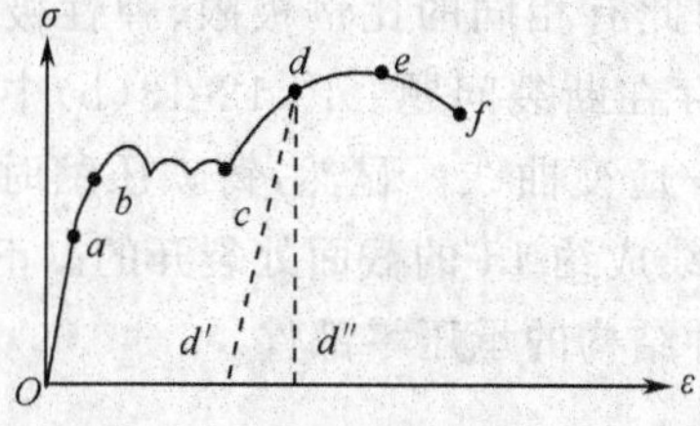

图 12-8

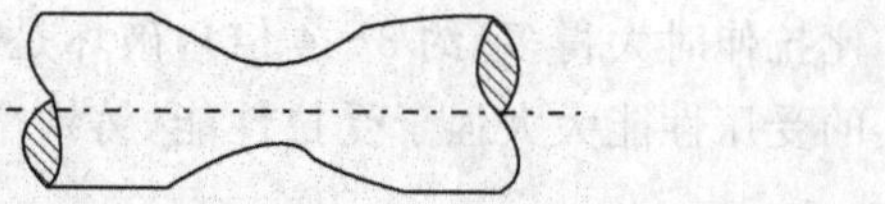

图 12-9

试件拉断后，试件标距段由原长 l 变成为 l_1，定义杆的延伸率 δ 为

$$\delta=\frac{l_1-l}{l}\times 100\% \tag{12-2}$$

延伸率是衡量材料塑性变形程度的指标。工程上通常把 $\delta>5\%$ 的材料称为塑性材料，$\delta<5\%$ 的材料称为脆性材料。低碳钢的延伸率 $\delta\approx 20\%\sim 30\%$。

试件拉断后，断口处的最小横截面面积为 A_1，定义截面收缩率 ψ 为

$$\psi=\frac{A-A_1}{A}\times 100\% \tag{12-3}$$

截面收缩率也是衡量材料塑性变形程度的指标。

如图 12-8 所示，当加载到强化阶段的某点 d，然后卸载，应力-应变关系将沿着直线 dd' 回到点 d'，dd' 近似平行于 oa，这种性质称为卸载规律。载荷完全卸除后 Od' 即为遗留的塑性应变，$d'd''$ 表示消失了的弹性应变，Od'' 为卸载时的总应变。

卸载后又重新加载，应力-应变关系将沿着卸载时的直线 $d'd$ 变化，这种性质称为加载规律。到达点 d 后，又沿曲线 def 变化。由此可知，把试件拉伸到强化阶段后，卸掉载荷，再重新加载时，应力-应变曲线如图 12-10 所示。显然，材料的比例极限提高了，但断裂时塑性变形降低了，这种现象称为冷作硬化。冷作硬化现象经退火处理后可消除。

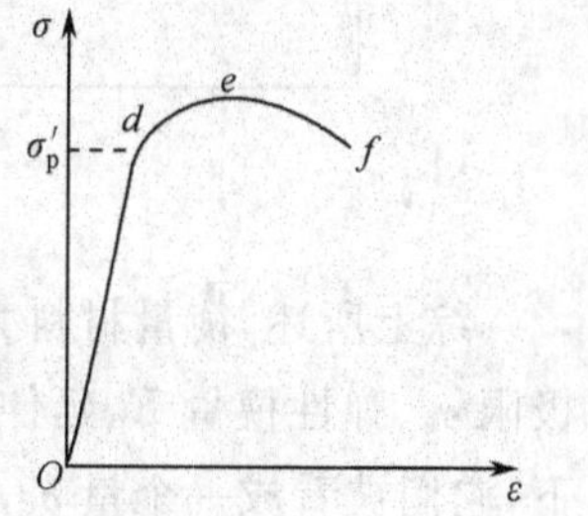

图 12-10

从低碳钢的拉伸应力-应变曲线可以看出，低碳钢有两个重要的强度指标：σ_s 和 σ_b。σ_s 反映材料将出现较大的塑性变形；σ_b 反映材料将断裂。

2. 其他材料在拉伸时的力学性能

工程上有一些材料(16Mn 钢)和低碳钢一样存在四个变形阶段。有一些材料(如黄铜)没有屈服阶段，其他三个阶段很明显。还有一些材料(如高碳钢 T10A)没有屈服阶段和局部变形阶段，只有弹性阶段和强化阶段。

对于没有明显屈服阶段的塑性材料，常以产生 0.2% 的塑性应变时所对应的应力作为屈服极限，称为名义屈服极限，以 $\sigma_{0.2}$ 表示，如图 12-11 所示。

对于脆性材料，如铸铁，从拉伸到断裂变形很小，如图 12-12 所示。铸铁的应力-应变曲线是一段微弯曲线，没有明显的直线部分。在实际使用的应力范围内，以割线代替实际的曲线，如图 12-12 中的虚线，认为应力-应变服从胡克定律，弹性模量为割线的斜率，称为割线弹性模量。

3. 材料在压缩时的力学性能

金属材料的压缩试件，一般制成粗短圆柱形，圆柱高约为直径的 1.5～3 倍，以免试验时被压弯。

图 12-13(a)中的实线是低碳钢压缩时的应力-应变曲线，虚线是其拉伸时的应力-应变曲

线。在屈服阶段之前，两条曲线基本上是一样的，因此有相同的比例极限、弹性极限和屈服极限，但压缩时没有强度极限，因为试件越压越扁，不存在断裂问题。图 12-13(b)中的实线是铸铁压缩时的应力-应变曲线，虚线是其拉伸时的应力-应变曲线。显然，铸铁压缩时的强度极限比拉伸时大得多(约 3～4 倍)，破坏是沿着与试件轴线成约 45°的截面处裂开的。正是由于铸铁的受压性能大大强于受拉性能，铸铁广泛应用于各种结构的承压零部件。

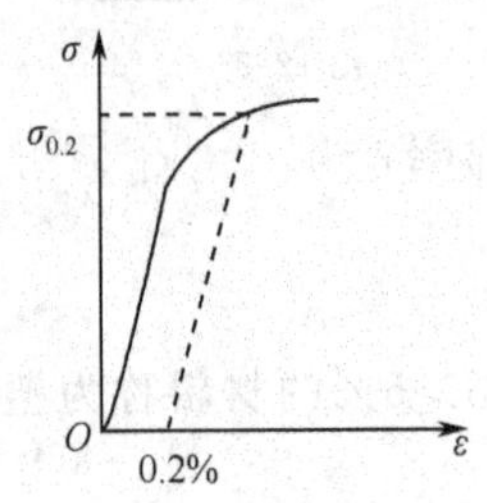

图 12-11

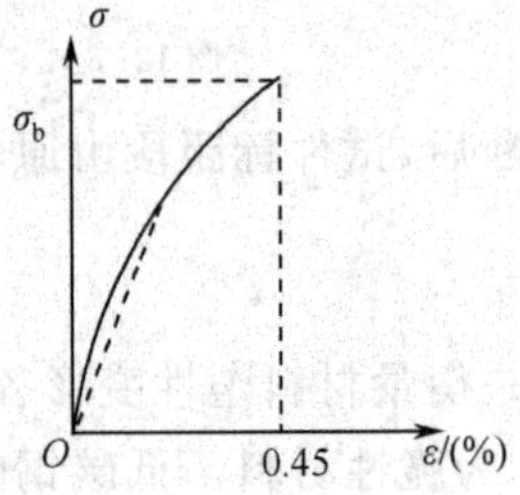

图 12-12

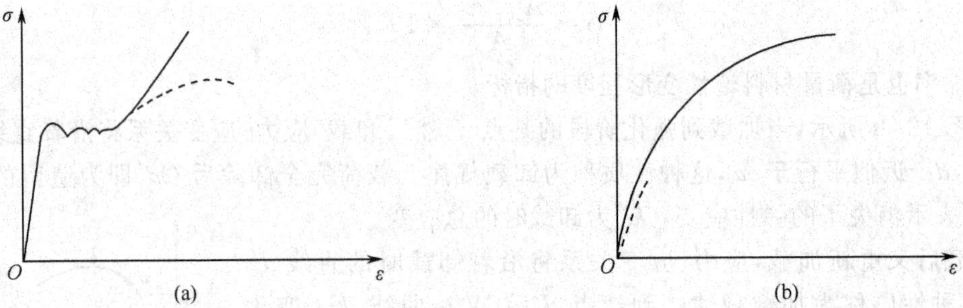

图 12-13

综上所述，衡量材料力学性能的指标有：比例极限 σ_p、弹性极限 σ_e、屈服极限 $\sigma_s(\sigma_{0.2})$、强度极限 σ_b、弹性模量 E、延伸率 δ 和截面收缩率 ψ 等。由于 σ_p、σ_e、σ_s 数值相差不大，在很多情况下，它们被看成一个量 σ_s，这样胡克定律可表示为：当 $|\sigma| \leqslant \sigma_s$ 时，$\sigma = E\varepsilon$。

12.3 杆拉压时的强度计算

当构件中的应力达到某一极限值时，材料就会发生显著的塑性变形(对塑性材料)或断裂(对脆性材料)，这个应力值称为材料的极限应力，以 σ° 表示。显然

$$\sigma^\circ = \begin{cases} \sigma_s & \text{塑性材料} \\ \sigma_b & \text{脆性材料} \end{cases}$$

材料的许用应力$[\sigma]$定义为

$$[\sigma] = \frac{\sigma^\circ}{n} \tag{12-4}$$

式中，n 是一个大于 1 的数，称为安全因数。在一般的静载强度计算中，塑性材料的安全因数 $n_s = 1.5 \sim 2.0$；脆性材料的安全因数 $n_b = 2.5 \sim 3.0$，甚至取到 $3.0 \sim 9.0$。

为了保障构件正常工作，要求杆的实际工作应力满足：

$$\sigma = \frac{F_N}{A} \leqslant [\sigma] \tag{12-5}$$

这就是杆轴向拉压时的强度条件。它可以解决下列三方面的强度计算问题。

(1)校核强度。即验证式(12-5)是否成立,若成立,则说明满足强度条件。否则不满足强度条件。

(2)设计拉压杆横截面尺寸。由式(12-5),得

$$A \geqslant \frac{F_N}{[\sigma]}$$

用以确定横截面尺寸。

(3)确定结构的许可载荷。由式(12-5),得

$$F_N \leqslant [\sigma]A$$

用以确定外载的限制条件,求得许可载荷。

下面举例加以说明。

例 12-4 如图 12-14 所示桁架,杆 1、2 的横截面均为圆形,直径分别为 $d_1=30$ mm 和 $d_2=20$ mm,两杆材料相同,许用应力$[\sigma]=160$ MPa,该桁架在节点 A 处受铅垂方向的载荷 F 作用。问题如下:(1)若 $F=40$ kN,试校核该结构的强度;(2)求结构的许可载荷$[F]$;(3)结构在许可载荷$[F]$作用下,试优化结构的截面设计。

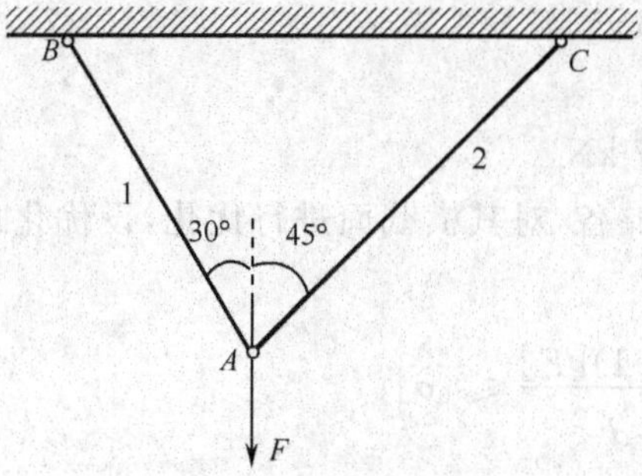

图 12-14

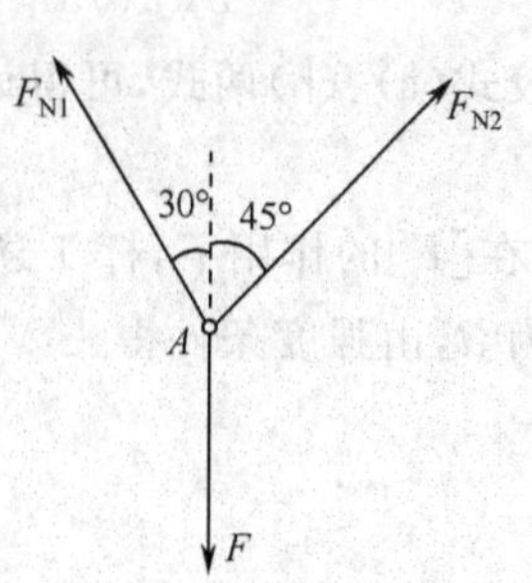

图 12-15

解:考虑节点 A 的平衡,如图 12-15 所示。

$$\sum F_x=0,\ -F_{N1}\sin30°+F_{N2}\sin45°=0$$

$$\sum F_y=0,\ F_{N1}\cos30°+F_{N2}\cos45°-F=0$$

解得

$$F_{N1}=(\sqrt{3}-1)F$$

$$F_{N2}=\frac{\sqrt{2}}{2}(\sqrt{3}-1)F$$

(1)当 $F=40$ kN 时,则

$$\sigma_1=\frac{F_{N1}}{A_1}=\frac{(\sqrt{3}-1)F}{\frac{\pi}{4}{d_1}^2}$$

$$=\frac{4(\sqrt{3}-1)\times40\times10^3}{\pi\times0.03^2}=41.4\times10^6(\text{Pa})<[\sigma]$$

$$\sigma_2=\frac{F_{N2}}{A_2}=\frac{\frac{\sqrt{2}}{2}(\sqrt{3}-1)F}{\frac{\pi}{4}d_2^2}$$

$$= \frac{2\sqrt{2}(\sqrt{3}-1)\times 40\times 10^3}{\pi\times 0.02^2} = 65.9\times 10^6(\text{Pa}) < [\sigma]$$

结构符合强度条件。

(2)考虑杆1,由强度条件得

$$\sigma_1 = \frac{F_{N1}}{A_1} = \frac{(\sqrt{3}-1)F}{\frac{\pi}{4}d_1^2} \leqslant [\sigma]$$

$$F \leqslant \frac{\pi {d_1}^2[\sigma]}{4(\sqrt{3}-1)} = \frac{\pi\times 0.03^2\times 160\times 10^6}{4(\sqrt{3}-1)} = 154.5\times 10^3(\text{N}) \tag{a}$$

考虑杆2,由强度条件得,

$$\sigma_2 = \frac{F_{N2}}{A_2} = \frac{\frac{\sqrt{2}}{2}(\sqrt{3}-1)F}{\frac{\pi}{4}d_2^2} \leqslant [\sigma]$$

$$F \leqslant \frac{\pi d_2^2[\sigma]}{2\sqrt{2}(\sqrt{3}-1)} = \frac{\pi\times 0.02^2\times 160\times 10^6}{2\sqrt{2}(\sqrt{3}-1)} = 97.1\times 10^3(\text{N}) \tag{b}$$

比较式(a)、(b)两式,可得许可载荷为

$$[F] = 97\ \text{kN}$$

(3)在$[F]$的作用下,杆1还有相当大的强度储备,对其横截面进行优化,设优化后的横截面直径为d,由强度条件得

$$\sigma_1 = \frac{F_{N1}}{A_1} = \frac{(\sqrt{3}-1)[F]}{\frac{\pi}{4}d^2} \leqslant [\sigma]$$

$$d \geqslant \sqrt{\frac{4(\sqrt{3}-1)[F]}{\pi[\sigma]}} = \sqrt{\frac{4(\sqrt{3}-1)\times 97\times 10^3}{\pi\times 160\times 10^6}} = 0.0238(\text{m})$$

取$d=24$ mm。这样,整个结构的材料可以得到充分利用。

例12-5 图示结构,OC为刚性梁,DB为斜撑杆,载荷F可沿梁OC水平移动。试问为使斜撑杆的重量最轻,斜撑杆与梁之间的夹角θ应取何值。

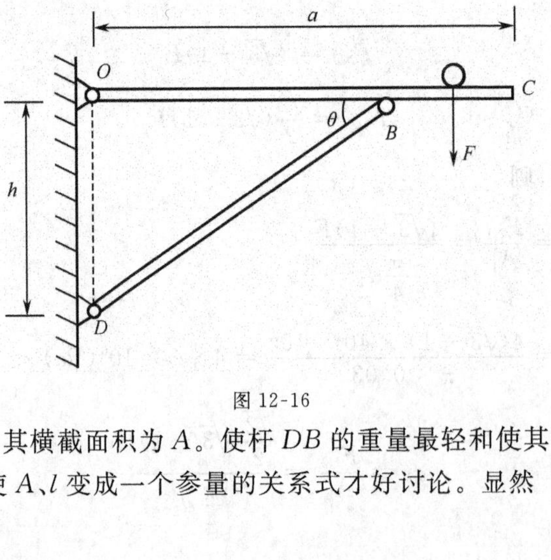

图12-16

解:设杆DB长为l,其横截面积为A。使杆DB的重量最轻和使其体积$V=Al$最小是等价的。要使V最小,必须使A、l变成一个参量的关系式才好讨论。显然

$$l = \frac{h}{\sin\theta} \tag{a}$$

下面找横截面积 A 应满足的关系式。考虑梁 OC 的平衡，设载荷距点 O 的距离为 x，如图 12-17 所示，则

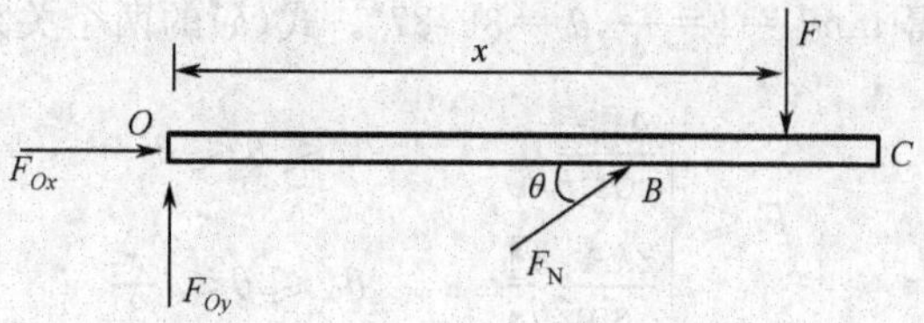

图 12-17

$$\sum M_O = 0, Fx - F_N \cdot h\cos\theta = 0$$

$$F_N = \frac{Fx}{h\cos\theta}$$

$$F_{N\max} = \frac{Fa}{h\cos\theta}$$

设杆 DB 的许用应力为$[\sigma]$，由强度条件得

$$\sigma_{\max} = \frac{F_{N\max}}{A} = \frac{Fa}{Ah\cos\theta} \leqslant [\sigma]$$

$$A \geqslant \frac{Fa}{[\sigma]h\cos\theta} \tag{b}$$

由式(a)、(b)可得

$$V = Al \geqslant \frac{Fa}{[\sigma]\sin\theta\cos\theta} = \frac{2Fa}{[\sigma]\sin 2\theta}$$

式中，$\arctan\frac{h}{a} \leqslant \theta \leqslant \frac{\pi}{2}$。不难看出：当 $h \leqslant a$ 时，$\theta = \frac{\pi}{4}$，体积最小；当 $h > a$ 时，$\theta = \arctan\frac{h}{a}$，体积最小。

例 12-6*　一拉杆由两块相同材料沿 m-m 线胶合组成。由于实用的原因，θ 角限于 0°到 60°范围内。胶合面上的许用剪应力$[\tau]$是许用拉应力$[\sigma]$的$\frac{3}{4}$。假设胶合面的强度控制拉杆的强度，试问为使该杆能承受最大荷载 F 时，θ 角的值应为多少？

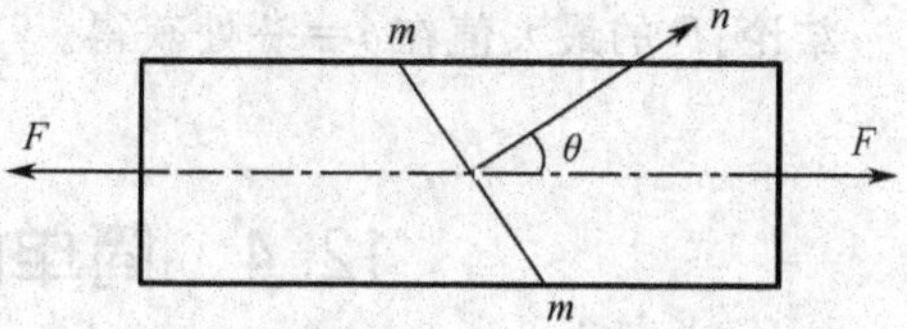

图 12-18

解：设拉杆的横截面积为 A，则横截面上的应力为

$$\sigma_x = \frac{F}{A}, \tau_{xy} = 0$$

由应力分析可知，斜面 m-m 上的应力为

$$\sigma_\theta = \frac{\sigma_x}{2} + \frac{\sigma_x}{2}\cos 2\theta = \sigma_x \cos^2\theta$$

$$\tau_\theta = \frac{\sigma_x}{2}\sin 2\theta$$

由强度条件得

$$\sigma_\theta \leqslant [\sigma], \quad \tau_\theta \leqslant [\tau]$$

即

$$\sigma_x \cos^2\theta \leqslant [\sigma], \quad \frac{\sigma_x}{2}\sin 2\theta \leqslant [\tau]$$

令 $k=\frac{[\tau]}{[\sigma]}$，则

$$F\leqslant\frac{A[\sigma]}{\cos^2\theta},\quad F\leqslant\frac{2A[\tau]}{\sin2\theta}=\frac{2kA[\sigma]}{\sin2\theta}\tag{a}$$

令 $\frac{A[\sigma]}{\cos^2\theta}=\frac{2kA[\sigma]}{\sin2\theta}$，得 $\tan\theta_0=k=\frac{3}{4}$，$\theta_0=36.87°$。式(a)的两个关系式可简化为一个关系式

$$F\leqslant\begin{cases}\frac{A[\sigma]}{\cos^2\theta} & 0\leqslant\theta\leqslant\theta_0\\ \frac{2kA[\sigma]}{\sin2\theta} & \theta_0\leqslant\theta\leqslant\frac{\pi}{3}\end{cases}$$

令

$$f(\theta)=\begin{cases}\frac{A[\sigma]}{\cos^2\theta} & 0\leqslant\theta\leqslant\theta_0\\ \frac{2kA[\sigma]}{\sin2\theta} & \theta_0\leqslant\theta\leqslant\frac{\pi}{3}\end{cases}$$

则原问题转化为求函数 $f(\theta)$ 在 $[0,\frac{\pi}{3}]$ 内的最大值问题。

函数 $\frac{A[\sigma]}{\cos^2\theta}$ 在 $[0,\theta_0]$ 内单增，最大值在 $\theta=\theta_0$ 处获得，函数 $\frac{2kA[\sigma]}{\sin2\theta}$ 在 $\theta=\theta_0$ 处也得到函数 $\frac{A[\sigma]}{\cos^2\theta}$ 的最大值，因此只要考虑函数 $\frac{2kA[\sigma]}{\sin2\theta}$ 在 $[\theta_0,\frac{\pi}{3}]$ 内的最大值即可。由于函数在 $\theta=\frac{\pi}{4}$ 处取最小值，在 $[\theta_0,\frac{\pi}{4}]$ 单减，在 $[\frac{\pi}{4},\frac{\pi}{3}]$ 内单增，所以最大值只能在 $\theta=\theta_0$ 和 $\theta=\frac{\pi}{3}$ 处获得。

$$\left[\frac{2kA[\sigma]}{\sin2\theta}\right]_{\theta=\theta_0}=(1+k^2)A[\sigma]=1.5625A[\sigma]$$

$$\left[\frac{2kA[\sigma]}{\sin2\theta}\right]_{\theta=\frac{\pi}{3}}=\frac{4}{\sqrt{3}}k[\sigma]=1.732A[\sigma]$$

结论：F 的最大值在 $\theta=\frac{\pi}{3}$ 处获得。

12.4 简单的拉(压)静不定问题

当未知轴力不能全部由静力平衡方程求出时，求轴力的问题就成了静不定问题。未知力的个数超出独立的平衡方程数的个数，称为静不定次数。如图 12-19(a)、(b)、(c)所示，都是一次静不定系统，图 12-19(d)为二次静不定系统，其中 A 为光滑刚性轮子。

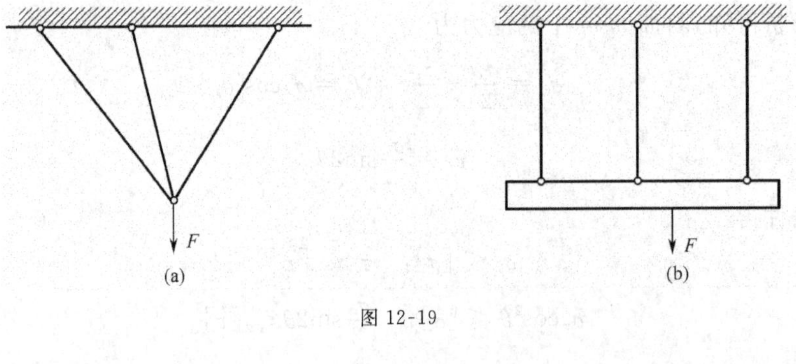

图 12-19

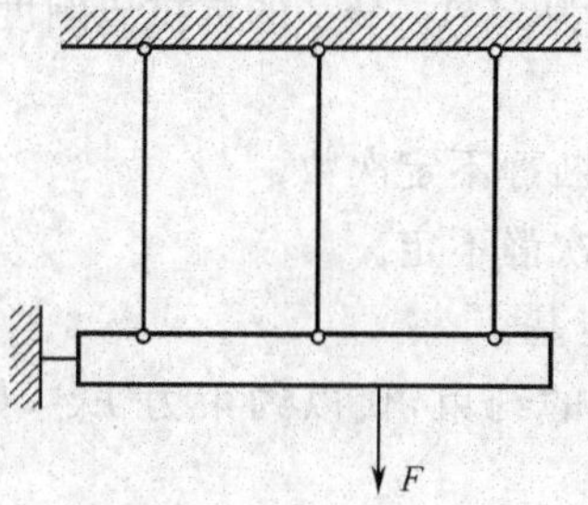

(c)

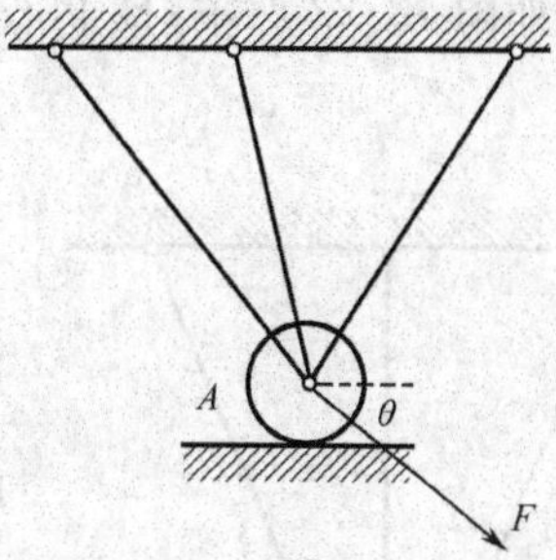

(d)

图 12-19(续)

静不定结构的特点是存在多余约束。求解静不定问题的关键是从多余约束开始，寻求多余约束所产生的几何条件，这种条件称为变形协调条件。然后，通过物理方程(即胡克定律)(有时还要结合平衡方程)把几何条件变为求未知力的方程，由此求得未知力。这种以力为未知量的求解静不定问题的方法称为力法。

要得到变形协调条件，必须先解除多余约束，使原结构变成静定系统，这种静定系统称为原结构的静定基(即基本静定系统)。下面以例子加以说明。

例 12-7 如图 12-20 所示，杆的抗拉压刚度 EA 为常数，试求约束端 O、B 的约束力。

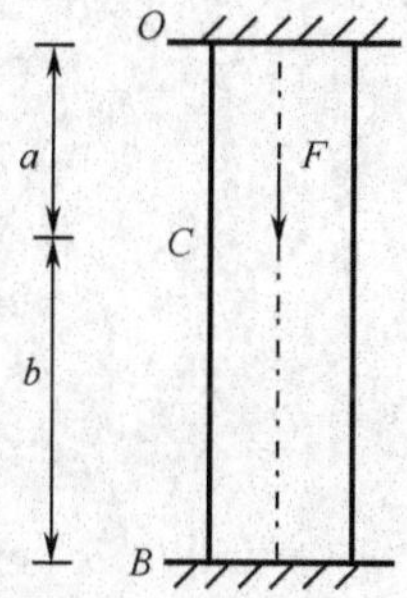

图 12-20

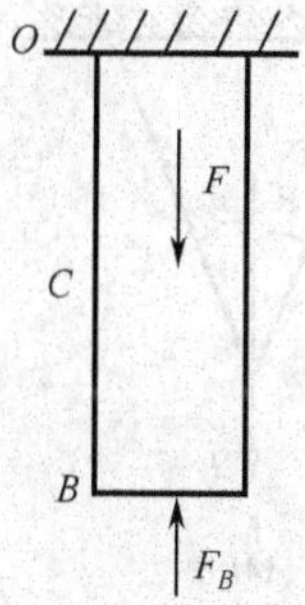

图 12-21

解：(1)判断静不定次数

结构为一次静不定。

(2)取静定基

解除 B 端约束，代以约束力 F_B，如图 12-21 所示。

(3)变形协调条件

图 12-21 所示的静定系统要和原结构等价，心须满足 B 截面的位移为零，即杆 OB 没有伸长或缩短(杆 OB 决不是不变形！)

$$\Delta l_{OB} = 0$$

(4)由物理关系得力法方程

$$\Delta l_{OB} = \frac{Fa}{EA} - \frac{F_B(a+b)}{EA}$$

$$F_B = \frac{a}{a+b}F$$

求出 F_B 后，其余未知力可由平衡方程求得。

例 12-8 如图 12-22 所示，杆 1、3 的抗拉压刚度为 E_1A_1，杆 2 的抗拉压刚度为 E_2A_2，求各杆的轴力。

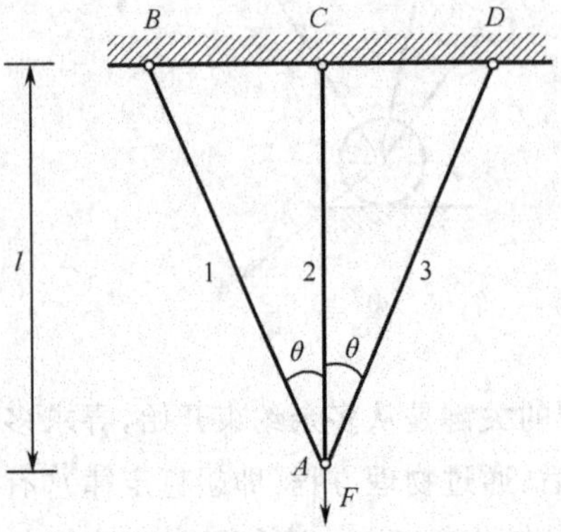

图 12-22

解：(1)判断静不定次数

结构为一次静不定。

(2)取静定基

解除杆 2 的约束，代以约束力 F_{N2}，如图 12-23(a)所示。

(3)变形协调条件

图 12-23(a)所示的静定系统要和原结构等价，必须满足 A 点的垂直位移等于杆 2 的伸长，即

$$\delta_{Ay} = \Delta l_2 \tag{a}$$

图 2-23(a)中 A 点的位移示于图 12-23(b)中，不难看出

$$\delta_{Ay}\cos\theta = \Delta l_1 = \Delta l_3 \tag{b}$$

由式(a)、(b)得

$$\Delta l_1 = \Delta l_2 \cos\theta \tag{c}$$

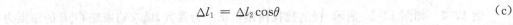

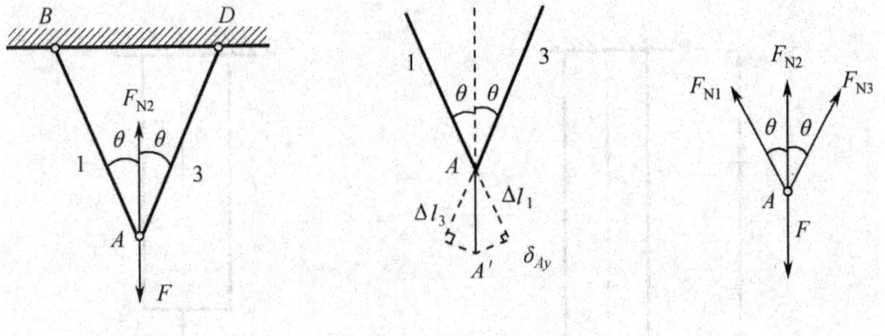

(a) (b) (c)

图 12-23

(4)由物理关系(结合平衡方程)得力法方程

考虑图 12-23(a)节点 A 的平衡，如图 12-23(c)所示。

$$\sum F_x = 0, -F_{N1}\sin\theta + F_{N3}\sin\theta = 0$$

$$\sum F_y = 0, F_{N2} + (F_{N1} + F_{N3})\cos\theta - F = 0$$

$$F_{N_1} = F_{N_3} = \frac{F - F_{N_2}}{2\cos\theta} \tag{d}$$

$$\Delta l_1 = \Delta l_3 = \frac{F_{N1}\,l}{E_1A_1\cos\theta} = \frac{(F - F_{N2})l}{2E_1A_1\cos^2\theta} \tag{e}$$

$$\Delta l_2 = \frac{F_{N2}\,l}{E_2A_2} \tag{f}$$

式(e)、(f)代入(c)，得

$$\frac{(F - F_{N2})l}{2E_1A_1\cos^2\theta} = \frac{F_{N2}\,l}{E_2A_2}\cos\theta \tag{g}$$

解得

$$F_{N2}=\frac{1}{1+\dfrac{2E_1A_1}{E_2A_2}\cos^3\theta}F,\quad F_{N1}=F_{N3}=\frac{\dfrac{E_1A_1}{E_2A_2}\cos^2\theta}{1+\dfrac{2E_1A_1}{E_2A_2}\cos^3\theta}F$$

例 12-9 如图 12-24 所示，OBC 为刚性杆，杆 1、2、3 的抗拉压刚度均为 EA，求各杆轴力。

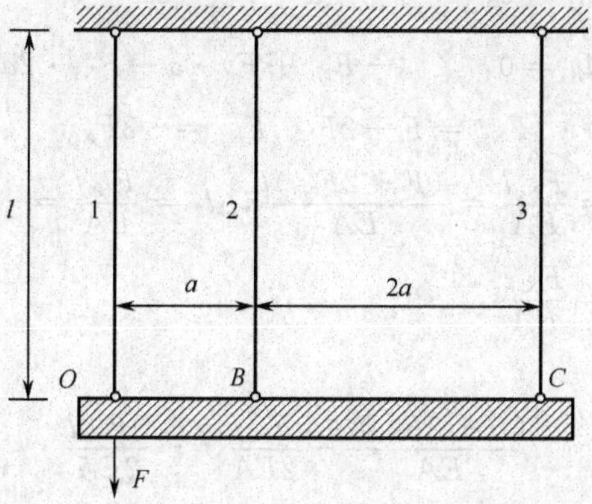

图 12-24

解：(1)判断静不定次数

结构为一次静不定。

(2)取静定基

解除杆 3 的约束，代以约束力 F_{N3}，如图 12-25(a)所示。

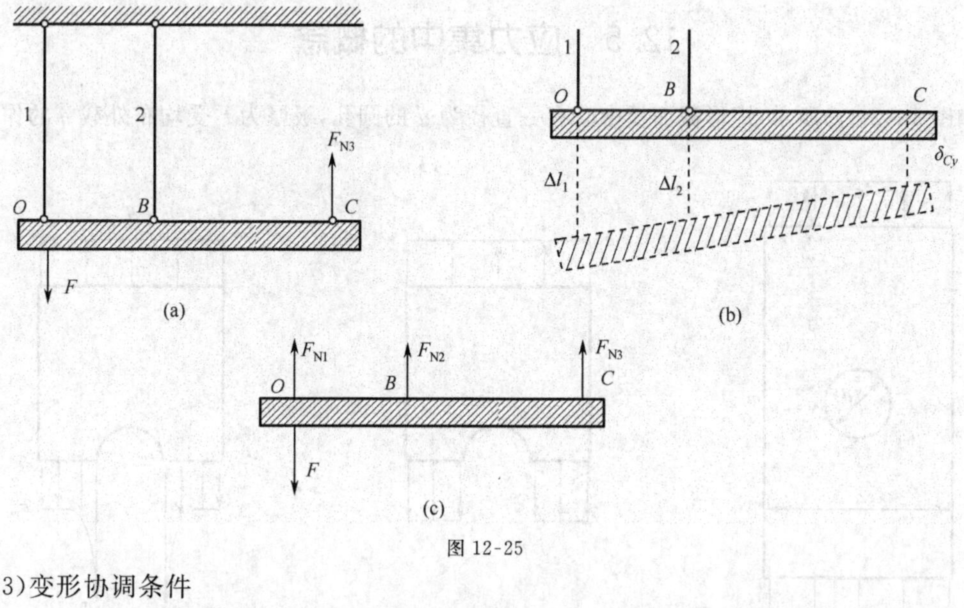

图 12-25

(3)变形协调条件

图 12-25(a)所示的静定系统要和原结构等价，必须满足点 C 的竖直位移等于杆 3 的伸长，即

$$\delta_{Cy}=\Delta l_3 \tag{a}$$

图 12-25(a)中刚体 OBC 的位移示于图 12-25(b)中(图中杆 1、2 的变形放大导致刚体 OBC 的位移放大)，不难看出

$$\frac{\Delta l_1-\delta_{Cy}}{\Delta l_2-\delta_{Cy}}=\frac{3a}{2a}=\frac{3}{2} \tag{b}$$

由式(a)、(b)得

$$\Delta l_1 + \frac{1}{2}\Delta l_3 = \frac{3}{2}\Delta l_2 \tag{c}$$

(4)由物理关系(结合平衡方程)得力法方程

考虑图 12-25(a)中刚体 OBC 平衡,如图 12-25(c)所示,则

$$\sum M_O = 0, \qquad F_{N2}\cdot a + F_{N3}\cdot 3a = 0$$

$$\sum M_B = 0, \qquad (-F_{N1}+F)\cdot a + F_{N3}\cdot 2a = 0$$

$$F_{N1} = F + 2F_{N3}, F_{N2} = -3F_{N_3} \tag{d}$$

$$\begin{cases} \Delta l_1 = \dfrac{F_{N1}l}{EA} = \dfrac{(F+2F_{N3})l}{EA}, \Delta l_2 = \dfrac{F_{N2}l}{EA} = -\dfrac{3F_{N3}l}{EA} \\ \Delta l_3 = \dfrac{F_{N3}l}{EA} \end{cases} \tag{e}$$

式(e)代入式(c),得

$$\frac{(F+2F_{N3})l}{EA} + \frac{F_{N3}l}{2EA} = -\frac{9F_{N3}l}{2EA}$$

$$F_{N3} = -\frac{1}{7}F$$

$$F_{N1} = \frac{5}{7}F, \quad F_{N2} = \frac{3}{7}F$$

F_{N3} 表达式出现负号,说明所设的方向与实际方向相反,即杆 3 是受压的。

12.5 应力集中的概念

如图 12-26(a)所示,矩形截面板中心有一直径为 d 的圆孔,板厚为 t,受均布外载 q 的作用。

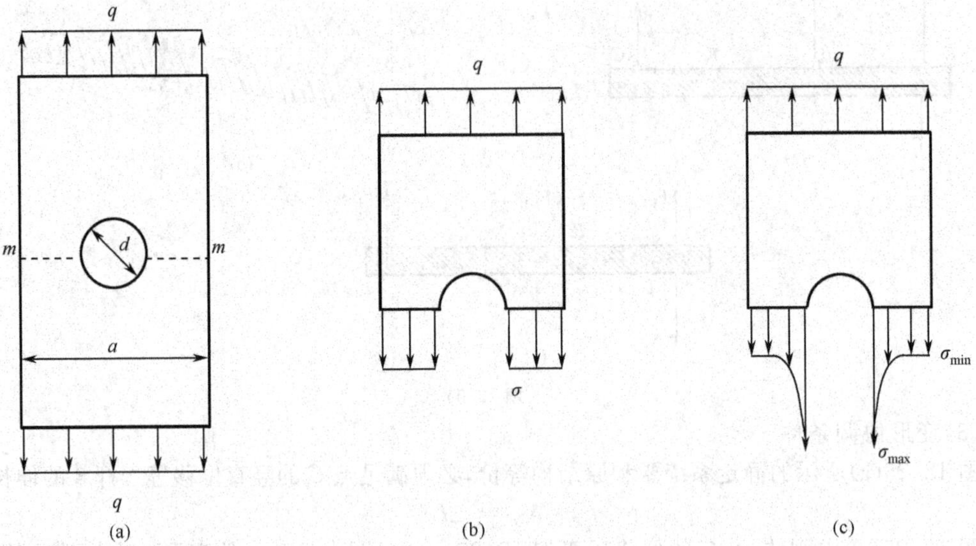

图 12-26

沿 m-m 面切开,由材料力学公式知,截面上的应力为

$$\sigma = \frac{qat}{at-dt} = \frac{q}{1-\dfrac{d}{a}}$$

如图 12-26(b)所示。根据弹性力学理论，当$\frac{d}{a} \ll 1$、t 较小时，m-m 截面上的应力分布如图 12-26(c)所示，其中 $\sigma_{\min} \approx q$，$\sigma_{\max} = 3q \approx 3\sigma$，高应力的区域非常小，具有局部性质。理论分析和实验结果表明这种现象具有较普遍性，即局部的截面突变会造成应力的重新分布，接近截面突变的局部区域，应力急剧增大，这种现象称为应力集中。

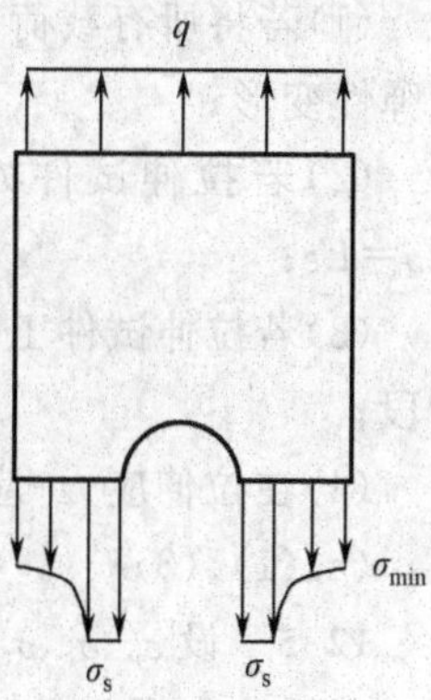

图 12-27

应力集中对材料强度影响是各不相同的，在静载情况下，对塑性材料，应力集中处的最大应力 $\sigma_{\max}$ 达到屈服应力后，材料塑性变形增加而应力变化不大，这样最大应力的值受到限制，必然导致邻近区域的应力增加到屈服应力，出现局部区域的屈服，如图 12-27 所示。和无孔的情况比较，强度的消弱很小。对脆性材料，如铸铁等，由于其内部存在大量的缺陷，这本身就是产生应力集中的主要因素，外形的改变所产生的应力集中是次要因素，对强度的影响并不大。而对玻璃这样的脆性材料，应力集中处的最大应力 $\sigma_{\max}$ 会达到材料的强度极限，造成材料出现裂纹，应力集中的影响后果严重。在交变应力这样的动载情况下，无论是塑性材料还是脆性材料，应力集中对材料强度都有严重影响。

习　题

12-1　两杆的长度和横截面积均相同，其中一根为钢杆，另一根为铝杆，受相同的轴向拉力作用。下列结论中________是正确的。

(a)铝杆的应力和钢杆相同，而变形大于钢杆

(b)铝杆的应力和钢杆相同，而变形小于钢杆

(c)铝杆的应力和变形都大于钢杆

(d)铝杆的应力和变形都小于钢杆

12-2　空心圆杆受轴向拉伸时，下列结论中________是正确的。

(a)外径和壁厚都增大

(b)外径和壁厚都减小

(c)外径减小，壁厚增大

(d)外径增大，壁厚减小

12-3　在定点 A 和 B 之间水平地连接一钢丝，如图所示。钢丝直径 $d=1$ mm，在其中点 C 处有载荷 F 作用。当钢丝的相对伸长达到 0.5%时，即被拉断。如不计钢丝自重，则在断裂前的瞬时，点 C 下降的距离为________mm。

(a)5　　(b)10　　(c)100　　(d)1000

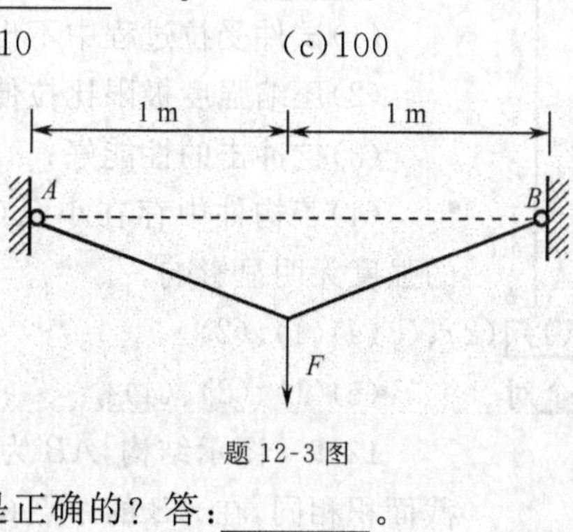

题 12-3 图

12-4　下列结论中哪些是正确的？答：________。

(1)若将所有载荷去掉，试件的变形可全部消失，试件恢复到原有形状和大小，这种变形称为弹性变形；

(2)若拉伸试件处于弹性变形阶段，则试件工作段的应力 σ 与应变 ε 必成正比关系，即$\sigma=E\varepsilon$；

(3)若拉伸试件工作段的应力 σ 与应变 ε 成正比关系，即 $\sigma=E\varepsilon$，则该试件必处于弹性变形阶段；

(4)在拉伸应力-应变曲线中，弹性阶段的最高应力为比例极限。

(a)(1)、(3)　　(b)(2)、(4)　　(c)(1)、(2)、(3)　　(d)全对

12-5　设 σ_p、σ_e、σ_s 和 σ_b 分别表示拉伸试件的比例极限、弹性极限、屈服极限和强度极限，则下列结论中哪些是正确的？答：________。

(1)$\sigma_p<\sigma_e<\sigma_s<\sigma_b$；

(2)试件中的真实应力不可能大于 σ_b；

(3)对于各种不同材料，许用应力均由强度极限 σ_b 和对应的安全因数 n_b 来确定，即 $[\sigma]=\dfrac{\sigma_b}{n_b}$。

(a)(1)　　(b)(1)、(2)　　(c)全对　　(d)全错

12-6　设 ε 和 ε' 分别表示受力杆件的轴向应变和横向应变，ν 为杆件材料的泊松比，则下列结论中哪些是正确的？答：________。

(1)ν 为一无量纲量；

(2)ν 可以为正值、负值或零；

(3)ν 的值与应力的大小无关，即 $\nu=$ 常量；

(4)弹性模量 E 和泊松比 ν 均为反映材料弹性性质的常数。

(a)(1)、(2)、(3)　　(b)(2)、(3)、(4)　　(c)(1)、(2)、(4)　　(d)(1)、(3)、(4)

12-7　下列结论中哪些是正确的？答：________。

(1)钢材经过冷作硬化后，其比例极限可得到提高；

(2)钢材经过冷作硬化后，其延伸率可得到提高；

(3)钢材经过冷作硬化后，材料的强度可得到提高；

(4)钢材经过冷作硬化后，其抗冲击性能可得到提高。

(a)(1)、(3)　　(b)(2)、(4)　　(c)(1)、(2)、(3)　　(d)(2)、(3)、(4)

12-8　对于脆性材料，下列结论中哪些是正确的？答：________。

(1)试件受拉过程中不出现屈服和颈缩现象；

(2)压缩强度极限比拉伸强度极限高出许多；

(3)抗冲击的性能好；

(4)若构件中存在小孔(出现应力集中现象)，对构件的强度无明显影响。

(a)(1)、(2)　　(b)(1)、(2)、(3)

(c)(1)、(2)、(4)　　(d)全对

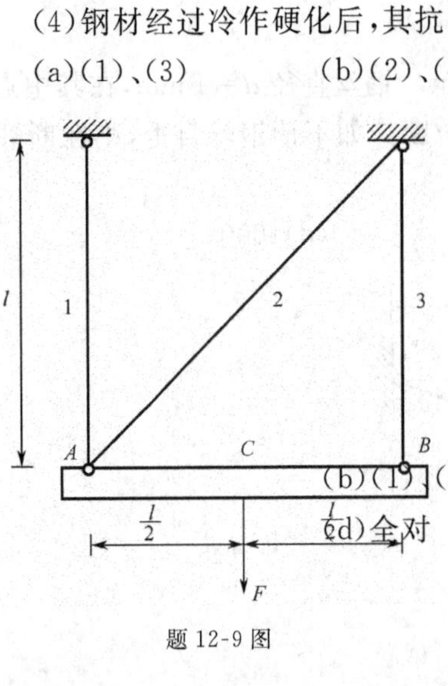

题 12-9 图

12-9　图示结构，AB 为刚性梁，杆 1、2、3 的材料和横截面积相同，在 AB 的中点 C 承受铅垂方向的载荷 F，试计

算点 C 的水平和垂直位移。已知：$F=20$ kN，$A_1=A_2=A_3=100$ mm^2，$l=1000$ mm，$E=200$ GPa。

12-10 变截面直杆，长度及受力情况如图所示，AB 段横截面积 $A_1=100$ mm^2，BC 段横截面积 $A_2=50$ mm^2，材料弹性模量 $E=200$ GPa。试计算杆的轴向总变形量 Δl。

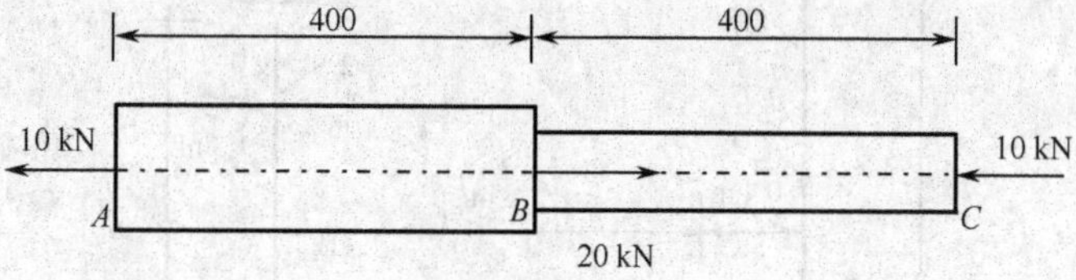

题 12-10 图

12-11 设横梁 $ABCD$ 为刚体。横截面积 $A=76.36$ mm^2 的钢索绕过无摩擦的滑轮。设 $F=20$ kN，试求钢索内的应力和点 C 的垂直位移。设钢索的 $E=177$ GPa。

12-12 结构及受力情况如图所示，AB 为长 $l=1$ m，直径 $d=10$ mm 的圆截面钢杆，材料弹性模量 $E=200$ GPa，许用应力$[\sigma]=160$ MPa。结构受力后，杆 AB 的轴向变形量 $\Delta l=0.8$ mm。试确定此时结构所受的载荷 F，并对杆 AB 进行强度校核。

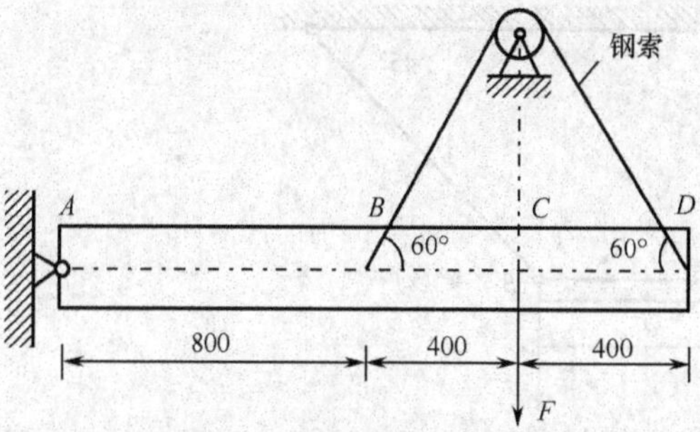

题 12-11 图

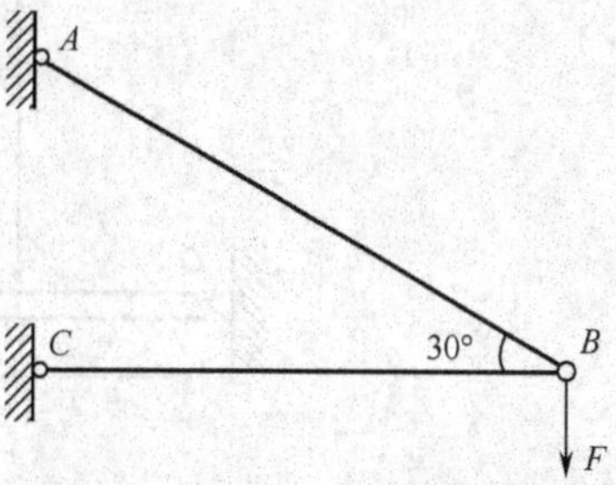

题 12-12 图

12-13 在图示简易吊车中，BC 为钢杆，AB 为木杆。木杆 AB 的横截面积 $A_1=100$ cm^2，许用应力$[\sigma]_1=7$ MPa；钢杆 BC 的横截面积 $A_2=6$ cm^2，许用应力$[\sigma]_2=160$ MPa。试求许可吊重 F。

12-14 图示托架，节点 A 处受 $F=50$ kN 的载荷作用。AB 为钢制圆形截面杆，材料的许用应力$[\sigma]_s=160$ MPa；BC 为木制正方形截面杆，材料的许用应力$[\sigma]_w=10$ MPa。不计各杆自重，试确定杆 AB 横截面的直径 d 和杆 BC 的横截面的边长 b。

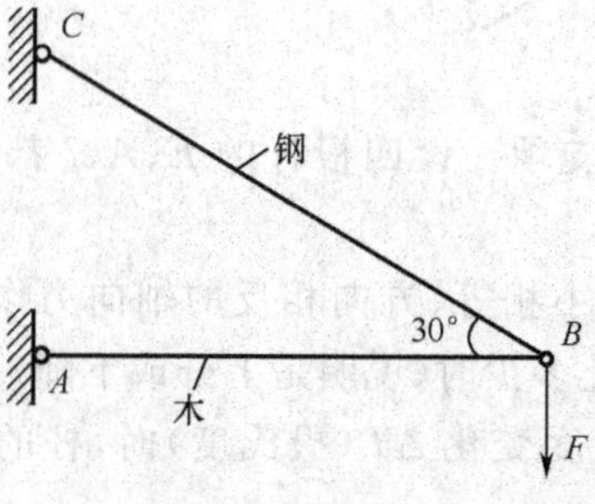

题 12-13 图

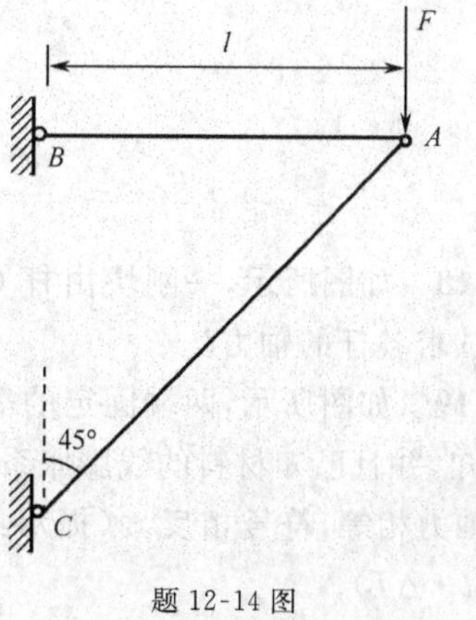

题 12-14 图

12-15 结构及受力如图所示，AB 为刚性杆，1 与 2 均为圆截面钢杆，两杆材料相同，弹性模量 $E=200$ GPa，许用应力$[\sigma]=160$ MPa。若要求变形中 AB 只做平移，试设计两杆的直径。

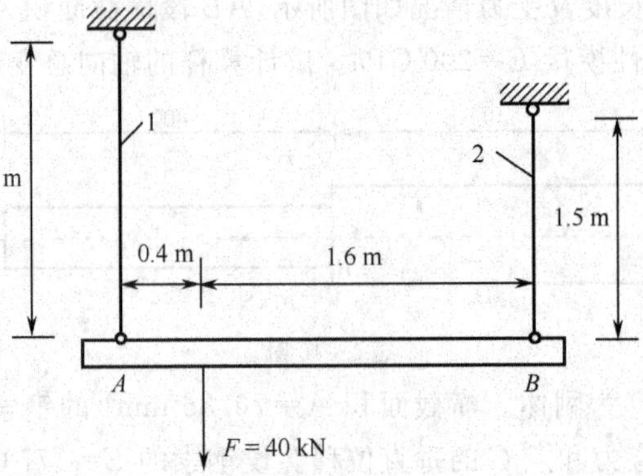

题 12-15 图

12-16 结构及受力情况如图所示，OB 为刚性杆，杆 1 与杆 2 的横截面积均为 A，材料弹性模量均为 E。试确定杆 1 与杆 2 的内力。

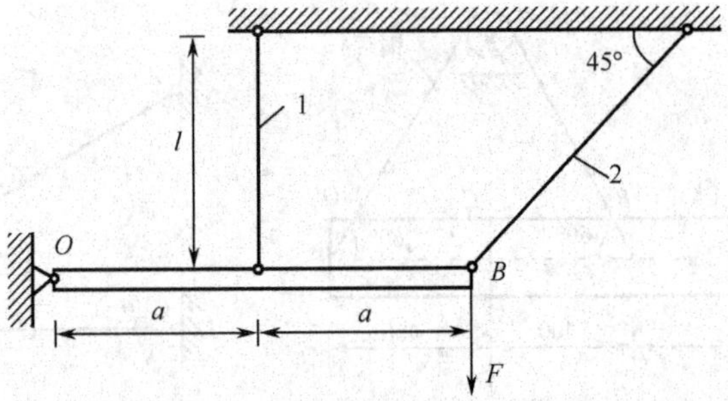

题 12-16 图

12-17 钢杆 AB 悬挂于杆 1、2 上，杆 1 的横截面积为 $A_1=60\ \mathrm{mm}^2$，杆 2 的横截面积 $A_2=120\ \mathrm{mm}^2$，且两杆材料相同。若 $F=6$ kN，试求两杆的轴力及支座 A 的约束力。

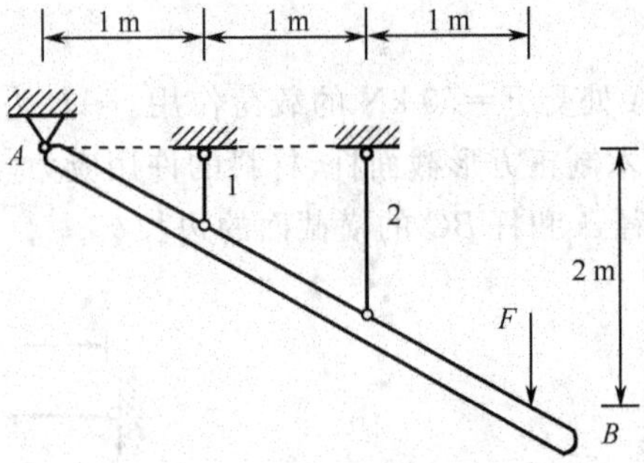

题 12-17 图

12-18 如图所示，一刚块由杆 OB、BC、CD、DH 支承。设四根杆的 E、A、l 都相同，$F=20$ kN，试求各杆的轴力。

12-19 如图所示，两端固定的等直杆承受两个大小相等、方向相反的轴向力作用。杆的 E、A 已知，并且已知材料的线膨胀系数 α，试问温度变化多少时（说明是上升或下降），中段轴力与侧段轴力相等，符号相反。（提示：长 l 的直杆，当温度变化 ΔT（摄氏度）时，杆的长度改变 $\Delta l=\alpha\cdot l\cdot\Delta T$）。

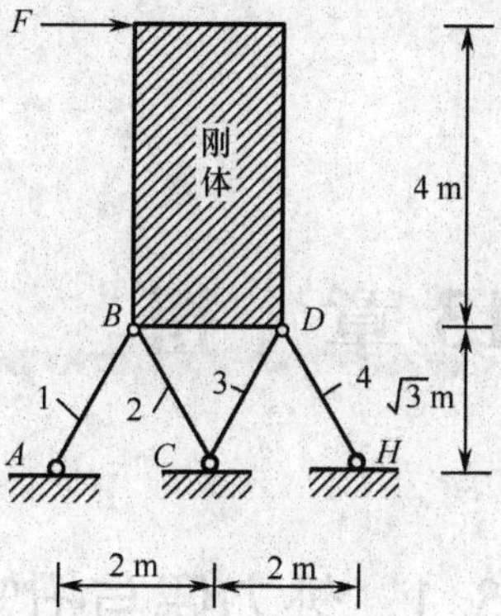

题 12-18 图

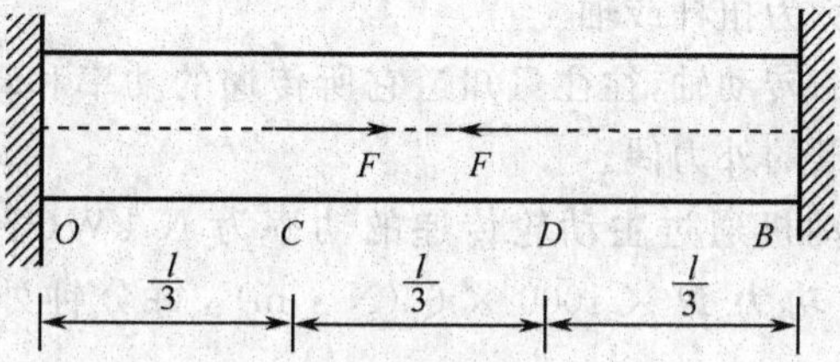

题 12-19 图

第 13 章 扭 转

13.1 外力偶与扭矩

承受扭转变形的杆常称为扭杆或轴。

对于工程实际中常用的转动轴,往往只知道它所传递的功率和转速,需要根据这些已知条件计算出使轴发生扭转变形的外力偶。

如图 13-1 所示,设电动机通过主动轮传递的功率为 N kW(千瓦),轴的转速为 n r/min(转/分),则每分钟输入的功为 $N\times 1000\times 60$(N·m),每分钟外力偶 m 所做的功为 $m\cdot 2\pi n$(N·m),由此得

$$2\pi n\cdot m = 60000N$$

$$m = 9549\,\frac{N}{n} \tag{13-1}$$

当功率为马力时,由于 1 马力=735.5W(N·m/s),有

$$m = 7024\,\frac{N}{n}(\mathrm{N\cdot m}) \tag{13-2}$$

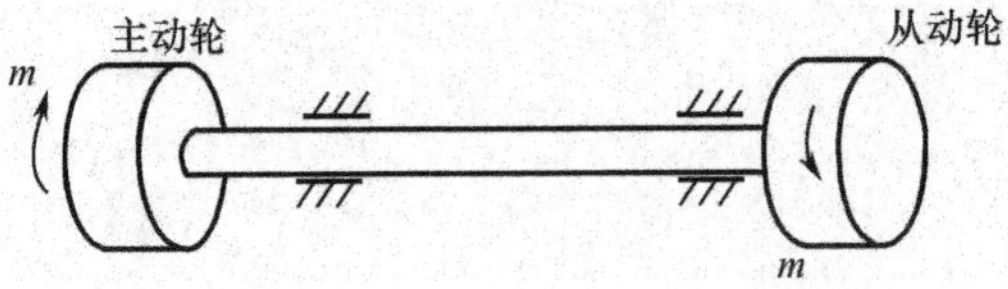

图 13-1

下面考虑轴横截面上的内力。如图 13-2(a)所示的轴受外力偶 m 的作用,在 n-n 截面上,如图 13-2(b)、(c)所示,内力分布力的合力偶矩 T 称为 n-n 截面的扭矩。

$$\sum M_x = 0,\qquad m - T = 0$$

$$T = m$$

扭矩的正负号规定:按右手螺旋法则把 T 表示成矢量,当矢量的方向与截面的外法向一致时为正;反之,为负。图 13-2(b)、(c)中的扭矩 T 都是正的。

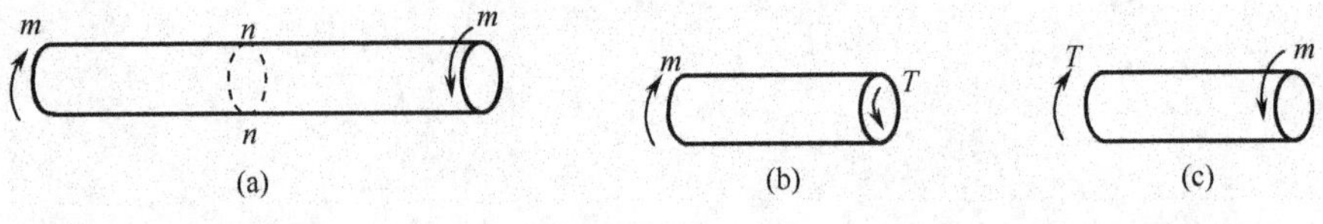

图 13-2

例 13-1 如图 13-3(a)所示的传动轴,转速 n=300 r/min,C 为主动轮,输入功率 $N_C = 40\,\mathrm{kW}$,A、B、D 为从动轮,输出功率分别为 $N_A = 10\,\mathrm{kW}$,$N_B = 12\,\mathrm{kW}$,$N_D = 18\,\mathrm{kW}$。试作传动轴的扭矩图。

解:(1)求外力偶

$$m_A = 9549\frac{N_A}{n} = 9549\times\frac{10}{300} = 318(\text{N}\cdot\text{m})$$

$$m_B = 9549\frac{N_B}{n} = 9549\times\frac{12}{300} = 382(\text{N}\cdot\text{m})$$

$$m_C = 9549\frac{N_C}{n} = 9549\times\frac{40}{300} = 1273(\text{N}\cdot\text{m})$$

$$m_D = 9549\frac{N_D}{n} = 9549\times\frac{18}{300} = 573(\text{N}\cdot\text{m})$$

(2)作扭矩图

用截面法不难求得

AB 段：　　$T = -318(\text{N}\cdot\text{m})$

BC 段：　　$T = -700(\text{N}\cdot\text{m})$

CD 段：　　$T = 573(\text{N}\cdot\text{m})$

作扭矩图,如图 13-3(b)所示。

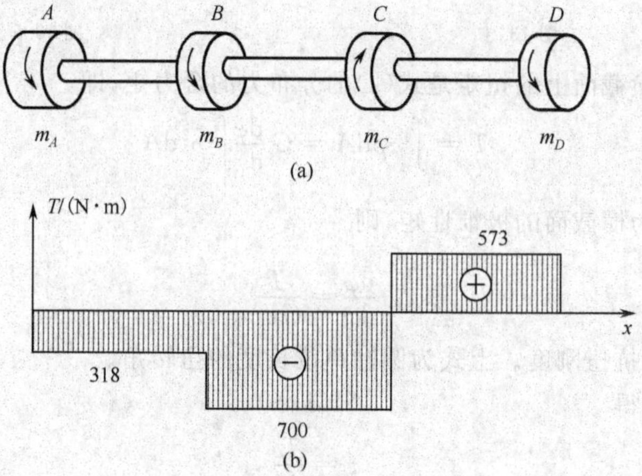

图 13-3

13.2　圆轴扭转时的应力与变形

1. 横截面上的应力、单位长度的扭转角

如图 13-4(a)所示的圆截面扭杆,在其表面画上圆周线和纵向线,受外力偶作用变形,如图 13-4(b)所示。相邻圆周线所在平面有微小相对转动,纵向线有微小偏斜。右端面相对左端面的转角 φ 称为轴的扭转角。

基本假设:变形前的横截面在变形后仍保持平面,且半径仍保持直线。相邻横截面保持距离不变。此假设称为圆轴的截面平面假设。

为此,考虑半径为 ρ,长为 $\mathrm{d}x$ 的同轴圆柱体,如图 13-5(a)所示。从几何上考虑,纵向线的偏转角 γ_ρ 即是该处的剪应变,$\mathrm{d}\varphi$ 为该微段的扭转角,在小变形下,

$$\rho\,\mathrm{d}\varphi = \gamma_\rho\,\mathrm{d}x$$

$$\gamma_\rho = \rho\frac{\mathrm{d}\varphi}{\mathrm{d}x} \tag{1}$$

从物理上考虑，该处的剪应力为

$$\tau = G\gamma_\rho = G\rho\,\frac{\mathrm{d}\varphi}{\mathrm{d}x} \tag{2}$$

上式表明剪应力沿半径线性分布，如图 13-5(b)所示。

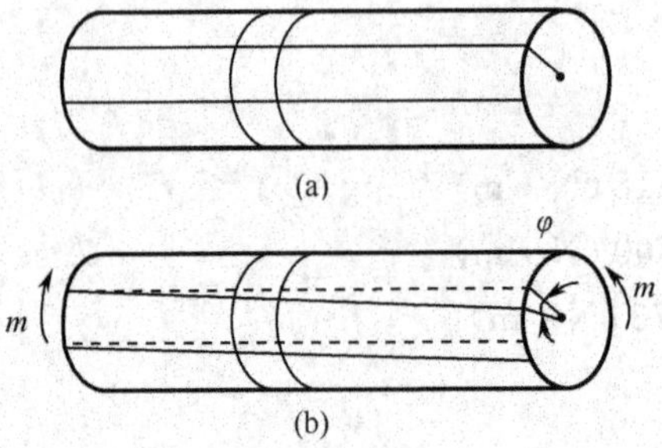

图 13-4

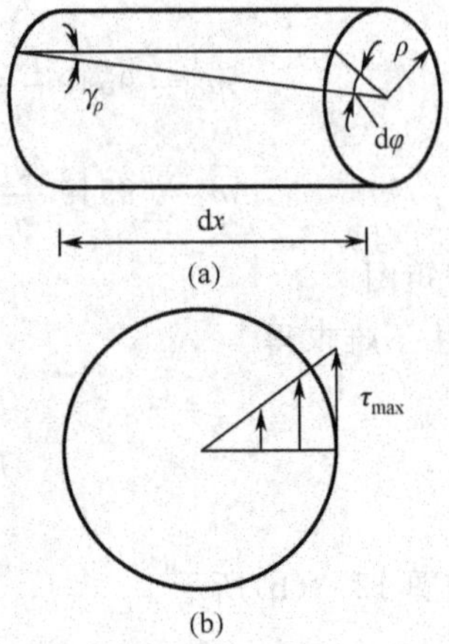

图 13-5

从静力上考虑，横截面上的扭矩是式(2)的分布力的合力矩，即

$$T = \int_A \tau\rho\,\mathrm{d}A = G\,\frac{\mathrm{d}\varphi}{\mathrm{d}x}\int_A \rho^2\,\mathrm{d}A$$

令 $I_p = \int_A \rho^2\,\mathrm{d}A$，称为横截面的极惯性矩，则

$$\frac{\mathrm{d}\varphi}{\mathrm{d}x} = \frac{T}{GI_p} \tag{13-3}$$

式中，GI_p称为截面的抗扭刚度。上式为圆轴单位长度的扭转角。

由式(2)、(13-3)得

$$\tau = \frac{T\rho}{I_p} \tag{13-4}$$

这就是横截面上剪应力的公式。显然

$$\tau_{\max} = \frac{T\,\dfrac{d}{2}}{I_p} = \frac{T}{I_p/\dfrac{d}{2}}$$

令 $W_p = \dfrac{I_p}{\dfrac{d}{2}}$，称为圆轴的抗扭截面模量，则

$$\tau_{\max} = \frac{T}{W_p} \tag{13-5}$$

2. I_p、W_p的计算

对直径为 d 的实心圆截面，如图 13-6(a)所示，有

$$I_p = \int_A \rho^2\,\mathrm{d}A = \int_0^{\frac{d}{2}} \rho^2 \cdot 2\pi\rho\,\mathrm{d}\rho = \frac{\pi}{32}d^4 \tag{13-6}$$

$$W_p = \frac{2I_p}{d} = \frac{\pi}{16}d^3 \tag{13-7}$$

对内径为 d、外径为 D 的空心圆截面，有

$$I_p = \int_A \rho^2 \mathrm{d}A = \int_{\frac{d}{2}}^{\frac{D}{2}} \rho^2 \cdot 2\pi\rho \mathrm{d}\rho = \frac{\pi}{32}(D^4 - d^4)$$

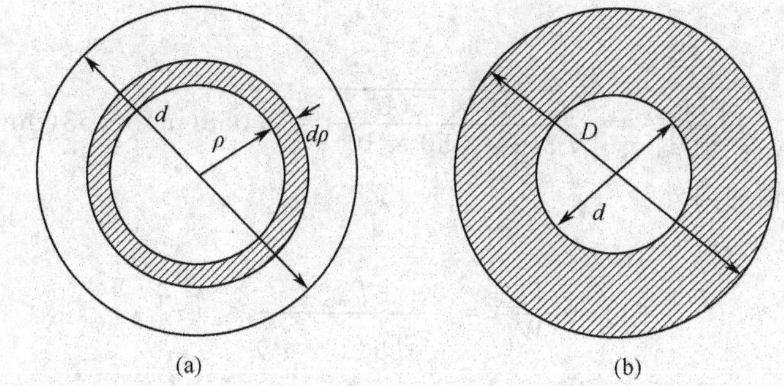

图 13-6

令 $\alpha = \frac{d}{D}$，则

$$I_p = \frac{\pi}{32} D^4 (1 - \alpha^4) \tag{13-8}$$

$$W_p = \frac{2I_p}{D} = \frac{\pi}{16} D^3 (1 - \alpha^4) \tag{13-9}$$

13.3 圆轴的强度条件与刚度条件

圆轴的强度条件为

$$\tau_{max} = \frac{T}{W_p} \leqslant [\tau] \tag{13-10}$$

式中，$[\tau]$为圆轴的许用剪应力。

由式(13-3)得

$$\mathrm{d}\varphi = \frac{T}{GI_p} \mathrm{d}x$$

当 T 沿杆长 l 不变时，积分得

$$\varphi = \frac{Tl}{GI_p} \tag{13-11}$$

这就是圆轴的扭转角。

工程上通常是限制单位长度的扭转角，使其不超过某一规定的许用值$[\theta]$，因此圆轴的刚度条件为

$$\frac{\mathrm{d}\varphi}{\mathrm{d}x} = \frac{T}{GI_p} \leqslant [\theta] \tag{13-12}$$

当$[\theta]$以°/m(度/米)为单位时，刚度条件为

$$\frac{T}{GI_p} \times \frac{180}{\pi} \leqslant [\theta] \tag{13-13}$$

例 13-2 某传动轴，承受最大扭矩 $T_{max} = 1.5\,\mathrm{kN}$，材料的许用剪应力$[\tau] = 50\,\mathrm{MPa}$，试按实心圆轴和 $\alpha = 0.8$ 的空心圆轴两种方案，设计该传动轴的横截面尺寸，并比较两种情况下轴的重量。

解：(1)计算实心圆轴的直径 d

由强度条件

$$\tau_{max} = \frac{T_{max}}{W_p} = \frac{T_{max}}{\frac{\pi}{16}d^3} \leqslant [\tau]$$

$$d \geqslant \sqrt[3]{\frac{16T_{max}}{\pi[\tau]}} = \sqrt[3]{\frac{16 \times 1500}{3.14 \times 50 \times 10^6}} = 0.053(\mathrm{m}) = 53(\mathrm{mm})$$

(2)计算空心圆轴的内外径

由强度条件

$$\tau_{max} = \frac{T_{max}}{W_p} = \frac{T_{max}}{\frac{\pi}{16}D_1^3(1-\alpha^4)} \leqslant [\tau]$$

$$D_1 \geqslant \sqrt[3]{\frac{16T_{max}}{\pi[\tau](1-\alpha^4)}} = \sqrt[3]{\frac{16 \times 1500}{3.14 \times 50 \times 10^6 \times (1-0.8^4)}}$$

$$= 0.072(\mathrm{m}) = 72(\mathrm{mm})$$

$$d_1 = \alpha D_1 = 58(\mathrm{mm})$$

(3)两轴的重量比较

$$\frac{\text{空心圆轴重量}}{\text{实心圆轴重量}} = \frac{D_1^2 - d_1^2}{d^2} = \frac{72^2 - 58^2}{53^2} = 0.648$$

即空心圆轴的重量是实心轴的64.8%。在实际中，α 的值不可取得太接近1，否则会出现其他形式的破坏(如失稳)。

例13-3 已知实心轴的转速 $n=300\ \mathrm{r/min}$，传递的功率 $N=330\ \mathrm{kW}$，轴的材料的许用剪应力 $[\tau]=60\ \mathrm{MPa}$，剪切弹性模量 $G=80\ \mathrm{GPa}$，若要求在2 m长度内扭转角不超过1°，试确定该轴的直径。

解：圆轴承受的外力偶 m 为

$$m = 9549\frac{N}{n} = 9549 \times \frac{330}{300} = 10504(\mathrm{N \cdot m})$$

$$[\theta] = \frac{1}{2}(°/\mathrm{m}) = \frac{\pi}{360}(\mathrm{rad/m})$$

由强度条件，得

$$\tau_{max} = \frac{T}{W_p} = \frac{m}{\frac{\pi}{16}d^3} \leqslant [\tau]$$

$$d \geqslant \sqrt[3]{\frac{16m}{\pi[\tau]}} = \sqrt[3]{\frac{19 \times 10504}{3.14 \times 60 \times 10^6}} = 0.096(\mathrm{m})$$

由刚度条件，得

$$\frac{T}{GI_p} = \frac{m}{G\frac{\pi}{32}d^4} \leqslant [\theta]$$

$$d \geqslant \sqrt[4]{\frac{32m}{\pi G[\theta]}} = \sqrt[4]{\frac{32 \times 10504 \times 360}{3.14^2 \times 80 \times 10^9}} = 0.111(\mathrm{m})$$

综合可得，$d \geqslant 0.111\ \mathrm{m}$，取 $d=111\ \mathrm{mm}$。

例13-4 有一根不等直径的实心圆轴 AB，其两端固定。该杆承受外力偶 m，如图13-7(a)

所示，试确定两端处的约束力及 m 作用处的扭转角。

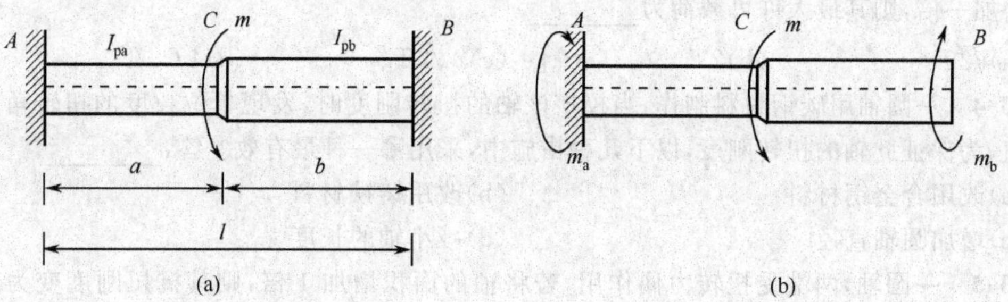

图 13-7

解:这是一个一次扭转静不定问题。

(1)取静定基

解除 B 端约束，代以约束力偶 m_b，如图 13-7(b)所示。

(2)变形协调条件

图 13-7(b)所示的静定系统要和原结构等价，必须满足 B 端的扭转角为零的条件，即 $\varphi_b=0$。

(3)由物理关系(结合平衡方程)得力法方程

AC 段的扭矩：　　$T_{AC}=m-m_b$

CB 段的扭矩：　　$T_{CB}=-m_b$

$$\varphi_b=\frac{T_{AC}a}{GI_{pa}}+\frac{T_{CB}b}{GI_{pb}}=\frac{(m-m_b)a}{GI_{pa}}-\frac{m_b b}{GI_{pb}}=0$$

解之，得

$$m_b=\frac{aI_{pb}}{aI_{pb}+bI_{pa}}m$$

$$m_a=m-m_b=\frac{bI_{pa}}{aI_{pb}+bI_{pa}}m$$

$$\varphi_C=\frac{T_{AC}a}{GI_{pa}}=\frac{m_a a}{GI_{pa}}=\frac{abm}{G(aI_{pb}+bI_{pa})}$$

习　题

13-1　建立圆轴的扭转应力公式 $\tau=\frac{T\rho}{I_p}$ 时，截面平面假设起到什么作用？答：________。

(a)给出了横截面上内力与应力的关系 $T=\int_A \tau\rho\,\mathrm{d}A$

(b)给出了圆轴扭转时的变形规律

(c)使物理方程得到简化

(d)是建立剪应力互等定理的基础

13-2　扭转应力公式 $\tau=\frac{T\rho}{I_p}$ 适用的杆件范围是________。

(a)等截面直杆　　(b)实心圆变截面杆

(c)实心或空心圆等截面杆　　(d)圆截面杆或矩形截面杆

13-3 直径为 D 的实心圆轴，两端受扭转力偶矩作用，最大许可载荷为 T。若将轴的横截面积增加一倍，则其最大许可载荷为________。

(a)$\sqrt{2}T$ (b)$2T$ (c)$2\sqrt{2}T$ (d)$4T$

13-4 一圆轴用碳钢材料制作，当校核该轴的扭转刚度时，发现单位长度的扭转角超过了许用值，为保证此轴的扭转刚度，以下几种措施中，采用哪一种最有效？答：________。

(a)改用合金钢材料 (b)改用铸铁材料

(c)增加圆轴直径 (d)减小轴的长度

13-5 一圆轴，两端受扭转力偶作用，若将轴的面积增加 1 倍，则其抗扭刚度变为原来的________倍

(a)2 (b)4 (c)8 (d)16

13-6 在机械设计中，当按刚度条件初步估算转轴直径时，常采用下列公式：

$$d \geqslant B\sqrt[4]{\frac{N}{n}}$$

式中，N 为轴所传递的功率(kW)，n 为轴的转速(r/min)。设转轴所传递的扭转力偶矩为 T，剪切弹性模量为 G，剪切许用应力为$[\tau]$，单位长度扭转角的许用值为$[\theta]$，则系数 B 的值与______有关。

(a)T、$[\tau]$、$[\theta]$ (b)G、$[\tau]$、$[\theta]$ (c)G、$[\theta]$ (d)T、G、$[\tau]$、$[\theta]$

13-7 为什么空心圆截面轴比实心圆截面轴合理？

13-8 某传动轴，转速 $n=200$r/min，轮 2 为主动轮，输入功率 $N_2=60$ kW，轮 1、3、4、5 均为从动轮，输出功率各为 $N_1=18$ kW，$N_3=12$ kW，$N_4=22$ kW，$N_5=8$ kW，试作该轴的扭矩图。

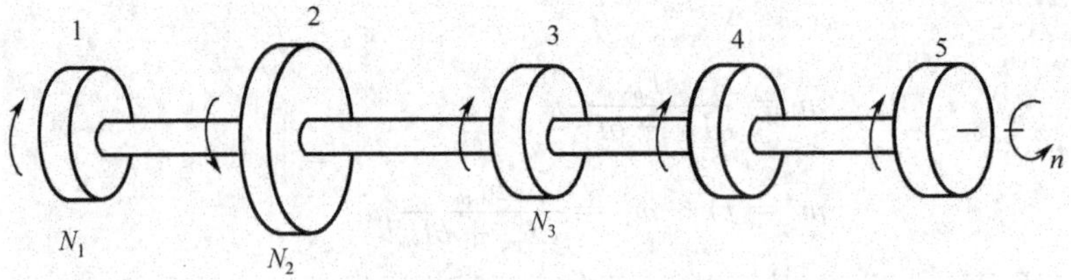

题 13-8 图

13-9 T 为圆杆横截上的扭矩，试画出横截面上与 T 对应的剪应力分布图。

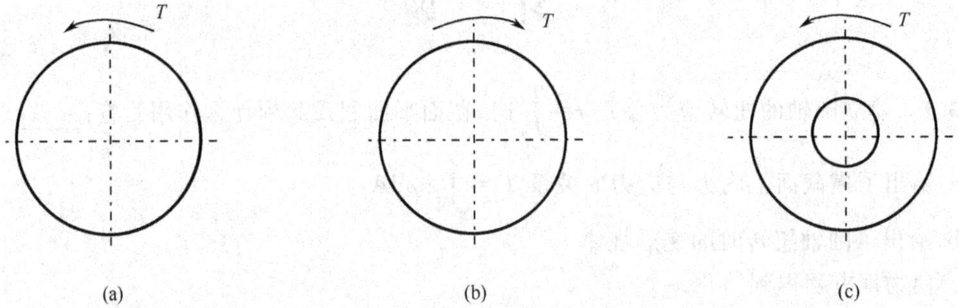

题 13-9 图

13-10 汽车万向传动轴由无缝钢管制成，外径 $D=90$ mm，壁厚 $t=2.5$ mm，如图所示。材料的许用剪应力$[\tau]=60$ MPa。传动轴工作时传递的最大扭转力偶矩为 $m=1.5$ kN·m。试对该轴进行强度校核。

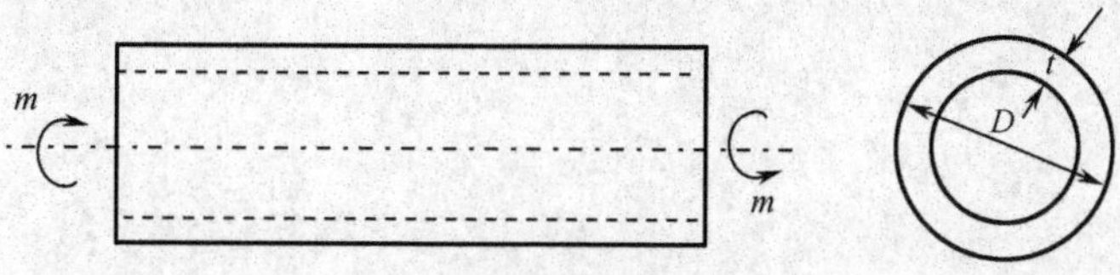

题 13-10 图

13-11 某传动轴，转速 $n=250\ \text{r/min}$，传递功率 $N=60\ \text{kW}$，材料的剪切弹性模量 $G=80\ \text{GPa}$，许用剪力 $[\tau]=40\ \text{MPa}$，许用单位长度扭转角 $[\theta]=0.8°/\text{m}$，试设计轴的直径 d。

13-12 设圆轴横截面上的扭矩为 T，试求四分之一截面上内力系的合力的大小、方向及作用点。

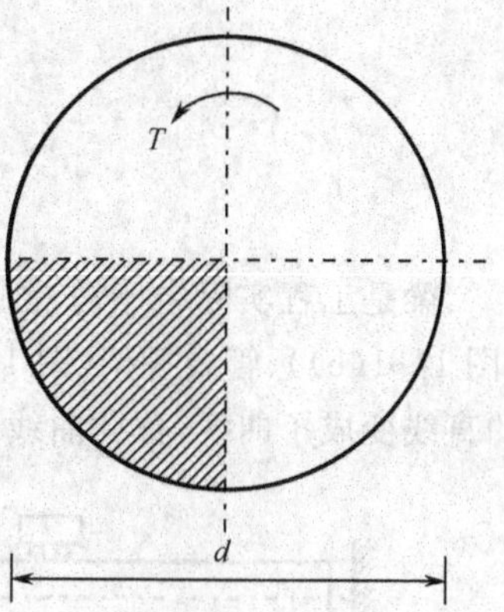

题 13-12 图

13-13 如图所示，材料 1 的剪切弹性模量为 G_1、材料 2 的剪切弹性模量为 G_2，两材料在界面处牢固粘接为一体。组合轴两端受外力偶矩 M_0 作用，试求材料 1 和材料 2 中的最大切应力。

13-14 直径为 d、一端固定的圆轴 AB 如图所示，在截面 B、D 上安装有抗扭刚度为 k 的扭转约束弹簧（简称扭簧，它提供扭转约束力偶，力偶矩 M_B、M_D 分别与截面 B、D 的扭转角成正比，即 $M_B=k\varphi_B$，$M_D=k\varphi_D$），设 $k=\dfrac{GI_p}{a}$，GI_p 为圆轴的抗扭刚度，试求截面 B、D 处的约束力偶矩。

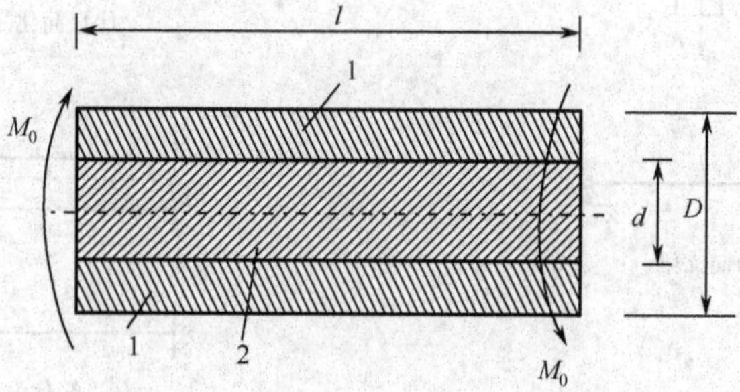

题 13-13 图

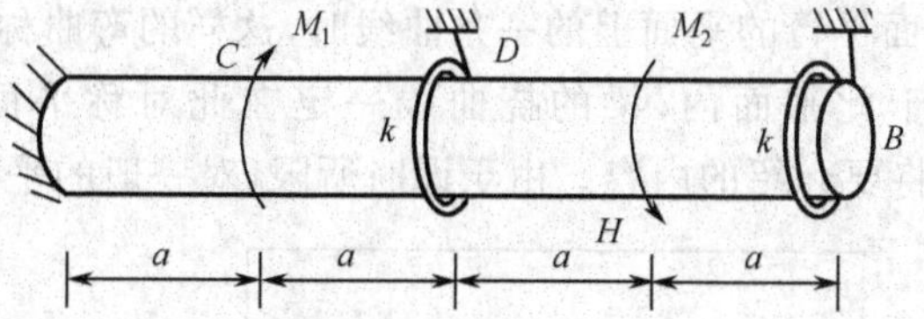

题 13-14 图

第14章 梁的弯曲应力

14.1 平面弯曲的概念

梁是工程实际中十分常见的受力构件。例如，桥式吊车的主梁(图 14-1(a))、火车轮轴(图 14-1(b))、管线托架(图 14-1(c))等，都是以弯曲变形为主的梁。梁变形后，其轴线由原来的直线变成了曲线，称此曲线为梁的挠曲线。

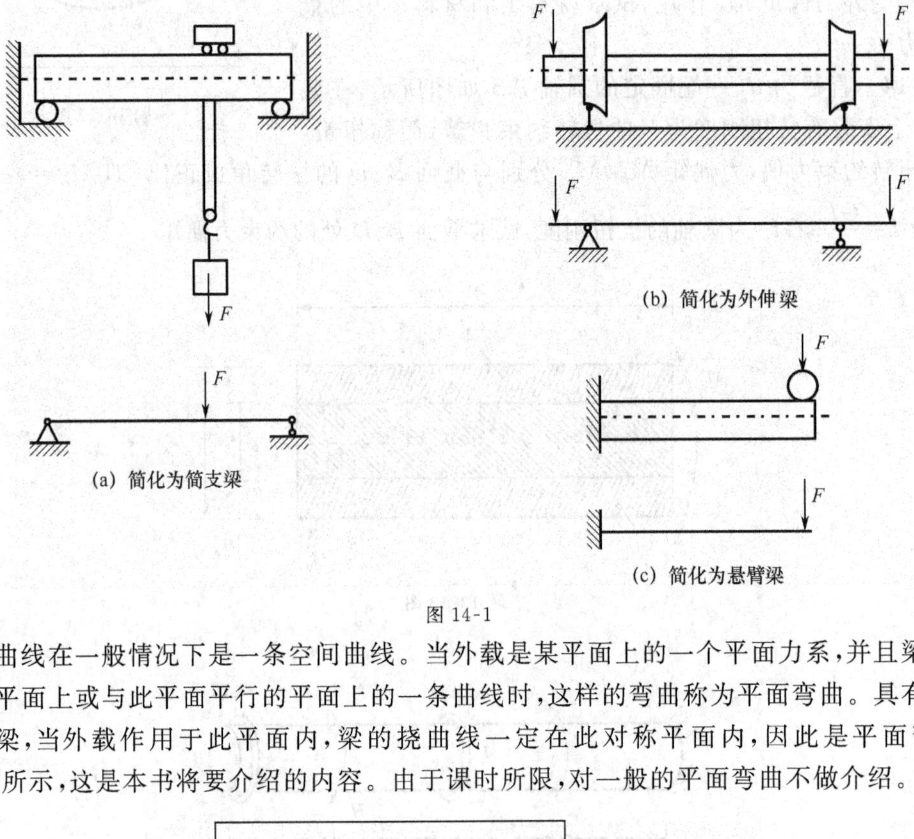

图 14-1

挠曲线在一般情况下是一条空间曲线。当外载是某平面上的一个平面力系，并且梁的挠曲线是此平面上或与此平面平行的平面上的一条曲线时，这样的弯曲称为平面弯曲。具有纵向对称面的梁，当外载作用于此平面内，梁的挠曲线一定在此对称平面内，因此是平面弯曲，如图 14-2所示，这是本书将要介绍的内容。由于课时所限，对一般的平面弯曲不做介绍。

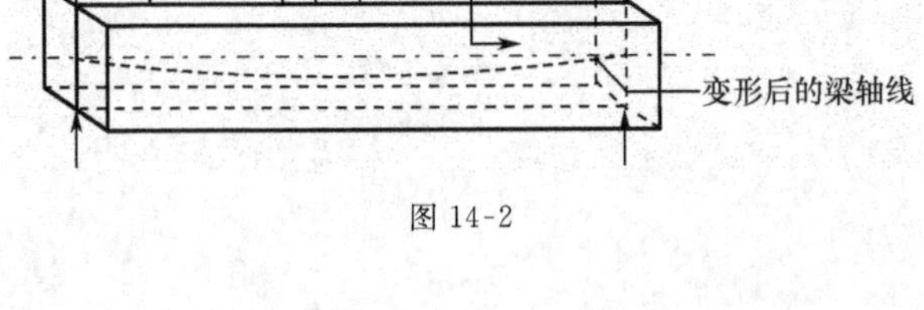

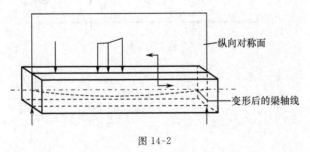

图 14-2

14.2 梁的内力

用截面法和平衡方程可以求得梁的内力。如图 14-3(a)所示的简支梁 AB,由 $\sum M_B = 0$,得

$$F_A \cdot l - F \cdot b = 0$$

$$F_A = \frac{b}{l}F$$

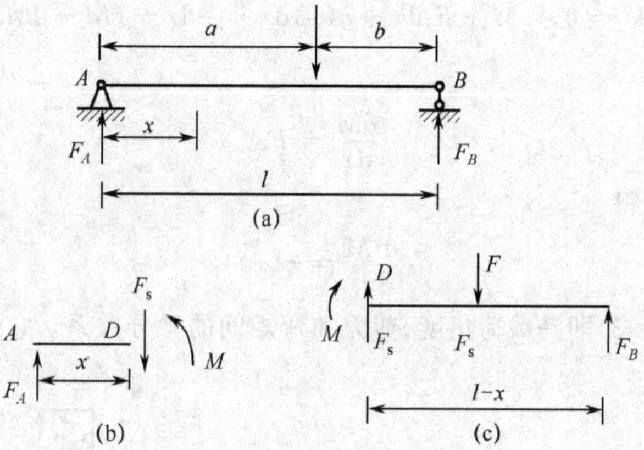

图 14-3

考虑 $0<x<a$ 的梁段的平衡,如图 14-3(b)所示,则

$$\sum F_y = 0, \qquad F_A - F_s = 0$$

$$F_s = F_A = \frac{b}{l}F$$

$$\sum M_D = 0, \qquad F_A x - M = 0$$

$$M = F_A x = \frac{b}{l}Fx$$

式中,F_s、M 分别称为梁 x 处截面上的剪力、弯矩。它们就是梁的内力。一般情况下,它们是 x 的函数,即 $F_s=F_s(x)$、$M=M(x)$,分别称为剪力方程、弯矩方程。剪力方程、弯矩方程的图形化分别称为剪力图、弯矩图。为了便于把剪力方程、弯矩方程图形化,必须对剪力和弯矩的符号做出规定,如图 14-4 所示。矩形块左右两边分别代表梁上一个截面的右左两个面。F_s 使所考虑的梁段顺时针转为正,逆时针转为负;M 使所考虑的截面产生上压下拉为正,产生上拉下压为负。有了此正负号规定,在图 14-3 的问题中,也可以考虑图 14-3(c)来求 F_s 和 M,其结果中正负号与考虑 14-3(b)的情况完全一样。

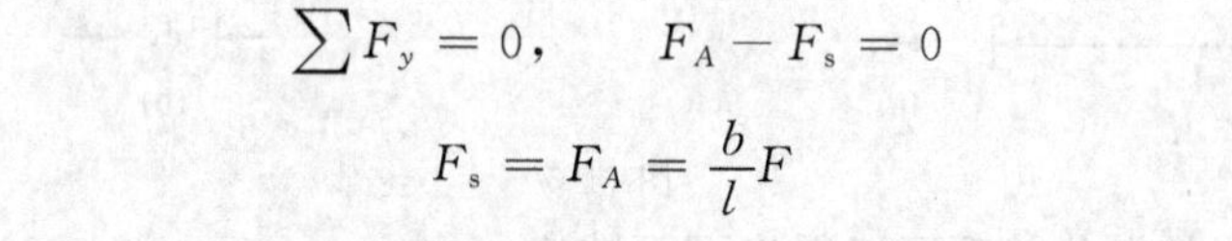

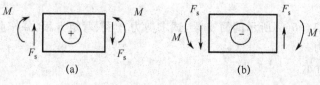

图 14-4

14.3 载荷集度、剪力和弯矩间的微分关系

如图 14-5(a)所示，规定载荷集度 q 以向上为正。在 x 处取长为 $\mathrm{d}x$ 的微梁段，如图 14-5(b)所示，考虑它的平衡，则

$$\sum F_y = 0,\quad F_s - (F_s + \mathrm{d}F_s) + q(x)\mathrm{d}x = 0$$

$$\frac{\mathrm{d}F_s}{\mathrm{d}x} = q(x) \tag{14-1}$$

$$\sum M_C = 0,\quad M + F_s\mathrm{d}x + q(x)\mathrm{d}x \cdot \frac{1}{2}\mathrm{d}x - (M + \mathrm{d}M) = 0$$

略去高阶小量，得

$$\frac{\mathrm{d}M}{\mathrm{d}x} = F_s \tag{14-2}$$

由式(14-1)、(14-2)可得

$$\frac{\mathrm{d}^2 M}{\mathrm{d}x^2} = q(x) \tag{14-3}$$

式(14-1)、(14-2)、(14-3)即是载荷集度、剪力和弯矩间的微分关系。它们对画剪力图、弯矩图非常有用。

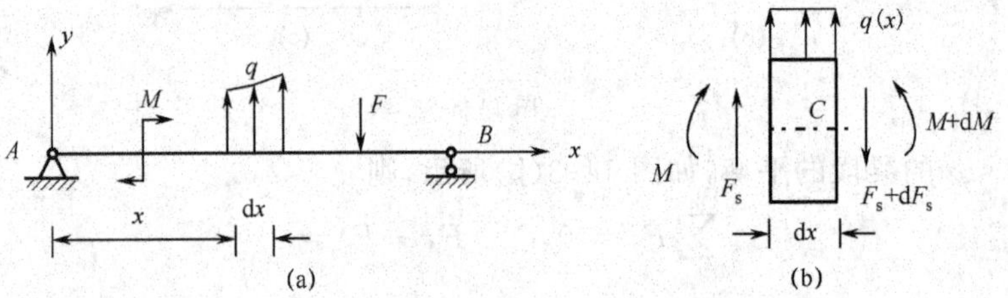

图 14-5

从 q、F_s、M 之间的微分关系可以得出下面结论：

(1)若在梁的某一段 $q(x)=0$，则剪力图为水平直线，弯矩图为斜直线($F_s \neq 0$)或水平直线($F_s=0$)。

(2)若在梁的某一段内 $q(x)=$常数$\neq 0$，则剪力图是斜直线，弯矩图是抛物线，$q>0$，弯矩图向上凹，$q<0$，弯矩图向上凸。

(3)若在梁的某一截面上，$F_s=0$，则在这一截面上，弯矩为一极值。

类似的推导可得出：

(4)在集中力作用处，剪力图有一突变，突变值等于集中力的大小，弯矩图的斜率也发生突变，形成一尖点。

(5)在集中力偶作用处，弯矩图发生突变，突变值等于力偶矩的值，剪力图无任何变化。

(6)$|M|_{\max}$可能发生在 $F_s=0$ 的截面、集中力作用处(即$\frac{\mathrm{d}M}{\mathrm{d}x}$不存在处)、集中力偶作用处($M$不连续处)。

例 14-1 如图 14-6(a)所示的简支梁，试求剪力方程、弯矩方程，并作剪力图、弯矩图。

解：(1)求支反力

如图 14-6(b)所示。

$$\sum M_B = 0,\quad F_A \cdot 2a - qa \cdot \frac{3}{2}a - qa^2 = 0$$

$$F_A = \frac{5}{4}qa$$

$$\sum F_y = 0, \quad F_A - F_B - qa = 0$$

$$F_B = \frac{1}{4}qa$$

(2)求剪力方程、弯矩方程

如图 14-6(c)、(d)所示。

当 $0<x<a$ 时：$F_s = \frac{5}{4}qa - qx$， $M = \frac{5}{4}qax - \frac{1}{2}qx^2$

当 $a<x<2a$ 时：$F_s = \frac{1}{4}qa$， $M = -\frac{1}{4}qa(2a-x)$

(3)作剪力图、弯矩图

当 $0<x<a$ 时，剪力图为斜直线，取 $x=0$，$x=a$ 两点的值即可确定；当 $a<x<2a$ 时，剪力图为水平直线，如图 14-6(e)所示。

当 $0<x<a$ 时，弯矩图是抛物线，且是向上凸的；当 $a<x<2a$ 时，弯矩是斜直线，如图 14-6(f)所示。

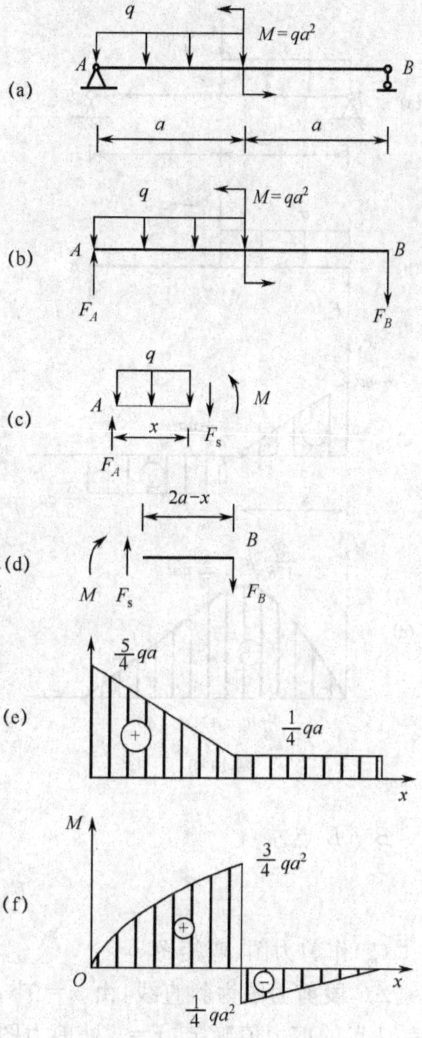

图 14-6

例 14-2 如图 14-7(a)所示的悬臂梁，试作剪力图和弯矩图。

解：由于是悬臂梁，可以不必求支反力。

(1)求剪力方程、弯矩方程

如图 14-7(b)、(c)所示，则

当 $0<x<a$ 时：$F_s = \frac{1}{2}qa$， $M = -qa(a-\frac{1}{2}x)$

当 $a<x<2a$ 时：$F_s = q(2a-x)$， $M = -\frac{1}{2}q(2a-x)^2$

(2)作剪力图、弯矩图

如图 14-7(d)、(e)所示，弯矩图在 $x=a$ 处有一尖点。

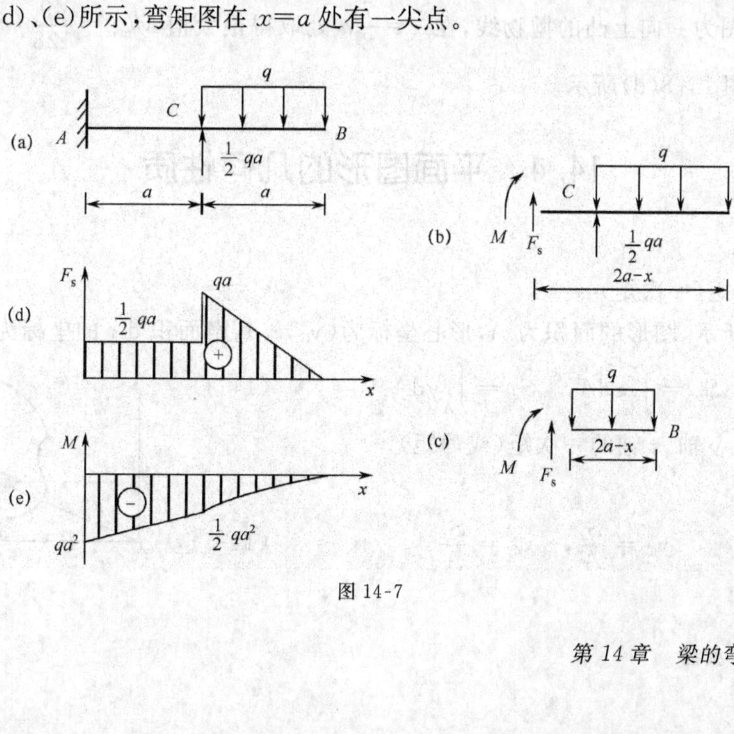

图 14-7

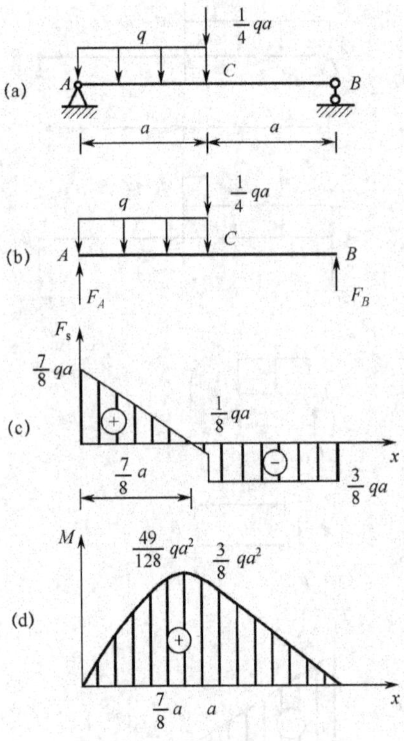

图 14-8

例 14-3 如图 14-8(a)所示的简支梁，试作剪力图和弯矩图。

解：(1)求支反力

如图 14-8(b)所示，则

$$\sum M_B = 0,\quad F_A \cdot 2a - qa \cdot \frac{3}{2}a - \frac{1}{4}qa \cdot a = 0$$

$$F_A = \frac{7}{8}qa$$

$$\sum F_y = 0,\quad F_A + F_B - qa - \frac{1}{4}qa = 0$$

$$F_B = \frac{3}{8}qa$$

(2)求关键点的剪力与弯矩

A^+(A 点右)：

$$F_s = \frac{7}{8}qa,\quad M = 0$$

C^-(C 点左)：

$$F_s = -\frac{1}{8}qa,\quad M = \frac{3}{8}qa^2$$

C^+(C 点右)：

$$F_s = -\frac{3}{8}qa,\quad M = \frac{3}{8}qa^2$$

B^-(B 点左)：

$$F_s = -\frac{3}{8}qa,\quad M = 0$$

(3)作剪力图、弯矩图

AC 段剪力图为斜直线，由 $x=0^+$，$x=a^-$ 两点的剪力值确定；CB 段剪力图为水平直线，由 $x=a^+$ 点的剪力值确定；$x=a$ 处剪力图间断，如图 14-8(c)所示。

AC 段弯矩图为一向上凸的抛物线，在 $x=\frac{7}{8}a$ 处取得最大值 $M_{max}=\frac{49}{128}qa^2$；$CB$ 段弯矩图为一斜直线，如图 14-8(d)所示。

14.4 平面图形的几何性质

1. 几个定义

1)图形的静矩(一次矩)

如图 14-9 所示，图形的面积为 A，形心坐标为(y_C，z_C)，微面积 dA 的坐标为(y，z)，令

$$S_y = \int_A z\,dA,\quad S_z = \int_A y\,dA \tag{14-4}$$

分别称为图形对 y 轴、z 轴的一次矩(或静矩)。

不难看出

$$y_C = \frac{S_z}{A},\quad z_C = \frac{S_y}{A} \tag{14-5}$$

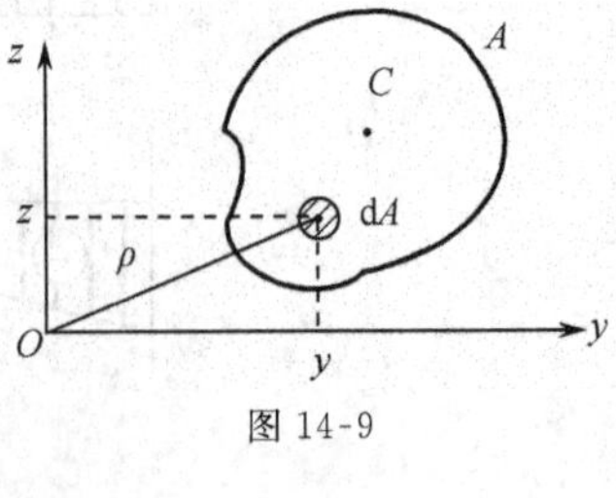

图 14-9

2)图形的惯性矩(二次矩)

令

$$I_y=\int_A z^2\mathrm{d}A,\quad I_z=\int_A y^2\mathrm{d}A \tag{14-6}$$

分别称为图形对 y 轴、z 轴的惯性矩。

令

$$i_y=\sqrt{\frac{I_y}{A}},\quad i_z=\sqrt{\frac{I_z}{A}} \tag{14-7}$$

分别称为图形对 y 轴、z 轴的惯性半径。

令

$$I_\mathrm{p}=\int_A(y^2+z^2)\mathrm{d}A=\int_A\rho^2\mathrm{d}A \tag{14-8}$$

称为图形对坐标原点的极惯性矩。显然

$$I_p=I_y+I_z \tag{14-9}$$

3)图形的惯性积

令

$$I_{yz}=\int_A yz\mathrm{d}A \tag{14-10}$$

称为图形对 y 轴和 z 轴的惯性积。

2. 几个定理

定理 1　平面图形对坐标系某轴的一次矩为零的充要条件是该轴通过图形的形心。

注意到式(14-5),此定理很容易证明。

定理 2　如果平面图形关于某轴对称,则图形对该轴的一次矩为零,对与该轴相关的惯性积为零。

证:如图 14-10 所示,不妨设平面图形关于 z 轴对称,则 z 轴右侧坐标为(y,z)的微面积 $\mathrm{d}A$ 一定在左侧有一对称微面积 $\mathrm{d}A$,坐标为$(-y,z)$。对这两个微面积有

$$y\mathrm{d}A+(-y)\mathrm{d}A=0,\quad yz\mathrm{d}A+(-y)z\mathrm{d}A=0$$

因此

$$S_z=\int_A y\mathrm{d}A=0,\quad I_{yz}=\int_A yz\mathrm{d}A=0$$

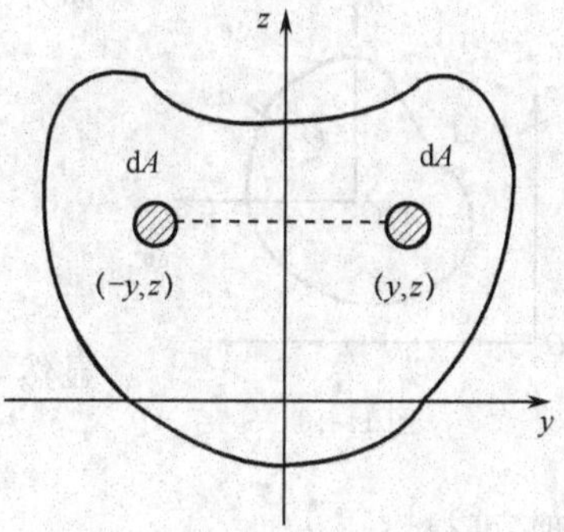

图 14-10

定理 3　当图形由若干简单图形(如矩形、圆形、三角形等)$A_1,A_2,\cdots,A_n$ 组成,则

$$\left.\begin{aligned}&S_y=\sum_{i=1}^n S_{yi},\quad S_z=\sum_{i=1}^n S_{zi}\left(y_\mathrm{C}=\frac{\sum_{i=1}^n S_{zi}}{A},z_\mathrm{C}=\frac{\sum_{i=1}^n S_{yi}}{A}\right)\\&I_y=\sum_{i=1}^n I_{yi},\quad I_z=\sum_{i=1}^n I_{zi},\quad I_\mathrm{p}=\sum_{i=1}^n I_{\mathrm{p}i},\quad I_{yz}=\sum_{i=1}^n I_{yzi}\end{aligned}\right\} \tag{14-11}$$

式中,S_{yi}、S_{zi}、I_{yi}、I_{zi}、I_{pi}、I_{yzi} 分别是图形 A_i 对 y 轴的一次矩、对 z 轴的一次矩、对 y 轴的惯性矩、对 z 轴的惯性矩、对原点的极惯性矩、对 y 轴和 z 轴的惯性积。

这个定理很容易证明。

例 14-4　如图 14-11 所示的圆形,试计算图形对其形心轴的惯性矩。

解:由图形的对称性有

$$I_y = I_z$$

$$I_{\mathrm{p}} = \int_A (y^2 + z^2)\mathrm{d}A = I_y + I_z$$

$$I_y = I_z = \frac{1}{2}I_{\mathrm{p}} = \frac{\pi}{64}D^4$$

例 14-5 如图 14-12 所示环形，试求图形对其形心轴的惯性矩。

解：设大圆面积为 A_1，小圆面积为 A_2，$A=A_1-A_2$，则

$$I_y = I_z = \int_A z^2\mathrm{d}A = \int_{A1} z^2\mathrm{d}A - \int_{A1} z^2\mathrm{d}A$$

$$= \frac{\pi}{64}D^4 - \frac{\pi}{64}d^4 = \frac{\pi}{64}D^4(1-\alpha^4)(\text{其中 } \alpha = \frac{d}{D})$$

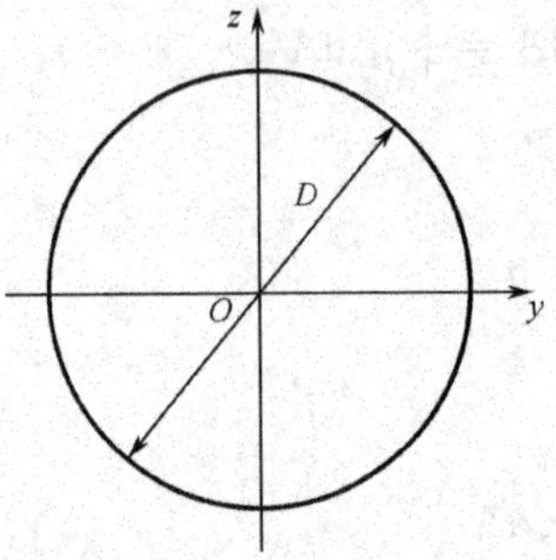

图 14-11

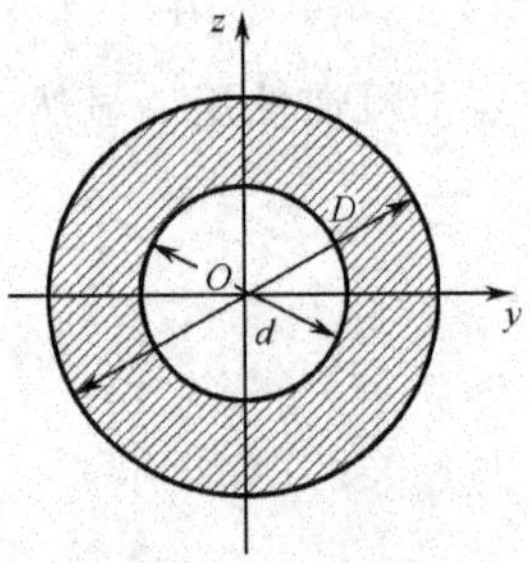

图 14-12

3. 平行移轴公式

如图 14-13 所示的平面图形 A，坐标系 Oyz 和形心坐标系 Cy_Cz_C 相互平行，形心 C 在 Oyz 的坐标为(a,b)，微面积 $\mathrm{d}A$ 在两个坐标系的坐标分别为(y,z)、(y_C,z_C)，则

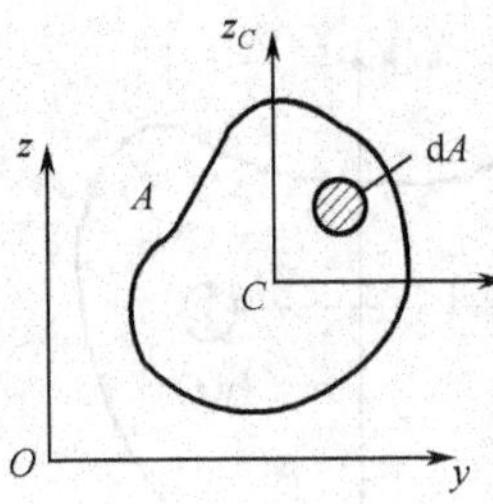

图 14-13

$$y = y_C + a \qquad z = z_C + b$$

$$I_y = \int_A z^2\mathrm{d}A = \int_A (z_C+b)^2\mathrm{d}A$$

$$= \int_A z_C^2\mathrm{d}A + 2b\int_A z_C\mathrm{d}A + b^2\int_A \mathrm{d}A$$

显然，$\int_A z_C\mathrm{d}A = 0$，所以

$$I_y = I_{y_C} + b^2A \tag{14-11a}$$

同理，可得

$$I_z = I_{z_C} + a^2A \qquad I_{yz} = I_{y_Cz_C} + abA \tag{14-11b}$$

例 14-6 如图 14-14 所示，试求图形对某形心轴的惯性矩、惯性积。

解：先确定形心，为此建立坐标系 Oyz。把图形分成两个简单图形Ⅰ、Ⅱ，如图 14-14 所示。

$$y_C = \frac{S_{zI} + S_{z\mathrm{II}}}{A_{\mathrm{I}} + A_{\mathrm{II}}} = \frac{40\times10\times20+10\times30\times5}{40\times10+10\times30} = 13.57(\mathrm{mm})$$

$$z_C = y_C = 13.57(\mathrm{mm})$$

建立 Cy_Cz_C 坐标系，如图 14-14 所示，则

$$I_{y_C} = I_{y_C}^{\mathrm{I}} + I_{y_C}^{\mathrm{II}} = \frac{4\times1^3}{12} + (1.357-0.5)^2\times4\times1 +$$

$$\frac{1\times3^3}{12} + (2.5-1.357)^2\times1\times3$$

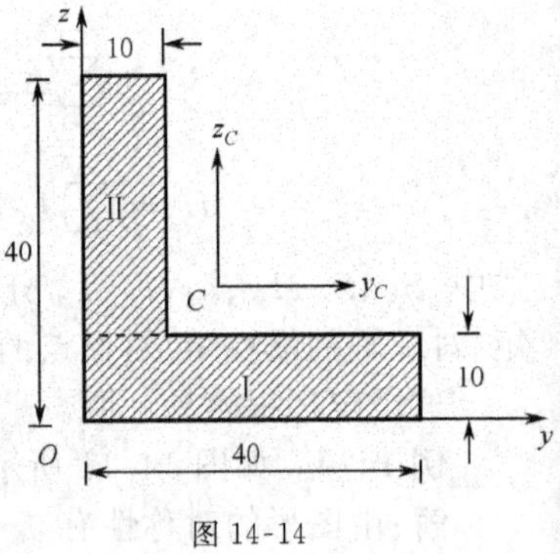

图 14-14

$$= 9.44(\text{cm}^4)$$

$$I_{z_C} = I_{y_C} = 9.44(\text{cm}^4)$$

$$I_{y_C z_C} = I^{\text{I}}_{y_C z_C} + I^{\text{II}}_{y_C z_C} = -(2-1.357)(1.357-0.5)\times 4\times 1-$$

$$(1.357-0.5)(2.5-1.357)\times 1\times 3$$

$$= -5.14(\text{cm}^4)$$

4.* 转轴公式、惯性主轴

如图 14-15 所示，平面图形 A 及坐标系 Oyz、Oy_1z_1，Oy 和 Oy_1 轴的夹角为 α，微面积 $\mathrm{d}A$ 在两个坐标系下的坐标分别为 (y,z)、(y_1,z_1)，则

$$y_1 = y\cos\alpha + z\sin\alpha, \quad z_1 = -y\sin\alpha + z\cos\alpha$$

$$I_{y_1} = \int_A z_1^2 \mathrm{d}A = \int_A (-y\sin\alpha + z\cos\alpha)^2 \mathrm{d}A$$

$$= \sin^2\alpha\int_A y^2\mathrm{d}A + \cos^2\alpha\int_A z^2\mathrm{d}A - \sin2\alpha\int_A yz\mathrm{d}A$$

$$= I_y\cos^2\alpha + I_z\sin^2\alpha - I_{yz}sin2\alpha$$

即

$$I_{y_1} = \frac{I_y+I_z}{2} + \frac{I_y-I_z}{2}\cos2\alpha - I_{yz}\sin2\alpha \tag{14-11a}$$

同理，可得

$$I_{y_1z_1} = \frac{I_y-I_z}{2}\sin2\alpha + I_{yz}\cos2\alpha \tag{14-11b}$$

式(14-11a)、(14-11b)和平面应力状态分析中斜面上的应力公式非常类似，因此有与应力相应的一些概念。若平面图形对某两坐标轴的惯性积为零，则此两坐标轴都称为惯性主轴。相应于惯性主轴的惯性矩称为主惯性矩。通过形心的惯性主轴称为形心惯性主轴，相应的惯性矩称为形心主惯性矩。惯性主轴的方位由

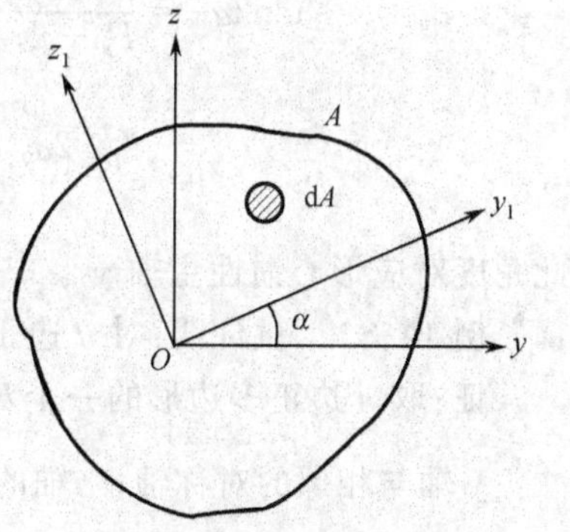

图 14-15

$$\tan2\alpha = -\frac{2I_{yz}}{I_y-I_z} \tag{14-12}$$

确定。主惯性矩由

$$I_{y_0} = \frac{I_y+I_z}{2} + \sqrt{\left(\frac{I_y-I_z}{2}\right)^2 + I_{yz}^2} \tag{14-13}$$

$$I_{z_0} = \frac{I_y+I_z}{2} - \sqrt{\left(\frac{I_y-I_z}{2}\right)^2 + I_{yz}^2} \tag{14-14}$$

确定。可以证明：对过点 O 的所有轴来说，对惯性主轴的两个主惯性矩，一个是最大值，一个是最小值。

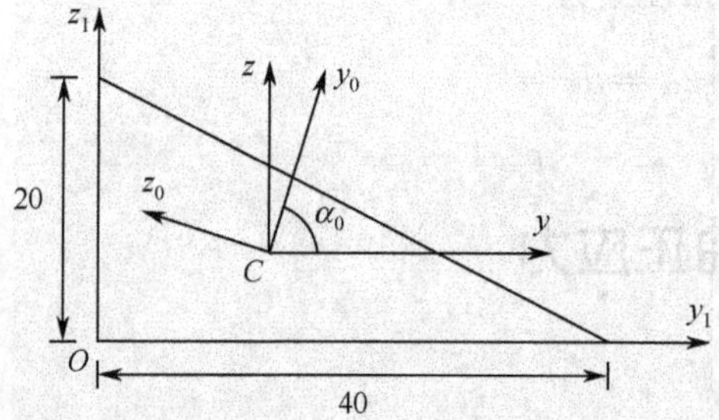

图 14-16

例 14-7* 求图 14-16 所示三角形的形心主惯性矩，并确定形心惯性主轴的位置。

解：(1)确定形心轴的位置

如图 14-16 所示，建立坐标系 Oy_1z_1，则形心 C 的坐标为$\left(\frac{40}{3},\frac{20}{3}\right)$，在点 C 建立形心坐标系 Cyz。

(2)求 I_y、I_z、I_{yz}

$$h = 20\,\text{mm}, b = 40\,\text{mm}$$

由定义求积分，不难得到

$$I_{y_1} = \frac{bh^3}{12},\quad I_{z_1} = \frac{hb^3}{12},\quad I_{y_1z_1} = \frac{b^2h^2}{24}$$

由移轴公式得

$$I_y = I_{y_1} - (\frac{h}{3})^2 A = \frac{bh^3}{36} = 0.8889(\text{cm}^4)$$

$$I_z = I_{z_1} - (\frac{b}{3})^2 A = \frac{hb^3}{36} = 3.556(\text{cm}^4)$$

$$I_{yz} = I_{y_1z_1} - (\frac{h}{3})(\frac{b}{3})A = -\frac{b^2h^2}{72} = -0.8889(\text{cm}^4)$$

(3)求 I_{y_0}、I_{z_0}、α_0

$$I_{y_0} = \frac{I_y + I_z}{2} + \sqrt{(\frac{I_y - I_z}{2})^2 + I_{yz}^2} = 3.825(\text{cm}^4)$$

$$I_{z_0} = \frac{I_y + I_z}{2} - \sqrt{(\frac{I_y - I_z}{2})^2 + I_{yz}^2} = 0.6198(\text{cm}^4)$$

$$\tan 2\alpha_0 = \frac{-2I_{yz}}{I_y - I_z} = \frac{\dfrac{b^2h^2}{72}}{\dfrac{bh^3}{36} - \dfrac{hb^3}{36}} = \frac{bh}{h^2 - b^2} = \frac{800}{-1200} = -0.6667$$

$$2\alpha_0 = 180° - 33°41'24'' = 146°18'36''$$

$$\alpha_0 = 73°9'18''$$

此角度对应形心惯性主轴 y_0。

例 14-8* 试证明：对 n 边正多边形，过形心轴的惯性矩都相等。

证：取 n 边正多边形的一个对称轴为 y 轴，垂直于 y 轴过形心的轴为 z 轴，则 $I_{yz}=0$。y 轴与相邻的对称轴 y_1 轴的夹角为 $\frac{2\pi}{n}$，而图形对 y_1 轴的惯性矩 $I_{y_1}=I_y$，因此

$$I_{y_1} = \frac{I_y + I_z}{2} + \frac{I_y - I_z}{2}\cos(2 \times \frac{2\pi}{n}) = I_y$$

即

$$\frac{I_y - I_z}{2}(1 - \cos\frac{4\pi}{n}) = 0$$

由于 $n \geqslant 3, 1 - \cos\frac{4\pi}{n} > 0$，故

$$I_y = I_z$$

对于与 y 轴成任一角 α 的形心轴，图形对该轴的惯性矩为

$$I_\alpha = \frac{I_y + I_z}{2} + \frac{I_y - I_z}{2}\cos 2\alpha = I_y = I_z$$

14.5 梁的弯曲正应力

1. 纯弯曲时梁的弯曲正应力

若梁的横截面上仅有弯矩而没有剪力，这样的弯曲称为纯弯曲。梁的横截面上既有弯矩又

有剪力的弯曲称为横力弯曲。下面讨论具有纵向对称面的梁在纯弯曲下的正应力，如图 14-17(a)所示。

基本假设：变形前的横截面变形后仍保持平面，并且仍垂直于变形后的梁轴线。此假设称为梁的截面平面假设。

由基本假设，梁变形后的形状如图 14-17(b)所示。梁的顶部受挤压变短，而梁的底部受拉伸变长，因此梁内一定有一层材料既不伸长，也不缩短，这一层称为中性层。中性层与横截面的交线称为中性轴(位置待定)。建立坐标系 $Oxyz$，其中 Oz 轴沿中性轴，Oxy 平面为梁的纵向对称面，如图 14-17(c)所示。

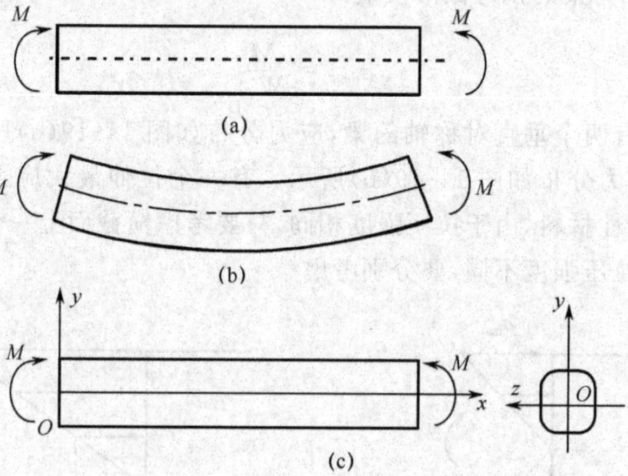

图 14-17

考虑长为 dx 的微段梁，如图 14-18 所示。变形后两端截面的相对转角为 $d\theta$，x 轴线变形后的曲率半径为 ρ，在 y 处纵向纤维的应变为

$$\varepsilon=\frac{(\rho-y)\mathrm{d}\theta-\rho\mathrm{d}\theta}{\rho\mathrm{d}\theta}=-\frac{y}{\rho} \tag{a}$$

由胡克定律，得

$$\sigma=E\varepsilon=-\frac{E}{\rho}y \tag{b}$$

式(b)表示纯弯梁横截面上的正应力沿 y 轴线性分布。

最后，由横截面上力系的简化得

$$\int_A \sigma\mathrm{d}A=0 \qquad \int_A \sigma\mathrm{d}A(-y)=M \tag{c}$$

式(b)代入式(c)第一式，得

$$\int_A y\mathrm{d}A=0 \tag{14-15}$$

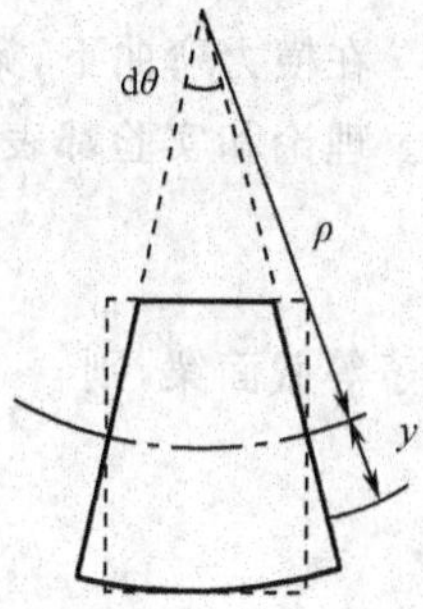

图 14-18

式(14-15)表明：中性轴通过横截面形心，x 轴仍是梁的轴线。由式(b)代入式(c)第二式，得

$$\int_A \frac{E}{\rho}y^2\mathrm{d}A=\frac{EI_z}{\rho}=M$$

$$\frac{1}{\rho}=\frac{M}{EI_z} \tag{14-16}$$

式(14-16)表明：纯弯梁的轴线变形后为一圆弧。EI_z 称为梁的抗弯刚度。把式(14-16)代入式(b)，得

$$\sigma = -\frac{My}{I_z} \tag{14-17}$$

式(14-17)就是纯弯梁横截面上的正应力。在工程应用上常取其绝对值的形式

$$\sigma = \frac{|M||y|}{I_z} \tag{15-18}$$

应力的正负号由 M 的转向来判定。

$$\sigma_{\max} = \frac{M|y|_{\max}}{I_z}$$

令 $W_z = \frac{I_z}{|y|_{\max}}$,称为梁的抗弯截面模量,则

$$\sigma_{\max} = \frac{M}{W_z} \tag{14-19}$$

对于横截面上具有两个垂直对称轴的梁,应力分布如图 14-19(a)所示。对于横截面上仅有一个对称轴的梁,应力分布如图 14-19(b)所示。有一个拉伸最大应力,一个压缩最大应力,进行强度校核时,对塑性材料,由于拉压强度相同,只要考虑横截面上一个绝对值最大的应力即可;对脆性材料,由于拉压强度不同,要分别考虑。

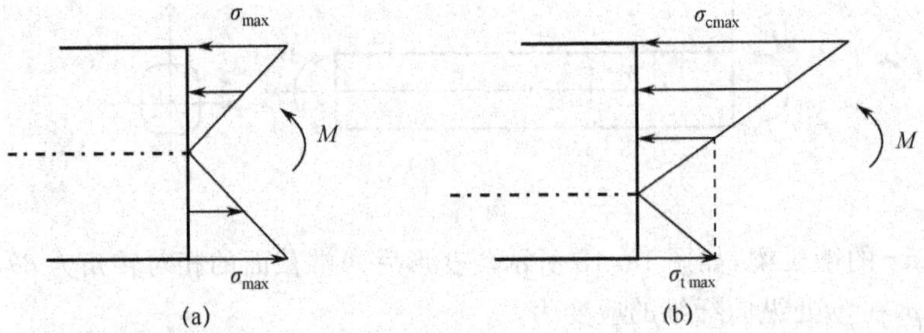

图 14-19

2. 横力弯曲时梁的弯曲正应力

在横力弯曲下,梁的横截面上存在不均匀分布的剪应力,这将导致梁的截面平面假设不成立。理论和实验都表明:对于细长梁,式(14-18)对横力弯曲仍适用,即

$$\sigma = \frac{M(x)y}{I_z} \tag{14-20}$$

对于等截面梁,则

$$\sigma_{\max} = \frac{M_{\max}}{W_z} \tag{14-21}$$

14.6 梁的弯曲剪应力

如图 14-20 所示,梁受横力弯曲。下面讨论不同截面形状的梁的弯曲剪应力。

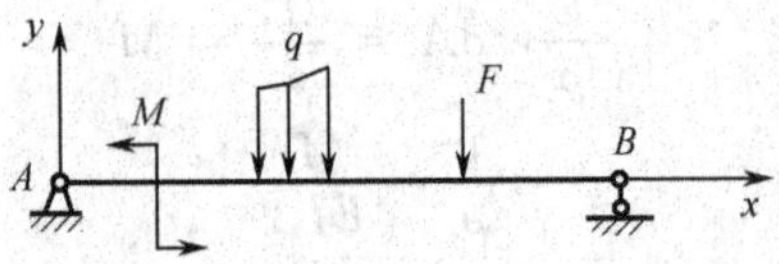

图 14-20

1. 矩形截面

考虑长为 dx 的微段梁，如图 14-21(a)所示。

基本假设：横截面上任一点的剪应力方向与 F_s 的方向相同，大小仅与 y 有关，即 $\tau=\tau(y)$。

考虑微段梁上 y 处以外的 $mnpq$ 微块的平衡，由剪应力互等定理，np 面上的剪应力如图 14-21(b)所示。

$$\sigma = \frac{My_1}{I_z},\quad \sigma_1 = \frac{(M+\mathrm{d}M)y_1}{I_z}\left(y < y_1 < \frac{h}{2}\right)$$

由 $\sum F_x = 0$ 得

$$\int_{A_1} \sigma \mathrm{d}A + \tau b \mathrm{d}x - \int_{A_1} \sigma_1 \mathrm{d}A = 0$$

式中，A_1 为图 14-21(a)中矩形截面阴影部分的面积。令 $S_z^*(y) = \int_{A_1} y_1 \mathrm{d}A$，为阴影部分面积

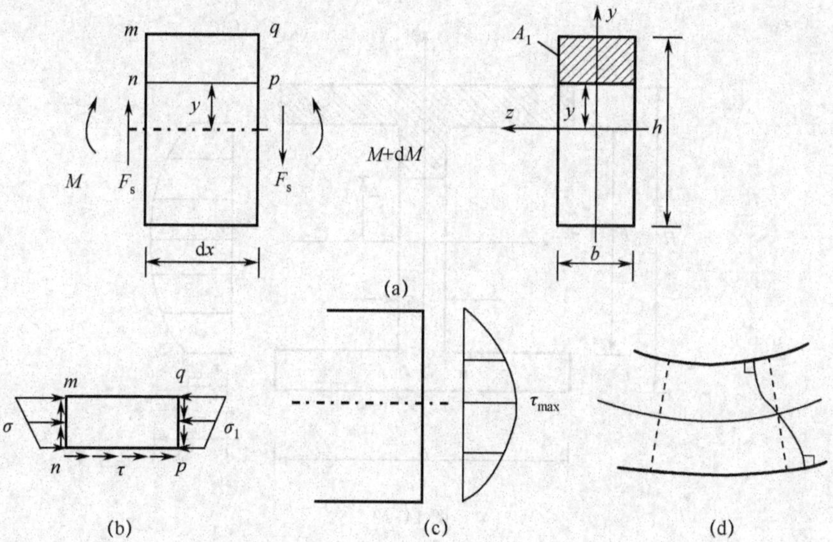

图 14-21

对 z 轴的一次矩，上式可简化为

$$\tau b \mathrm{d}x - \frac{\mathrm{d}MS_z^*(y)}{I_z} = 0$$

注意到$\frac{\mathrm{d}M}{\mathrm{d}x}=F_s$，得

$$\tau = \frac{F_s S_z^*(y)}{I_z b} \tag{14-22}$$

不难求得

$$S_z^*(y) = b\cdot\left(\frac{h}{2}-y\right)\cdot\frac{1}{2}\left(y+\frac{h}{2}\right) = \frac{1}{2}b\left(\frac{h^2}{4}-y^2\right)$$

$$I_z = \frac{bh^3}{12}$$

$$\tau = \frac{3}{2}\frac{F_s}{bh}\left[1-\left(\frac{2y}{h}\right)^2\right] \tag{14-23}$$

剪应力沿梁高呈抛物线分布，最大值在中性轴处，如图 14-21(c)所示。

$$\tau_{max} = \frac{3}{2}\frac{F_s}{A} \tag{14-24}$$

最大剪应力是平均剪应力的 1.5 倍，由胡克定律得

$$\gamma = \frac{3}{2}\frac{F_s}{GA}\left[1-\left(\frac{2y}{h}\right)^2\right]$$

剪应变的存在导致横截面变形后不再保持平面，如图 14-21(d)所示。

理论分析表明，式(14-23)对 $h>b$，h、b 相差比较大的矩形截面比较适用，而当 h、b 相差不大，甚至 $h<b$ 时，式(14-23)的适用性就很差。

2. 工字形截面

工字形截面由翼缘和腹板组成，如图 14-22 所示。

腹板部分为狭长的矩形，可以沿用矩形截面的基本假设，因此式(14-22)仍成立，即

$$\tau = \frac{F_s S_z^*(y)}{I_z b}$$

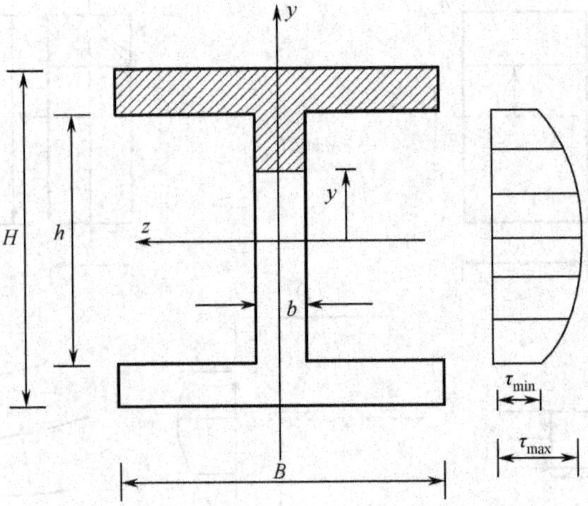

图 14-22

不难求得

$$S_z^* = \frac{B}{8}(H^2-h^2)+\frac{b}{2}\left(\frac{h^2}{4}-y^2\right)$$

$$\tau = \frac{F_s}{I_z b}\left[\frac{B}{8}(H^2-h^2)+\frac{b}{2}\left(\frac{h^2}{4}-y^2\right)\right] \tag{14-25}$$

即沿腹板，剪应力按抛物线分布，如图 14-22 所示。

$$\tau_{max} = \frac{F_s}{I_z b}\left[\frac{BH^2}{8}-(B-b)\frac{h^2}{8}\right] \tag{14-26}$$

$$\tau_{min} = \frac{F_s}{I_z b}\left(\frac{BH^2}{8}-\frac{Bh^2}{8}\right) \tag{14-27}$$

对一般的工字形截面，尽管 $b \ll B$，但 τ_{max}、τ_{min} 的差别并不是非常小，有时可相差 50%以上。计算表明，腹板承受了剪力 F_s 的 93%以上。

翼缘的剪应力分布比较复杂，但数值比较小，一般不考虑。

3. 圆截面和薄壁圆环截面

如图 14-23(a)、(b)所示的梁的横截面。分析表明，最大剪应力发生在中性轴处，沿中性轴均匀分布，方向平行于 y 轴。

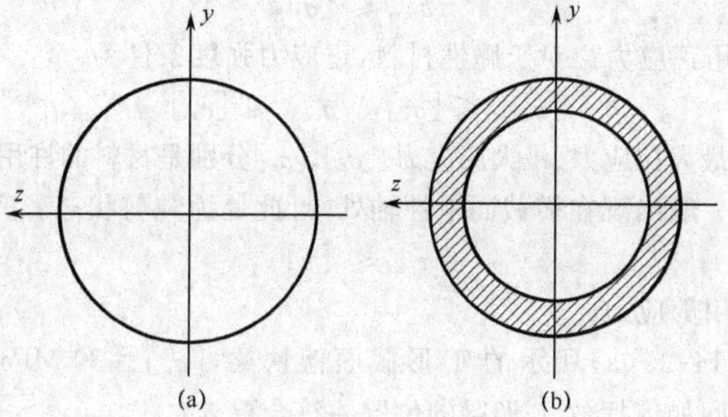

图 14-23

对于圆截面，

$$\tau_{\max} = \frac{4}{3}\frac{F_s}{A} \tag{14-28}$$

对于薄壁圆环截面，

$$\tau_{\max} = 2\frac{F_s}{A} \tag{14-29}$$

例 14-9 如图 14-24 所示的矩形截面梁,试比较横截面上最大剪应力和正应力的大小。

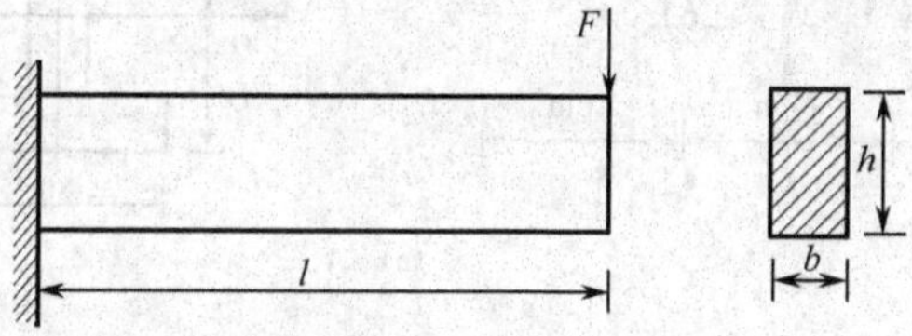

图 14-24

解:梁内最大剪力为

$$F_{\text{smax}} = F$$

$$\tau_{\max} = \frac{3}{2}\frac{F}{A} = \frac{3F}{2bh}$$

梁内最大的弯矩为

$$M_{\max} = Fl$$

$$\sigma_{\max} = \frac{M_{\max}}{W_z} = \frac{Fl}{\frac{1}{6}bh^2} = \frac{6Fl}{bh^2}$$

$$\frac{\tau_{\max}}{\sigma_{\max}} = \frac{h}{4l}$$

一般对于细长梁,$h \ll l$,$\tau_{\max}$比$\sigma_{\max}$小得多。但若载荷主要作用于支座附近,则梁内的$M_{\max}$不大,但F_{smax}却不小,$\tau_{\max}$不一定比$\sigma_{\max}$小很多。对于木、竹等材料的梁,它们的顺纹方向抗剪能力较差,横力弯曲可导致在中性层发生剪切破坏。

14.7 梁的弯曲强度计算

梁的最大正应力出现在横截面离中性轴最远处,且此处为单向应力状态。对于塑性材料,一般中性轴为对称轴(节省材料考虑),正应力强度条件为

$$\sigma_{max} \leqslant [\sigma] \tag{14-30}$$

式中，$[\sigma]$为材料的许用正应力。对于脆性材料，正应力强度条件为

$$\sigma_{tmax} \leqslant [\sigma_t], \quad \sigma_{cmax} \leqslant [\sigma_c] \tag{14-31}$$

式中，σ_{tmax}、σ_{cmax}分别是最大拉应力、最大压应力，$[\sigma_t]$、$[\sigma_c]$分别是材料的许用拉应力、许用压应力。

梁的最大剪应力一般出现在横截面中性轴处，且此处为纯剪状态。剪应力强度条件为

$$\tau_{max} \leqslant [\tau] \tag{14-32}$$

式中，$[\tau]$为材料的许用剪应力。

例 14-10 如图 14-25(a)所示的 T 形截面铸铁梁，$[\sigma_t]=30\ \text{MPa}$，$[\sigma_c]=60\ \text{MPa}$，$I_z=763\ \text{cm}^4$，$y_1=52\ \text{mm}$，问如何摆放 T 形梁的位置才符合要求？

解：梁的弯矩图如图 14-25(b)所示。在图 14-25(a)的摆放位置，在截面 B 处

$$\sigma_{tmax}=\frac{M_B y_2}{I_z}=\frac{4\times10^3\times(140-52)\times10^{-3}}{763\times10^{-8}}=46.2\times10^6(\text{Pa})>[\sigma_t]$$

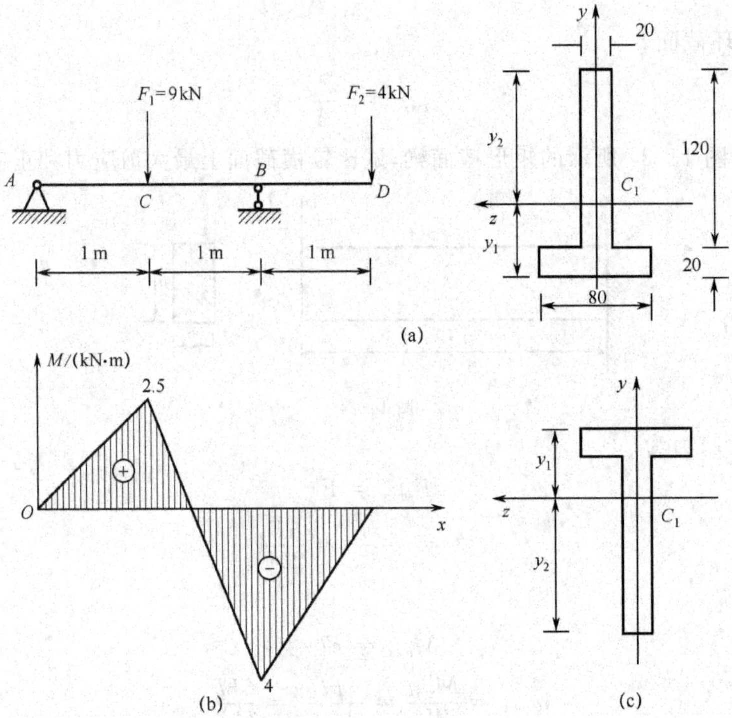

图 14-25

不符合强度要求。把 T 形截面梁放正，如图 14-25(c)所示。在截面 B 处

$$\sigma_{tmax}=\frac{M_B y_1}{I_z}=\frac{4\times10^3\times52\times10^{-3}}{763\times10^{-8}}=27.2\times10^6(\text{Pa})<[\sigma_t]$$

$$\sigma_{cmax}=\frac{M_B y_2}{I_z}=46.2(\text{MPa})<[\sigma_c]$$

在截面 C 处

$$\sigma_{tmax}=\frac{M_C y_2}{I_z}=\frac{2.5\times10^3\times(140-52)\times10^{-3}}{763\times10^{-8}}=28.2\times10^6(\text{Pa})<[\sigma_t]$$

而最大压应力小于截面 B 处的最大压应力。这样摆放 T 形截面梁强度符合要求。

例 14-11 如图 14-26(a)所示的矩形截面钢梁，$F=10\ \text{kN}$，$q=5\ \text{kN/m}$，$a=1\ \text{m}$。材料的许

用正应力$[\sigma]=160\ \mathrm{MPa}$，许用剪应力$[\tau]=80\ \mathrm{MPa}$。规定$\dfrac{h}{b}=2$，试设计梁的截面尺寸。

解：梁的剪力图、弯矩图如图 14-26(b)、(c)所示。

$$M_{\max}=3.75\ (\mathrm{kN\cdot m})$$

$$F_{\mathrm{smax}}=6.25\ \mathrm{kN}$$

先由弯曲正应力强度条件，得

$$\sigma_{\max}=\frac{M_{\max}}{W_z}\leqslant[\sigma]$$

$$W_z=\frac{1}{6}bh^2=\frac{2}{3}b^3$$

$$b\geqslant\sqrt[3]{\frac{3M_{\max}}{2[\sigma]}}=\sqrt[3]{\frac{3\times 3.75\times 10^3}{2\times 160\times 10^6}}=0.033(\mathrm{m})$$

$$h=2b\geqslant 0.066(\mathrm{m})$$

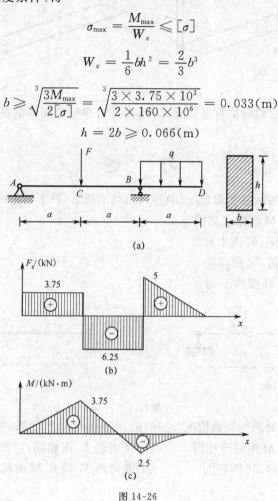

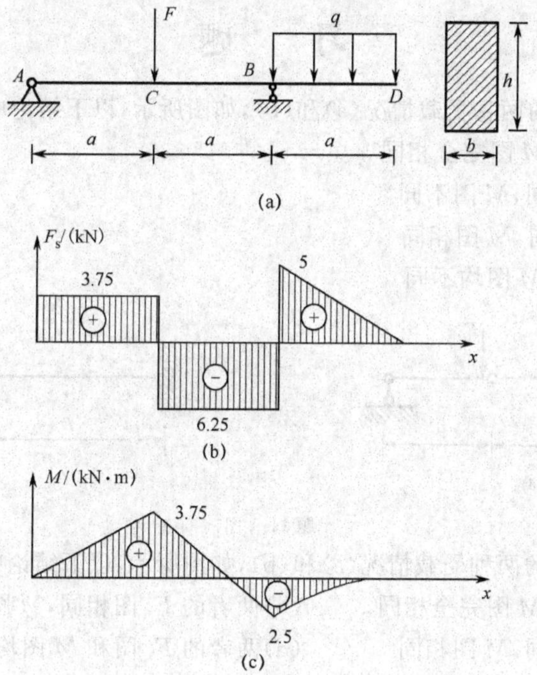

图 14-26

取 $b=33\ \mathrm{mm}$，$h=66\ \mathrm{mm}$。

由剪应力强度条件，得

$$\tau_{\max}=\frac{3}{2}\frac{F_{\mathrm{smax}}}{A}=\frac{3\times 6.25\times 10^3}{2\times 33\times 66\times 10^{-6}}=4.3\times 10^6(\mathrm{Pa})<[\tau]$$

因此，取 $b=33\ \mathrm{mm}$，$h=66\ \mathrm{mm}$ 符合强度要求。

14.8* 开口薄壁截面梁的弯曲中心

如图 14-27(a)所示的薄壁槽形截面梁，点 C 为端面的形心，端面关于 z 轴对称，y 轴、z 轴为形心惯性主轴。在 F 作用下，梁除了弯曲变形外，还有扭转变形。理论和实验表明，横截面上存在一点 S，如图 14-27(b)，当 F 经过点 S 时，梁仅产生弯曲变形，称此点 S 为梁的弯曲中心。对于横力弯曲，当载荷作用面经过弯曲中心且和主形心惯性平面（横截面上形心惯性主轴和梁轴线所成的平面）平行时，梁的弯曲仍为平面弯曲。

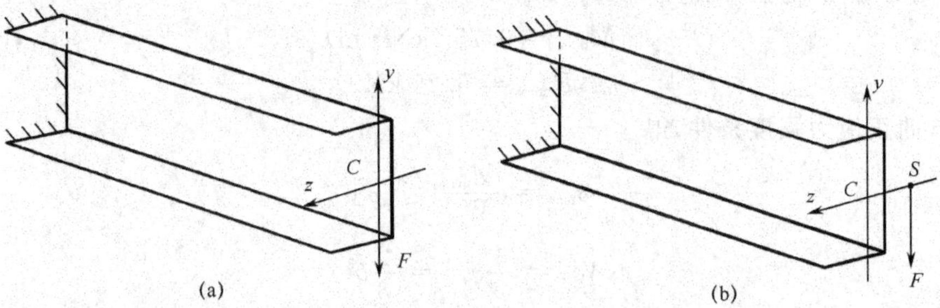

图 14-27

弯曲中心对开口薄壁截面梁有重要意义，因为开口薄壁截面梁的抗扭刚度很小，容易因出现扭转变形而破坏。

习　题

14-1　多跨静定梁的两种受载情况（a）和（b），如图所示，以下结论中________是正确的。

（a）两者的 F_s 图和 M 图完全相同

（b）两者的 F_s 图相同，M 图不同

（c）两者的 F_s 图不同，M 图相同

（d）两者的 F_s 图和 M 图均不同

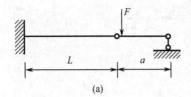

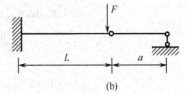

题 14-1 图

14-2　多跨静定梁的两种受载情况（a）和（b），如图所示，以下结论中________是正确的。

（a）两者的 F_s 图和 M 图完全相同　　（b）两者的 F_s 图相同，M 图不同

（c）两者的 F_s 图不同，M 图相同　　（d）两者的 F_s 图和 M 图均不同

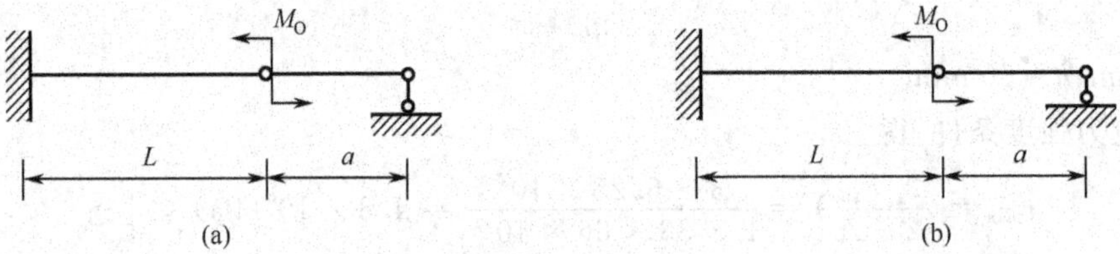

题 14-2 图

14-3　在梁的正应力公式 $\sigma=\frac{M}{I_z}y$ 中，I_z 为梁截面对于________的惯性矩。

（a）形心轴　　（b）对称轴　　（c）中性轴　　（d）主形心惯性轴

14-4　梁的截面为对称的空心矩形，如图所示，这时梁的抗弯截面模量 W 为________。

（a）$\frac{bh^2}{6}$　　（b）$\frac{1}{6}bh^2-\frac{1}{6}b_1h_1^2$

(c) $\dfrac{\frac{1}{12}bh^3-\frac{1}{12}b_1h_1^3}{\frac{1}{2}h}$　　　　(d) $\dfrac{\frac{1}{12}bh^3-\frac{1}{12}b_1h_1^3}{\frac{1}{2}h_1}$

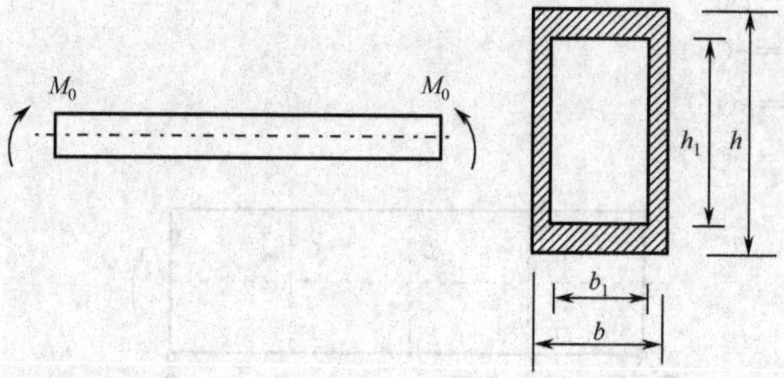

题 14-4 图

14-5　两根($b\times h$)矩形截面的木块叠合在一起，两端受力偶矩 M_0 作用，如图所示。这时该组合梁的抗弯截面模量 W 为________。

(a) $2(\frac{1}{6}bh^2)$　　　　(b) $\frac{1}{6}b(2h)^2$

(c) $\dfrac{2(\frac{1}{12}bh^3)}{h}$　　　　(d)不确定

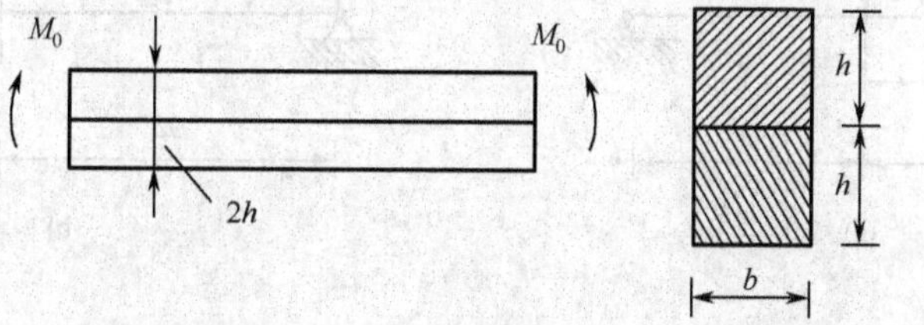

题 14-5 图

14-6　T 形截面梁，两端受力偶矩 M_0 作用，如图所示，以下结论中________是错误的。

(a)梁截面的中性轴通过形心

(b)梁的最大压应力出现在截面的上边缘

(c)梁的最大压应力与最大拉应力数值不等

(d)梁内最大压应力的绝对值小于最大拉应力

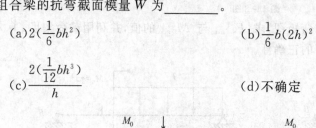

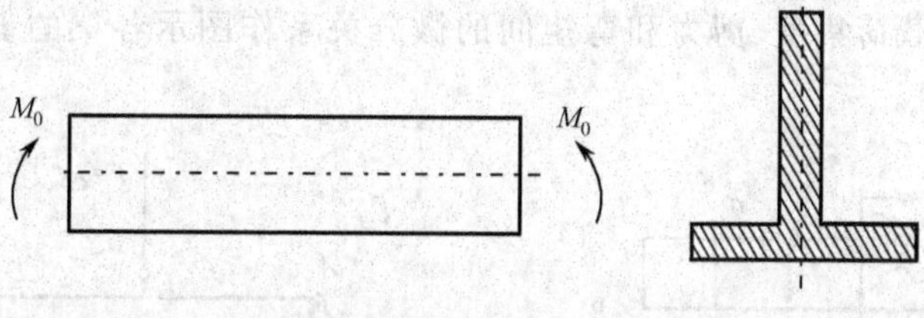

题 14-6 图

14-7　对于矩形截面梁，以下结论中________是错误的。

(a)出现最大正应力的点上，剪应力必为零

(b)出现最大剪应力的点上，正应力必为零

(c)最大正应力的点和最大剪应力的点不一定在同一截面上

(d)梁上不可能出现这样的截面，即该截面上最大正应力和最大剪应力均为零

14-8 矩形截面的简支梁，受力情况如图所示。以下结论中________是错误的(σ、τ 分别表示横截面上的正应力和剪应力)。

(a)$\tau(A)=\tau(B)=\tau(C)$

(b)$\tau(D)=\tau(E)=\tau(F)$

(c)$\sigma(A)=\sigma(B)=\sigma(C)$

(d)$\sigma(D)=\sigma(E)=\sigma(F)$

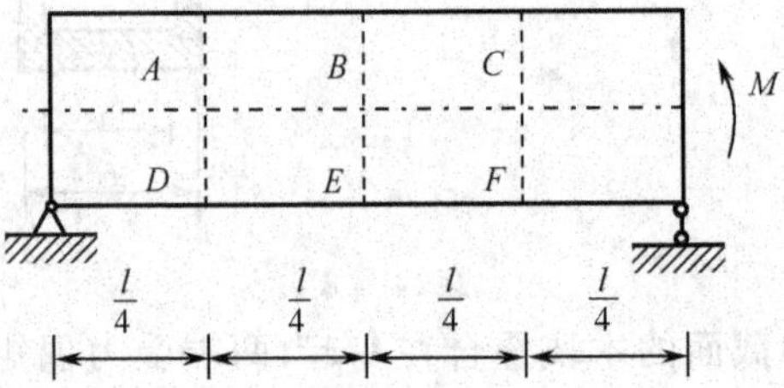

题 14-8 图

14-9 试作图示各梁的剪力图与弯矩图，求$|F_s|_{max}$与$|M|_{max}$的值，并利用载荷集度、剪力和弯矩间的微分关系校核剪力图弯矩图的正确性。

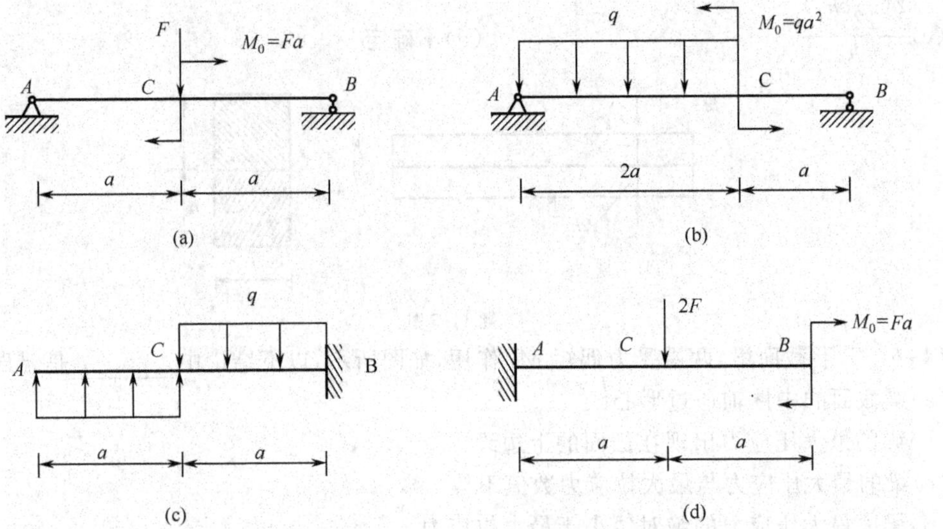

题 14-9 图

14-10 试利用载荷集度、剪力和弯矩间的微分关系作图示各梁的剪力图与弯矩图，并求$|F_s|_{max}$与$|M|_{max}$的值。

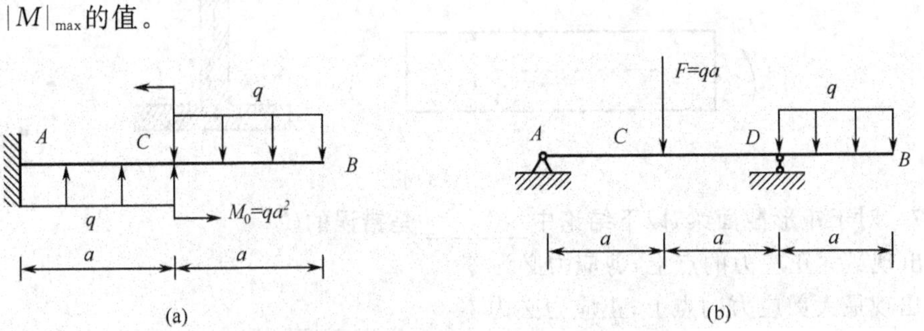

题 14-10 图

14-11 图示起吊重物的滑轮可在梁 AB 上移动，试确定支座 C 的合理位置 a。

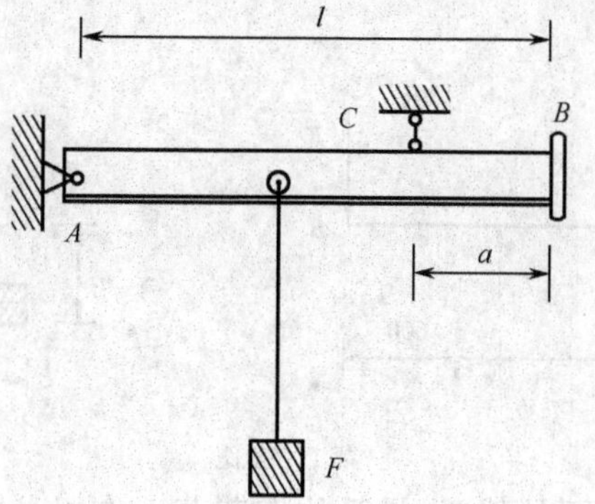

题 14-11 图

14-12 试利用矩形截面对 z 轴的惯性矩公式 $I_z=\dfrac{bh^3}{12}$ 计算正六角形截面对形心轴 z 的惯性矩 I_z 和抗弯截面模量 W_z。

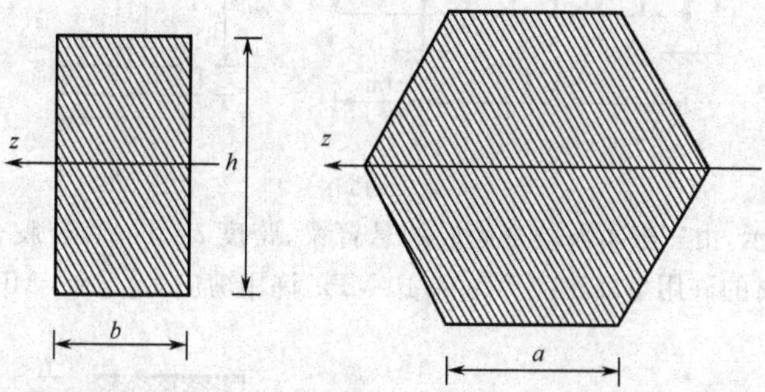

题 14-12 图

14-13 在图示直径 $D=2.4$ m 的刚性圆盘上，绕有厚度 $h=3$ mm、材料弹性模量 $E=210$ GPa、屈服极限 $\sigma_s=280$ MPa 的钢带。试计算钢带中的最大弯曲正应力，并确定防止钢带发生塑性变形的直径 D 的许可值。

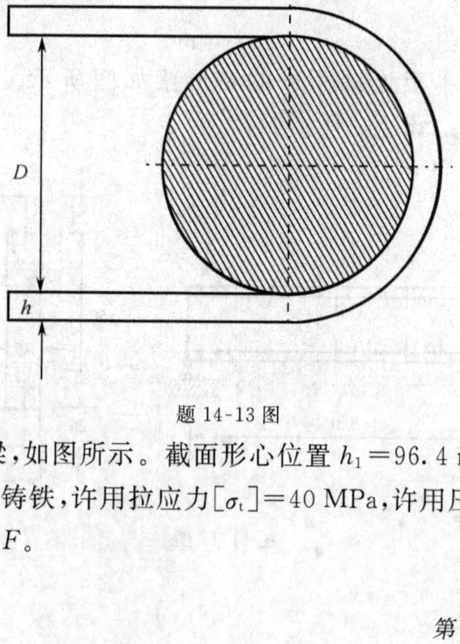

题 14-13 图

14-14 T 形截面悬臂梁，如图所示。截面形心位置 $h_1=96.4$ mm，截面对形心轴的惯性矩 $I_z=10180\ \text{cm}^4$。梁的材料为铸铁，许用拉应力 $[\sigma_t]=40$ MPa，许用压应力 $[\sigma_c]=160$ MPa。试按强度条件确定梁的许可载荷 F。

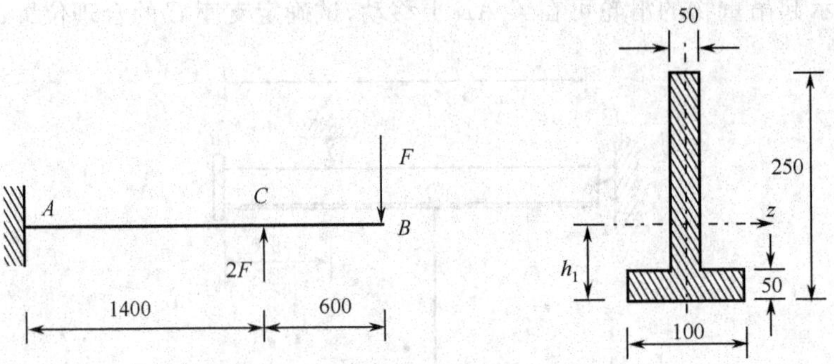

题 14-14 图

14-15 如图 T 字型截面外伸梁，承受均布载荷 q 作用，试确定截面尺寸 a。已知：$q=10\text{kN/m}$，$[\sigma]=160\text{MPa}$。

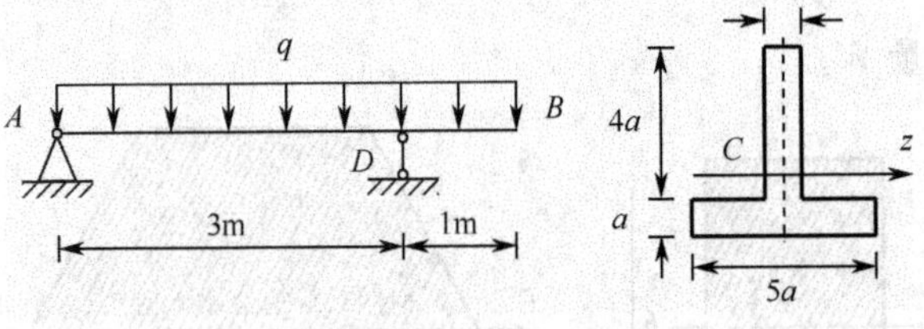

题 14-15 图

14-16 如图所示，由三根木条胶合而成的悬臂梁，跨度 $l=1$ m。若胶合面上的许用剪应力 $[\tau']=0.34$ MPa，木材的许用弯曲正应力 $[\sigma]=10$ MPa，许用剪应力 $[\tau]=1$ MPa，试求许可载荷 F。

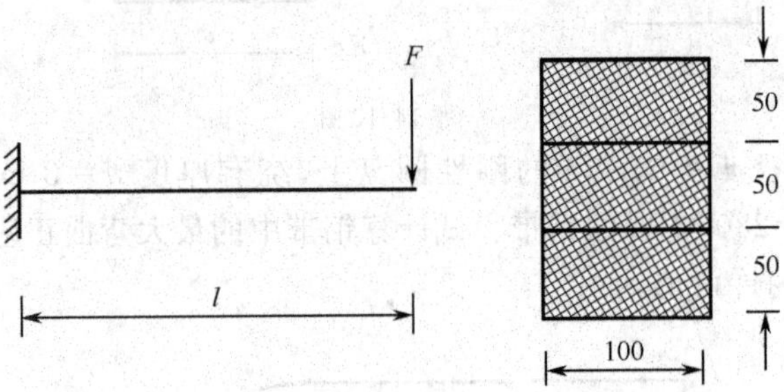

题 14-16 图

14-17 用螺钉将四块木板连接而成的箱形梁如图所示。若每一螺钉的许可剪力为 1.1 kN，试确定螺钉的间距 s。设 $F=5.5$ kN。

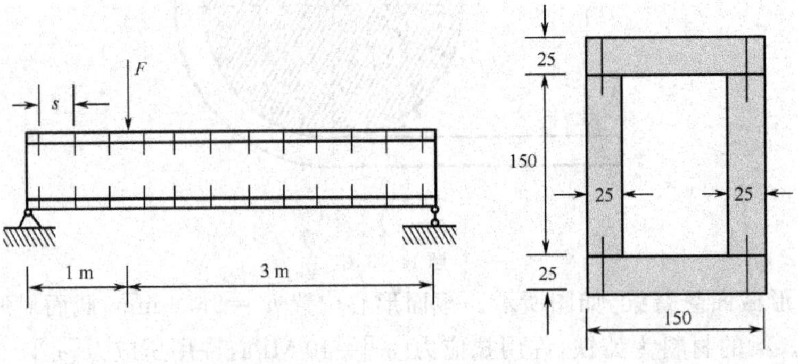

题 14-17 图

14-18 如图所示的矩形截面悬臂梁，承受水平方向的均布载荷，试导出其横截面上剪应力的表达式。

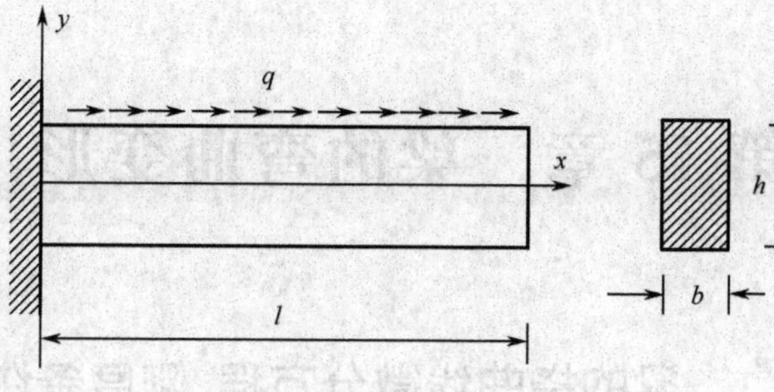

题 14-18 图

第 15 章　梁的弯曲变形

15.1　梁的挠曲线微分方程、刚度条件

如图 15-1 所示，在平面弯曲的情况下，变形后的梁轴线将成为 xy 平面上的一条曲线，称为梁的挠曲线，即

$$y = y(x)$$

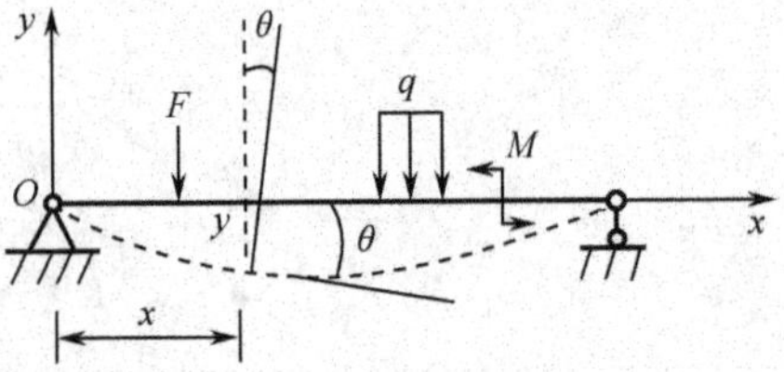

图 15-1

梁上任一横截面形心的垂直位移 y 称为梁在该处的挠度。横截面绕其中性轴转动的角度 θ，称为该截面的转角。挠度和转角是度量弯曲变形的两个基本量。由于横截面变形后仍垂直于变形后的梁轴线假设，因此

$$\tan\theta = \frac{\mathrm{d}y}{\mathrm{d}x} \tag{15-1}$$

这说明 y、θ 并不独立。

在横力弯曲下，当梁的长度远大于横截面高度时，可以忽略剪力对弯曲变形的影响，式(14-16)仍成立，只不过等式两边都与 x 有关，即

$$\frac{1}{\rho(x)} = \frac{M(x)}{EI_z} \tag{15-2}$$

在图 15-2 的坐标系统及 M 的正负号规定下，式(15-2)成为

$$\frac{y''}{(1 + y'^2)^{3/2}} = \frac{M(x)}{EI} \tag{15-3}$$

式中，I 即是 I_z，上式称为梁的挠曲线微分方程。

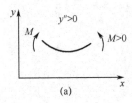

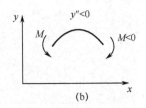

图 15-2

式(15-3)适用于梁的大变形问题。由于微分方程高度非线性，求解比较复杂，目前只有几个简单问题有解析解。对梁的小变形问题，y、θ 都是小量，$\tan\theta \approx \theta$，$y'^2 \ll 1$，式(15-1)、(15-3)变为

$$\theta = y' \tag{15-4}$$

$$y'' = \frac{M(x)}{EI} \tag{15-5}$$

式(15-5)称为梁的挠曲线近似微分方程，简称为梁的挠曲线微分方程。根据具体情况，加上梁的边界条件，求解梁的挠曲线微分方程，即可得到梁的挠曲线方程。

梁的刚度条件为

$$|y|_{\max} \leqslant [f] \qquad |\theta|_{\max} \leqslant [\theta] \tag{15-6}$$

式中，$[f]$、$[\theta]$分别为规定的许可挠度、许可转角。

由式(15-5)可知，弯矩方程的正负号直接反映挠曲线的凹凸性，由此可以粗略画出梁的挠曲线大致形状。

15.2 用积分法计算梁的变形

积分法是计算梁的变形的最基本方法。根据载荷集度、剪力和弯矩的微分关系，由式(15-5)还可以得出下列形式的挠曲线微分方程：

$$y''' = \frac{F_s(x)}{EI} \tag{15-7}$$

$$y'''' = \frac{q}{EI} \tag{15-8}$$

式(15-7)、式(15-8)在求解和边界条件的提法上比式(15-5)要复杂些，不适合初学者。

例 15-1 试求图 15-3 所示悬臂梁的挠曲线方程。已知 EI=常数。

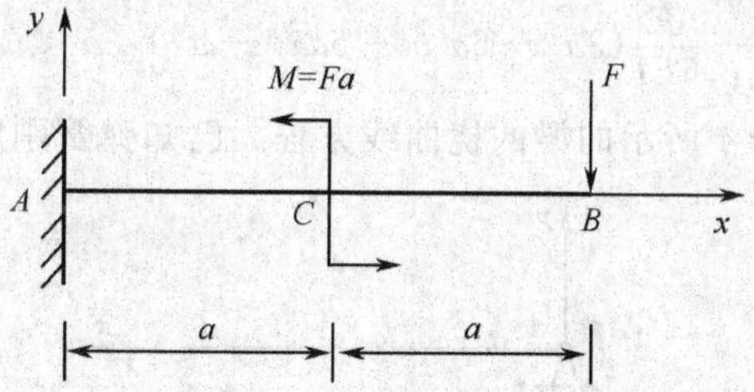

图 15-3

解：建立坐标系 Axy。

(1)求弯矩方程

$$0 < x < a: \qquad M(x) = -F(a-x)$$
$$0 < x < 2a: \qquad M(x) = -F(2a-x)$$

(2)列挠曲线微分方程，求解

$$0 < x < a: \qquad y_1'' = -\frac{F(a-x)}{EI} \tag{1}$$

$$0 < x < 2a: \qquad y_2'' = -\frac{F(2a-x)}{EI} \tag{2}$$

积分式(1)、(2)，得

$$0<x<a: \qquad y_1' = \frac{F(a-x)^2}{2EI} + C_1 \tag{3}$$

$$0<x<2a: \qquad y_2' = \frac{F(2a-x)^2}{2EI} + C_3 \tag{4}$$

积分式(3)、(4)，得

$0<x<a$: $$y_1=-\frac{F(a-x)^3}{6EI}+C_1x+C_2$$

$a<x<2a$: $$y_2=-\frac{F(2a-x)^3}{6EI}+C_3x+C_4$$

上面式子中,C_1、C_2、C_3、C_4 是积分常数。

边界条件: $x=0$, $y_1=0$, $y_1'=0$

位移连续性条件: $x=a$, $y_1=y_2$, $y_1'=y_2'$

由边界条件,得

$$C_1=-\frac{Fa^2}{2EI},\quad C_2=\frac{Fa^3}{6EI}$$

由位移连续性条件,得

$$C_3=-\frac{Fa^2}{EI},\quad C_4=\frac{5Fa^3}{6EI}$$

最后

$$y'=\begin{cases}-\dfrac{Fx}{2EI}(2a-x) & 0<x<a\\ \dfrac{F}{2EI}(x^2-4ax+2a^2) & a<x<2a\end{cases}$$

$$y=\begin{cases}-\dfrac{Fx^2}{6EI}(3a-x) & 0<x<a\\ -\dfrac{F}{6EI}(3a^3-6a^2x+6ax^2-x^3) & a<x<2a\end{cases}$$

例 15-2 试求图 15-4 所示的梁的挠曲线方程。已知弹簧刚度 k,$EI=$ 常数。

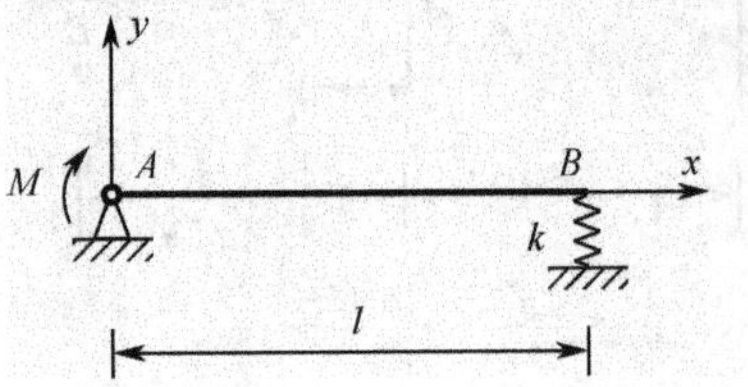

图 15-4

解:建立坐标系 Axy。

1)求弯矩方程

$$0<x<l \quad M(x)=\frac{M}{l}(l-x)$$

2)列挠曲线微分方程,求解

$$y''=\frac{M}{EIl}(l-x)$$

$$y'=\frac{M}{EIl}\left(lx-\frac{1}{2}x^2\right)+C_1$$

$$y=\frac{M}{EIl}\left(\frac{1}{2}lx^2-\frac{1}{6}x^3\right)+C_1x+C_2$$

边界条件:$x=0$, $y=0$; $x=l$, $y=-\dfrac{M}{kl}$

可解得 $$C_1=-\frac{Ml}{3EI}\left(1+\frac{3EI}{kl^3}\right),\qquad C_2=0$$

$$y' = \frac{M}{2EIl}x(2l-x) - \frac{Ml}{3EI}\left(1+\frac{3EI}{kl^3}\right)$$

$$y = \frac{M}{6EIl}x^2(3l-x) - \frac{Ml}{3EI}\left(1+\frac{3EI}{kl^3}\right)x$$

3)讨论

令 $y' = 0$，得 $\quad x = \left(1-\sqrt{\frac{1}{3}-\frac{2EI}{kl^3}}\right)l$

当 $k \geqslant \frac{6EI}{l^3}$ 时，此处梁的转角为零，挠度具有最大值，

$$|y|_{\max} = \frac{Ml^2}{3EI}\left[\frac{3EI}{kl^3}+\left(\frac{1}{3}-\frac{2EI}{kl^3}\right)^{\frac{3}{2}}\right]$$

当 $k < \frac{6EI}{l^3}$，最大挠度在梁的 B 处取得

$$|y|_{\max} = \frac{M}{kl}$$

例 15-3*　如图 15-5(a)所示，悬臂梁 AB 具有初始小挠度 $y_0 = kx^3$，试求在集中力偶 m 作用下，梁的挠曲线方程。已知 EI=常数。

解：设梁的挠曲线方程为

$$y = y(x) \tag{1}$$

考虑图 15-5(b)所示的直悬臂梁，其挠曲线方程 $y_1 = y_1(x)$ 满足

$$y_1'' = \frac{M(x)}{EI} \tag{2}$$

在小变形的条件下，有关系式

$$y(x) = y_0(x) + y_1(x) \tag{3}$$

由式(2)、(3)得

$$y''(x) = \frac{M(x)}{EI} + y_0''(x) \tag{15-9}$$

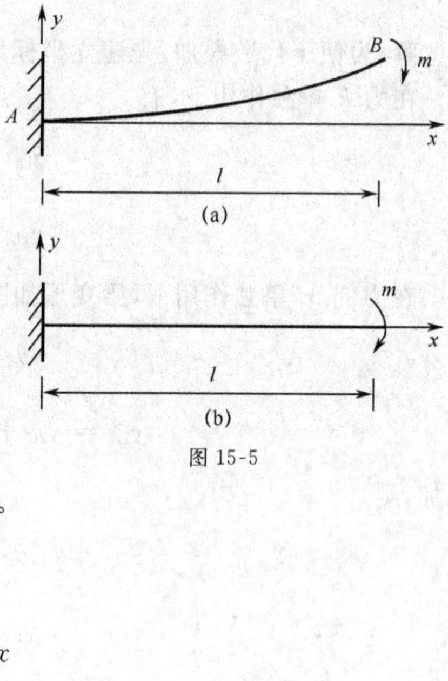

图 15-5

式(15-9)即为求解具有初始小挠度梁的挠曲线微分方程。

这里

$$M(x) = -m$$

$$y''(x) = -\frac{m}{EI} + 6kx$$

$$y'(x) = -\frac{mx}{EI} + 3kx^2 + C_1$$

$$y(x) = -\frac{mx^2}{2EI} + kx^3 + C_1x + C_2$$

边界条件：$\quad x = 0,\ y_1 = 0,\ y'_1 = 0$

由式(3)，得

$$x = 0,\ y = 0,\ y' = 0$$

$$C_1 = 0,\quad C_2 = 0$$

$$y = -\frac{mx^2}{2EI} + kx^3$$

15.3 用叠加法计算梁的变形

梁的挠曲线微分方程是线性微分方程，在常规的边界条件下，可以用叠加原理来求梁的变形。先求各个力作用下引起的变形，然后进行代数叠加，即得所有力共同作用下所引起的变形。

例 15-4 试求图 15-6(a)所示的悬臂梁在 B 端的挠度和转角。已知 EI=常数。

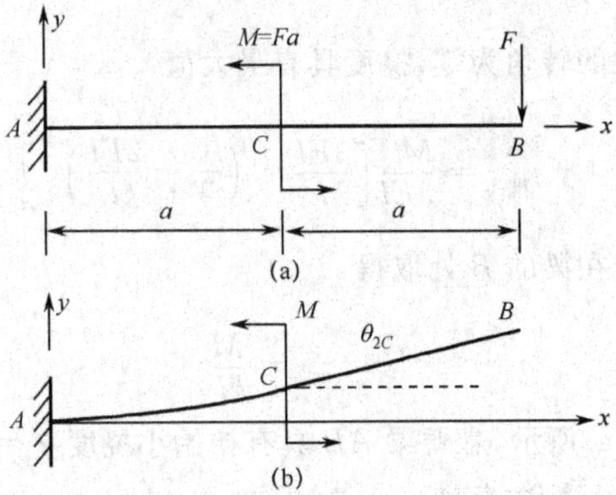

图 15-6

解: 为便于代数叠加，先建立坐标系 Axy。

在力 F 单独作用下，有

$$\theta_{1B}=-\frac{F(2a)^2}{2EI}=-\frac{2Fa^2}{EI}$$

$$y_{1B}=-\frac{F(2a)^3}{3EI}=-\frac{8Fa^3}{3EI}$$

在力偶 M 单独作用下，梁变形如图 15-6(b)所示，则

$$\theta_{2B}=\theta_{2C}=\frac{Ma}{EI}=\frac{Fa^2}{EI}$$

$$y_{2B}=y_{2C}+\theta_{2C}\cdot a=\frac{Ma^2}{2EI}+\frac{Fa^3}{EI}=\frac{3Fa^3}{2EI}$$

叠加，则

$$\theta_B=\theta_{1B}+\theta_{2B}=-\frac{Fa^2}{EI}$$

$$y_B=y_{1B}+y_{2B}=-\frac{7Fa^3}{6EI}$$

15.4* 两次刚化法

对于静定梁，如图 15-7 所示，求解挠度的基本方程为

$$y''=\frac{M(x)}{EI} \tag{15-5}$$

加上齐次的边界条件即可求解梁的挠度和转角。现分两次刚化梁，取梁中一点 D，先刚化 AD 段，在这种情况下，求挠度的基本方程为

AD 段：
$$y_1''=\frac{M(x)}{\infty}=0 \tag{1}$$

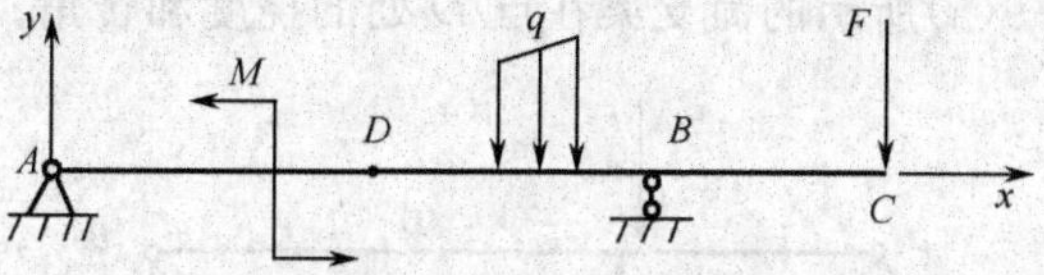

图 15-7

DC 段：
$$y_1' = \frac{M(x)}{EI} \tag{2}$$

加上齐次边界条件，可以求解这种情况下的挠度和转角。然后，再刚化 DC 段，在这种情况下，求挠度的基本方程为

AD 段：
$$y_2'' = \frac{M(x)}{EI} \tag{3}$$

DC 段：
$$y_2'' = \frac{M(x)}{\infty} = 0 \tag{4}$$

加上齐次边界条件，可以求解这种情况下的挠度和转角。

把两种情况下的挠度和转角叠加，则

AD 段：　$y = y_1(x) + y_2(x)$，　$\theta = y' = y'_1(x) + y'_2(x)$　(5)

DC 段：　$y = y_1(x) + y_2(x)$，　$\theta = y' = y'_1(x) + y'_2(x)$　(6)

显然，满足式(15-5)及齐次边界条件，所以是原问题的解。

从上面的说明可以看出：第一次刚化时还可以同时刚化若干梁段，第二次再刚化其余的梁段。怎样选取梁段刚化，视具体问题而定。

例 15-5　试求图 15-8(a)所示外伸梁截面 C 的挠度和转角。已知 EI＝常数。

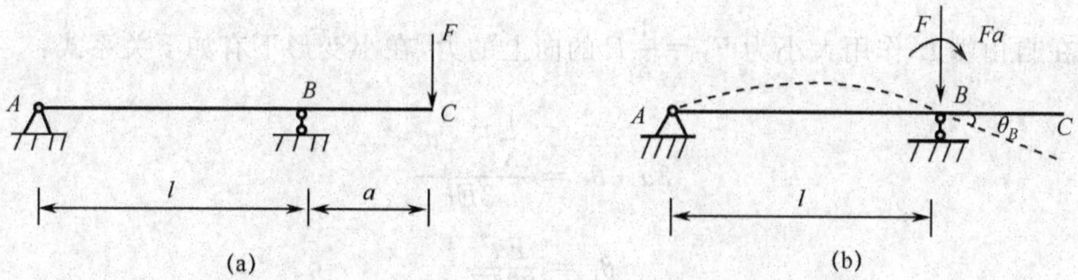

图 15-8

解：(1)刚化 AB，则 BC 段相当于在 B 截面固支的悬臂梁。

$$\delta_{C1} = \frac{Fa^3}{3EI}(\downarrow),\quad \theta_{C1} = \frac{Fa^2}{2EI}(\curvearrowright)$$

(2)刚化 BC，力 F 可以向 B 点简化，如图 15-8(b)所示，只有力偶使 AB 段产生弯曲变形。

$$\theta_B = \frac{Fal}{3EI}(\curvearrowright)$$

$$\delta_{C2} = \theta_B \cdot a = \frac{Fa^2 l}{3EI}(\downarrow)$$

$$\theta_{C2} = \theta_B = \frac{Fal}{3EI}(\curvearrowright)$$

(3)叠加

$$\delta_C = \delta_{C1} + \delta_{C2} = \frac{Fa^2(l+a)}{3EI}(\downarrow)$$

$$\theta_C = \theta_{C1} + \theta_{C2} = \frac{Fa(2l+3a)}{6EI}(\curvearrowright)$$

例 15-6 试求图 15-9(a)所示的简支梁在点 D 处的挠度和转角。已知 EI=常数。

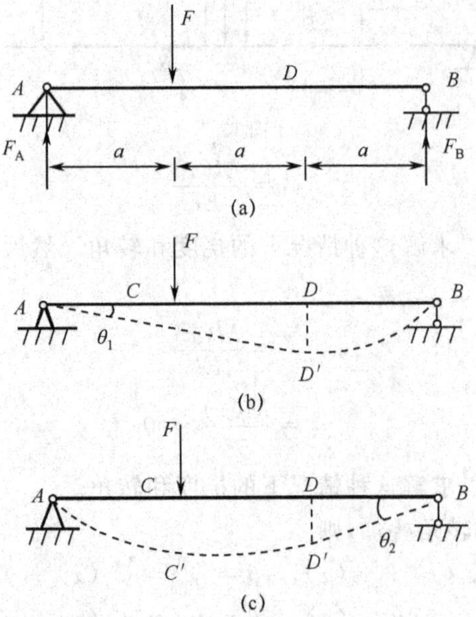

图 15-9

解:可求得 A、B 端的支反力为

$$F_A = \frac{2}{3}F, \quad F_B = \frac{1}{3}F$$

(1)刚化 AD 段,梁的变形如图 15-9(b)所示。$D'B$ 段相当于一个顺时针转过 θ_1,D'端固定的悬臂梁在自由端 B 作用大小为 $F_B=\frac{1}{3}F$ 的向上的力,在小变形下有如下关系式:

$$3a \cdot \theta_1 = \frac{\frac{1}{3}F \cdot a^3}{3EI}$$

$$\theta_1 = \frac{Fa^2}{27EI}$$

$$\delta_{D1} = \theta_1 \cdot 2a = \frac{2Fa^3}{27EI}(\downarrow)$$

$$\theta_{D1} = \theta_1 = \frac{Fa^2}{27EI}(\circlearrowright)$$

(2)刚化 DB 段,梁的变形如图 15-9(c)所示。AD'段相当于一个逆时针转过 θ_2,D'端固定的悬臂梁在自由端 A 作用大小为 $F_A=\frac{2}{3}F$ 的向上的力,在点 C 作用大小为 F 的向下的力,在小变形下有如下关系式:

$$3a\theta_2 = \frac{\frac{2}{3}F(2a)^3}{3EI} - (\frac{Fa^3}{3EI} + \frac{Fa^2}{2EI} \cdot a) = \frac{17Fa^3}{18EI}$$

$$\theta_2 = \frac{17Fa^2}{54EI}$$

$$\delta_{D2} = \theta_2 \cdot a = \frac{17Fa^3}{54EI}(\downarrow)$$

$$\theta_{D2}=\theta_2=\frac{17Fa^3}{54EI}(\curvearrowright)$$

(3)叠加

$$\delta_D=\delta_{D1}+\delta_{D2}=\frac{7Fa^3}{18EI}(\downarrow)$$

$$\theta_D=-\theta_{D1}+\theta_{D2}=\frac{5Fa^2}{18EI}(\curvearrowright)$$

例 15-7 试求图 15-10(a)所示的外伸梁在点 C 处的挠度和转角。已知 EI=常数，弹簧刚度系数为 k。

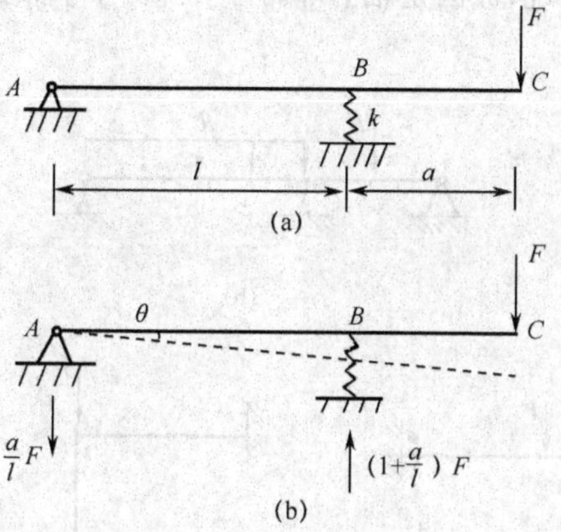

图 15-10

解:由于支座 B 是弹性支座，不满足齐次边界条件的要求，要先对弹性支座进行处理。

弹性支座仅引起梁的刚性位移，如图 15-10(b)所示。可以先求出此刚性位移，然后把此弹性支座看成活动铰支座（相当于把弹簧刚化），再求梁的挠度和转角，就成为齐次边界条件了，最后叠加即可。

下面求刚性位移下点 C 的挠度和转角。

弹簧变形：

$$\delta_B=\frac{(1+\frac{a}{l})F}{k}=(1+\frac{a}{l})\frac{F}{k}$$

$$\theta=\frac{\delta_B}{l}=(1+\frac{a}{l})\frac{F}{kl}$$

$$\delta_{C刚}=\theta\cdot(l+a)=(1+\frac{a}{l})^2\frac{F}{k}(\downarrow)$$

$$\theta_{C刚}=\theta=(1+\frac{a}{l})\frac{F}{kl}(\curvearrowright)$$

由例 15-5 的结果，叠加上刚性位移部分，得

$$\delta_C=\frac{Fa^2(l+a)}{3EI}+(1+\frac{a}{l})^2\frac{F}{k}(\downarrow)$$

$$\theta_C=\frac{Fa(2l+3a)}{6EI}+(1+\frac{a}{l})\frac{F}{kl}(\curvearrowright)$$

总结：对有弹簧支座的情况，先令梁刚化，求刚性位移下的挠度和转角；然后，再令弹簧刚化，求梁的挠度和转角，这时可对梁应用两次刚化法；最后叠加，即得结果。

两次刚化法不适合静不定梁，原因是每次对梁的刚化，会造成梁的弯矩方程 $M(x)$ 的改变。

15.5 简单的弯曲静不定问题

当梁的支反力或剪力、弯矩不能全部由平衡方程求出时，求未知力的问题就成为静不定问题。未知力(内力、支反力)的个数超出独立的平衡方程的数称为静不定次数。图 15-11(a)、(b)、(c)都是一次静不定系统，图 15-11(d)、(e)是三次静不定系统，但在材料力学里认为图 15-11(d)是二次静不定系统，原因是轴力非常小，不参与弯曲变形，可忽略不计。

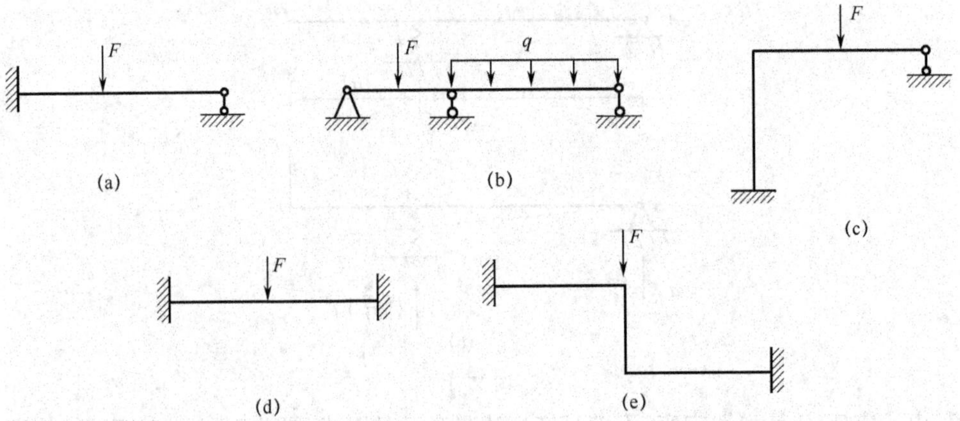

图 15-11

静不定结构的特点是存在多余约束。求解静不定问题的关键是从多余约束入手，从多余约束中寻求几何条件(即变形协调条件)，即可得到求解静不定问题所需的补充方程。为此，先解除多余约束，使原结构变成静定系统，这种静定系统称为原结构的静定基，然后通过静定基和原结构的变形比较，即可得几何方程。

例 15-8 试求图 15-12(a)所示的静不定梁的支反力。已知 EI=常数。

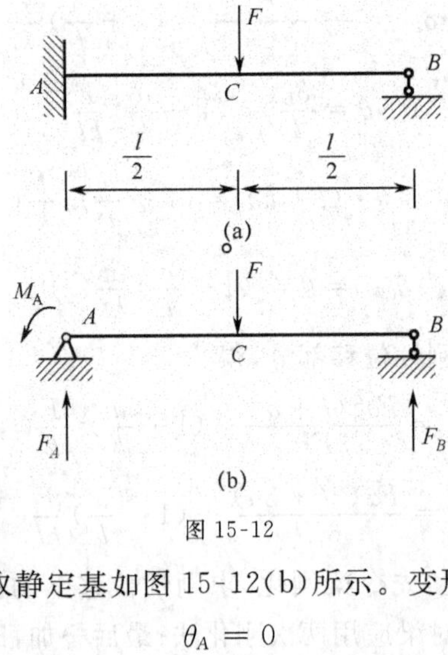

图 15-12

解：系统为一次静不定。取静定基如图 15-12(b)所示。变形协调条件为

$$\theta_A = 0 \tag{1}$$

而
$$\theta_A=\frac{M_Al}{3EI}-\frac{Fl^2}{16EI} \tag{2}$$

将式(2)代入式(1),得

$$M_A=\frac{3}{16}Fl$$

不难求得

$$F_A=\frac{5}{16}F,\quad F_B=\frac{11}{16}F$$

例 15-9 试求图 15-13(a)所示的静不定刚架的支反力。已知 EI=常数。

解:刚架以弯曲变形为主,拉压变形常忽略不计。系统为一次静不定系统。取静定基如图 15-12(b)所示,变形协调条件为 C 点的竖直位移为零,即

$$\delta_{Cy}=0 \tag{1}$$

下面用两次刚化法求 δ_{Cy}。

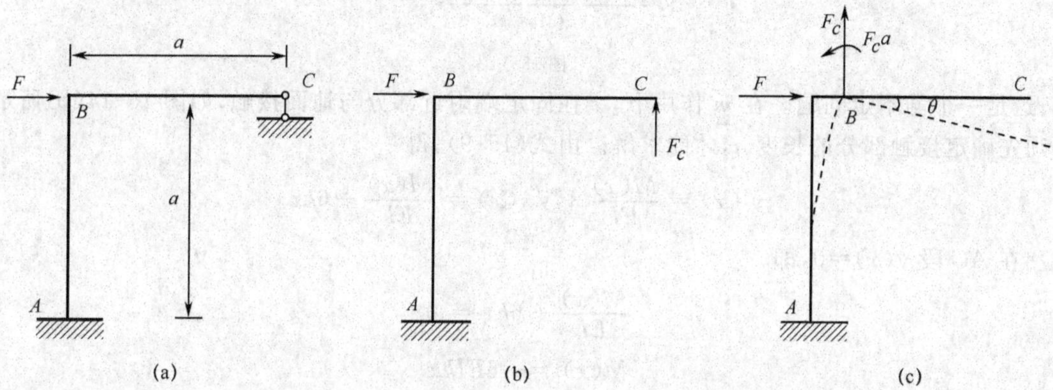

图 15-13

刚化 AB,则

$$\delta_{Cy}^{(1)}=\frac{F_Ca^3}{3EI}(\uparrow)$$

刚化 BC,刚架变形如图 15-12(c)所示。把 F_C 向 B 点简化,此处的 F_C 对弯曲变形没有什么影响,截面 B 的转角为

$$\theta=\frac{Fa^2}{2EI}-\frac{F_Ca\cdot a}{EI}(\curvearrowright)$$

$$\delta_{Cy}^{(2)}=\theta\cdot a=\frac{Fa^3}{2EI}-\frac{F_Ca^3}{EI}(\downarrow)$$

叠加,则

$$\delta_{Cy}=\delta_{Cy}^{(1)}+\delta_{Cy}^{(2)}=\frac{Fa^3}{2EI}-\frac{4F_Ca^3}{3EI} \tag{2}$$

式(2)代入式(1),得

$$F_C=\frac{3}{8}F$$

例 15-10* 如图 15-14(a)所示的悬臂梁 AB 具有初始小挠度 $y_0=kx^3$,试求在集中力偶 m 作用下,梁的自由端距光滑地面的距离。已知 EI=常数。

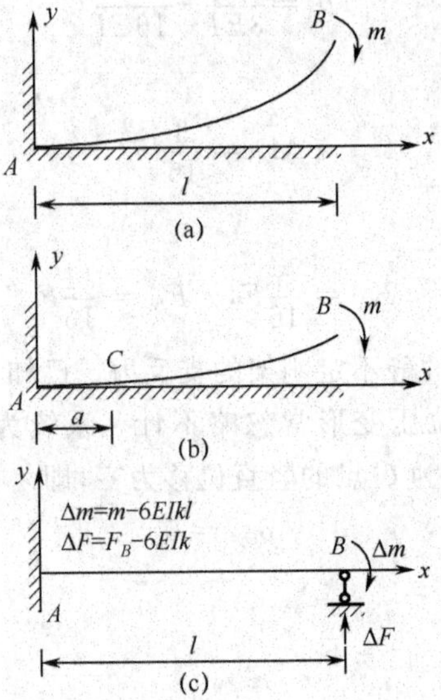

图 15-14

解:这是一个静不定问题。在 m 作用下,梁在固定端附近部分与地面接触,如图 15-14(b)所示。必须先确定接触部分的长度 a,才能求解。由式(15-9),得

$$y''(x)=\frac{M(x)}{EI}+y''_0(x)=\frac{M(x)}{EI}+6kx$$

在 AC 段 $y(x)=0$,即

$$\frac{M(x)}{EI}+6kx=0$$

$$M(x)=-6EIkx$$

在 $x=a$ 处,$M(a)=-m$,由此得

$$a=\frac{m}{6EIR}$$

在 CB 段,则

$$M(x)=-m$$

$$y''=-\frac{m}{EI}+6kx$$

$$y'=-\frac{m}{EI}x+3kx^2+C_1$$

$$y=-\frac{m}{3EI}x^2+kx^3+C_1x+C_2$$

边界条件:$x=a$ 时,$y=0$,$y'=0$,可得

$$C_1=\frac{ma}{EI}-3ka^2,\quad C_2=-\frac{ma^2}{2EI}+2ka^3$$

$$y=-\frac{m}{2EI}x^2+kx^3+\left(\frac{ma}{EI}-3ka^2\right)x-\frac{ma^2}{2EI}+2ka^3$$

$$=-\frac{m}{2EI}(x-a)^2+k(x-a)^2(x+2a)$$

$$=(x-a)^2\left[-\frac{m}{2EI}+k(x+2a)\right]=k(x-a)^3$$

$$y(l)=k(l-a)^3$$

讨论：$y(l)\geqslant 0$，即 $a\leqslant l$，$m\leqslant 6EIkl$，当 $m=6EIkl$ 时，$a=l$，曲梁变直了。当 $m>6EIkl$ 时，原结构相当于图 15-14(c)所示的直梁系统，外载为 m（大于 $6EIkl$），B 端的反力 $F_B=\Delta F+6EIk$，这时 $y(l)=0$。

习　题

15-1　对图示的坐标系统，梁的近似挠曲线方程是怎样的？

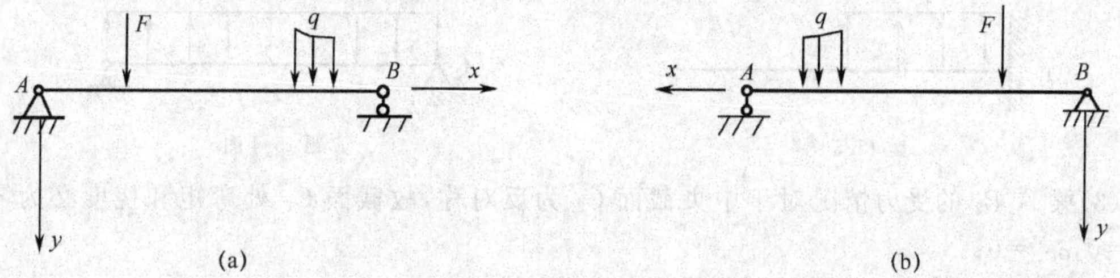

题 15-1 图

15-2　如图(a)所示，用叠加法求梁的变形时，欲求点 C 的挠度 δ_C，先把其分解为图(b)、(c)两种情况，然后分别求解两种情况下的相应挠度 δ_C^b、δ_C^c，最后代数叠加 $\delta_C=\delta_C^b+\delta_C^c$（这里 δ_C^b、δ_C^c 是带正负号的），正确吗？若把 B 的弹性支座换成活动铰支座，并且活动铰支座下沉了 Δ，结果又怎样？

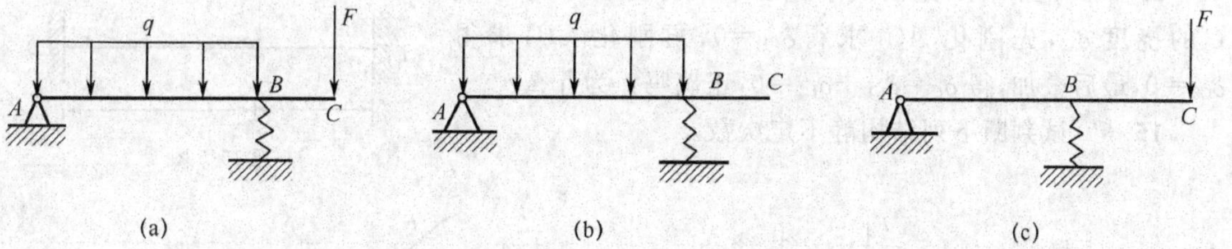

题 15-2 图

15-3　对图示的等截面悬臂梁 AB，下列结论中哪些是正确的？答：________。

(1)梁 AB 自由端的挠度 δ_B 等于梁 A_1B_1 和梁 A_2B_2 自由端挠度的代数和，即 $\delta_B=\delta_{B1}+\delta_{B2}$；

(2) $\delta_{B1}=\dfrac{2qa^4}{EI}$；

(3) $\delta_{B2}=\dfrac{qa^4}{8EI}$；

(4) $\delta_B=\delta_{B1}+\delta_{B2}=\dfrac{15qa^4}{8EI}$。

(a)(1)　　(b)(1)、(2)　　(c)(4)　　(d)全对

15-4　对图示的等截面简支梁 AB，下列结论中哪些是正确的？答：________。

(1)梁 AB 的变形等于梁 A_1B_1 和梁 A_2B_2 的变形的代数和；

(2)梁 A_1B_1 的受力情况对于中央截面 C_1 为对称，故截面 C_1 处的剪力和转角必为零，即 $F_{sC_1}=0$，$\theta_{C_1}=0$；

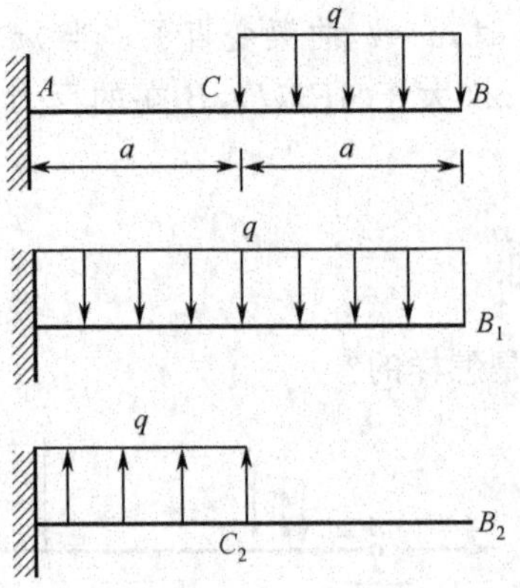

题 15-3 图

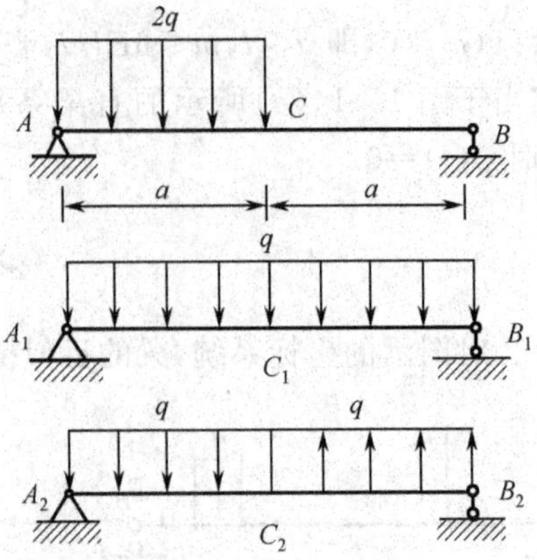

题 15-4 图

(3)梁 A_2B_2 的受力情况对于中央截面 C_2 为反对称，故截面 C_2 处弯矩和挠度必为零，即 $M_{C_2}=0, \delta_{C_2}=0$；

(4)$F_{sC}=F_{sC_2}=-\frac{1}{2}qa$，　$M_C=M_{C_1}=\frac{1}{2}qa^2$；

(5)可求得 $\theta_{C_2}=\frac{qa^3}{12EI}$，故 $\theta_C=\theta_{C_2}=\frac{qa^3}{12EI}$。

(a)(1)、(2)、(3)　　　　(b)(4)、(5)

(c)(1)、(2)、(3)、(4)　　　　(d)(1)、(2)、(3)、(5)

15-5　如图所示，用两次刚化法求梁的变形时，欲求点 C 的挠度 δ_C，先刚化 AC，求得 $\delta_{C1}=0$，再刚化 CB，求得 $\delta_{C2}=0$，最后叠加，得 $\delta_C=\delta_{C1}+\delta_{C2}=0$，正确吗？为什么？

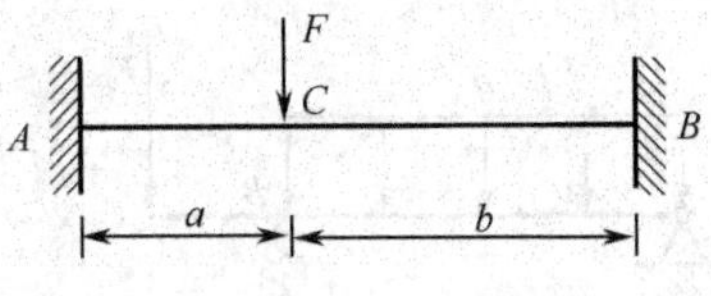

题 15-5 图

15-6　试判断下列结构静不定次数。

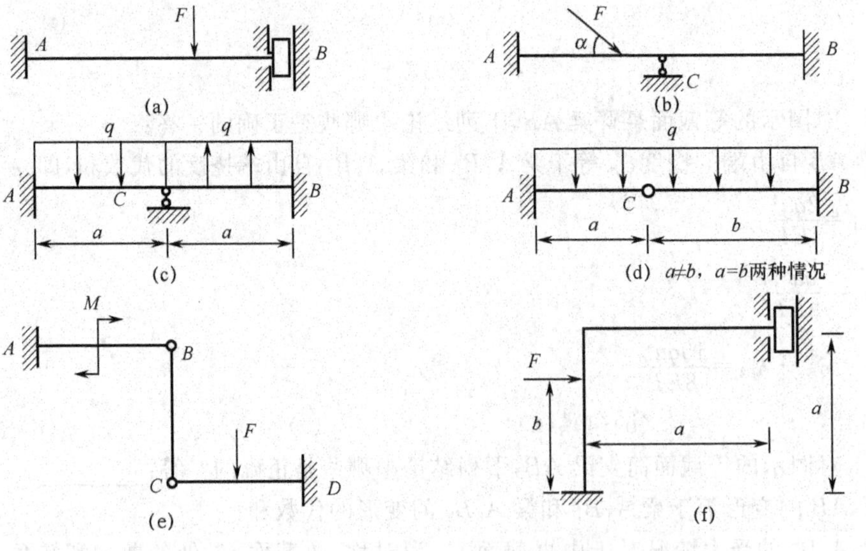

题 15-6 图

15-7　试给出求解梁的挠曲线方程的边界条件及连续性条件。

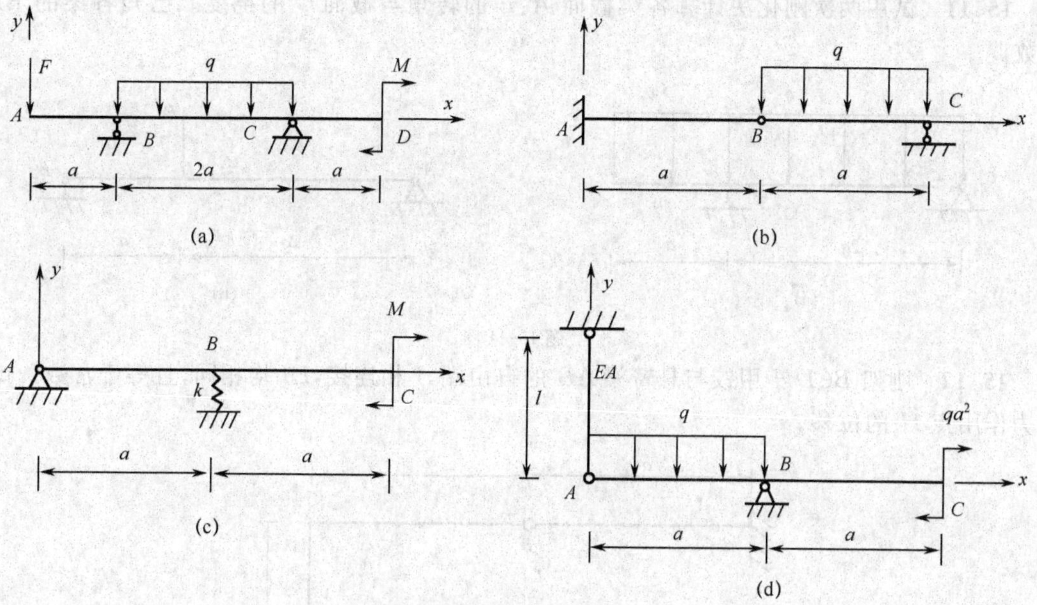

题 15-7 图

15-8 试用积分法求图示各梁的挠曲线方程，并求自由端的挠度和转角。已知 EI=常数。

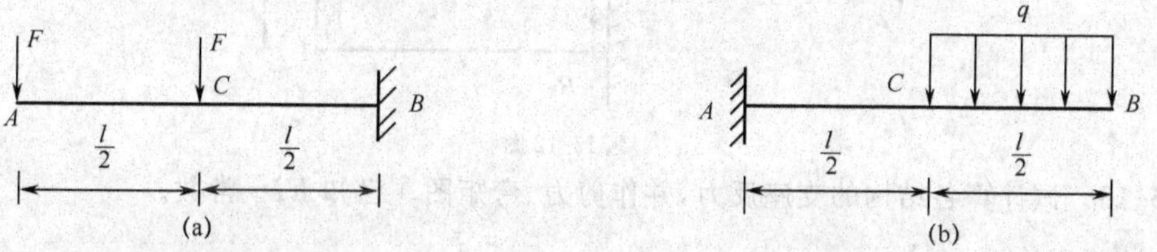

题 15-8 图

15-9 试用叠加法计算图示各梁截面 B 的转角与截面 C 的挠度。已知 EI=常数。

15-10 图示圆截面简支梁，材料弹性模量 $E=200$ GPa，工作时要求两端截面处的转角不大于 0.05 rad，试按刚度条件设计直径 d。

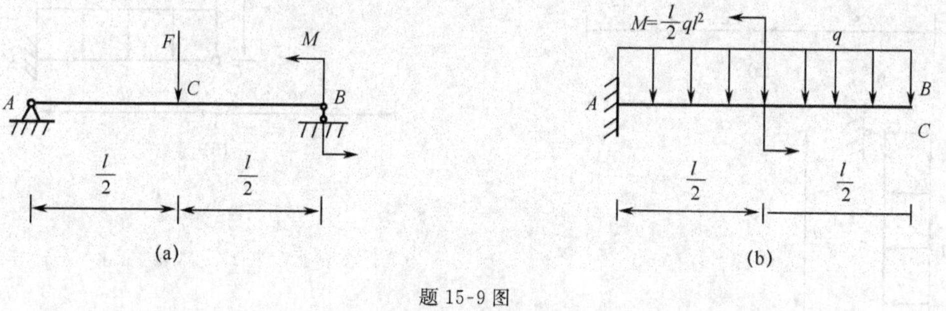

题 15-9 图

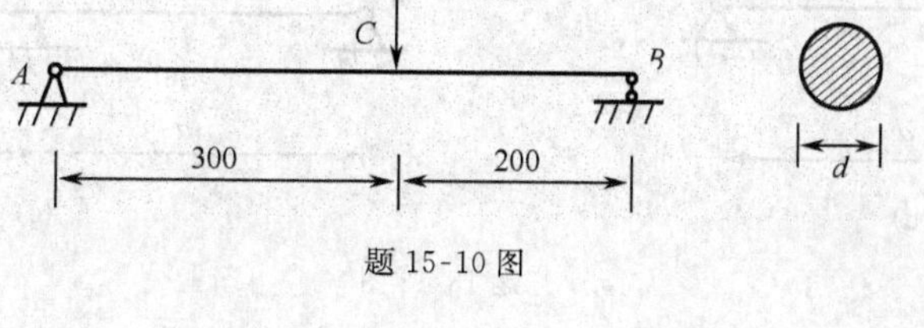

题 15-10 图

15-11 试用两次刚化法计算各梁截面 A、B 的转角与截面 C 的挠度。已知各梁的 $EI=$ 常数。

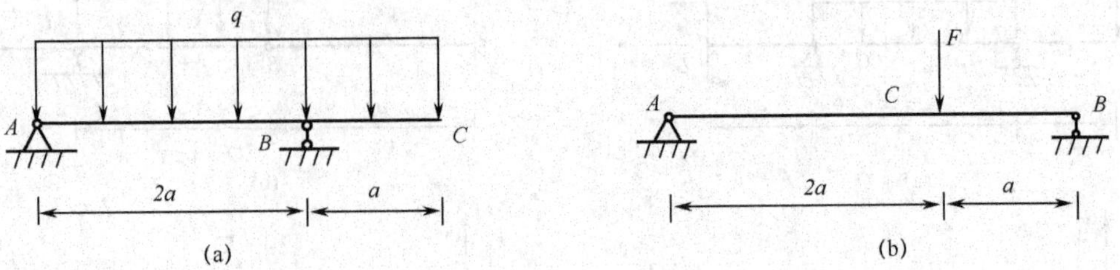

题 15-11 图

15-12 刚架 $BCDH$ 用铰与悬臂梁 AB 的自由端 B 相连接，EI 均相同，且等于常数。试求 F 力作用点 H 的位移。

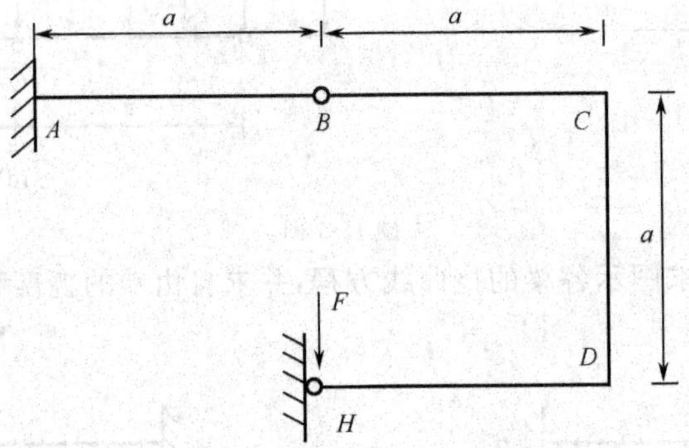

题 15-12 图

15-13 试计算各结构的支座反力，并作剪力、弯矩图。已知 $EI=$ 常数。

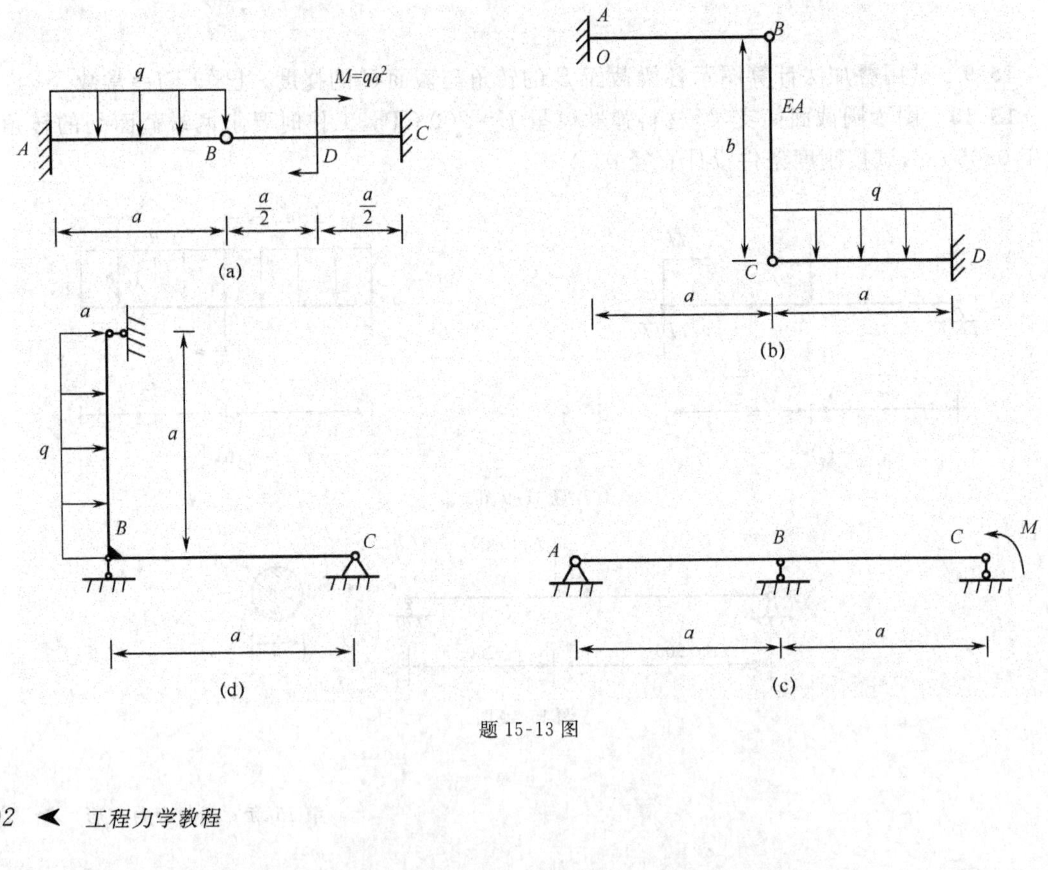

题 15-13 图

15-14 梁 AB 长 l，放在两个半径为 R 的圆柱面基座顶上，如图所示。力 F 垂直作用于梁的中点 C。试求点 C 的垂直位移。已知 EI=常数。

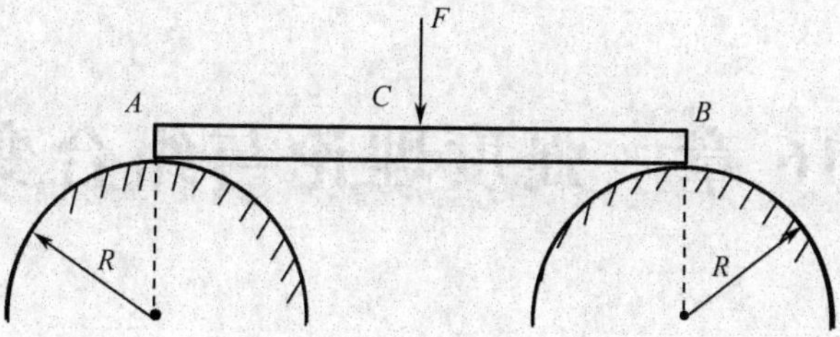

题 15-14 图

第 16 章　强度理论与组合变形

16.1 强度理论

单向应力状态和纯剪切应力状态可以通过实验建立起材料的强度条件，而其他的应力状态很难通过实验建立起材料的强度条件。人们通过假设提出材料的破坏是由某种因素决定的，由此建立强度条件，这样得到的强度条件称为强度理论。强度理论的正确性只能通过实践来检验。实践表明，下列四个强度理论是有效的。

第一强度理论（最大拉应力理论）　不管什么应力状态，最大拉应力是引起材料脆性断裂破坏的主要因素。

设一点的三个主应力为 σ_1、σ_2、σ_3，$\sigma_1 \geqslant \sigma_2 \geqslant \sigma_3$，则最大拉应力理论的脆性断裂条件是

$$\sigma_1 = \sigma_b \tag{a}$$

式中，σ_b是材料的强度极限。强度条件是

$$\sigma_1 \leqslant \frac{\sigma_b}{n} = [\sigma] \tag{16-1}$$

式中，n 是安全因数。

第二强度理论（最大拉应变理论）　不管什么应力状态，最大拉应变是引起材料脆性断裂破坏的主要因素。

最大的拉应变理论的断裂条件是

$$\varepsilon_1 = \varepsilon_b \tag{b}$$

式中，ε_b是单向拉伸断裂破坏时对应 σ_b的极限应变。

设材料直到断裂破坏都满足广义胡克定律，则

$$\varepsilon_b = \frac{\sigma_b}{E} \tag{c}$$

$$\varepsilon_1 = \frac{1}{E}[\sigma_1 - \nu(\sigma_2 + \sigma_3)] \tag{d}$$

将上面两式代入式(b)，得

$$\sigma_1 - \nu(\sigma_2 + \sigma_3) = \sigma_b \tag{e}$$

强度条件是

$$\sigma_1 - \nu(\sigma_2 + \sigma_3) \leqslant \frac{\sigma_b}{n} = [\sigma] \tag{16-2}$$

实践表明，第一、第二强度理论更适应于脆性材料。

第三强度理论（最大剪应力理论）　不管什么应力状态，最大剪应力是引起材料屈服破坏的主要因素。

单向拉伸屈服时，$\tau_{\max}=\dfrac{\sigma_s}{2}$，所以最大剪应力理论的屈服破坏条件是

$$\tau_{\max}=\frac{\sigma_1-\sigma_3}{2}=\frac{\sigma_s}{2}$$

$$\sigma_1-\sigma_3=\sigma_s \tag{f}$$

强度条件是

$$\sigma_1-\sigma_3\leqslant\frac{\sigma_s}{n}=[\sigma] \tag{16-3}$$

第四强度理论(最大形状改变比能理论) 不管什么应力状态，最大形状改变比能是引起材料屈服破坏的主要因素。

外力对弹性体做功，弹性体发生变形，变形后的弹性体具有对外部做功的能力，即具有能量，这种能量称为应变能。单位体积的弹性体所具有的应变能称为应变比能或应变能密度。应变比能由两部分组成：一部分为单元体因形状改变而储存的应变能，称为形状改变比能；另一部分为单元体因体积改变而储存的应变能，称为体积改变比能。假设材料直到屈服破坏都满足胡克定律，则可以证明单元体的形状改变比能为

$$u_d=\frac{1+\nu}{6E}[(\sigma_1-\sigma_2)^2+(\sigma_2-\sigma_3)^2+(\sigma_3-\sigma_1)^2] \tag{g}$$

单向拉伸屈服时，

$$u_d=\frac{1+\nu}{6E}[(\sigma_s-0)^2+0^2+(0+\sigma_s)^2]=\frac{1+\nu}{3E}\sigma_s^2 \tag{h}$$

最大形状改变比能理论的屈服破坏条件是

$$\frac{1+\nu}{6E}[(\sigma_1-\sigma_2)^2+(\sigma_2-\sigma_3)^2+(\sigma_3-\sigma_1)^2]=\frac{1+\nu}{3E}\sigma_s^2$$

$$\sqrt{\frac{1}{2}[(\sigma_1-\sigma_2)^2+(\sigma_2-\sigma_3)^2+(\sigma_3-\sigma_1)^2]}=\sigma_s \tag{i}$$

强度条件是

$$\sqrt{\frac{1}{2}[(\sigma_1-\sigma_2)^2+(\sigma_2-\sigma_3)^2+(\sigma_3-\sigma_1)^2]}\leqslant\frac{\sigma_s}{n}=[\sigma] \tag{16-4}$$

实践表明，第三、第四强度理论更适合塑性材料。实际上，第四强度理论要比第三强度理论更符合实验结果，但由于第三强度理论的计算式要比第四强度理论简单，因此，这两个强度理论在工程中都有广泛的应用。

例 16-1 试由第三、第四强度理论推导出塑性材料的 σ_s、τ_s之间的关系。

解：对纯剪应力状态，如图 16-1 所示，屈服时，$\sigma_1=\tau_s$，$\sigma_2=0$，$\sigma_3=-\tau_s$。

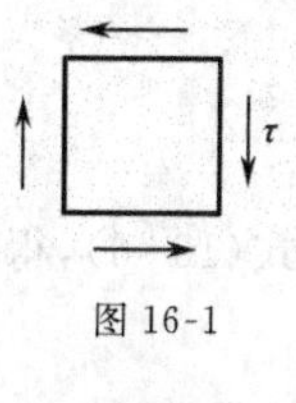

图 16-1

由第三强度理论，得

$$\tau_s-(\tau_s)=2\tau_s=\sigma_s$$

$$\tau_s=\frac{1}{2}\sigma_s=0.5\sigma_s \tag{1}$$

由第四强度理论，得

$$\sqrt{\frac{1}{2}[(\tau_s-0)^2+(0-\tau_s)^2+(-\tau_s-\tau_s)^2]}=\sqrt{3}\tau_s=\sigma_s$$

$$\tau_s=\frac{\sqrt{3}}{3}\sigma_s=0.577\sigma_s \tag{2}$$

实验表明，式(1)、(2)都比较符合实验结果，但式(2)更接近实验结果。

16.2 组合变形

组合变形是指构件在外力作用下产生两种或两种以上的基本变形。

分析组合变形的基本方法是：把作用于构件上的外载进行分解与组合，使每一组力只产生一种基本变形；然后计算每一种基本变形下的应力和变形，最后把这些应力和变形进行叠加（矢量和或代数和，视情况而定），即得组合变形下的应力和变形。

16.2.1 拉（压）与弯曲

设横截面有两个相互垂直的对称轴，在危险截面上有弯矩 M 和轴力 F_N 作用，如图 16-2 所示。

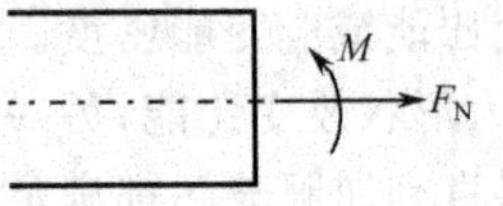

图 16-2

各内力产生的最大应力为

$$\sigma_M = \frac{M}{W}, \quad \sigma_N = \frac{F_N}{A}$$

危险截面上的最大应力为

$$\sigma_{max} = \frac{|M|}{W} + \frac{|F_N|}{A} \tag{16-5}$$

由于危险点的应力状态是单向应力状态，因此强度条件为

$$\sigma_{max} = \frac{|M|}{W} + \frac{|F_N|}{A} \leqslant [\sigma] \tag{16-6}$$

例 16-2 如图 16-3 所示，构件具有半径为 r 的实心圆截面，$F=40$ kN，材料的许用应力 $[\sigma]=120$ MPa，试求构件最小的半径 r_{min}。

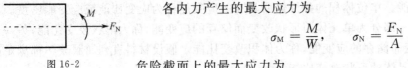

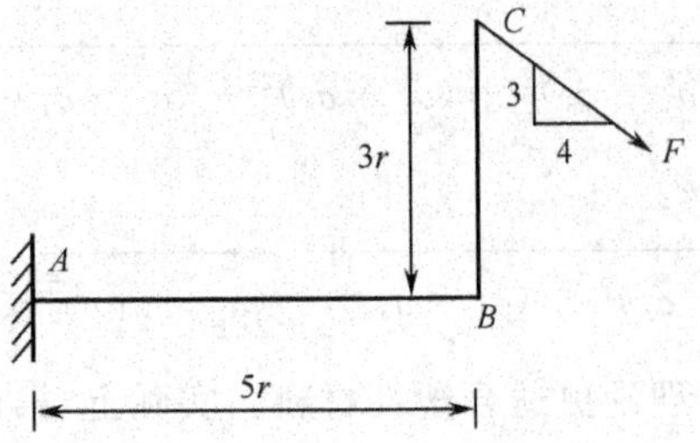

图 16-3

解：危险截面在 A 端，则

$$M = F \cdot \frac{4}{5} \cdot 3r + F \cdot \frac{3}{5} \cdot 5r = \frac{27}{5}Fr$$

$$F_N = \frac{4}{5}F$$

由式（16-6），得

$$\sigma_{max} = \frac{M}{W} + \frac{F_N}{A} = \frac{\frac{27}{5}Fr}{\frac{\pi}{32}(2r)^3} + \frac{\frac{4}{5}F}{\pi r^2} = \frac{112F}{5\pi r^2} \leqslant [\sigma]$$

$$r \geqslant \sqrt{\frac{112F}{5\pi[\sigma]}} = \sqrt{\frac{112 \times 40 \times 10^3}{5 \times 3.14 \times 120 \times 10^6}} = 0.049(\text{m})$$

$$r_{min} = 49(\text{mm})$$

16.2.2 弯曲与扭转

如图 16-4(a)所示,对于圆截面构件,在危险截面上有弯矩 M 和扭矩 T 作用,各内力产生的最大应力为

$$\sigma_M = \frac{M}{W}, \quad \tau_T = \frac{T}{W_P} \tag{a}$$

对于塑性材料,危险点有两个,应力状态如图 16-4(b)、(c)所示,不难求得两个应力状态下的三个主应力为

$$\sigma_1 = \frac{\sigma_M}{2} + \sqrt{\frac{1}{4}\sigma_M^2 + \tau_T^2}, \quad \sigma_2 = 0, \quad \sigma_3 = \frac{\sigma_M}{2} - \sqrt{\frac{1}{4}\sigma_M^2 + \tau_T^2} \tag{b}$$

在图 16-4(c)的应力状态中,σ_M 为负。

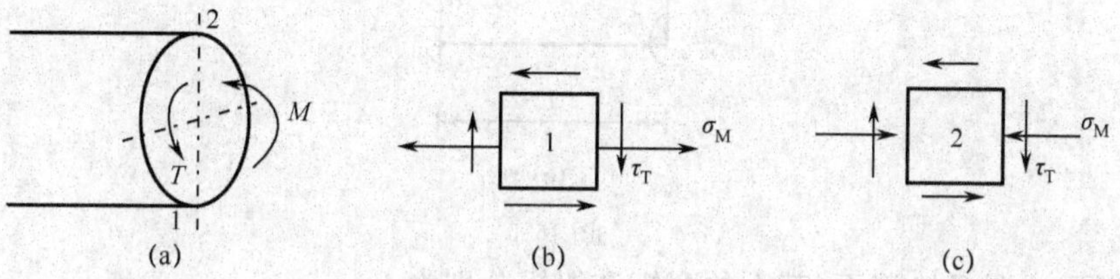

图 16-4

由第三强度理论,得

$$\sqrt{\sigma_M^2 + 4\tau_T^2} \leqslant [\sigma] \tag{16-7}$$

由于 $W_P = 2W = \frac{\pi}{16}d^3$,把式(a)代入式(16-7),得

$$\frac{32}{\pi d^3}\sqrt{M^2 + T^2} \leqslant [\sigma] \tag{16-8}$$

若采用第四强度理论,得

$$\sqrt{\sigma_M^2 + 3\tau_T^2} \leqslant [\sigma] \tag{16-9}$$

把式(a)代入式(16-9),得

$$\frac{32}{\pi d^3}\sqrt{M^2 + 0.75T^2} \leqslant [\sigma] \tag{16-10}$$

式(16-8)、(16-10)只适应于弯扭组合变形,而式(16-7)、(16-9)还适应于拉(压)、弯曲与扭转的组合变形,只要以式(16-5)代替式(16-7)、(16-9)中的 σ_M,而 τ_T 保持不变即可。

例 16-3 如图 16-5(a)所示,d=80 mm 的传动轴外伸臂,转速 n=110 r/min,传递功率为 16 马力。皮带轮重 P=2000 N,轮的直径 D=1 m,紧边皮带张力等于松边的三倍,若外伸臂的许用应力$[\sigma]$=70 MPa,l=0.3 m,试按第三强度理论校核轴的强度,并计算许可的外伸臂的长度 l。

解: 传动轴可简化为图 16-5(b)所示的模型。传动轴所受的外力偶为

$$m = 7024\frac{N}{n} = 7024 \times \frac{16}{110} = 1021.7(\text{N}\cdot\text{m})$$

$$3F \cdot \frac{D}{2} - F \cdot \frac{D}{2} = \text{m}$$

$$F = \frac{m}{D} = 1021.7\text{N}$$

$$F_1 = 4F + P = 6086.8\text{N}$$

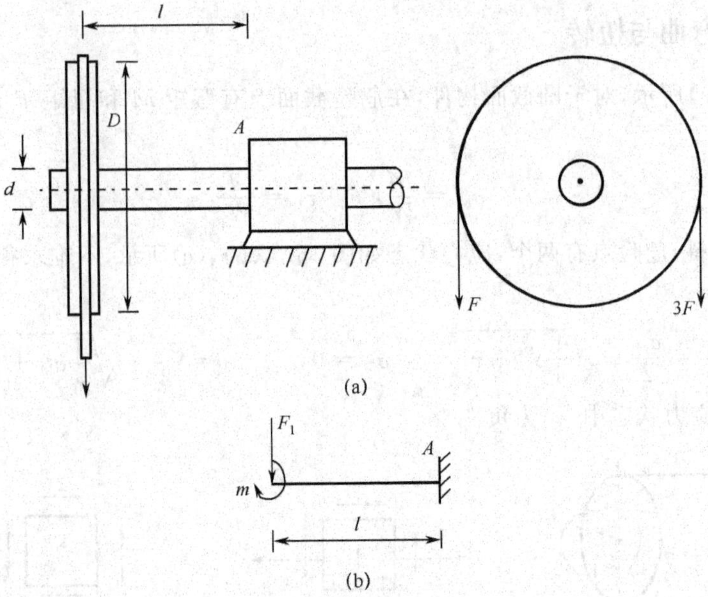

图 16-5

显然，截面 A 是危险截面，其上的弯矩和扭矩分别为

$$M = F_1 l, \quad T = m$$

由第三强度理论，得

$$\frac{32}{\pi d^3}\sqrt{M^2+T^2} = \frac{32}{3.14\times 0.08^3}\times\sqrt{(6086.8\times 0.3)^2+1021.7^2}$$

$$= 41.6\times 0^6(\text{Pa}) < [\sigma]$$

外伸臂符合强度要求。

下面求外伸臂的许可长度。

由第三强度理论，得

$$\frac{32}{\pi d^3}\sqrt{(F_1 l)^2+T^2} \leqslant [\sigma]$$

$$l \leqslant \frac{\sqrt{(\frac{\pi}{32}d^3[\sigma])^2-m^2}}{F_1} = \frac{\sqrt{(\frac{\pi}{32}\times 0.08^3\times 70\times 10^6)^2-1021.7^2}}{6086.8}$$

$$= 0.553(\text{m})$$

$$[l] = 553(\text{mm})$$

习　题

16-1　以下结论中______是正确的。

(a)第一、二强度理论不能用于塑性材料

(b)第三、四强度理论不能用于脆性材料

(c)第一强度理论主要用于单向应力状态

(d)第四强度理论可用于塑性材料的任何应力状态

16-2　按照第三强度理论，图示两种应力状态何者更危险？图中应力单位为 MPa。答：________。

(a)两者相同　　(b)图(a)更危险

(c)图(b)更危险　　　　　　　　　　　　(d)无法判断

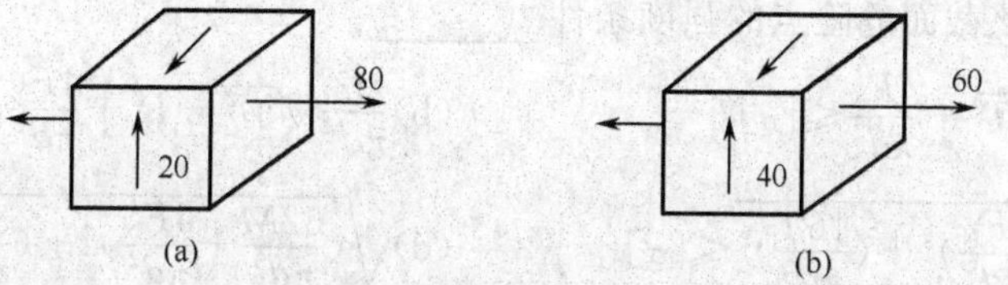

题 16-2 图

16-3　试由第三、四强度理论推导出塑性材料$[\sigma]$和$[\tau]$之间的关系。

16-4　从强度的角度考虑，图示的偏心压缩对混凝土这样的脆性材料有什么限制条件？

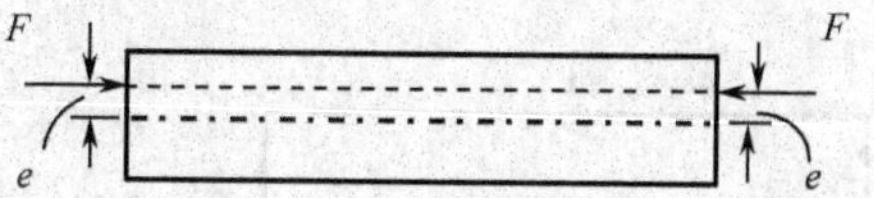

题 16-4 图

16-5　图示四分之一圆弧曲杆 AB，受力偶矩 M 作用(矢量表示)，下列结论中哪些是正确的？答：________。

(1)A 端支反力也是一个力偶矩，其大小与 M 相等、方向相反；

(2)杆 AB 各横截面的内力均为一力偶矩，其大小与 M 相等；

(3)杆 AB 的变形状态为纯弯曲；

(4)杆 AB 的变形状态为弯曲与扭转的组合。

(a)(1)、(2)　　　　(b)(1)、(2)、(3)　　　(c)(1)、(2)、(4)　　　(d)全错

16-6　圆截面正方形刚架 $ABCDEF$ 在端部受一对集中力 P 作用，如图所示。力 P 与 z 轴平行，刚架横截面的直径为 d，若按第四强度理论 $\sqrt{\sigma^2+3\tau^2}\leqslant[\sigma]$进行强度校核，下列结论中哪些是正确的？答：________。

(1)杆段 DE 的 D 端，横截面上弯矩 $M=2Pa$，扭矩 $T=Pa$；

(2)杆段 CD 的 D 端，横截面上弯矩 $M=Pa$，扭矩 $T=2Pa$；

(3)杆段 DE 的 D 端，危险点处 $\sqrt{\sigma^2+3\tau^2}=16\sqrt{19}\dfrac{Pa}{\pi d^3}$；

(4)杆段 CD 的 D 端，危险点处 $\sqrt{\sigma^2+3\tau^2}=64\dfrac{Pa}{\pi d^3}$；

(5)刚架的强度条件是 $16\sqrt{19}\dfrac{Pa}{\pi d^3}\leqslant[\sigma]$。

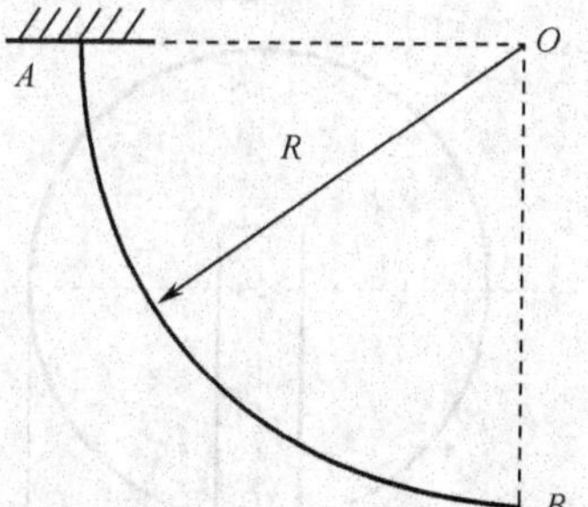

题 16-5 图

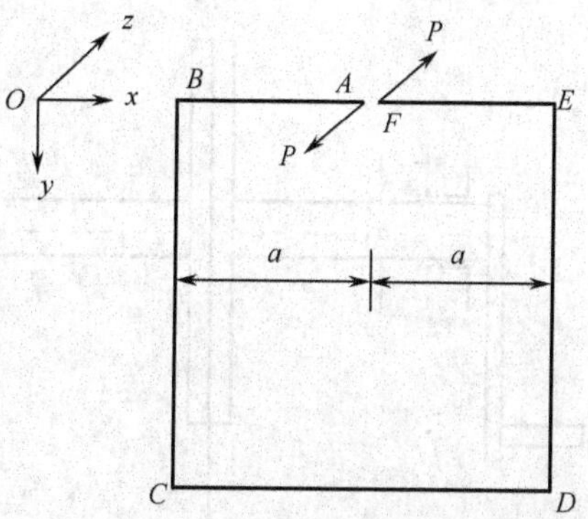

题 16-6 图

(a)(1)、(2)　　　　(b)(3)、(4)、(5)　　　(c)(1)、(2)、(4)　　　(d)全对

16-7 已知圆轴的直径为 d，其危险截面同时承受弯矩 M、扭矩 T 及轴力 F_N 的作用，试按第三强度理论写出该截面危险点的强度条件________。

(a) $\frac{16}{\pi d^3}\sqrt{M^2+T^2}+\frac{4F_N}{\pi d^2}\leqslant[\sigma]$　　(b) $\frac{32}{\pi d^3}\sqrt{M^2+T^2}+\frac{4F_N}{\pi d^2}\leqslant[\sigma]$

(c) $\sqrt{(\frac{32M}{\pi d^3}+\frac{4F_N}{\pi d^2})^2+(\frac{16T}{\pi d^2})^2}\leqslant[\sigma]$　　(d) $\sqrt{(\frac{32M}{\pi d^3}+\frac{4F_N}{\pi d^2})^2+(\frac{32T}{\pi d^2})^2}\leqslant[\sigma]$

16-8 一承受轴向压力 $F=12$ kN 的直杆，横截面是 40 mm×5 mm 的矩形，现需要在杆侧边开一切口，若材料的许用应力 $[\sigma]=160$ MPa，试确定切口的最大深度 a。

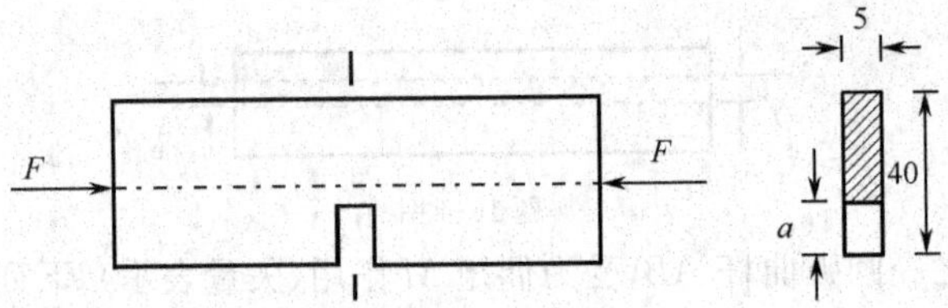

题 16-8 图

16-9 图示链条中的一环，环直径 $d=50$ mm，材料许用应力 $[\sigma]=120$ MPa，试按强度条件确定链环的许可拉力 F。

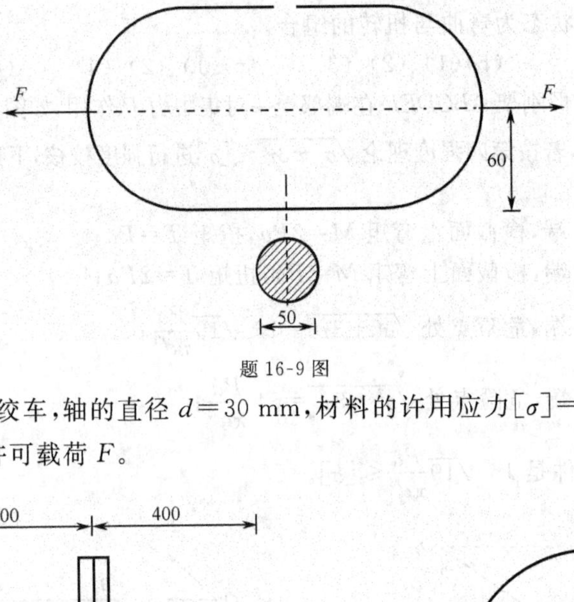

题 16-9 图

16-10 图示手摇绞车，轴的直径 $d=30$ mm，材料的许用应力 $[\sigma]=80$ MPa。试按第三强度理论确定该绞车的许可载荷 F。

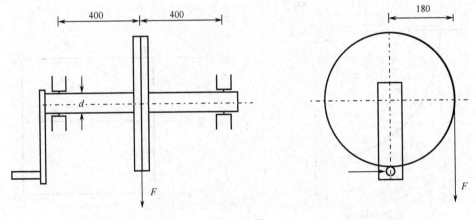

题 16-10 图

16-11 图示电动机的轴可看成长度 $l=120$ mm 的悬臂梁,自由端安装有直径 $D=250$ mm,重量 $P=700$ N 的胶带轮。运转中电动机的功率 $N=8.8$ kW,转速 $n=800$ r/min,胶带轮紧边张力是松边张力的 2 倍。若轴材料的许用应力$[\sigma]=100$ MPa,试按第三强度理论设计电动机轴的直径 d。

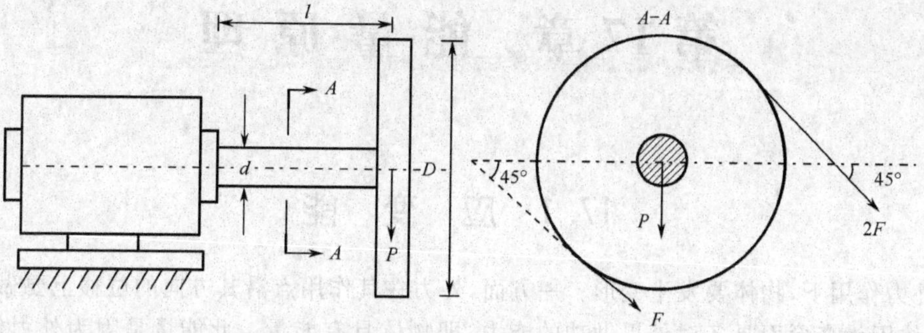

题 16-11 图

16-12 图示平均直径 $D=24$ mm 的圆环,其横截面为圆形,直径 $d=4$ mm,若两个力 F 可视为作用在与圆环平面垂直的同一直线上,材料的许用应力$[\sigma]=600$ MPa,试按第三强度理论求许可载荷 F。

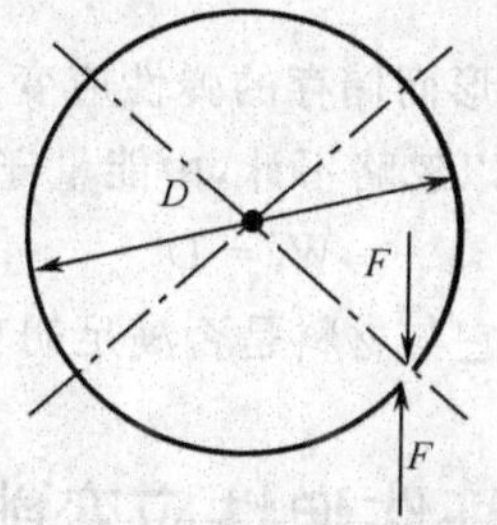

题 16-12 图

16-13 图示水平放置的直角折杆。OC 段的横截面为直径 $d=40$ mm 的圆形,CD 段横截面为 $b\times h=20\ \text{mm}\times 40\ \text{mm}$ 的矩形。在 OC 段中间截面铅垂直径顶点 A 处沿杆的轴向测出正应变 ε_A,在该截面水平直径顶点 B 处沿与轴线成 45°夹角方向测出正应变 ε_B。已知材料的 $E=200$ GPa,$\nu=0.3$,$[\sigma]=100$ MPa,$a=500$ mm,$\varepsilon_A=2.0\times10^{-4}$,$\varepsilon_B=1.4\times^{-4}$,试按第三强度理论校核该结构的强度。

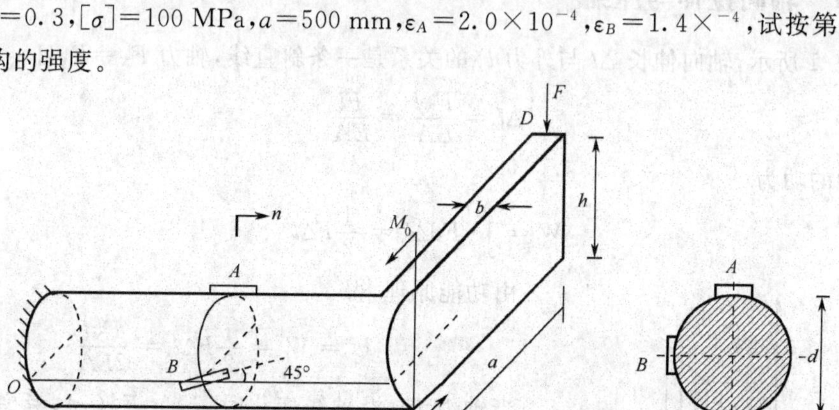

题 16-13 图

第 17 章 能量原理

17.1 应 变 能

在外力作用下，物体要发生变形。一方面，外力在其作用点沿其方向的位移上要做功，另一方面，物体因为变形而具备对外界做功的能力，即物体具有能量。此能量是因为外力做功而储存在物体内部的。这种因物体变形而储存在其内部的能量称为应变能。如果物体的变形是弹性的，去掉外力后，物体恢复到原来的形状，储存的应变能全部释放，这时的应变能称为弹性应变能。如果物体产生塑性变形，一部分应变能因产生塑性变形而消耗，变成热能损失掉。本章只讨论弹性应变能。

设外载对物体做功 W，物体因变形而储存的弹性应变能为 U，若外载由零逐渐缓慢地增加(此种载荷称为静载)，物体的运动可以忽略不计，由能量守恒定律，有

$$W = U \tag{17-1}$$

式(17-1)称为弹性固体的功能原理，它与材料是否满足胡克定律无关。

17.2 杆件弹性应变能的计算

假设材料服从胡克定律，物体的变形属小变形，下面讨论各种变形下杆的弹性应变能的计算。

17.2.1 轴向拉伸与压缩

如图 17-1 所示，轴向伸长 Δl 与外力 F 的关系是一条斜直线，轴力 $F_N = F$，且

$$\Delta l = \frac{F_N l}{EA} = \frac{Fl}{EA}$$

外力 F 所做的功为

$$W = \int_0^{\Delta l} F \mathrm{d}\Delta l = \frac{1}{2} F \Delta l$$

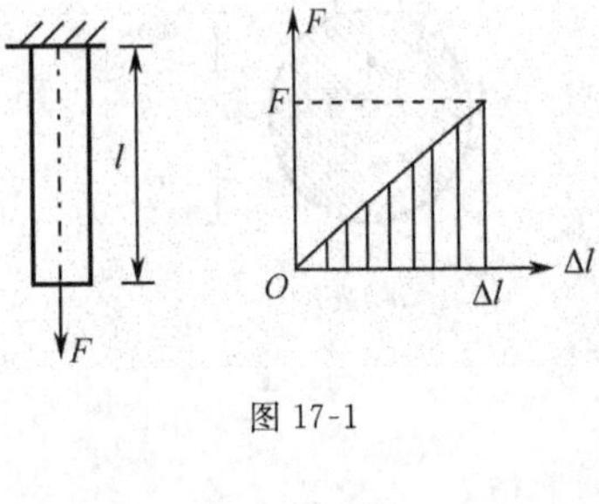

图 17-1

由功能原理，得

$$U = W = \frac{1}{2} F \Delta l = \frac{F_N^2 l}{2EA} \tag{17-1}$$

当轴力 F_N 沿轴线变化时，$F_N = F_N(x)$，考虑长度为 $\mathrm{d}x$ 的微段，在此微段上可以看成均匀拉伸，此微段的应变能为

$$\mathrm{d}U = \frac{F_N^2(x)\mathrm{d}x}{2EA}$$

整个杆的应变能为

$$U=\int_l \frac{F_N^2(x)}{2EA}\mathrm{d}x \tag{17-2}$$

17.2.2 扭转

如图 17-2 所示，扭转角与扭转力偶矩的关系是一条斜直线，扭矩 $T=m$，且

$$\varphi=\frac{Tl}{GI_p}=\frac{ml}{GI_p}$$

扭转力偶矩 m 所做的功为

$$W=\int_0^{\varphi} m\mathrm{d}\varphi=\frac{1}{2}m\varphi$$

由功能原理，得

$$U=W=\frac{1}{2}m\varphi=\frac{T^2 l}{2GI_p} \tag{17-3}$$

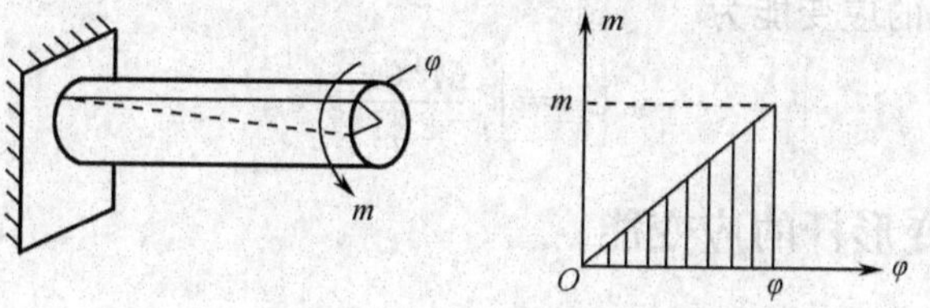

图 17-2

当扭矩 T 沿轴线变化时，$T=T(x)$，先考虑长度为 $\mathrm{d}x$ 微段上的应变能，然后沿杆长积分，不难得到

$$U=\int_l \frac{T^2(x)}{2GI_p}\mathrm{d}x \tag{17-4}$$

17.2.3 弯曲

先考虑纯弯曲的情况，如图 17-3 所示，弯矩 $M=m$，由

$$\frac{\mathrm{d}\theta}{\mathrm{d}x}=\frac{M}{EI}$$

可得梁两个端截面的相对转角为

$$\theta=\frac{Ml}{EI}=\frac{ml}{EI}$$

即梁两端截面的相对转角 θ 与弯曲力偶矩 m 之间的关系也是一斜直线。

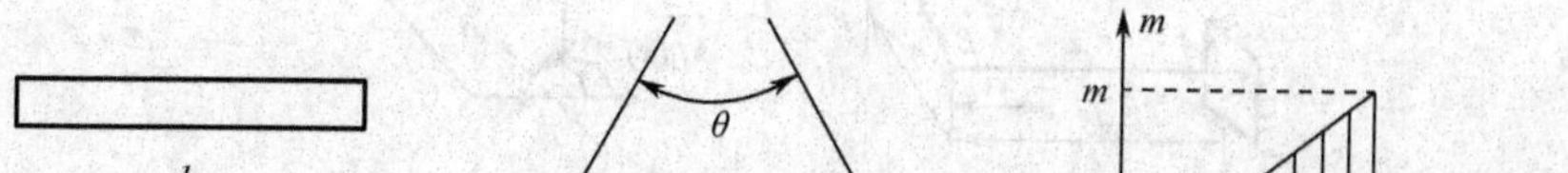

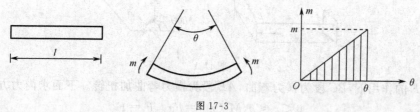

图 17-3

弯曲力偶矩所做的功为

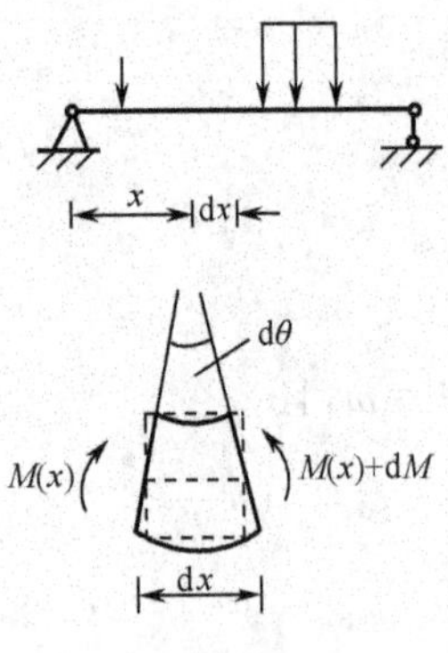

图 17-4

$$W=\int_0^\theta m\mathrm{d}\theta=\frac{1}{2}m\theta$$

由功能原理，得

$$U=W=\frac{1}{2}m\theta=\frac{1}{2}M\theta$$

再考虑横力弯曲的情况。如图 17-4 所示，梁的横截面上既有弯矩，又有剪力，并且它们都是 x 的函数。对于细长梁，对应于剪切的应变能部分与弯曲应变能相比，一般都很小，可以忽略不计，因此只计算弯曲应变能。

考虑长度为 $\mathrm{d}x$ 的微段，由于 $\mathrm{d}M$ 是高价小量，微段可看成纯弯曲，因此

$$\mathrm{d}\theta=\frac{M(x)\mathrm{d}x}{2EI}$$

$$\mathrm{d}U=\frac{1}{2}M(x)\mathrm{d}\theta=\frac{M^2(x)\mathrm{d}x}{2EI}$$

对上式积分，可得全梁的应变能为

$$U=\int_l\frac{M^2(x)}{2EI}\mathrm{d}x \tag{17-5}$$

17.2.4 组合变形杆的应变能

当杆处于组合变形时，考虑长为 $\mathrm{d}x$ 的微段，如图 17-5 所示。显然，轴力 $F_N(x)$、扭矩 $T(x)$ 和弯矩 $M(x)$ 都只在各自引起的轴向变形 $\mathrm{d}\Delta l$、扭转变形 $\mathrm{d}\varphi$ 和弯曲变形 $\mathrm{d}\theta$ 上做功。在忽略剪力影响的情况下，微段的应变能为

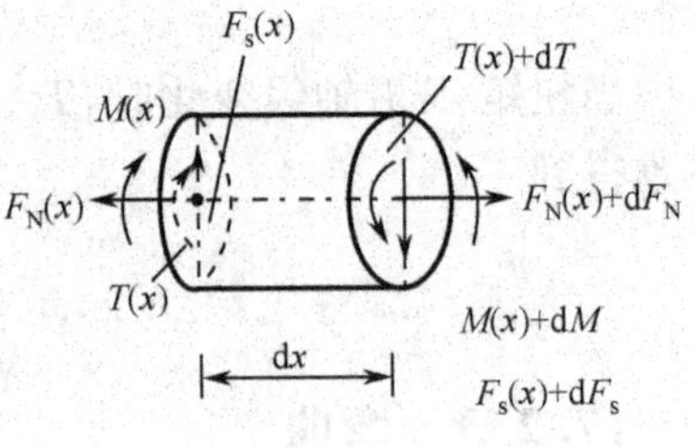

图 17-5

$$\begin{aligned}\mathrm{d}U&=\frac{1}{2}F_N(x)\mathrm{d}\Delta l+\frac{1}{2}T(x)\mathrm{d}\varphi+\frac{1}{2}M(x)\mathrm{d}\theta\\&=\frac{F_N^2(x)\mathrm{d}x}{2EA}+\frac{T^2(x)\mathrm{d}x}{2GI_p}+\frac{M^2(x)\mathrm{d}x}{2EI}\end{aligned}$$

因此，全杆的应变能为

$$U=\int_l\frac{F_N^2(x)}{2EA}\mathrm{d}x+\int_l\frac{T^2(x)}{2GI_P}\mathrm{d}x+\int_l\frac{M^2(x)}{2EI}\mathrm{d}x \tag{17-6}$$

例 17-1 如图 17-6 所示刚架，在刚架的端点 C 上作用集中力 F。设刚架的两段材料相同，且都为同一直径的圆截面杆，试求点 C 的垂直位移。

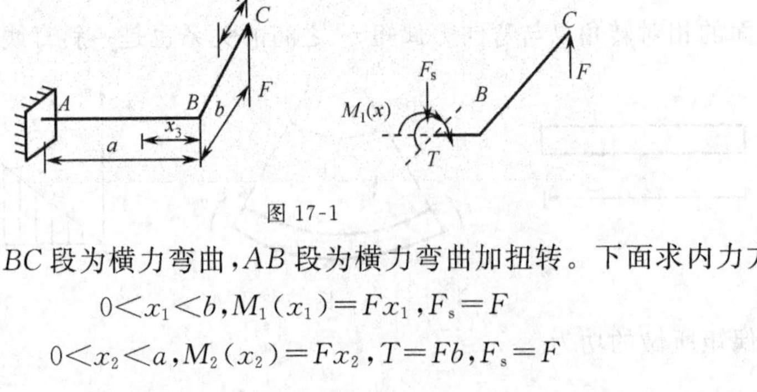

图 17-1

解：在 F 的作用下，BC 段为横力弯曲，AB 段为横力弯曲加扭转。下面求内力方程。

BC 段： $0<x_1<b, M_1(x_1)=Fx_1, F_s=F$

AB 段： $0<x_2<a, M_2(x_2)=Fx_2, T=Fb, F_s=F$

由式(17-6)，得

$$U=\int_0^a \frac{T^2}{2GI_p}dx_2+\int_0^a \frac{M_2^2(x_2)}{2EI}dx_2+\int_0^b \frac{M_1^2(x_1)}{2EI}dx_1$$

$$=\int_0^a \frac{F^2b^2}{2GI_p}dx_2+\int_0^a \frac{F^2x_2^2}{2EI}dx_2+\int_0^b \frac{F^2x_1^2}{2EI}dx_1$$

$$=\frac{F^2ab^2}{2GI_p}+\frac{F^2(a^3+b^3)}{6EI}$$

外力 F 所做的功 $W=\frac{1}{2}F\delta_C$，由功能原理，得

$$\delta_C=\frac{F(a^3+b^3)}{3EI}+\frac{Fab^2}{GI_p}$$

这种求变形的方法只能用于单个外载的情况，并且要求的位移只能是载荷方向上的位移。

17.3 功的互等定理

对于适用于叠加原理的线弹性结构，如图 17-7 所示的简支梁结构，以 Δ_{ij} 表示在 j 点的载荷 F_j 引起 i 点处沿 F_i 方向上的位移，如图 17-7(a)、17-7(b)所示。

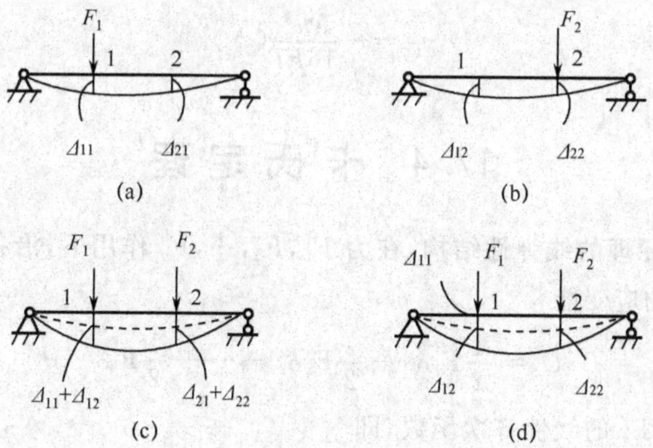

图 17-7

考虑两种加载方式，第一种加载方式是 F_1、F_2 同时加在结构上，如图 17-7(c)所示，结构的应变能为

$$U_1=\frac{1}{2}F_1(\Delta_{11}+\Delta_{12})+\frac{1}{2}F_2(\Delta_{21}+\Delta_{22})$$

第二种加载方式是先加 F_1，然后再加 F_2，如图 17-7(d)所示，结构的应变能为

$$U_2=\frac{1}{2}F_1\Delta_{11}+\frac{1}{2}F_2\Delta_{22}+F_1\Delta_{12}$$

结构的应变能应该与外载的加载顺序无关，否则选择一种储存能量较多的顺序进行加载，而选择另一种储存能量较少的顺序卸载，这样结构内还存在应变能，这与能量守恒原理矛盾。所以

$$U_1=U_2$$

即

$$F_1\Delta_{12}=F_2\Delta_{21} \tag{17-7}$$

这说明，F_1 在 F_2 单独作用下引起的位移 Δ_{12} 上所做的功等于 F_2 在 F_1 单独作用下引起的

位移 Δ_{21} 所做的功。式(17-7)称为功的互等定理。

功的互等定理也适用于力偶。当 F_1 是力偶矩时，Δ_{12} 就是相应的转角。

当 $F_1=F_2$ 时，由式(17-7)得

$$\Delta_{12}=\Delta_{21} \tag{17-8}$$

上式表明：当 F_1、F_2 数值相等时，F_2 单独作用下引起 F_1 方向上的位移 Δ_{12} 等于 F_1 单独作用下引起 F_2 方向上的位移 Δ_{21}。式(17-8)称为位移互等定理。

例 17-2 如图 17-8 所示的简支梁，在 M 作用下，求中点挠度 y_C。设 EI=常数。

图 17-8

解：考虑图(b)的情况，在 F 作用下 A 点产生的转角 $\theta'_A=\dfrac{Fl^2}{16EI}$(↻)，由功的互等定理，得

$$F\cdot y_C=M\theta'_A=-M\frac{Fl^2}{16EI}$$

$$y_C=-\frac{Ml^2}{16EI}(\uparrow)$$

17.4 卡氏定理

对于适用于叠加原理的线弹性结构，在力 $F_1,F_2,\cdots,F_n$ 作用下，沿各力方向上的位移分别为 $\delta_1,\delta_2,\cdots,\delta_n$，结构的应变能

$$U=\frac{1}{2}F_1\delta_1+\frac{1}{2}F_2\delta_2+\cdots+\frac{1}{2}F_n\delta_n \tag{17-9}$$

显然，δ_i 是 $F_1,F_2,\cdots,F_n$ 的线性齐次函数，即

$$\delta_i=\Delta_{i1}F_1+\Delta_{i2}F_2+\cdots+\Delta_{in}F_n \quad (i=1,2,\cdots,n)$$

式中，$\Delta_{ij}(i,j=1,2,\cdots,n)$ 是与外载无关的系数，令 $F_j=1$，其余的力为零，得

$$\delta_i=\Delta_{ij} \qquad (i,j=1,2,\cdots,n)$$

这说明，Δ_{ij} 表示在 $F_j=1$ 单独作用下 F_i 方向上的位移，由位移互等定理，有

$$\Delta_{ij}=\Delta_{ji} \qquad (i,j=1,2,\cdots,n)$$

现考虑应变能 U 对载荷 F_i 求偏导，则

$$\begin{aligned}\frac{\partial U}{\partial F_i}&=\frac{1}{2}\delta_i+\frac{1}{2}F_1\frac{\partial\delta_1}{\partial F_i}+\frac{1}{2}F_2\frac{\partial\delta_2}{\partial F_i}+\cdots+\frac{1}{2}F_n\frac{\partial\delta_n}{\partial F_i}\\&=\frac{1}{2}\delta_i+\frac{1}{2}F_1\Delta_{1i}+\frac{1}{2}F_2\Delta_{2i}+\cdots+\frac{1}{2}F_n\Delta_{ni}\\&=\frac{1}{2}\delta_i+\frac{1}{2}(\Delta_{i1}F_1+\Delta_{i2}F_2+\cdots+\Delta_{in}F_n)\\&=\frac{1}{2}\delta_i+\frac{1}{2}\delta_i=\delta_i\end{aligned}$$

即

$$\delta_i = \frac{\partial U}{\partial F_i} \quad (i = 1,2,\cdots,n) \tag{17-10}$$

式(17-10)称为卡氏定理，它表明结构的应变能对某载荷求偏导即得到该载荷方向上的位移。

例 17-3 图 17-9 所示刚架各杆的 EI 都相等，试求截面 C 的水平位移和转角。

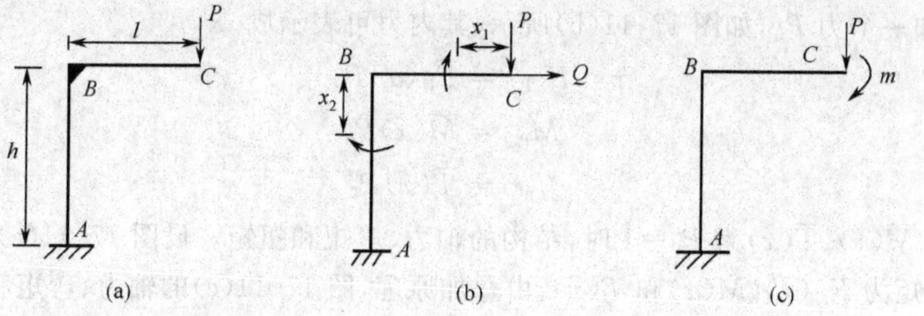

图 17-9

解：先求截面 C 的水平位移。

在 C 点增加一个水平载荷 Q，如图(b)所示，对刚架而言，剪力、轴力对应变能的影响很小，可忽略不计。下面求刚架的应变能。

CB 段：　　$M(x_1) = -Px_1$

BA 段：　　$M(x_2) = -Pl - Qx_2$

$$U = \int_0^l \frac{M^2(x_1)}{2EI}\mathrm{d}x_1 + \int_0^h \frac{M^2(x_2)}{2EI}\mathrm{d}x_2$$

$$= \frac{P^2 l^3}{6EI} + \frac{h}{6EI}[(Pl+Qh)^2 + Pl(Pl+Qh) + P^2 l^2]$$

$$\frac{\partial U}{\partial Q} = \frac{h^2}{6EI}(3Pl + 2Qh)$$

上式表示刚架在 P 和 Q 共同作用下，截面 C 的水平位移。显然，无论 P 和 Q 的大小如何，上式反映的是截面 C 的水平位移。令 $Q=0$，即得

$$\delta_{Cx} = \left.\frac{\partial U}{\partial Q}\right|_{Q=0} = \frac{Plh^2}{2EI}(\rightarrow)$$

同理，在 C 点增加一个力偶矩 m，如图(c)所示，不难求得应变能

$$U = \frac{l}{6EI}[(Pl+m)^2 + m(Pl+m) + m^2] + \frac{h}{2EI}(Pl+m)^2$$

$$\theta_C = \left.\frac{\partial U}{\partial m}\right|_{m=0} = \frac{Pl}{2EI}(l+2h)(\curvearrowright)$$

例 17-4 如图 17-10 所示的结构，在 A、B 两点各作用力 P，试解释$\frac{\partial U}{\partial P}$的物理含义。

解：令点 A 的 P 为 P_1，点 B 的 P 为 P_2，则

$$U = U(P_1, P_2),\ P_1 = P,\ P_2 = P$$

$$\frac{\partial U}{\partial P} = \frac{\partial U}{\partial P_1}\frac{\partial P_1}{\partial P} + \frac{\partial U}{\partial P_2}\frac{\partial P_2}{\partial P} = \frac{\partial U}{\partial P_1} + \frac{\partial U}{\partial P_2}$$

它表示点 A 和点 B 处作用力方向的位移的和。显然，当两个力 P 的作用线相同、方向相反时，$\frac{\partial U}{\partial P}$表示 A、B 两点的相对位移；当两个力 P 都是力偶矩且转向相反时，$\frac{\partial U}{\partial P}$表示 A、B 两截面的相对转角。

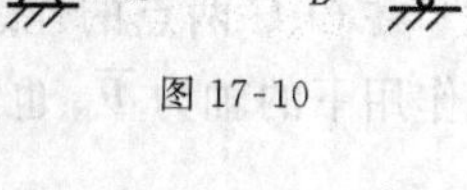

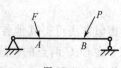

图 17-10

17.5 单位载荷法

对如图 17-11(a)所示的结构，要求虚线方向的位移 Δ，为此在虚线方向单独加一个力 P_0，如图 17-11(b)所示，其内力可表示成

$$F_{NP_0} = \overline{F}_N(x)P_0$$
$$M_{P_0} = \overline{M}(x)P_0$$
$$T_{P_0} = \overline{T}(x)P_0$$

式中，$\overline{F}_N(x)$、$\overline{M}(x)$、$\overline{T}(x)$为 $P_0=1$ 时，结构的轴力、弯矩和扭矩。设图 17-11(a)的原结构的轴力、弯矩和扭矩为 $F_N(x)$、$M(x)$和 $T(x)$，由叠加原理，图 17-11(c)的轴力、弯矩和扭矩为

$$F'_N = F_N(x) + \overline{F}_N(x)P_0$$
$$M' = M(x) + \overline{M}(x)P_0$$
$$T' = T(x) + \overline{T}(x)P_0$$

从而，应变能可表为

$$U = \int_l \frac{[F_N(x) + \overline{F}_N(x)P_0]^2}{2EA}\mathrm{d}x + \int_l \frac{[M(x) + \overline{M}(x)P_0]^2}{2EI}\mathrm{d}x + \int_l \frac{[T(x) + \overline{T}(x)P_0]^2}{2GI_p}\mathrm{d}x$$

由卡式定理，得

$$\Delta = \left.\frac{\partial U}{\partial P_0}\right|_{P_0=0} = \int_l \frac{F_N(x)\overline{F}_N(x)}{EA}\mathrm{d}x + \int_l \frac{M(x)\overline{M}(x)}{EI}\mathrm{d}x + \int_l \frac{T(x)\overline{T}(x)}{GI_p}\mathrm{d}x \quad (17\text{-}11)$$

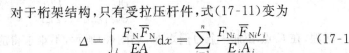

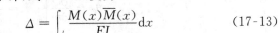

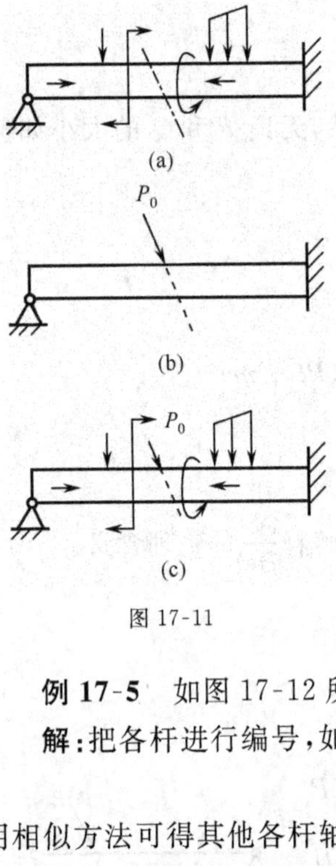

图 17-11

式(17-11)表示的求位移的方法称为单位载荷法。注意到例 17-4，当要求结构 A、B 两点的相对位移时，只要在 A、B 两点加一对作用线相同、方向相反的单位力即可；若要求结构 A、B 两截面的相对转角，只要在 A、B 两截面处加一对转向相反的单位力偶即可。

对于桁架结构，只有受拉压杆件，式(17-11)变为

$$\Delta = \int_l \frac{F_N\overline{F}_N}{EA}\mathrm{d}x = \sum_{i=1}^{n}\frac{F_{Ni}\overline{F}_{Ni}l_i}{E_iA_i} \quad (17\text{-}12)$$

对于梁或平面刚架结构，只有弯曲变形是重要的，轴力和剪力引起的变形忽略不计，式(17-11)变为

$$\Delta = \int_l \frac{M(x)\overline{M}(x)}{EI}\mathrm{d}x \quad (17\text{-}13)$$

对于空间框架，一般有弯曲和扭转变形，式(17-11)变为

$$\Delta = \int_l \frac{M(x)\overline{M}(x)}{EI}\mathrm{d}x + \int_l \frac{T(x)\overline{T}(x)}{GI_p}\mathrm{d}x \quad (17\text{-}14)$$

例 17-5 如图 17-12 所示的桁架，各杆的 EA 相同，试求 O、C 两点的相对位移 δ_{OC}。

解：把各杆进行编号，如图(a)所示，由节点 C 的平衡，容易得

$$F_{N3} = F_{N4} = 0$$

用相似方法可得其他各杆轴力，并示于图(a)相应杆旁边。

在 O、C 两点的连线上，单独加一对方向相反的单位力，如图(b)所示，桁架各杆在上述单位力作用下的轴力 $\overline{F}_{Ni}$ 也示于图(b)相应杆旁边。

$$\delta_{OC}=\sum_{i=1}^{5}\frac{F_{Ni}\overline{F}_{Ni}l_i}{EA}=\frac{1}{EA}[P\cdot(-\frac{\sqrt{2}}{2})\cdot a+P\cdot(-\frac{\sqrt{2}}{2})\cdot a+(-\sqrt{2}P)\cdot 1\cdot\sqrt{2}a]$$

$$=-(2+\sqrt{2})\frac{Pa}{EA}$$

负号表示 O、C 两点的相对位移与所设的单位力方向相反。

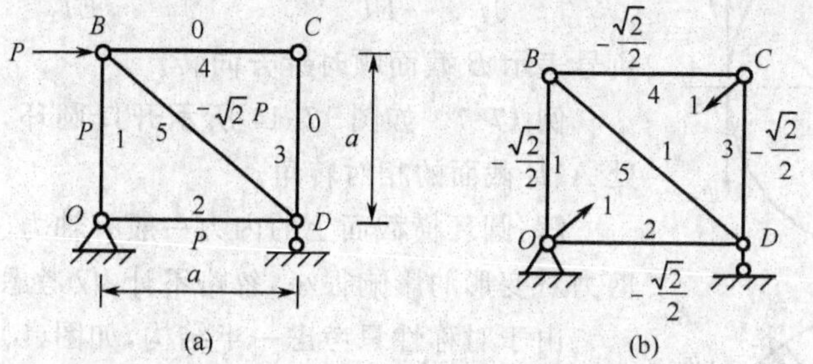

图 17-12

例 17-6 如图(a)所示,试求点 A 的水平位移 δ_x、垂直位移 δ_y 及截面 B 的转角 θ_B。

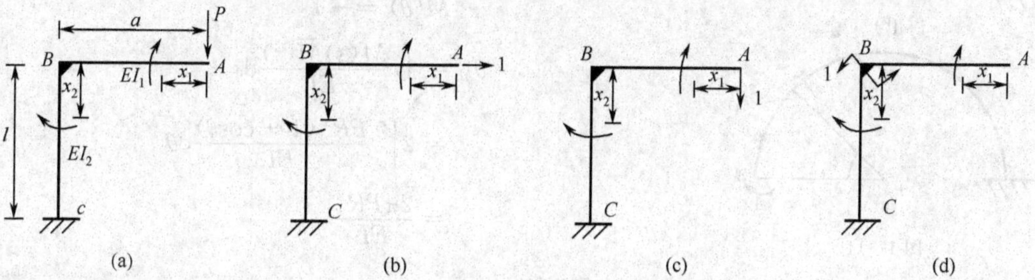

图 17-13

解:(1)计算 $M(x)$

AB 段: $$M(x_1)=-Px_1$$

BC 段: $$M(x_2)=-Pa$$

(2)计算 δ_x

在 A 点单独加一水平单位力如图(b)所示。

AB 段: $$\overline{M}(x_1)=0$$

BC 段: $$\overline{M}(x_2)=-x_2$$

$$\delta_x=\int_l\frac{M(x)\overline{M}(x)}{EI}dx=\frac{1}{EI_2}\int_0^l Pax_2dx_2$$

$$=\frac{Pl^2a}{2EI_2}(\rightarrow)$$

(3)计算 δ_y

在 A 点单独加一垂直单位力,如图(c)所示。

AB 段: $$\overline{M}(x_1)=-x_1$$

BC 段: $$\overline{M}(x_2)=-a$$

$$\delta_y=\int_l\frac{M(x)\overline{M}(x)}{EI}dx=\int_0^a\frac{Px_1^2}{EI_1}dx_1+\int_0^l\frac{Pa^2}{EI_2}dx_2$$

$$=\frac{Pa^3}{3EI_1}+\frac{Pa^2l}{EI_2}(\downarrow)$$

(4)计算 θ_B

在 B 截面单独加一单位力偶矩，如图(d)所示。

AB 段：　　　　　　　　$\overline{M}(x_1)=0$

BC 段：　　　　　　　　$\overline{M}(x_2)=1$

$$\theta_B=\int_l \frac{M(x)\overline{M}(x)}{EI}\mathrm{d}x=\int_0^l \frac{(-Pa)\cdot l}{EI_2}\mathrm{d}x_2=-\frac{Pal}{EI_2}(\circlearrowright)$$

负号表示 B 截面顺时针方向转。

例 17-7　如图 17-14 所示开口圆环，EI＝常数，试求开口处 A、B 截面的相对转角。

解：圆环横截面上的内力一般有轴力、剪力和弯矩，但轴力、剪力对变形的影响很小，忽略不计，仅考虑弯矩的影响。

由于对称性只考虑一半结构，如图(b)所示，则

$$M(\theta)=-PR(1-\cos\theta)$$

在 A 截面单独加一单位力偶矩，如图(c)所示，则

$$\overline{M}(\theta)=-1$$

$$\theta_{AB}=\int_s \frac{M(s)\overline{M}(s)}{EI}\mathrm{d}s=2\int_0^{\pi}\frac{PR^2(1-\cos\theta)}{EI}\mathrm{d}\theta=\frac{2\pi PR^2}{EI}$$

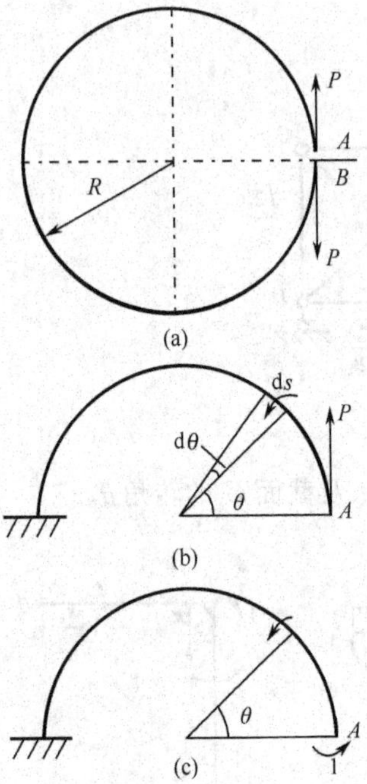

图 17-14

17.6 冲击载荷

如图 17-15 所示，重物 Q 自高 H 处自由下落，撞击在结构上，结构使重物的速度在极短的时间内发生很大的变化，因此结构要承受重物很大的作用力。这种在极短的时间内作用力发生极大变化的载荷称为冲击载荷。假定撞击后重物与结构不分离，冲击过程没有能量损失，并忽略结构的质量。在这些假设下，问题的求解可得到大大的简化。

设冲击载荷及相应位移的最大值分别为 F_d 和 Δ_d，撞击点的刚度系数为 k，则

$$F_d=k\Delta_d \tag{a}$$

由能量守恒定律，得

$$Q(h+\Delta_d)=\frac{1}{2}F_d\Delta_d \tag{b}$$

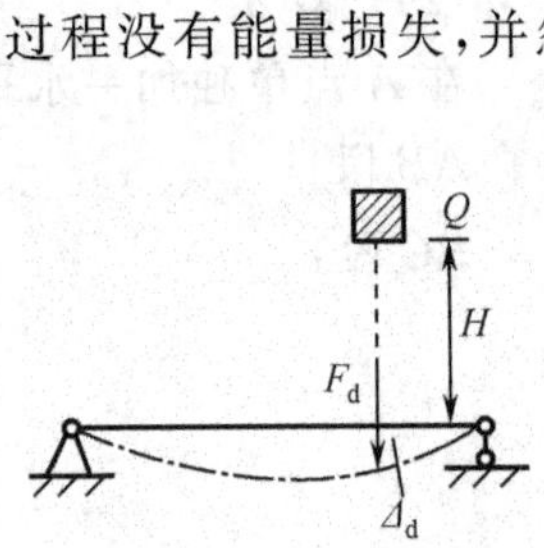

图 17-15

用 Δ_{st} 表示把重物 Q 视为静载荷作用在结构上产生的位移，则

$$Q=k\Delta_{st} \tag{c}$$

由式(a)、(b)、(c)，得

$$\Delta_d^2-2\Delta_{st}\Delta_d-2h\Delta_{st}=0$$

可解得

$$\Delta_d=(1+\sqrt{1+\frac{2h}{\Delta_{st}}})\Delta_{st}$$

令 $K_d = 1 + \sqrt{1 + \dfrac{2h}{\Delta_{st}}}$,称为动荷因数,则

$$\Delta_d = K_d \Delta_{st} \tag{17-15}$$

$$F_d = K_d Q \tag{17-16}$$

这说明只要把静载问题的相应量乘以一个动荷因数就得冲击问题的相应量。当 $h=0$ 时,$K_d=2$,这说明突然加载,结构内的最大正应力会比静载时大一倍。

例 17-8 如图 17-16(a)所示的刚架 ABC,C 处为弹性支承(弹簧与倾角为 45°的斜面垂直),弹簧刚度系数 $k=\dfrac{3EI}{5l^3}$,一重量为 P 的重物从高度 $h=\dfrac{4Pl^3}{EI}$ 处自由下落冲击刚架上的点 B,试求点 B 处铅垂方向的最大动位移。

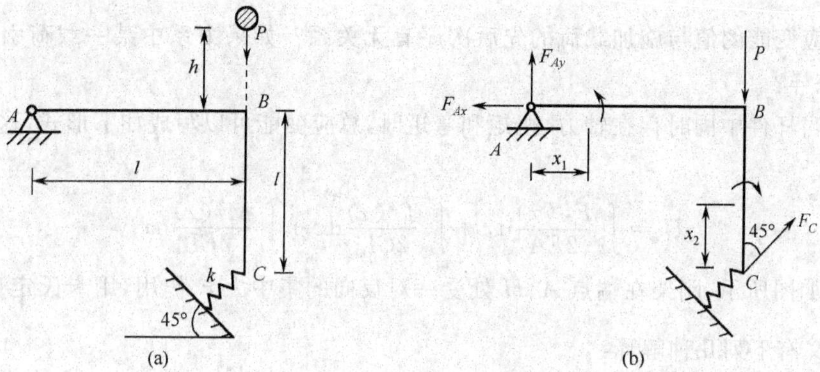

图 17-16

解:(1)求静载作用下 B 点的位移 δ_{Bst}

如图 17-16(b)所示,用单位载荷法来求。长 l 抗拉压刚度为 EA 的拉压杆就相当于一个弹簧刚度为 $k=\dfrac{EA}{l}$ 的弹簧。同样,弹簧刚度为 k 的弹簧也相当于一个单位长度的抗拉压刚度为 $\dfrac{EA}{l}=k$ 的拉压杆,因此对弹簧的处理可转化为对拉压杆的处理。

不难求得

$$F_C = \frac{\sqrt{2}}{2}P, \qquad F_{Ay} = \frac{1}{2}P$$

AB 段: $$M_1(x_1) = \frac{1}{2}Px_1$$

CB 段: $$M_2(x_2) = \frac{1}{2}Px_2$$

令 $P=1$,得

AB 段: $$\overline{M}_1(x_1) = \frac{1}{2}x_1$$

CB 段: $$\overline{M}_2(x_2) = \frac{1}{2}x_2$$

$$\begin{aligned}\delta_{Bst} &= \int_0^l \frac{M_1(x_1)\overline{M}_1(x_1)}{EI}\mathrm{d}x_1 + \int_0^l \frac{M_2(x_2)\overline{M}_2(x_2)}{EI}\mathrm{d}x_2 + \frac{F_N \overline{F}_N l_1}{E_1 A_1} \\ &= \frac{1}{EI}\left(\int_0^l \frac{1}{4}Px_1^2\mathrm{d}x_1 + \int_0^l \frac{1}{4}Px_2^2\mathrm{d}x_2\right) + \frac{\frac{\sqrt{2}}{2}P \cdot \frac{\sqrt{2}}{2}}{k}\end{aligned}$$

$$=\frac{Pl^3}{6EI}+\frac{P}{2k}=\frac{Pl^3}{EI}$$

(2)求 B 点处的最大动位移

$$K_d=1+\sqrt{1+\frac{2h}{\delta_{Bst}}}=1+\sqrt{1+\frac{2\times\frac{4Pl^3}{EI}}{\frac{Pl^3}{EI}}}=4$$

$$\delta_{Bd}=K_d\delta_{Bst}=\frac{4Pl^3}{EI}$$

习　题

17-1　应变能的值与施加载荷的先后次序有无关系？如果力系中某一载荷引起了塑性变形，结果又怎样？

17-2　当杆件中同时存在轴力、扭矩和弯矩时，总应变能可以写成如下形式，这是否利用了叠加原理？

$$U=\int_l\frac{F_N^2(x)}{2EA}dx+\int_l\frac{T^2(x)}{2GI_p}dx+\int_l\frac{M^2(x)}{2EI}dx$$

17-3　如图所示，刚架在端点 A、H 处受一对反向的集中力 F 作用，用卡氏定理计算位移，$\delta=\frac{\partial U}{\partial F}$的意义有下列几种解释：

(1)A 端和 H 端的垂直位移 δ_A、δ_H 相等；

(2)A、H 端垂直的相对位移 δ_{AH}；

(3)A 端、H 端垂直位移的代数和 $\delta_A+\delta_H$(即把 A、H 端的外力分别写成 F_A、F_H，则

$$\frac{\partial U}{\partial F}=\frac{\partial U}{\partial F_A}\frac{\partial F_A}{\partial F}+\frac{\partial U}{\partial F_H}\frac{\partial F_H}{\partial F}=\frac{\partial U}{\partial F_A}+\frac{\partial U}{\partial F_H}=\delta_A+\delta_H$$

以上结论中哪些是正确的？答：________

(a)(1)　　(b)(2)　　(c)(2)、(3)　　(d)全错

17-4　如图所示，悬臂梁上作用了沿 x 方向可移动的铅垂力 F，在自由端安置一挠度计，测定 B 端的挠度值 y，当 F 沿 x 轴移动时，挠度计读数随 x 变化 $y=y(x)$，试说明函数 $y=y(x)$ 的物理意义。

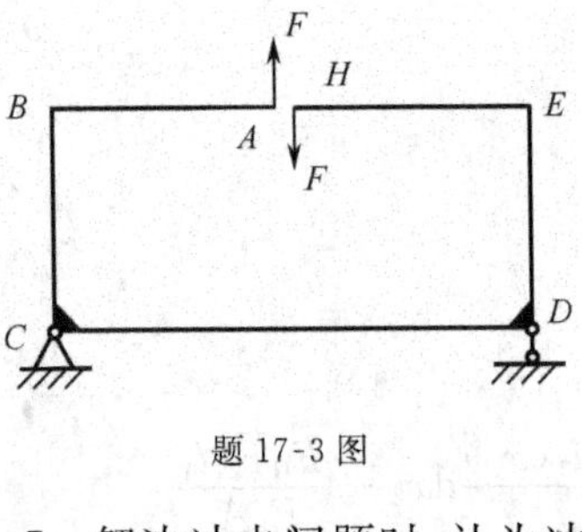

题 17-3 图

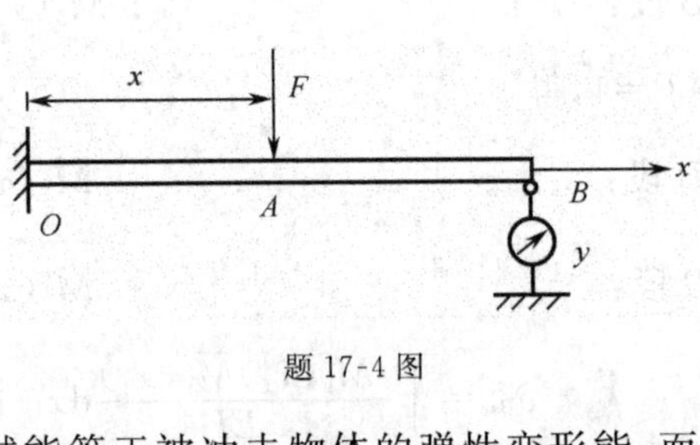

题 17-4 图

17-5　解决冲击问题时，认为冲击物体的机械能等于被冲击物体的弹性变形能，而略去了后者局部塑性变形所消耗的能量及其他如声、热等能量转化。这样做使材料力学的估算结果偏于安全还是偏于危险？为什么？

17-6 试求图示各结构的总应变能，结构中各杆为圆截面杆，A、I 均已知，材料的 E、G 也已知。

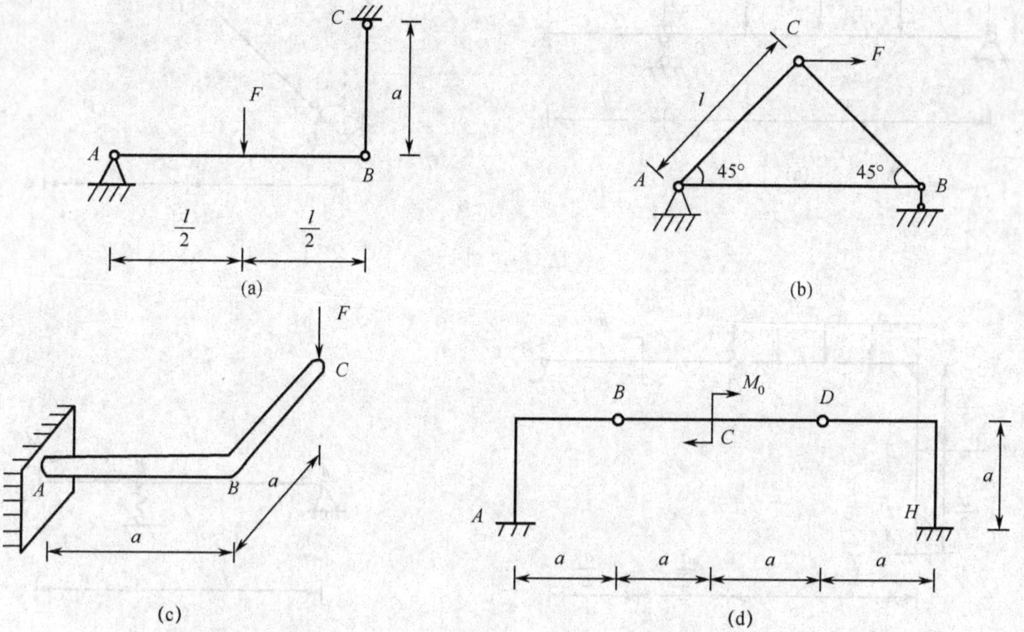

题 17-6 图

17-7 图示平面刚架各段的 EI 相同，载荷 F 可在 AB 段水平平移。试确定 F 作用点的位置 K，以使得点 C 的挠度为零。

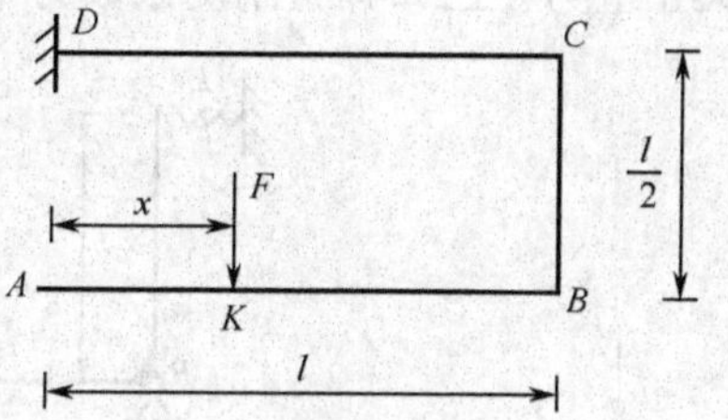

题 17-7 图

17-8 图示简支梁 AB，受力偶矩 M_0 作用，试用卡氏定理求 A 截面的转角及梁中点的挠度。已知 $EI=$常数。

17-9 试用卡氏定理求解图示静不定梁 A 端的反力。已知 $EI=$常数。

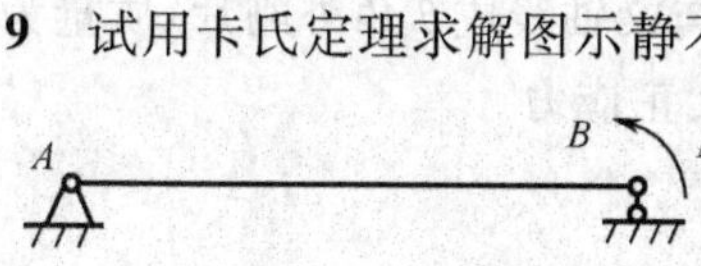

题 17-8 图

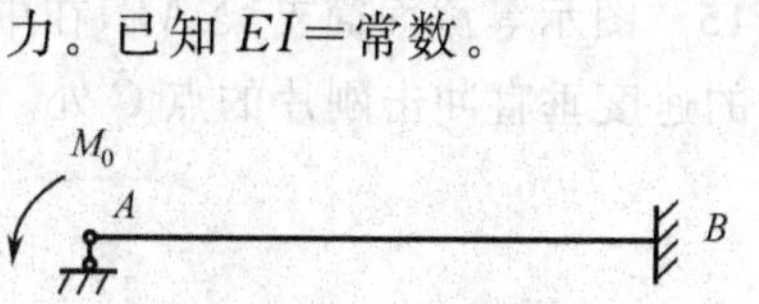

题 17-9 图

17-10 试用单位载荷法求下列结构 C 截面的垂直位移及转角。已知 $EI=$常数，$EA=$常数。

17-11 试用单位载荷法求图示结构 D 点的垂直位移及 D 点左右两侧的截面相对转角。

17-12 试用单位载荷法求图示结构 C 点的挠度和转角。已知弹簧刚度为 k，$EI=$常数。

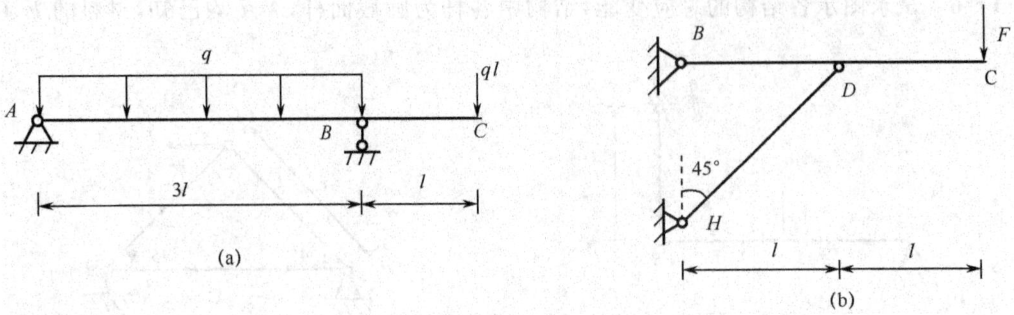

题 17-10 图

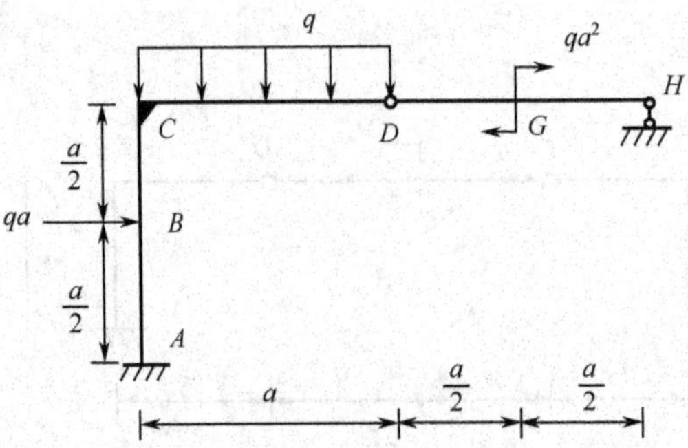

题 17-11 图

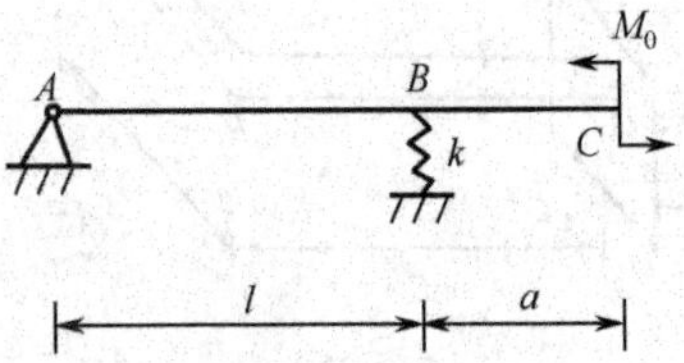

题 17-12 图

17-13 试求图示结构点 C 处的水平位移、垂直位移及转角。已知 EI＝常数。

17-14 图示刚架 ABC，质量为 m 的重物从高 h 处自由下落，冲击刚架的点 C，试计算点 C 的最大垂直位移及刚架内的最大正应力。已知弹簧刚度系数为 k，EI＝常数。

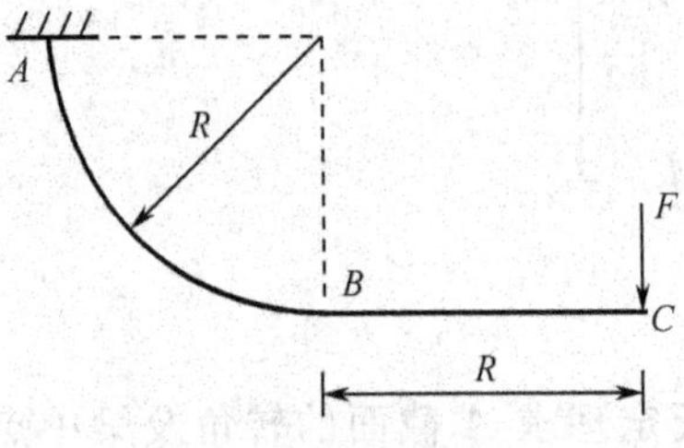

题 17-13 图

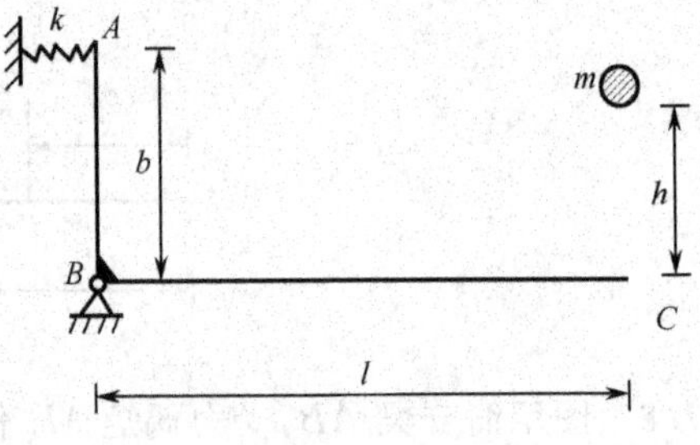

题 17-14 图

17-15 图示等截面简支梁 AB，在中点 C 处焊接一与梁轴线成 θ 角外刚片，质量为 m 的物体以 v_0 的速度垂直冲击刚片的点 C 处。试求梁内的最大正应力。

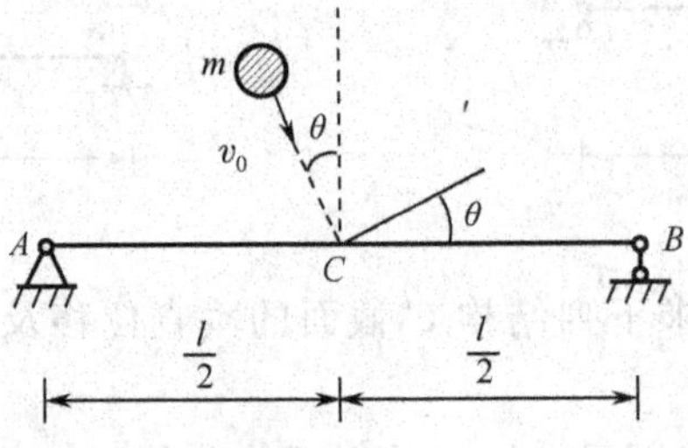

题 17-15 图

第 18 章　压 杆 稳 定

18.1　压杆稳定的概念

在本章以前所讨论的问题没有涉及平衡状态的稳定性问题。所谓平衡状态的稳定性是考察在外力作用下处于平衡状态的杆件，在施加微小的干扰力后，杆件偏离原来的平衡位置，再除去干扰力，看杆件是否回复原来的平衡位置，能回复原来平衡位置的就是稳定的平衡状态，否则就是不稳定的平衡状态，就像图 18-1 所示刚体平衡的稳定性一样。以前所讨论的应力和变形问题都是在稳定的平衡状态下进行的。

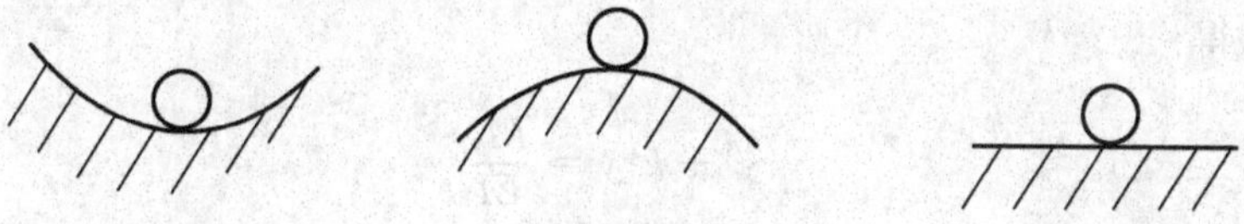

图 18-1

做一个小实验，取一根直尺竖放在桌面上，用手在直尺的上端加压，当压力达到一定值时，直尺变弯，这一现象称为压杆失稳。

压杆失稳现象最重要的特征就是压杆从直立的平衡状态过渡到弯曲的平衡状态。出现失稳问题的压杆存在一个压力的临界值 F_{cr}，当压力小于这个临界值 F_{cr} 时，直立的平衡状态是稳定的，也就是说，当微小的横向干扰力使压杆产生微小的弯曲变形后，除去干扰力，压杆又会回复原来直立的平衡状态；当压力大于 F_{cr} 时，对于理想情况的压杆，从理论上说能保持直立的平衡状态，但只要有微小的横向干扰力使压杆偏离直立状态，弯曲变形迅速增加，这时即使除去干扰力，也不能回复原来的直立平衡状态，因此原来的直立平衡状态是不稳定的；当压力等于 F_{cr} 时，压杆处在直立平衡状态，微小的横向干扰力会使压杆产生微小的弯曲变形，除去干扰力后，压杆保持微小的弯曲变形而不能回复原来的直立平衡状态，因此原来的直立平衡状态也是不稳定的，称这种状态为临界状态。F_{cr} 称为临界力，也就是能保持压杆处于微小弯曲变形状态的轴向力。

当压杆失稳时，压杆只产生弹性变形，这样的失稳称为压杆的弹性失稳。若压杆失稳时，压杆还产生了塑性变形，这样的失稳称为压杆的弹塑性失稳。

还有一些其他失稳的例子，如梁的侧倾、板壳的皱曲等。本章只讨论压杆弹性失稳的情况。

18.2　细长压杆临界力的求法

以两端固定的梁为例介绍临界力的求法，如图 18-2 所示。

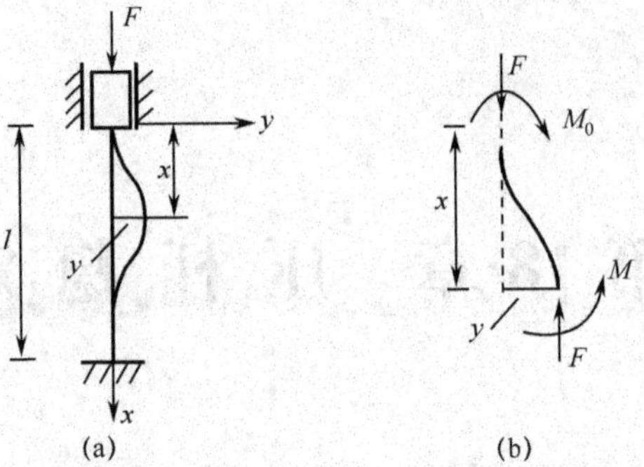

图 18-2

图 18-2 所示的两端固定梁中，在临界状态，能保持微小弯曲变形状态，不难求得弯矩方程为

$$M(x) = M_0 - Fy \tag{a}$$

把上式代入挠曲线微分方程，得

$$y'' = \frac{M}{EI} = \frac{M_0}{EI} - \frac{F}{EI}y \tag{b}$$

令 $k^2 = \frac{F}{EI}$，得

$$y'' + k^2 y = \frac{M_0}{EI} \tag{c}$$

方程(c)的通解为

$$y = A\sin kx + B\cos kx + \frac{M_0}{F} \tag{d}$$

式(d)中 A、B 为积分常数。

边界条件为

$$x = 0 \text{ 时}, \quad y = 0, \quad y' = 0 \tag{e}$$

$$x = l \text{ 时}, \quad y = 0, \quad y' = 0 \tag{f}$$

由边界条件(e)，得

$$A = 0, \qquad B = -\frac{M_0}{F} \tag{g}$$

把式(g)代入式(d)，得

$$y = \frac{M_0}{F}(1 - \cos kx) \tag{h}$$

由边界条件(f)和式(h)，得

$$\frac{M_0}{F}(1 - \cos kl) = 0, \qquad \frac{M_0 k}{F}\sin kl = 0 \tag{i}$$

由于 $\frac{M_0}{F} \neq 0$，$\frac{M_0 k}{F} \neq 0$（否则 $y=0$），所以

$$\cos kl = 1, \qquad \sin kl = 0 \tag{j}$$

故

$$kl = 2n\pi \qquad (n = 0, 1, 2, \cdots) \tag{k}$$

由式(k)，可得

$$F=\frac{4n^2\pi^2EI}{l^2}\quad (n=0,1,2\cdots)\tag{l}$$

临界力应是式(l)中最小的一个，显然 $n=0$ 时，$F=0$，不合要求。

取 $n=1$

$$F_{cr}=\frac{4\pi^2EI}{l^2}=\frac{\pi^2EI}{(0.5l)^2}\tag{18-1}$$

式(18-1)称为欧拉公式。

由式(h)和(18-1)，得

$$y=\frac{M_0}{F}(1-\cos\frac{2\pi}{l}x)=\frac{\delta}{2}(1-\cos\frac{2\pi}{l}x)\tag{18-2}$$

式中，δ 为压杆中点的挠度，是一个不定数，这个不定数与临界状态的定义是一致的，因为在临界状态下，压杆能保持微小的弯曲平衡状态，显然这个状态的挠度是不确定的。

若放弃临界力的定义，只把它看成失稳的一个标志，从压杆失稳后的弯曲状态着手，通过对挠曲线精确微分程求解，可以得到临界力的表达式及压力超过临界载荷后，压力和弯曲变形的确定关系。如图 18-3 所示，当 $F>F_{cr}$ 时，有两个平衡状态，一个直立的平衡状态，一个弯曲的平衡状态。直立的平衡状态是不稳定的，弯曲的平衡状态是稳定的。纵轴直线和曲线的交点 C(即临界点)称为分支点，或分叉点，临界载荷也称为分支点载荷。从图中可以看出，曲线和虚线在 C 点相切，因此在 C 点附近，可以用虚线代替曲线，而虚线正是小变形理论下临界状态的 F 和 δ 的关系曲线($F=F_{cr}$ 不变，δ 可任意)，这也说明小变形理论下的临界载荷是精确理论在分叉点 C 附近的一阶近似。

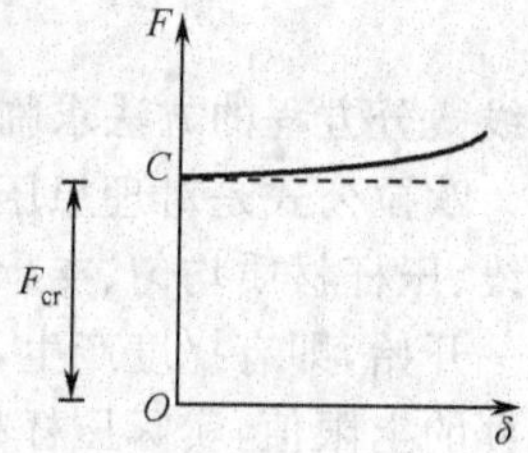

图 18-3

对其他支承情况的压杆，可以推出类似式(18-1)的欧拉公式的一般形式：

$$F_{cr}=\frac{\pi^2EI}{(\mu l)^2}\tag{18-3}$$

只是 μ 的值不同而已，如图 18-4 所示。

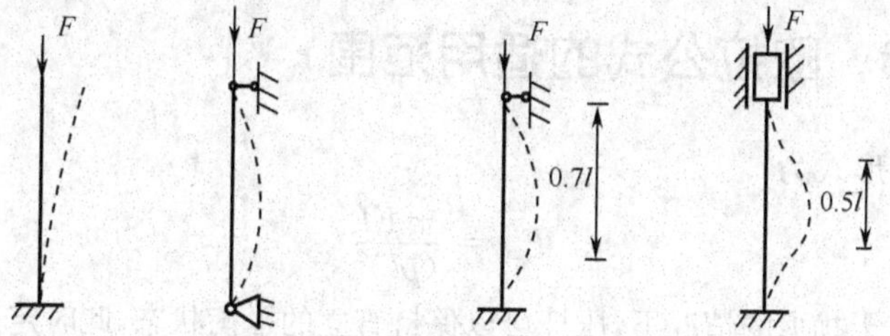

图 18-4

图 18-4 中 $\mu=1$ 的两端简支的压杆是最基本的情况，其他情况可以由其等价于基本情况的方式获得临界载荷。对 $\mu=2$ 的情况，把它的变形沿固定端平面对称延扩后，发现与基本情况相同，但此时杆长变成了 $2l$，所以 $F_{cr}=\frac{\pi^2EI}{(2l)^2}$。对 $\mu=0.7$ 的情况，在 $l=0.7l$ 处，为挠曲线的拐点，在拐点处 $y''=0$，即弯矩为零，因此相当于长为 $0.7l$ 的两端简支的压杆，所以 $F_{cr}=\frac{\pi^2EI}{(0.7l)^2}$。对 $\mu=0.5$ 的情况，拐点出现在 $0.25l$ 和 $0.75l$ 处，因此相当于长为 $0.5l$ 的两端简支的压杆，所以

$F_{cr}=\dfrac{\pi^2 EI}{(0.5l)^2}$。$\mu l$ 称为相当长度，μ 称为长度因数。

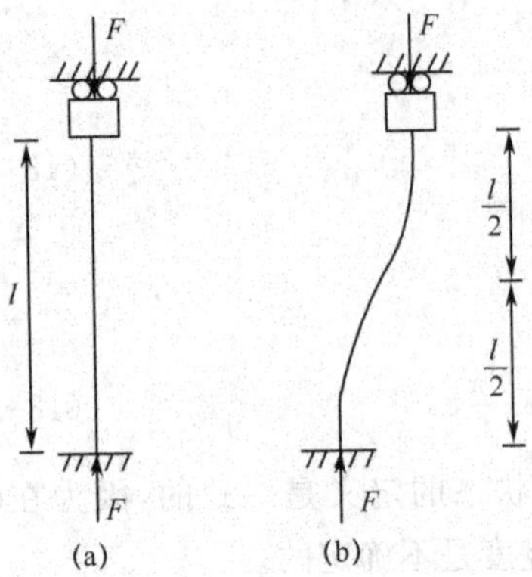

图 18-5

例 18-1 如图 18-5 所示的两端固定、上端可有水平位移的等截面压杆，试确定其临界力 F_{cr}。

解：压杆在临界状态的微小弯曲变形的形态如图 18-1(b)所示，中点是一拐点，即 $y''=0$，由挠曲线微分方程 $y''=\dfrac{M}{EI}$ 可知，这点的弯矩 $M=0$，把弯曲变形沿固定端平面对称延扩后，不难得知其与长为 l 的两端简支的压杆等价，所以

$$F_{cr}=\frac{\pi^2 EI}{l^2}$$

通过与基本情况等价的方式来确定临界力 F_{cr} 只适用于极少数比较简单的压杆，对一般的压杆还要通过求解挠曲线微分方程的方法求临界力 F_{cr}。

欧拉公式是对理想压杆导出的。所谓理想压杆是指杆轴线是理想直线、压力作用线通过杆轴线、压杆材质均匀、支承条件理想等的压杆。实际的压杆很难达到理想压杆的要求，因此在受压一开始，即有挠度产生，压力和挠度的关系如图 18-6 所示，欧拉公式表示的临界载荷是实际压杆的上限值，实际压杆越接近理想压杆，实际的临界载荷越接近理想值。

从能量观点看，当压杆从直立的平衡状态变到弯曲平衡状态时，如果压杆系统的势能(杆的应能能和外力势能之和)增加，表示该直立平衡状态下的势能极小，只有外界对系统做功，才能到达弯曲的平衡状态，对应的直立平衡状态是稳定的；如果势能减小，表示该直立平衡状态下的势能极大，只要压杆一遇干扰就能到达弯曲的平衡状态，对应的直立平衡状态是不稳定的；如果势能不变，表示该直立的平衡状态是稳定平衡的极限，这一极限状态所对应的压力就是临界载荷，这与理论力学中处理刚体平衡位置的稳定性的方法是一致的。由于篇幅的限制，不做进一步的讨论。

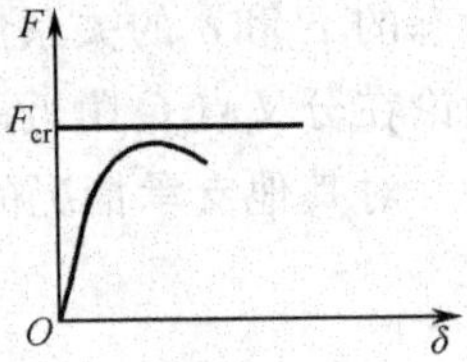

图 18-6

18.3 欧拉公式的适用范围

欧拉公式的一般形式为

$$F_{cr}=\frac{\pi^2 EI}{(\mu l)^2}$$

在临界状态、没有干扰力的情况下，压杆可以保持直立的平衡状态，此时定义压杆的临界应力为

$$\sigma_{cr}=\frac{F_{cr}}{A}=\frac{\pi^2 EI}{(\mu l)^2 A} \tag{18-4}$$

式中，A 为压杆的横截面积。用 i 表示压杆横截面的惯性半径，则 $I=Ai^2$，所以

$$\sigma_{cr}=\frac{\pi^2 Ei^2}{(\mu l)^2}=\frac{\pi^2 E}{(\frac{\mu l}{i})^2}$$

令

$$\lambda=\frac{\mu l}{i} \tag{18-5}$$

则有

$$\sigma_{cr} = \frac{\pi^2 E}{\lambda^2} \tag{18-6}$$

式中，λ 是一无量纲量，称为压杆的柔度或长细比。它反映了压杆的长度、支承条件、横截面尺寸和形状对压杆临界应力的影响。

欧拉公式是通过求解挠曲线微分方程得到的，而挠曲线微分方程只能在线弹性条件下成立，所以要求

$$\sigma_{cr} = \frac{\pi^2 E}{\lambda^2} \leqslant \sigma_p \tag{18-7}$$

令

$$\lambda_p = \sqrt{\frac{\pi^2 E}{\sigma_p}} \tag{18-8}$$

则由式(18-7)知：当 $\lambda \geqslant \lambda_p$ 时，欧拉公式成立，这种压杆称为大柔度压杆或细长杆。

当 $\lambda < \lambda_p$ 时，临界应力大于比例极限，欧拉公式不能应用，这类压杆可以发生超出比例极限的失稳，理论分析比较困难。为解决这类问题，工程上采用一些以实验为依据的经验公式，这里仅介绍直线形经验公式

$$\sigma_{cr} = a - b\lambda \tag{18-9}$$

式中，a、b 是与材料性质有关的常数。

当 λ 很小时，压杆为粗短状，压杆的破坏不会采取失稳的形式，而是因为抗压强度不够而破坏，压杆的临界应力就是屈服极限(对塑性材料)或强度极限(对脆性材料)。

对塑性材料，式(18-9)中的应力最大只能等于 σ_s。设相应于屈服极限的柔度为 λ_s，则

$$\lambda_s = \frac{a - \sigma_s}{b} \tag{18-10}$$

因此，临界应力可表示为

$$\sigma_{cr} = \begin{cases} \dfrac{\pi^2 E}{\lambda^2} & \lambda \geqslant \lambda_p \\ a - b\lambda & \lambda_s \leqslant \lambda < \lambda_p \\ \sigma_s & \lambda < \lambda_s \end{cases} \tag{18-11}$$

柔度小于 λ_s 的压杆称为小柔度压杆或粗短杆；柔度在 $\lambda_s \leqslant \lambda < \lambda_p$ 范围内的压杆称为中柔度压杆。压杆的临界应力随柔度的变化曲线如图 18-7 所示，此图称为临界应力总图。压杆的临界应力总图是压杆材料的属性，与压杆的长度、横截面尺寸、约束条件无关。

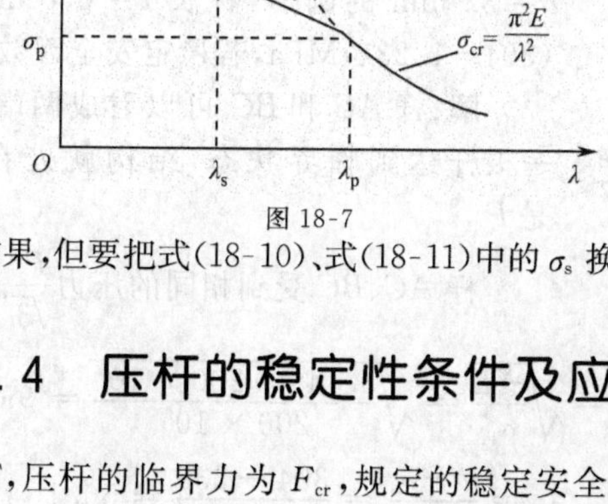

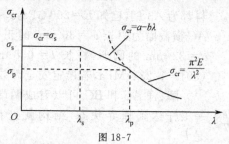

图 18-7

对脆性材料，有类似的结果，但要把式(18-10)、式(18-11)中的 σ_s 换成脆性材料的强度极限 σ_b。

18.4 压杆的稳定性条件及应用

设压杆的工作压力为 F，压杆的临界力为 F_{cr}，规定的稳定安全因数为 n_{st}，则压杆的稳定性条件可表示为

$$F \leqslant \frac{F_{cr}}{n_{st}} \tag{18-12}$$

定义压杆的工作安全因数 $n=\frac{F_{cr}}{F}$,则压杆的稳定性条件又可表示为

$$n = \frac{F_{cr}}{F} \geqslant n_{st} \tag{18-13}$$

式(18-13)是常用的压杆稳定性条件的形式。

一般而言,稳定安全因数规定得比强度安全因数要大,因为压杆的初始弯曲、压力的偏心和支座缺陷等对压杆的稳定都有不利的影响,而这些因素对杆的强度的影响都不那么大。如对钢制压杆,稳定安全因数一般取 1.8～3.0,而强度安全因数取 1.5～2.0。

例 18-2 一木柱两端铰支,其横截面为 120 mm×200 mm 的矩形,长度为 4 m,木材的 $E=10\ \text{GPa}$,$\sigma_p=20\ \text{MPa}$,试求木柱的临界应力。计算临界应力的公式有:

(a)欧拉公式;

(b)直线公式 $\sigma_{cr}=28.7-0.19\lambda$。

解:在支承条件相同的情况下,压杆绕最小惯性矩的轴失稳。因此,这里 $b=200\ \text{mm}$,$h=120\ \text{mm}$,$I=\frac{bh^3}{12}$,则

$$\lambda_p = \sqrt{\frac{\pi^2 E}{\sigma_p}} = \sqrt{\frac{3.14^2 \times 10 \times 10^9}{20 \times 10^6}} = 70.2$$

横截面的惯性半径为

$$i = \sqrt{\frac{I}{A}} = \sqrt{\frac{\frac{bh^3}{12}}{bh}} = \frac{h}{2\sqrt{3}}$$

压杆的柔度为

$$\lambda = \frac{\mu l}{i} = \frac{2\sqrt{3}l}{h} = \frac{2\times 1.732\times 4}{0.12} = 115.5 > \lambda_p$$

压杆是大柔度杆,所以

$$\sigma_{cr} = \frac{\pi^2 E}{\lambda^2} = \frac{3.14^2 \times 10 \times 10^9}{115.5^2} = 7.4 \times 10^6(\text{Pa}) = 7.4(\text{MPa})$$

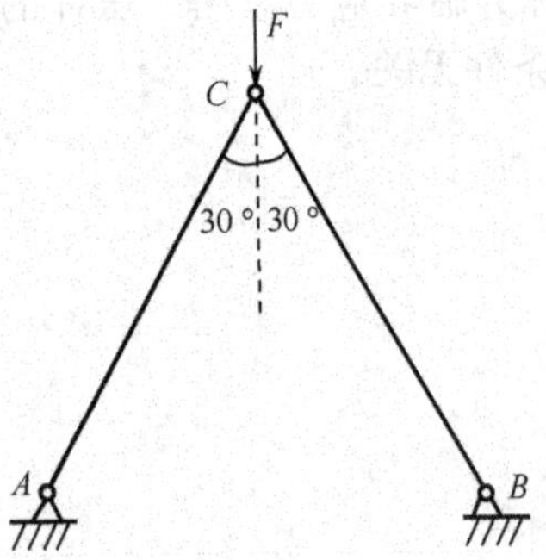

图 18-8

例 18-3 如图 18-8 所示结构,杆 AC 和 BC 长度相同,材料都为 A3 钢,已知 $E=200\ \text{GPa}$,$\sigma_p=200\ \text{MPa}$,$\sigma_s=235\ \text{MPa}$,杆 AC 横截面为边长 $a=30\ \text{mm}$ 的正方形,杆 BC 横截面为直径 $d=32\ \text{mm}$ 的圆形,杆长 $l=0.8\ \text{m}$,杆的直线经验公式 $\sigma_{cr}=(304-1.23\lambda)\text{MPa}$,若稳定安全因数 $n_{st}=3$,试求许可载荷。

解:杆 AC 和 BC 可以看成两端铰支的压杆。两杆只要有一根杆达到临界状态,结构就处在临界状态。这时的 F 即是 F_{cr}。

杆 AC、BC 受到相同的压力$\frac{P}{\sqrt{3}}$。下面求两杆的临界力。

$$\lambda_p = \sqrt{\frac{\pi^2 E}{\sigma_p}} = \sqrt{\frac{3.14^2 \times 200 \times 10^9}{200 \times 10^6}} = 99.3$$

$$\lambda_s = \frac{a - \sigma_s}{b} = \frac{304 - 235}{1.23} = 56.1$$

对杆 AC，$i=\dfrac{a}{2\sqrt{3}}$，则

$$\lambda=\frac{ul}{i}=\frac{2\sqrt{3}l}{a}=\frac{2\times1.732\times0.8}{0.03}=92.4$$

因此，杆 AC 是中柔度压杆。

$$\sigma_{cr}=a-b\lambda=304-1.23\times92.4=190.3(\text{MPa})$$

$$(F_{cr})_{AC}=\sigma_{cr}A_{AC}=190.3\times10^6\times0.03^2=171.3\times10^3(\text{N}) \tag{a}$$

对杆 BC，$i=\dfrac{d}{4}$，则

$$\lambda=\frac{\mu l}{i}=\frac{4l}{d}=\frac{4\times0.8}{0.032}=100$$

因此，杆 BC 是大柔度压杆。

$$\sigma_{cr}=\frac{\pi^2E}{\lambda^2}=\frac{3.14^2\times200\times10^9}{100^2}=197.2(\text{MPa})$$

$$(F_{cr})_{BC}=\sigma_{cr}A_{BC}=197.2\times10^6\times\frac{3.14}{4}\times0.032^2=158.5\times10^3(\text{N}) \tag{b}$$

比较式(a)、(b)可知，BC 杆先失稳。

令

$$\frac{F_{cr}}{\sqrt{3}}=(F_{cr})_{BC}$$

得

$$F_{cr}=\sqrt{3}(F_{cr})_{BC}=1.732\times158.5\times10^3=274.5\times10^3(\text{N})$$

许可载荷为

$$[F]=\frac{F_{cr}}{n_{st}}=\frac{274.5\times10^3}{3}=91.5\times10^3(\text{N})=91.5(\text{kN})$$

习　题

18-1　如图所示，细长杆 AB 受轴向压力 F 作用。设杆的临界力为 F_{cr}，则下列结论中____是正确的。

(a)仅当 $F<F_{cr}$ 时，杆 AB 的轴线才保持直线，杆件只产生压缩变形

(b)当 $F=F_{cr}$ 时，杆 AB 的轴线仍保持直线，杆件不出现弯曲变形

(c)当 $F>F_{cr}$ 时，杆 AB 不可能保持平衡

(d)为保证杆 AB 处于稳定平衡状态，应使 $F\leqslant F_{cr}$

18-2　如图所示的细长杆，试判断该杆的长度因数 μ 值的范围。答：____。

(a)$\mu<0.7$　　(b)$0.7<\mu\leqslant1$

(c)$0.7<\mu<2$　　(d)$\mu>2$

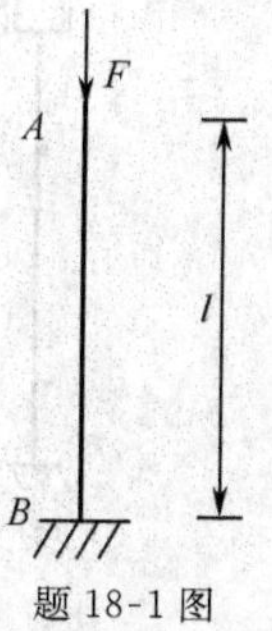

题 18-1 图

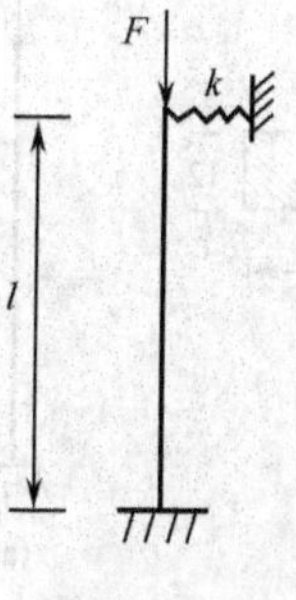

题 18-2 图

18-3　σ_{cr}表示压杆的临界应力，$\sigma_{cr}=\dfrac{F_{cr}}{A}$，则下列结论中________是正确的。

(a)若细长杆的横截面 A 减小，则 σ_{cr}的值必随之增大

(b)σ_{cr}与压杆的长细比 λ 有关，与压杆的横截面积无关

(c)$\sigma_{cr}=\dfrac{F_{cr}}{A}$是一个忽略了弯曲变形的近似表达式，即它并不表示临界状态下压杆的真实应力，它只是一个名义上的应力

(d)σ_{cr}的值不应大于压杆材料的比例极限 σ_p

18-4　下列结论中哪些是正确的？答：________。

(1)若压杆中的实际应力不大于该压杆的临界应力，则杆件不会失稳；

(2)受压杆件的破坏均由失稳引起；

(3)压杆临界应力的大小可以反映压杆稳定性的好坏；

(4)若压杆中的实际应力大于 $\sigma_{cr}=\dfrac{\pi^2 E}{\lambda^2}$，则该压杆必定破坏。

(a)(1)、(2)　　(b)(3)、(4)

(c)(1)、(4)　　(d)(2)、(3)

18-5　如图所示，两根几何尺寸一样的矩形截面细长杆，与地面和刚块 AB 固结。在 F 作用下，失稳时的变形形式会怎样？临界力多大？

18-6　怎样用实验的方法测量压杆的临界载荷？

18-7　图示矩形截面压杆，长 $l=2300$ mm，横截面尺寸 $b=40$ mm，$h=60$ mm。杆在 xy 面内弯曲时可视为两端铰支，在 xz 面内弯曲时可视为两端固定。材料的 $E=200$ GPa，$\lambda_p=100$，$\lambda_s=60$，$a=304$ MPa，$b=1.12$ MPa，试确定压杆的临界载荷。

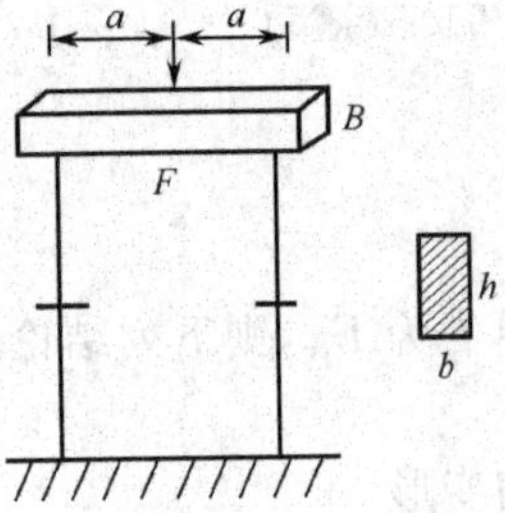

题 18-5 图

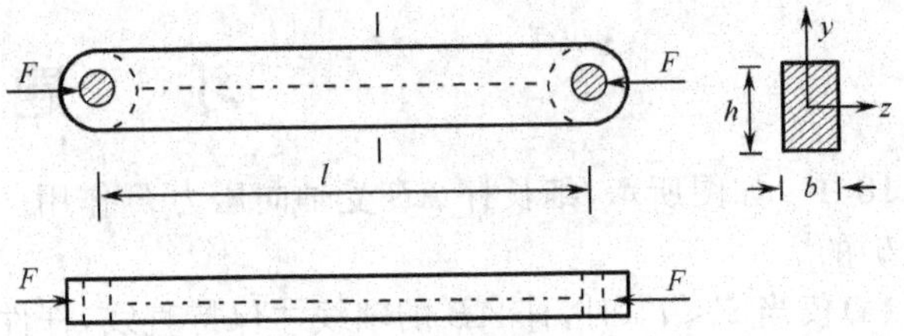

题 18-7 图

18-8　图示压杆，截面为 20 mm×12 mm 的矩形，长度 $l=300$ mm。材料的弹性模量 $E=200$ GPa，屈服极限 $\sigma_s=235$ MPa，$\lambda_p=100$，$\lambda_s=60$，$a=304$ MPa，$b=1.12$ MPa。杆端情况有三种：(a)一端固定、另一端自由；(b)两端球形铰支；(c)两端固定。试分别计算各种情况压杆的临界载荷。

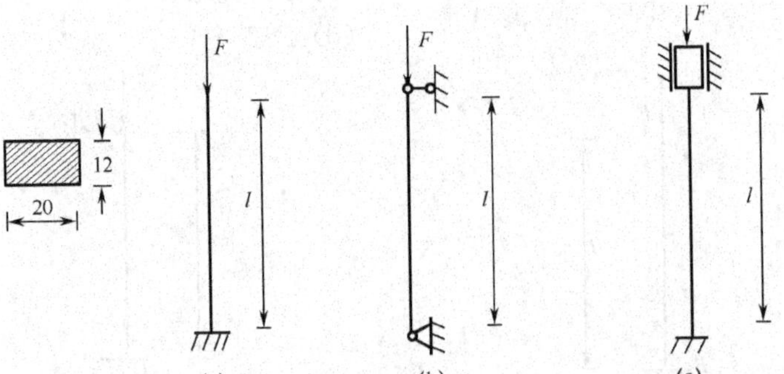

题 18-8 图

18-9 如图所示，AB 及 AC 两杆均为圆截面，$d=8$ cm，材料为碳钢，$E=210$ GPa，$\lambda_p=100$，$\lambda_s=60$，$a=304$ MPa，$b=1.12$ MPa。A、B、C 三处均为球铰支，载荷 F 与 AB 杆的夹角 θ 在 $0\sim\dfrac{\pi}{2}$ 间变化。试求结构最小临界载荷 F_{crmin} 及最大临界载荷 F_{crmax}。

18-10 图示结构，AB 为圆形截面杆，$d=80$ mm；BC 为正方形截面杆，$a=70$ mm。A 端固定，B 端及 C 端均为球铰。两杆材料相同，$E=210$ GPa，$\sigma_p=200$ MPa，规定的稳定安全因数 $n_{st}=2.5$，试求此结构的许可载荷。

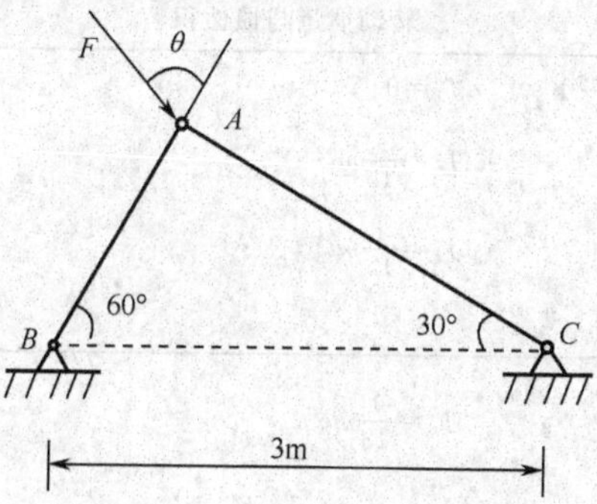

题 18-9 图

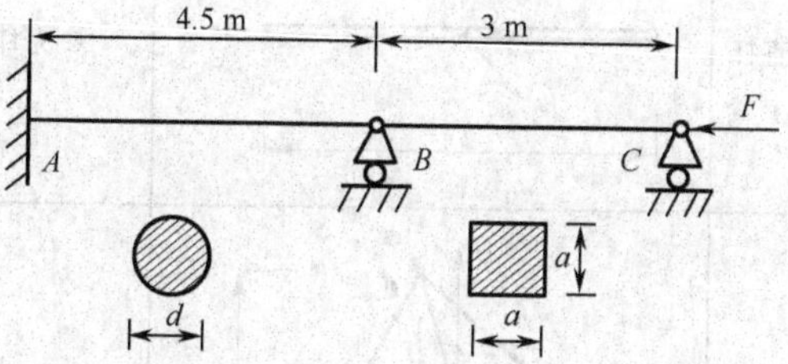

题 18-10 图

18-11 如图所示，磨床油缸活塞直径 $D=65$ mm，油压 $p=1.2$ MPa，活塞杆长 $l=1250$ mm，材料 $E=206$ GPa，$\sigma_p=220$ MPa，$a=304$ MPa，$b=1.12$ MPa，稳定安全因数 $n_{st}=6$，试确定活塞杆的直径 d（活塞两端可简化为铰支）。

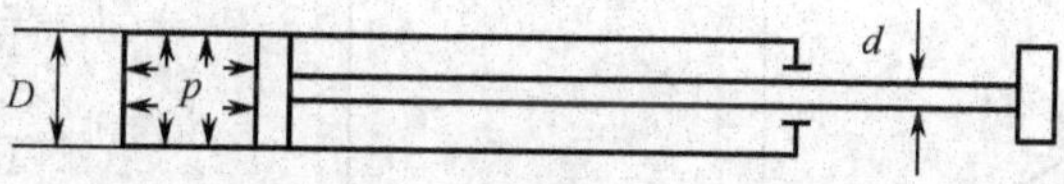

题 18-11 图

18-12 图示结构，已知 $E=205$ GPa，$\sigma_s=275$ MPa，$\sigma_{cr}=(338-1.21\lambda)$ MPa，$\lambda_p=90$，$\lambda_s=50$，$n=2$，$n_{st}=3$。试求载荷 F 的许用值。

18-13 图示结构，梁 AB 与 CD 材料相同，$E=200$ GPa，AB 的直径 $d_1=60$ mm，CD 的直径 $d_2=30$ mm，$l=1$ m。重量 $P=100$ N 的重物自 $h=20$ mm 处自由下落冲击梁 AB 的 B 端，若 $[\sigma]=65$ MPa，$\lambda_p=100$，$\lambda_s=60$，$\sigma_{cr}=(304-1.12\lambda)$ MPa，$n_{st}=5$，试校核结构在冲击时的安全性。

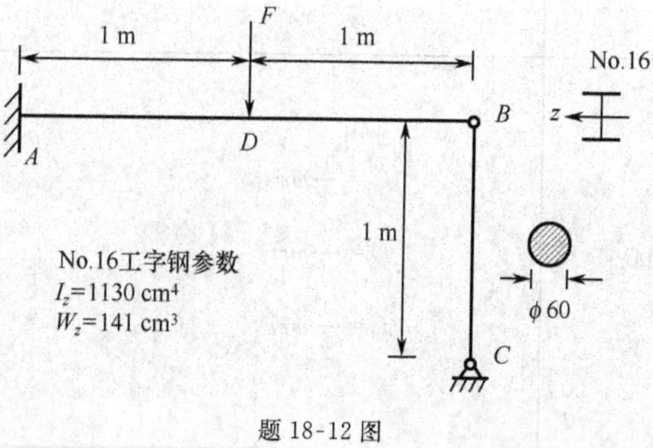

题 18-12 图

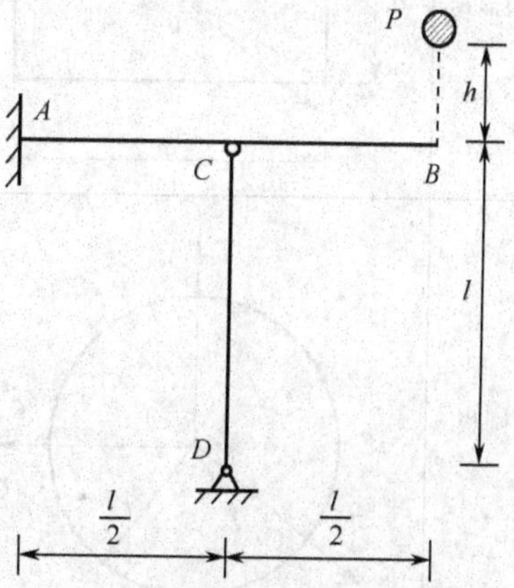

题 18-13 图

附录A 简单均质几何体的质心、转动惯量和惯性积

物体	简　图	质心位置	转动惯量与惯性积
细直杆	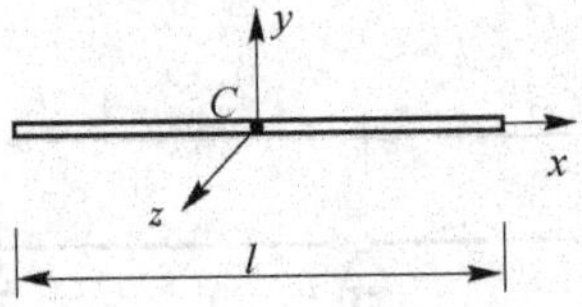	C为杆的中点	$J_x=0$ $J_y=\frac{1}{12}ml^2$ $J_z=\frac{1}{12}ml^2$
任意三角板	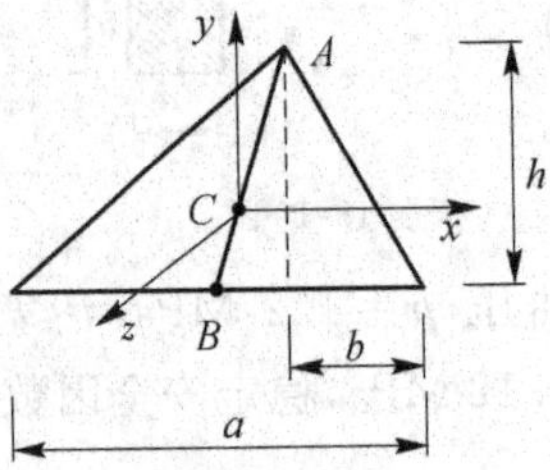	AC为中线AB的2/3	$J_x=\frac{1}{18}mh^2$ $J_y=\frac{1}{18}m(a^2+b^2-ab)$ $J_z=\frac{1}{18}m(a^2+b^2+h^2-ab)$ $J_{xy}=\frac{1}{36}mh(a-2b)$
直角三角板	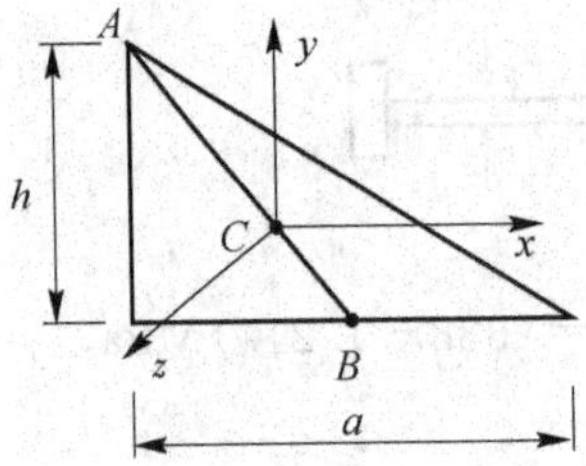	AC为中线AB的2/3	$J_x=\frac{1}{18}mh^2$ $J_y=\frac{1}{18}ma^2$ $J_z=\frac{1}{18}m(a^2+h^2)$ $J_{xy}=-\frac{1}{36}mah$
矩形板	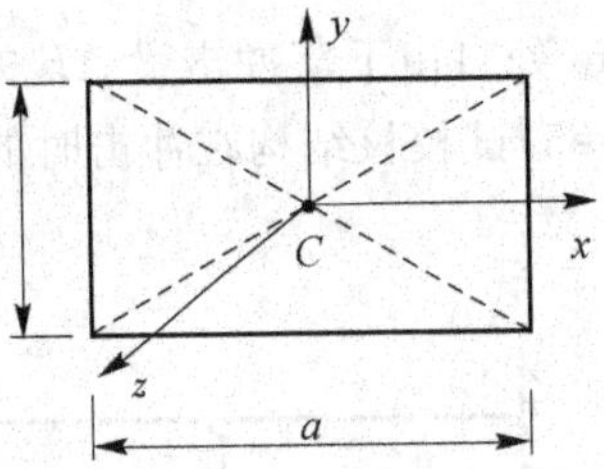	C为对角线的中点	$J_x=\frac{1}{12}mb^2$ $J_y=\frac{1}{12}ma^2$ $J_z=\frac{1}{12}m(a^2+b^2)$
圆板	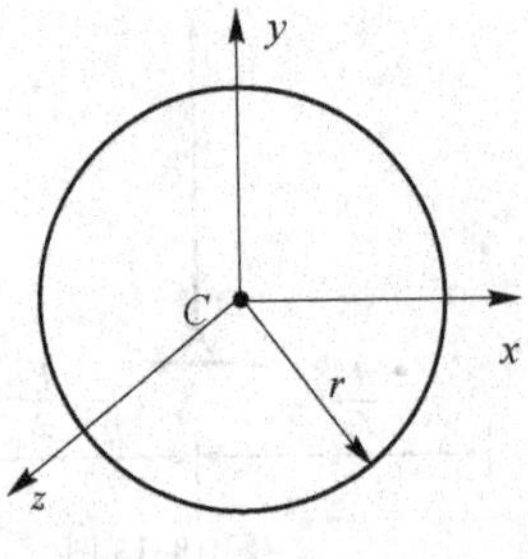	C为圆心	$J_x=\frac{1}{4}mr^2$ $J_y=\frac{1}{4}mr^2$ $J_z=\frac{1}{2}mr^2$

（续表）

物体	简　图	质 心 位 置	转动惯量与惯性积
半圆板	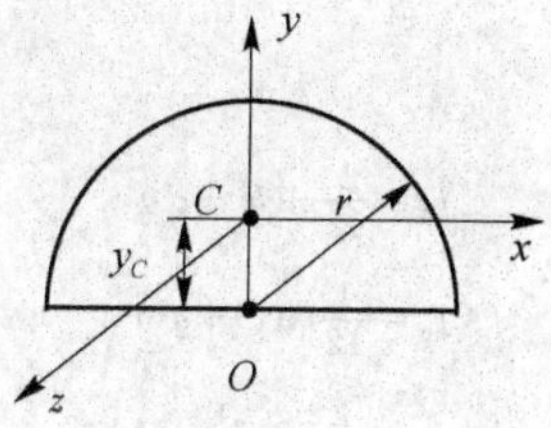	$y_C=\frac{4r}{3\pi}$	$J_x=\frac{1}{36\pi^2}mr^2(9\pi^2-64)$ $J_y=\frac{1}{4}mr^2$ $J_z=\frac{1}{18\pi^2}mr^2(9\pi^2-32)$
四分之一圆板	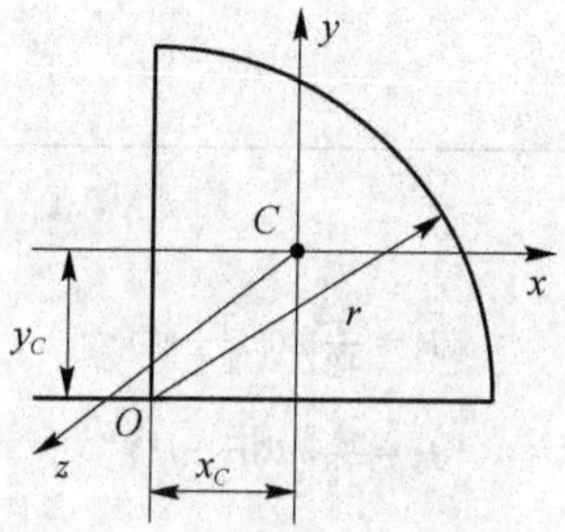	$x_C=\frac{4r}{3\pi}$ $y_C=\frac{4r}{3\pi}$	$J_x=\frac{1}{36\pi^2}mr^2(9\pi^2-64)$ $J_y=\frac{1}{36\pi^2}mr^2(9\pi^2-64)$ $J_z=\frac{1}{18\pi^2}mr^2(9\pi^2-64)$ $J_{xy}=\frac{1}{18\pi^2}mr^2(9\pi^2-32)$
扇形板	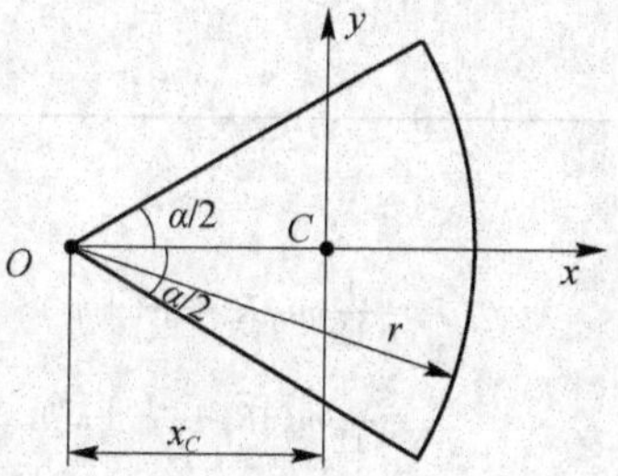	$x_C=\frac{4r}{3\alpha}\sin\frac{\alpha}{2}$ （α 单位为弧度）	$J_x=\frac{1}{4\alpha}(\alpha-\sin\alpha)mr^2$ $J_y=\left[\frac{\alpha+\sin\alpha}{4\alpha}-\frac{8}{9\alpha^2}(1-\cos\alpha)\right]mr^2$ $J_z=\left[\frac{1}{2}-\frac{8}{9\alpha^2}(1-\cos\alpha)\right]mr^2$ （α 单位为弧度）
椭圆板	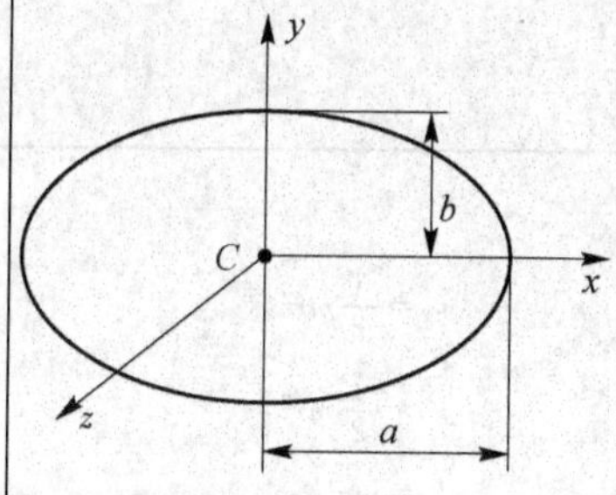	C 为椭圆中心	$J_x=\frac{1}{4}mb^2$ $J_y=\frac{1}{4}ma^2$ $J_z=\frac{1}{4}m(a^2+b^2)$
四分之一椭圆板	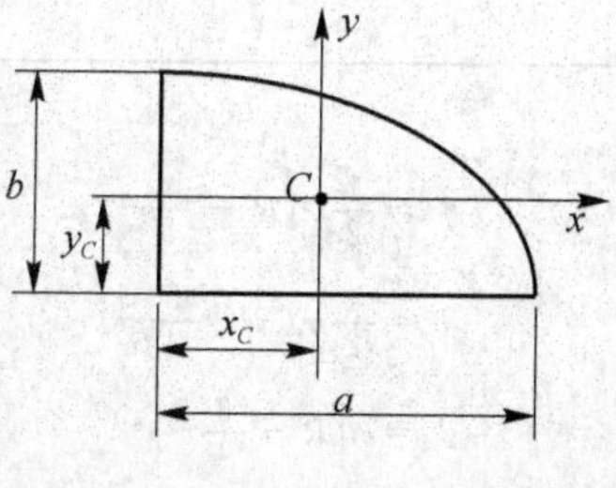	$x_C=\frac{4a}{3\pi}$ $y_C=\frac{4b}{3\pi}$	$J_x=(\frac{9\pi^2-64}{36\pi^2})mb^2$ $J_y=(\frac{9\pi^2-64}{36\pi^2})ma^2$ $J_z=(\frac{9\pi^2-64}{36\pi^2})m(a^2+b^2)$ $J_{xy}=(\frac{9\pi^2-64}{18\pi^2})mab$

（续表）

物体	简　图	质 心 位 置	转动惯量与惯性积
长方体	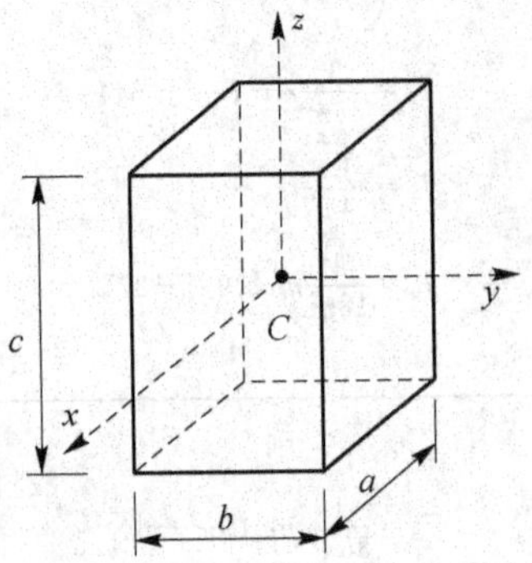	C 为对角线交点	$J_x=\frac{1}{12}m(b^2+c^2)$ $J_y=\frac{1}{12}m(c^2+a^2)$ $J_z=\frac{1}{12}m(a^2+b^2)$
圆柱体	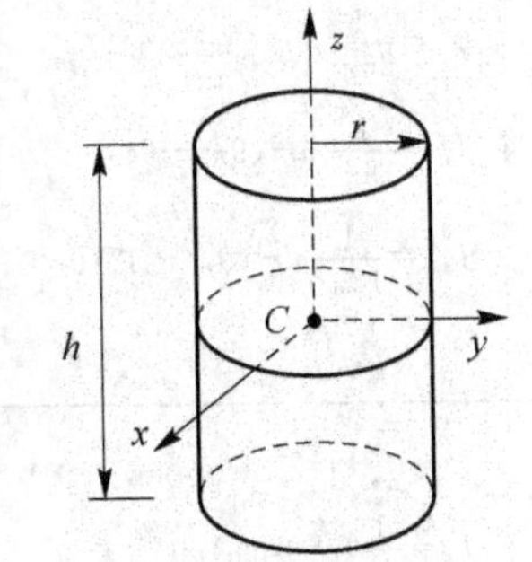	C 为上、下底圆的圆心连线的中点	$J_x=\frac{1}{12}m(3r^2+h^2)$ $J_y=\frac{1}{12}m(3r^2+h^2)$ $J_z=\frac{1}{2}mr^2$
中空 圆柱体	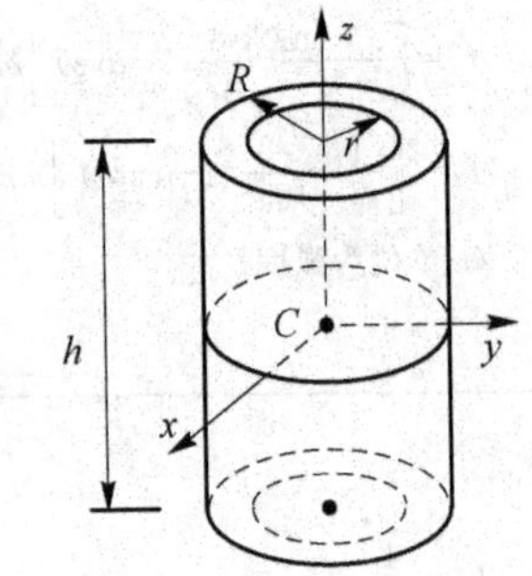	C 为上、下底圆的圆心连线的中点	$J_x=\frac{1}{12}m(3R^2+3r^2+h^2)$ $J_y=\frac{1}{12}m(3R^2+3r^2+h^2)$ $J_z=\frac{1}{2}m(R^2+r^2)$
细圆环 （$r\gg a$）	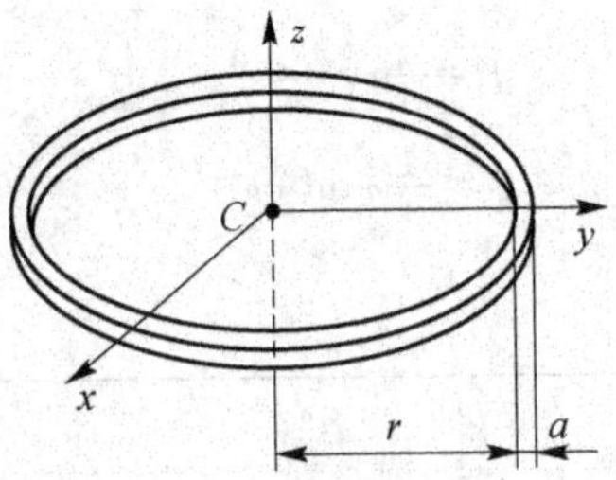	C 为圆环中心线的圆心	$J_x=\frac{1}{2}mr^2$ $J_y=\frac{1}{2}mr^2$ $J_z=mr^2$
粗圆环 （$R>r$）	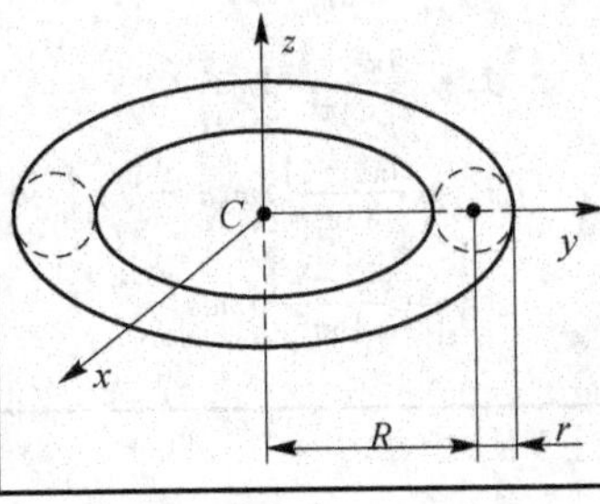	C 为圆环中心线的圆心	$J_x=\frac{1}{2}m(R^2+\frac{5}{4}r^2)$ $J_y=\frac{1}{2}m(R^2+\frac{5}{4}r^2)$ $J_z=m(R^2+\frac{3}{4}r^2)$

(续表)

物体	简图	质心位置	转动惯量与惯性积
圆锥体	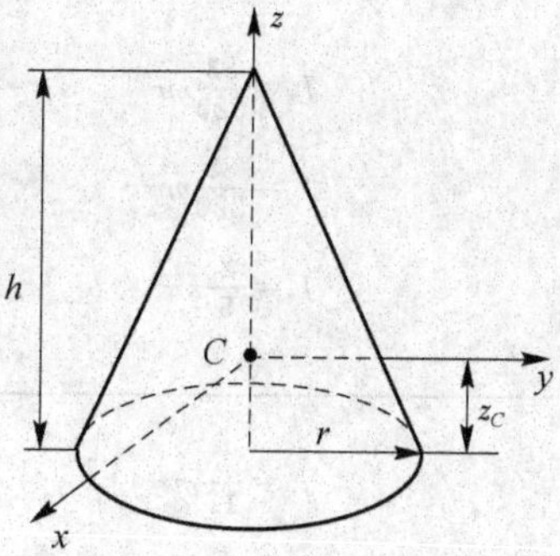	$z_C=\frac{1}{4}h$	$J_x=\frac{3}{80}m(4r^2+h^2)$ $J_y=\frac{3}{80}m(4r^2+h^2)$ $J_z=\frac{3}{10}mr^2$
球形体	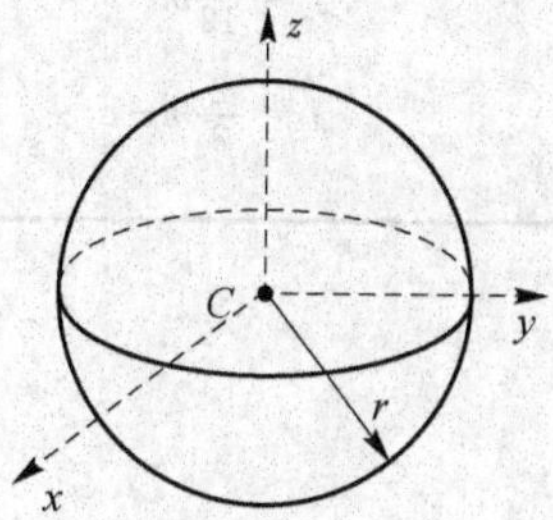	C 为球心	$J_x=\frac{2}{5}mr^2$ $J_y=\frac{2}{5}mr^2$ $J_z=\frac{2}{5}mr^2$
椭球体	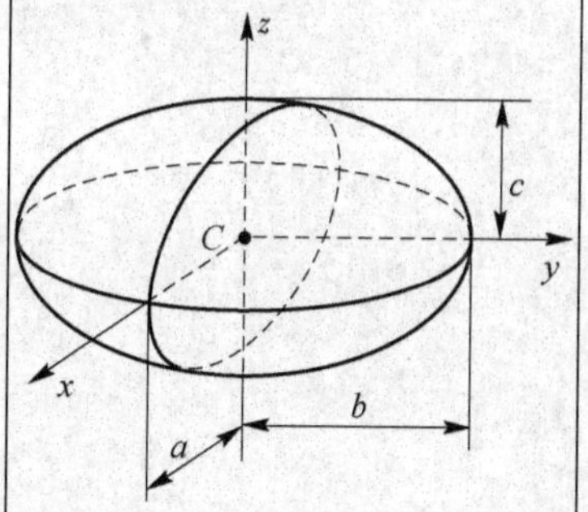	C 为椭球心	$J_x=\frac{1}{5}m(b^2+c^2)$ $J_y=\frac{1}{5}m(c^2+a^2)$ $J_z=\frac{1}{5}m(a^2+b^2)$
半圆柱体	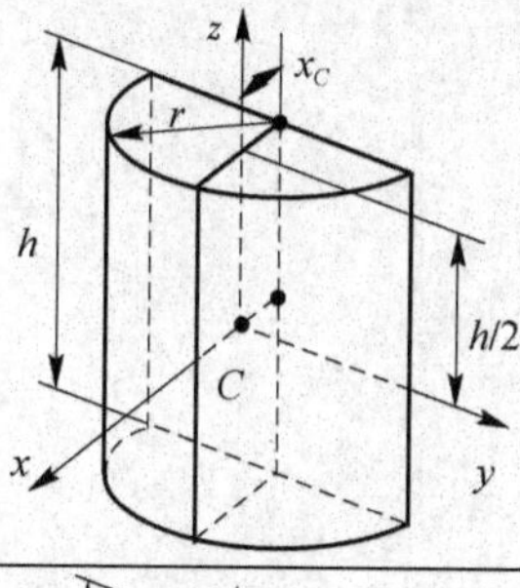	$x_C=\frac{4r}{3\pi}$	$J_x=\frac{1}{12}m(3r^2+h^2)$ $J_y=\frac{1}{36\pi^2}mr^2(9\pi^2-64)+\frac{1}{12}mh^2$ $J_z=\frac{1}{18\pi^2}mr^2(9\pi^2-32)$
半圆锥体	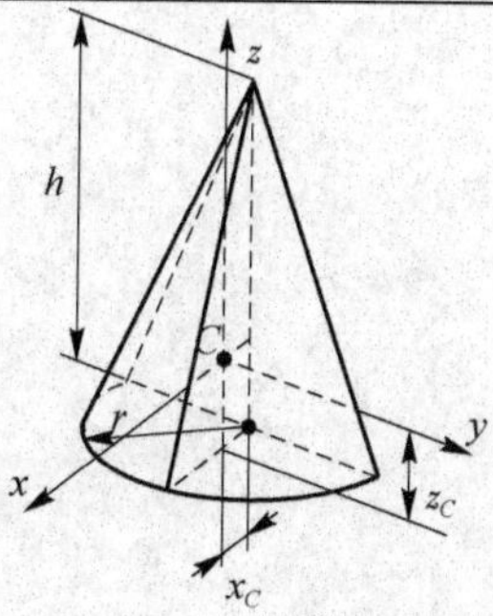	$x_C=\frac{r}{\pi}$ $z_C=\frac{h}{4}$	$J_x=\frac{3}{80}m(4r^2+h^2)$ $J_y=(\frac{3}{20}-\frac{1}{\pi^2})mr^2+\frac{3}{80}mh^2$ $J_z=(\frac{3}{10}-\frac{1}{\pi^2})mr^2$ $J_{xz}=-\frac{1}{20\pi}mrh$

(续表)

物体	简　图	质心位置	转动惯量与惯性积
半球体	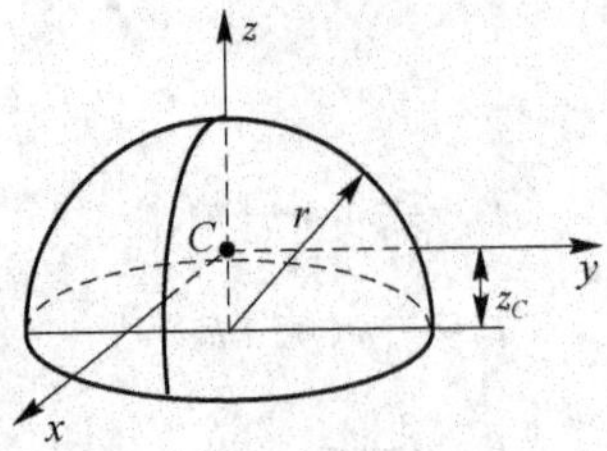	$z_C=\frac{3}{8}r$	$J_x=\frac{83}{320}mr^2$ $J_y=\frac{83}{320}mr^2$ $J_z=\frac{2}{5}mr^2$
半球形壳	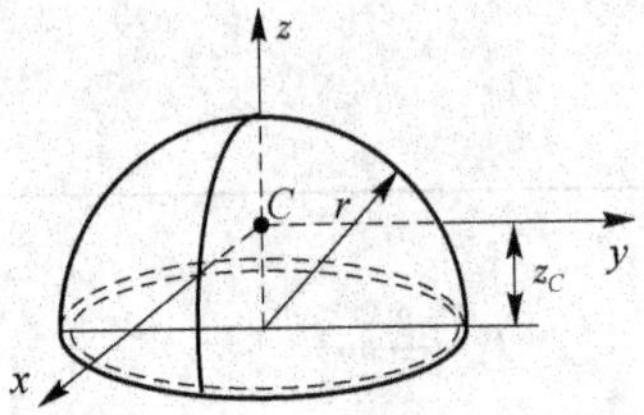	$z_C=\frac{1}{2}r$	$J_x=\frac{5}{12}mr^2$ $J_y=\frac{5}{12}mr^2$ $J_z=\frac{2}{3}mr^2$

附录B 梁在简单载荷作用下的变形

（原点位于 A 端，x 轴指向右方为正）

序号	梁的简图	挠曲线方程	端截面转角	最大挠度
1	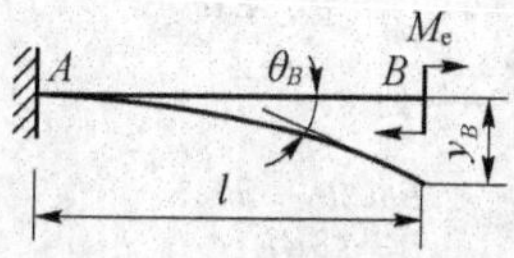	$y=-\dfrac{M_e x^2}{2EI}$	$\theta_B=-\dfrac{M_e l}{EI}$	$y_B=-\dfrac{M_e l^2}{2EI}$
2	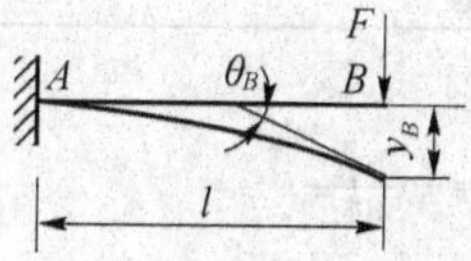	$y=-\dfrac{Fx^2}{6EI}(3l-x)$	$\theta_B=-\dfrac{Fl^2}{2EI}$	$y_B=-\dfrac{Fl^3}{3EI}$
3	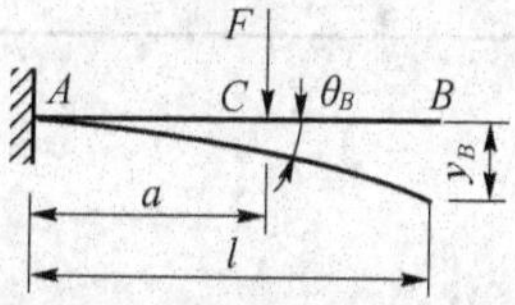	$y=-\dfrac{Fx^2}{6EI}(3a-x)$ $(0\leqslant x\leqslant a)$ $y=-\dfrac{Fa^2}{6EI}(3x-a)$ $(a\leqslant x\leqslant l)$	$\theta_B=-\dfrac{Fa^2}{2EI}$	$y_B=-\dfrac{Fa^2}{6EI}(3l-a)$
4	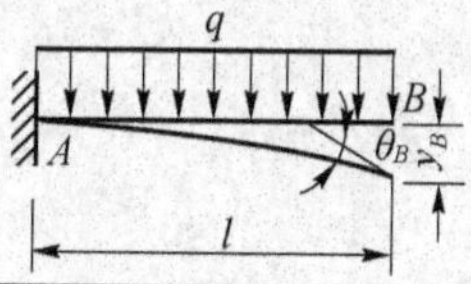	$y=-\dfrac{qx^2}{24EI}(x^2-4lx+6l^2)$	$\theta_B=-\dfrac{ql^3}{6EI}$	$y_B=-\dfrac{ql^4}{8EI}$
5	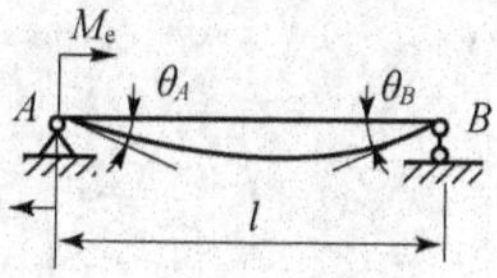	$y=\dfrac{M_e x}{6EIl}(l-x)(2l-x)$	$\theta_A=-\dfrac{M_e l}{3EI}$ $\theta_B=\dfrac{M_e l}{6EI}$	$x=\left(1-\dfrac{1}{\sqrt{3}}\right)l$, $y_{\max}=-\dfrac{M_e l^2}{9\sqrt{3}EI}$ $x=\dfrac{l}{2},y=-\dfrac{M_e l^2}{16EI}$
6	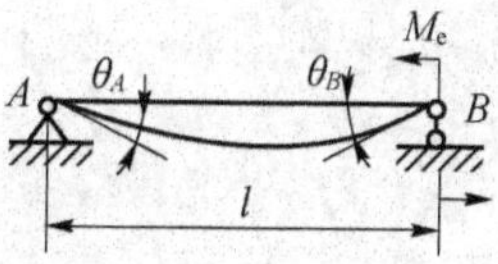	$y=-\dfrac{M_e x}{6EIl}(l^2-x^2)$	$\theta_A=-\dfrac{M_e l}{6EI}$ $\theta_B=\dfrac{M_e l}{3EI}$	$x=\dfrac{l}{\sqrt{3}}$, $y_{\max}=-\dfrac{M_e l^2}{9\sqrt{3}EI}$ $x=\dfrac{l}{2},y=-\dfrac{M_e l^2}{16EI}$
7	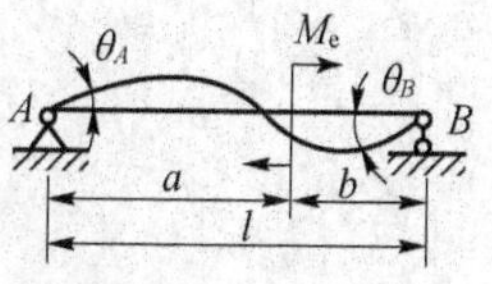	$y=\dfrac{M_e x}{6EIl}(l^2-3b^2-x^2)$ $(0\leqslant x\leqslant a)$ $y=\dfrac{M_e}{6EIl}[-x^3+3l(x-$ $a)^2+(l^2-3b^2)x]$ $(a\leqslant x\leqslant l)$	$\theta_A=\dfrac{M_e}{6EIl}(l^2-3b^2)$ $\theta_B=\dfrac{M_e}{6EIl}(l^2-3a^2)$	

(续表)

序号	梁的简图	挠曲线方程	端截面转角	最大挠度
8	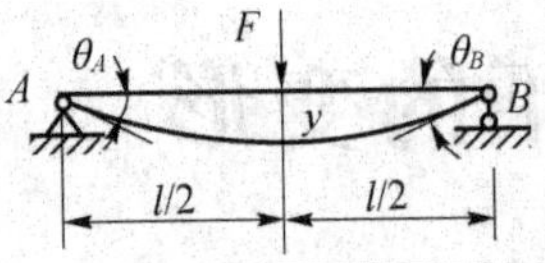	$y=-\frac{Fx}{48EI}(3l^2-4x^2)$ $\left(0\leqslant x\leqslant\frac{l}{2}\right)$	$\theta_A=-\theta_B=-\frac{Fl^2}{16EI}$	$y=-\frac{Fl^3}{48EI}$
9	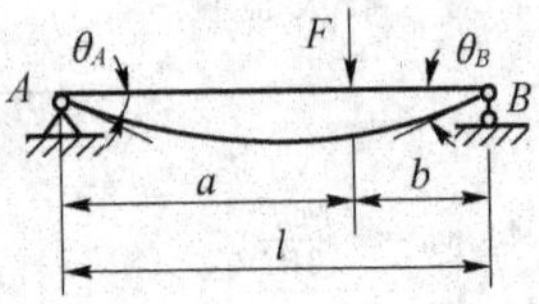	$y=-\frac{Fbx}{6EIl}(l^2-x^2-b^2)$ $(0\leqslant x\leqslant a)$ $y=-\frac{Fb}{6EIl}\left[\frac{l}{b}(x-a)^3+(l^2-b^2)x-x^3\right]$ $(a\leqslant x\leqslant l)$	$\theta_A=-\frac{Fab(l+b)}{6EIl}$ $\theta_B=\frac{Fab(l+a)}{6EIl}$	设 $a>b$，在 $x=\sqrt{\frac{l^2-b^2}{3}}$ 处， $y_{\max}=-\frac{Fb(l^2-b^2)^{3/2}}{9\sqrt{3}EIl}$ $x=\frac{l}{2}$ 处， $y=-\frac{Fb(3l^2-4b^2)}{48EI}$
10	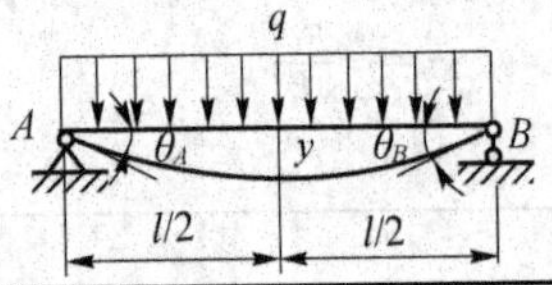	$y=-\frac{qx}{24EI}(l^3-2lx^2+x^3)$	$\theta_A=-\theta_B=-\frac{ql^3}{24EI}$	$y=-\frac{5ql^4}{384EI}$